# 원예
## 기능사 필기+실기

시대에듀

합격에 윙크[Win-Q]하다

# Win-Q

## [ 원예기능사 ] 필기+실기

## Always with you

사람이 길에서 우연하게 만나거나 함께 살아가는 것만이 인연은 아니라고 생각합니다.

책을 펴내는 출판사와 그 책을 읽는 독자의 만남도 소중한 인연입니다.

**시대에듀**는 항상 독자의 마음을 헤아리기 위해 노력하고 있습니다.

늘 독자와 함께하겠습니다.

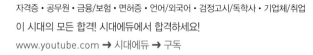

## 원예 분야의 전문가를 향한 첫 발걸음!

변화를 원하는 나를 위한 노력, 자신만이 할 수 있습니다.

'시간을 덜 들이면서도 시험을 좀 더 효율적으로 대비하는 방법은 없을까?'

'짧은 시간 안에 시험을 준비할 수 있는 방법은 없을까?'

자격증 시험을 앞둔 수험생들이라면 누구나 한 번쯤 들었을 법한 생각이다. 실제로도 많은 자격증 관련 카페에 빈번하게 올라오는 질문이기도 하다. 이런 질문들에 대해 대체적으로 기출문제 분석 → 출제경향 파악 → 핵심 이론 요약 → 관련 문제 반복숙지의 과정을 거쳐 시험을 대비하라는 답변이 꾸준히 올라오고 있다.

윙크(Win-Q) 시리즈는 위와 같은 질문과 답변을 바탕으로 기획되어 발간된 도서이다.

윙크(Win-Q) 원예기능사는 PART 01 핵심이론과 PART 02 과년도 + 최근 기출복원문제, PART 03 실기(필답형) 기출복원문제로 구성되었다. PART 01에서는 출제기준에 따라 각 단원별로 중요하고 반드시 알아두어야 하는 핵심이론을 제시하고, 빈출문제를 통해 핵심내용을 다시 한번 확인할 수 있도록 하였다. PART 02는 과년도 + 최근 기출복원문제를 수록하여 PART 01에서 놓칠 수 있는 새로운 유형의 최신 문제에 대비할 수 있게 하였으며, PART 03에서는 실기시험을 준비할 수 있도록 필답형 기출복원문제를 수록하였다.

윙크(Win-Q) 시리즈는 필기 고득점 합격자와 평균 60점 이상 합격자 모두를 위한 훌륭한 지침서이다. 무엇보다 효과적인 자격증 대비서로서, 기존의 부담스러웠던 수험서에서 필요 없는 부분을 제거하고 꼭 필요한 내용만을 수록한 윙크(Win-Q) 시리즈가 수험생들에게 "합격비법노트"로서 함께하기를 바란다. 수험생 여러분들의 건승을 기원한다.

편저자 씀

# 시험안내

## 개요

원예는 정상적인 시기에 관련 원예작물을 재배해서는 경영에 큰 도움이 되지 못하는 특성이 있어 시기를 앞당기거나 늦출 수 있는 시설재배에 대한 기술, 지식을 이해하고 실제 관리에 이용하거나 적용할 수 있는 능력이 요구된다. 이에 따라 과학적이고 경제성 있는 채소, 화훼, 과수, 시설원예작물 재배를 위한 제반 지식과 기능을 갖춘 기능 인력을 양성하고자 자격제도를 제정하였다.

## 진로 및 전망

❶ 원예재배 자영업, 관련 연구소, 종자 관련 회사, 농약 관련 회사, 학교 등으로 진출할 수 있다.

❷ 신선한 채소, 과수, 화훼 등의 생산, 온실 등 고정식 농업용 시설원예를 이용하여 연중 생산이 가능하므로, 원예작물의 고소득을 올릴 수 있는 성장 가능 분야이다.

## 수행직무

원예재배에 관한 숙련 기능을 가지고 종묘를 재배하거나 구입하여 정식하고, 생육에 필요한 시설을 설치 · 관리하며, 물주기, 거름주기, 병해충 방제, 정지, 전정, 제초 등 재배관리와 필요한 특수 재배관리를 통하여 목적하는 원예 관련 생산, 수확, 출하 등의 직무를 수행한다.

## 시험일정

| 구분 | 필기원서접수<br>(인터넷) | 필기시험 | 필기합격<br>(예정자)발표 | 실기원서접수 | 실기시험 | 최종 합격자<br>발표일 |
|------|------|------|------|------|------|------|
| 제2회 | 3월 중순 | 3월 하순 | 4월 중순 | 4월 하순 | 6월 초순 | 7월 초순 |

※ 상기 시험일정은 시행처의 사정에 따라 변경될 수 있으니, www.q-net.or.kr에서 확인하시기 바랍니다.

## 시험요강

❶ 시행처 : 한국산업인력공단

❷ 시험과목

　㉠ 필기 : 채소, 과수, 화훼, 시설원예, 원예 생리장해 및 방제

　㉡ 실기 : 원예 재배 관리 실무

❸ 검정방법

　㉠ 필기 : 객관식 4지 택일형, 60문항(1시간)

　㉡ 실기 : 필답형(2시간)

❹ 합격기준(필기 · 실기) : 100점 만점에 60점 이상 득점자

## 검정현황

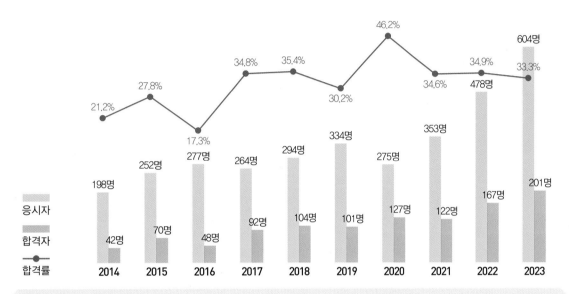

**필기시험**

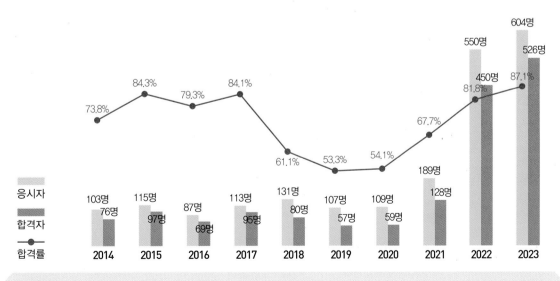

**실기시험**

# 시험안내

## 출제기준(필기)

| 필기 과목명 | 주요항목 | 세부항목 | |
|---|---|---|---|
| 채소, 과수, 화훼,<br>시설원예,<br>원예 생리장해<br>및 방제 | 채소 재배포장 준비 | • 토양검사<br>• 이랑 조성 | • 시비<br>• 관비시설 설치 |
| | 채소육묘 | • 접목 | • 묘 환경 관리 |
| | 채소 재배 관리 | • 채소의 정의<br>• 채소의 영양생리<br>• 병해충 방제<br>• 채소 수확 관리<br>• 착과 조절 | • 채소의 생장과 발육<br>• 재배 관리<br>• 생리장해<br>• 정지 유인 |
| | 채소 수경재배 준비 | • 수경재배 방식 선정 | • 배양액 제조 |
| | 채소 재배<br>장비자재 관리 | • 장비 관리<br>• 농자재 관리 | • 농약 관리 |
| | 과수 영양 번식 | • 삽수접수 채취<br>• 접목 | • 대목 양성 |
| | 과수 재배 관리 | • 과수 재배 환경조건<br>• 과수의 분류 및 품종<br>• 생리장해 | • 영양 관리<br>• 과수의 병해충 |
| | 과수 정지전정 | • 수형<br>• 결과지 확보 | • 전정 |
| | 과수 결실 관리 | • 수분<br>• 봉지 씌우기 | • 결실 조절<br>• 착색 관리 |
| | 과수 수확 후 관리 | • 수확<br>• 저장 관리 | • 예랭 관리 |
| | 과수 기상재해 관리 | • 서리피해 방지<br>• 태풍피해 방지 | • 우박피해 방지<br>• 동해피해 방지 |
| | 화훼 번식 | • 화훼의 분류<br>• 영양 번식 | • 종자 번식<br>• 육묘 관리 |
| | 화훼 개화조절 | • 일장 조절<br>• 생장조절제 이용 | • 온도 조절 |
| | 화훼 재배 관리 | • 정식<br>• 적심<br>• 화훼 병해충 관리<br>• 화훼 수확 후 관리 | • 전정<br>• 잡초 제거<br>• 생리장해 |
| | 화훼 환경 관리 | • 광환경 관리<br>• 수분 관리 | • 온도 관리<br>• 탄산가스 시비 |
| | 시설원예 시설 관리 | • 시설의 구조<br>• 시설구조물 관리<br>• 환경 조절장치 관리 | • 시설 내 재배 관리<br>• 재배시스템 관리 |
| | 시설원예 병해충 관리 | • 병해충 예방 및 진단 | • 병해충 방제 |

# 출제기준(실기)

| 실기 과목명 | 주요항목 | 세부항목 |
|---|---|---|
| 원예 재배 관리 실무 | 채소 재배포장 준비 | • 토양검사하기<br>• 시비하기<br>• 이랑 조성하기<br>• 관비시설 설치하기 |
| | 채소육묘 | • 접목하기<br>• 묘 환경 관리하기 |
| | 채소 재배 관리 | • 정지 유인하기<br>• 착과 조절하기<br>• 채소 재배 관리하기 |
| | 채소 재배 장비자재 관리 | • 장비 관리하기<br>• 농약 관리하기<br>• 농자재 관리하기 |
| | 과수 영양 번식 | • 삽수접수 채취하기<br>• 대목 양성하기<br>• 접목하기<br>• 과수 재배 관리하기 |
| | 과수 정지전정 | • 수형만들기<br>• 전정하기<br>• 결과지 확보하기 |
| | 과수 결실 관리 | • 수분하기<br>• 결실 조절하기<br>• 봉지 씌우기<br>• 착색 관리하기 |
| | 화훼 번식 | • 종자 번식하기<br>• 영양 번식하기<br>• 육묘 관리하기 |
| | 화훼 재배 관리 | • 정식하기<br>• 전정하기<br>• 적심하기<br>• 잡초 제거하기<br>• 화훼 재배 관리하기 |
| | 시설원예 시설 관리 | • 시설구조물 관리하기<br>• 재배시스템 관리하기<br>• 환경 조절장치 관리하기 |

# CBT 응시 요령

기능사 종목 전면 CBT 시행에 따른

## CBT 완전 정복!

**"CBT 가상 체험 서비스 제공"**

한국산업인력공단
(http://www.q-net.or.kr) **참고**

---

### 01  수험자 정보 확인

시험장 감독위원이 컴퓨터에 나온 수험자 정보와 신분증이 일치하는지를 확인하는 단계입니다. 수험번호, 성명, 생년월일, 응시종목, 좌석번호를 확인합니다.

---

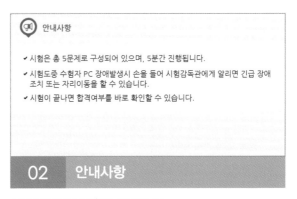

### 02  안내사항

시험에 관한 안내사항을 확인합니다.

---

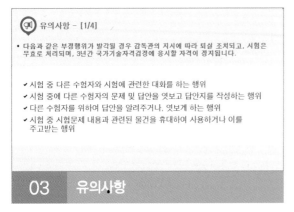

### 03  유의사항

부정행위에 관한 유의사항이므로 꼼꼼히 확인합니다.

---

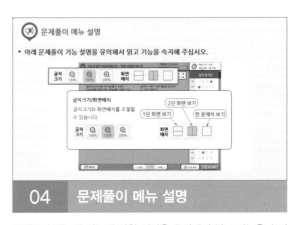

### 04  문제풀이 메뉴 설명

문제풀이 메뉴의 기능에 관한 설명을 유의해서 읽고 기능을 숙지해 주세요.

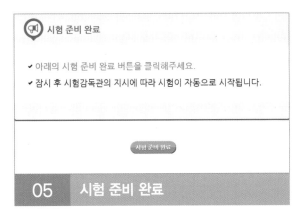

## 05 시험 준비 완료

시험 안내사항 및 문제풀이 연습까지 모두 마친 수험자는 시험 준비 완료 버튼을 클릭한 후 잠시 대기합니다.

## 06 시험 화면

시험 화면이 뜨면 수험번호와 수험자명을 확인하고, 글자크기 및 화면배치를 조절한 후 시험을 시작합니다.

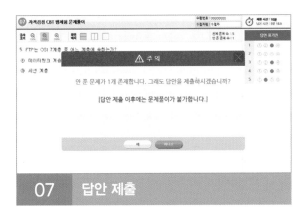

## 07 답안 제출

[답안 제출] 버튼을 클릭하면 답안 제출 승인 알림창이 나옵니다. 시험을 마치려면 [예] 버튼을 클릭하고 시험을 계속 진행하려면 [아니오] 버튼을 클릭하면 됩니다. 답안 제출은 실수 방지를 위해 두 번의 확인 과정을 거칩니다. [예] 버튼을 누르면 답안 제출이 완료되며 득점 및 합격여부 등을 확인할 수 있습니다.

## CBT 완전 정복 Tip

**내 시험에만 집중할 것**
CBT 시험은 같은 고사장이라도 각기 다른 시험이 진행되고 있으니 자신의 시험에만 집중하면 됩니다.

**이상이 있을 경우 조용히 손을 들 것**
컴퓨터로 진행되는 시험이기 때문에 프로그램상의 문제가 있을 수 있습니다. 이때 조용히 손을 들어 감독관에게 문제점을 알리며, 큰 소리를 내는 등 다른 사람에게 피해를 주는 일이 없도록 합니다.

**연습 용지를 요청할 것**
응시자의 요청에 한해 연습 용지를 제공하고 있습니다. 필요시 연습 용지를 요청하며 미리 시험에 관련된 내용을 적어놓지 않도록 합니다. 연습 용지는 시험이 종료되면 회수되므로 들고 나가지 않도록 유의합니다.

**답안 제출은 신중하게 할 것**
답안은 제한 시간 내에 언제든 제출할 수 있지만 한 번 제출하게 되면 더 이상의 문제풀이가 불가합니다. 안 푼 문제가 있는지 또는 맞게 표기하였는지 다시 한 번 확인합니다.

# 구성 및 특징

## 01 채소

### 제1절 채소 재배포장 준비

#### 1-1. 토양검사

**핵심이론 01** | 토양의 구조 및 특성

① 토성 : 토양입자의 굵기를 모래, 고운모래(미사), 찰흙(점토)으로 나누어 이들의 함유 비율에 따라 토양을 분류한 것이다.

[토성에 의한 토양의 구분]

| 구분 | 찰흙(점토) 함량 |
|------|----------------|
| 사토 | 10% 이하 |
| 사양토 | 사토와 양토의 중간 정도 |
| 양토 | 25% 이상 |
| 식양토 | 식토와 양토의 중간 정도 |
| 식토 | 40% 이상 |

㉠ 일반적인 원예작물 재배에 적당한 토성은 양토~사양토 범위이다.
㉡ 비열, 양분의 흡착력, 보수력(保水力) : 식토 > 식양토 > 양토 > 사양토 > 사토

② 토양의 3상
㉠ 고상(광물 45%와 유기물 5%) : 유기물은 토양의 물리적 성질을 개선하고, 양이온 흡착 용량을 늘려주며, 양분공급과 유효성을 높여주어 채소의 생육 증진에 효과적이다.
㉡ 액상(수분 25%)
• 액상의 비율은 관수량과 토성에 따라 달라질 수 있으며, 그 비율에 따라 채소의 뿌리에서 흡수 정도가 달라진다.
• 채소가 이용 가능한 유효수분은 양토에서 가장 많다.

㉢ 기상(공기 25%) : 뿌리는 기상의 산소를 이용하여 호흡을 하며, 산소의 함량이 10% 이상이어야 뿌리가 원활히 자랄 수 있다.
 ※ 가장 이상적인 토양 3상의 비율은 고상 50%, 액상 25%, 기상 25%이다.

③ 토양반응
㉠ 토양 용액 중에 들어있는 수소 이온 농도에 따라 산성, 중성 및 염기성으로 나뉘는 성질을 말한다.
㉡ 대부분의 채소작물은 약산성(pH 5~7 범위)에서 잘 자란다.
㉢ 산성토양과 채소의 생육
• 토양이 산성화되면 다량의 수소이온에 의해 식물이 직...
• 알루미늄...성을 일...의 양분...생길 수...
• 미생물의...도가 줄...수 있다...
• 때알 형...질 수 있...
 ※ 때알구...이들의...많은...

2 ■ PART 01 핵심이론

**10년간 자주 출제된 문제**

**1-1.** 토성을 결정하는 주요인으로만 구성된 것은?
① 모래, 미사, 점토의 함량
② 공기, 물, 햇빛의 양
③ 양토, 사양토, 점토의 합량
④ 비료의 성분 및 유기질의 양

**1-2.** 다음 중 양분의 흡착력이나 보수력(保水力)이 제일 약한 토양은?
① 식양토 ② 사양토
③ 양토 ④ 사토

**1-3.** 보통 토양의 부피 조성에서 가장 적은 부분을 차지하는 것은?
① 공기 ② 수분
③ 유기물 ④ 광물

|해설|
1-3
**토양의 3상** : 고상(광물 45% + 유기물 5%), 액상(수분 25%), 기상(공기 25%)

정답 1-1 ① 1-2 ④ 1-3 ③

**핵심이론 02** | 토양시료 채취 원리 및 방법

① 토양시료 채취 : 땅이 갖고 있는 양분상태를 과학적으로 분석하여 재배할 작물에 필요한 비료량을 추천받아 과부족이 없는 화학비료 사용으로 안전농산물을 생산하기 위해 시행한다.

② 토양시료 채취 시기
㉠ 작물의 생육 후기나 수확 직후가 바람직하다.
㉡ 한 해에 몇 번 작물을 재배할 경우 시비 전에 채취한다.
㉢ 작물별 토양시료 채취 시기
• 벼 : 수확 후 1개월 이내
• 밭작물, 하우스 : 수확기나 수확 직후
• 과수 : 시비 전

③ 토양시료 채취하기
㉠ 평탄한 포장에서는 토양 검정을 위해 지그재그 형태로 12~15개 지점을 선정하여 얇은 실린더나 삽으로 토양시료를 채취한다.

[평탄한 포장의 토양시료 채취 부위 선정]

㉡ 경사진 포장에서는 상, 중, 하 지점의 토양을 채취하여 혼합한다.

[경사진 포장의 토양시료 채취 부위 선정]

㉢ 포장 토양의 표준 채취 깊이는 작물의 뿌리가 존재하는 깊이인 15~20cm이지만 상황에 따라서 시료 채취의 깊이를 달리한다.

CHAPTER 01 채소 ■ 3

---

**핵심이론**

필수적으로 학습해야 하는 중요한 이론들을 각 과목별로 분류하여 수록하였습니다.
시험과 관계없는 두꺼운 기본서의 복잡한 이론은 이제 그만! 시험에 꼭 나오는 이론을 중심으로 효과적으로 공부하십시오.

---

**10년간 자주 출제된 문제**

출제기준을 중심으로 출제 빈도가 높은 기출문제와 필수적으로 풀어보아야 할 문제를 핵심이론당 1~2문제씩 선정했습니다. 각 문제마다 핵심을 찌르는 명쾌한 해설이 수록되어 있습니다.

## 2024년 제2회 최근 기출복원문제

**01** 주로 M9나 M26과 같은 왜성대목묘의 밀식재배에 가장 적합한 사과나무 정지법은?

① 개심자연형
② 변칙주간형
③ 방추형
④ 배상형

**해설**
왜성 사과나무(M9, M26)의 밀식재배에는 방추형과 세장방추형을 널리 적용한다.

**02** 대기 성분 중 이산화탄소가 차지하는 비율은?

① 78.1%
② 0.35%
③ 21.5%
④ 0.03%

**해설**
대기의 구성
질소 약 78.1%, 산소 약 21%, 아르곤 약 1%, 이산화탄소 약 0.03%

**03** 마늘재배의 경영상 가장 큰 문제점으로 볼 수 있는 것은?

① 씨마늘의 구입비가 많이 든다.
② 재배기술이 까다롭다.
③ 저장과 수송에 어려움이 많다.
④ 토지의 이용율이 매우 낮다.

**04** 복합비료 13-8-10의 20kg 1포에 함유된 질소, 인산, 칼륨의 양(kg)은 각각 얼마인가?

① 질소 1.3, 인산 8, 칼륨 10
② 질소 2.6, 인산 1.6, 칼륨 2
③ 질소 3.9, 인산 2.4, 칼륨 3
④ 질소 4.8, 인산 3.2, 칼륨 8

**해설**
• 질소 = $20 \times (13/100) = 2.6$kg
• 인산 = $20 \times (8/100) = 1.6$kg
• 칼륨 = $20 \times (10/100) = 2$kg

**05** 스쿠핑, 노...키는 구근...

① 글라디...
③ 백합

**해설**
히아신스의 연...

**정답** 1 ③ 2 ④ 3 ① 4 ② 5 ④

## 2024년 제2회 최근 기출복원문제

※ 필답형 기출복원문제는 수험자의 기억에 의해 문제를 복원하였습니다. 실제 시행문제와 일부 상이할 수 있음을 알려드립니다.

**01** 채소의 정의를 쓰시오.

**정답**
1년생 초본식물로 인간이 먹을 수 있는 부위를 생산할 수 있는 작물이다.

**해설**
야채(野菜)라고도 하며, 식용부위에 따라 과채류, 근채류, 엽경채류 등으로 구분된다.

**02** 시비량을 결정하는 방법 중 최소율의 법칙에 대해 쓰시오.

**정답**
공급이 가장 적은 양분에 의해 작물의 수량이 지배되는 원리이다.

**해설**
최소율의 법칙(The Law of the Minimum)
최소양분율이라고도 한다. 양분 중에서 필요량에 대해 공급이 가장 적은 양분에 의해 작물 생육이 제한되는데 이 양분을 최소양분이라 하며, 최소양분의 공급량에 의해 작물의 수량이 지배되는 원리이다.

**03** 다음은 토양의 구성에 대한 설명이다. ( ) 안에 들어갈 알맞은 말을 순서대로 쓰시오.

토양의 물리적 구성은 무기물 45%와 ( ① ) 5%로 구성된 고상과 ( ② ) 25%으로 구성된 액상, ( ③ ) 25%로 이루어진 기상으로 이루어져 있다.

**정답**
① 유기물, ② 수분, ③ 공기

**해설**
토양의 3상 : 고상 50%(무기물 45% + 유기물 5%), 액상(수분) 25%, 기상(공기) 25%

# 이 책의 목차

## 빨리보는 간단한 키워드

빨리보는 간단한 키워드 ————

# 빨간키

#합격비법 핵심 요약집    #최다 빈출키워드    #시험장 필수 아이템

## ▍ 토성

- 토양입자의 굵기를 모래, 고운모래(미사), 찰흙(점토)으로 나누어 이들의 함유 비율에 따라 토양을 분류한 것이다.

| 구분 | 식토 | 식양토 | 양토 | 사양토 | 사토 |
|---|---|---|---|---|---|
| 찰흙(점토) 함량 | 40% 이상 | 식토와 양토의 중간 정도 | 25% 이상 | 사토와 양토의 중간 정도 | 10% 이하 |

- 비열, 양분의 흡착력, 보수력(保水力) : 식토 > 식양토 > 양토 > 사양토 > 사토

## ▍ 토양의 구성 : 고상 50%(무기물 45%＋유기물 5%), 액상(수분) 25%, 기상(공기) 25%

## ▍ 비료의 종류 및 특성

| 질소질 비료 | | • 암모늄태 질소는 토양에 잘 흡착되어 용탈이 잘 안 되나 질산태 질소는 토양에 흡착되지 않아서 용탈되기 쉽다.<br>• 요소 : 하우스 재배에서 가스피해를 준다. |
|---|---|---|
| 인산질 비료 | 수용성 | 과인산석회 : 수용성 인산이 들어있는데, 불용성 인산을 만들기 위하여 석회질 비료를 섞는다. |
| | 구용성 | • 용성인비<br> – 인광석과 사문암을 주원료로 제조하며 알칼리성이다.<br> – 황산암모늄에 용성인비를 섞어서 시비하면 질소가 가스로 되어 휘산된다.<br> – 구용성 인산 이외에 고토(Mg) 성분이 15~18% 함유되어 있다.<br> – 인산이 구용성이므로 철, 알루미늄과의 결합이 약해 유효한 상태로 토양 중에 오래 간직한다.<br>• 용과린 : 수용성 인산과 구용성 인산이 함께 들어있다. |
| | 불용성 | 골분, 회류, 인광석 등 |
| 칼륨질 비료 | | 염화칼륨과 황산칼륨은 무기태로 물에 용해되기 쉽고 속효성이다. |

## ▍ 일반적인 열매채소의 재배 시 밑거름 분량

질소 50% : 인산 100% : 칼륨 50%

## ▍ 시비량 $= \dfrac{\text{비료요소의 흡수량} - \text{천연공급량}}{\text{비료요소의 흡수이용률}}$

**▌ 시설재배용 오이 품종의 조건**

저온 신장성과 단위결과성이 강하고, 마디 사이가 짧으며, 약한 광선에서 잘 자라야 한다.

**▌ 오이 순멎이 현상**

촉성재배 오이에서 마디가 극히 짧아지고 새잎과 꽃 등이 생장점 주변에 밀집되어 생육이 정지되는 증상으로 저온단일에서 발생한다.

**▌ 오이의 쓴맛이 생기는 원인**

- 질소가 너무 많거나 인산 및 칼리가 부족할 때
- 저온건조, 다습 및 햇빛이 부족할 때

**▌ 난지형 딸기는 휴면이 거의 없고 촉성재배에 가장 알맞다.**

**▌ 토마토 하우스재배 시 고온의 피해가 가장 심한 단계는 감수분열기이다.**

**▌ 당근의 재배 시 가랑이가 생기는 원인**

- 자갈이 많거나 흙덩어리가 있을 경우
- 앞그루의 잔재가 있을 경우
- 잘 썩지 않은 퇴비를 주었을 경우

**▌ 마늘**

- 품종은 난지형과 한지형으로 구분된다.
- 한지형 마늘 품종을 따뜻한 지방에서 재배하면 결구 비대가 안 된다.

**▌ 시금치 재배 특성**

- 대표적인 장일성 식물로 일장이 길어지면 추대가 촉진된다.
- 산성토양에서 재배가 어렵다.

**▌ 멀칭의 효과**

지온 조절, 토양 건조 방지, 토양 보호, 잡초 발생 억제, 생육 촉진, 과실품질 향상, 병원체 차단

## ▌ 플라스틱 필름 멀칭의 종류

- 투명필름 : 지온 상승효과가 가장 크며, 저온기에 재배하는 작물에 효과가 좋지만 잡초가 많이 발생하는 단점이 있다. 따라서 겨울에 많이 사용된다.
- 흑색필름 : 지온을 상승시키고, 잡초발생을 억제하는 데 가장 효과적이며, 여름에 많이 사용된다.
- 녹색필름 : 지온 상승효과가 투명필름보다는 적고, 흑색필름보다는 많으며, 잡초 방제효과도 있다.
- 배색필름 : 식물이 재배되는 부분은 투명하게 처리하고 가장자리는 흑색으로 되어 있어 지온 상승과 잡초 방제 효과가 있다.
- 반사필름 : 알루미늄 필름이 부착되어 있어 지온 증대효과, 잡초 방제효과, 보광 효과가 있다.

## ▌ 채소의 생육에 가장 적당한 토양수분 함량

포장용수량의 60~70%

## ▌ 채소 품목별 대목의 종류

| | | |
|---|---|---|
| 수박 | 박 | 수박과의 친화성이 높고, 저온신장성도 비교적 강하나 덩굴쪼김병에 약하다. |
| | 호박 | 저온신장성과 내고온성이 강하고 덩굴쪼김병 등 토양전염성 병해에는 강하나 흡비력이 좋아 웃자라기 쉽고 과실의 품질이 떨어진다. |
| 참외 | 신토좌호박 | 토양전염성 병해에 강하고 저온신장성이 강하여 촉성재배에서 좋은 효과를 내며, 내서성도 비교적 강하므로 노지재배에서도 유리하다. |
| | 홍토좌 | 착과성이 좋고 발효과 발생이 적으며 당도가 높고, 성숙일수가 단축되며 기형과의 발생이 적다. |
| 오이 | 흑종호박 | 저온신장성, 초세 및 흡비력이 우수하여 촉성재배에 사용하는 경우가 많다. |
| | 신토좌호박 | 친화성과 내고온성이 우수하여 반촉성재배부터 억제재배에 많이 이용되고 있다. |

## ▌ 접목육묘의 목적

- 이어짓기(연작)에 따른 주요 토양전염성 병해(박과 채소의 덩굴쪼김병과 고추의 역병)의 예방 또는 감소
- 저온 및 고온 등 불량 환경에 견디는 힘을 강화
- 흡비력 증진, 염분토양 스트레스 내성 강화
- 중금속 및 유기물 오염 내성 강화
- 수확기간 연장, 작물의 수확량 증가

## ▌ 호접(맞접)

- 접수를 먼저 파종하여 발아를 시작할 무렵에 대목을 파종한다.
- 대목의 생장점을 제거하고 자엽 1cm 아랫부분을 위에서 밑으로 45°로 대목 두께의 1/3~1/2을 자른다.

## ▮ 채소류의 육묘관리
- 골격률을 최대한으로 낮추고, 투광률과 보온성을 좋게 한다.
- 겨울에는 13℃ 이상으로 해주어야 한다.
- 기온은 낮에는 높게, 밤에는 가급적 낮게 관리한다.
- 대기의 상대습도 60~80%가 좋다.

## ▮ 경화의 효과
- 엽육이 두꺼워지고, 큐티클층과 왁스층이 발달한다.
- 건물량이 증가한다.
- 지상부 생육은 둔화되는 반면에 지하부 생육은 발달한다.
- 내한성과 내건성이 증가한다.
- 외부환경에 견디는 힘이 강해진다.
- 활착이 촉진된다.

## ▮ 원예작물의 특성
- 원예작물은 종류가 많고, 이용 부위가 식용과 관상용 등으로 다양하다.
- 연중 수요가 발생하기 때문에 수요에 맞춘 재배방식이 다양하다.
- 병해충의 피해가 크고, 방제가 어렵다.
- 재배가 집약적이고, 신선한 상품에 대한 요구도가 크다.
- 품질이 변질되고 부패되기 쉽기 때문에 저장시설이 필수이다.
- 채종재배가 별도로 이루어지는 경우가 많다.
- 계절이나 품질에 따른 가격 변동의 폭이 크다.

## ▮ 채소의 정의
야채(野菜)라고도 하며 1년생 초본식물로 인간이 먹을 수 있는 부위를 생산할 수 있는 작물을 말한다.

## ▮ 채소의 식물학적 분류
- 백합과 : 아스파라거스, 파, 양파, 쪽파, 마늘, 부추, 달래 등
- 가짓과 : 가지, 고추, 토마토, 감자 등
- 십자화과 : 배추, 케일, 양배추, 순무, 갓, 무 등
- 박과 : 수박, 참외, 멜론, 오이, 호박, 박 등
- 장미과 : 딸기

## ▌ 채소의 원예적 분류

- 잎채소 : 배추, 양배추, 시금치 등
- 줄기채소 : 파, 양파, 마늘 등
- 뿌리채소 : 무, 당근, 우엉, 고구마, 마, 감자, 토란, 생강, 연근 등
- 열매채소 : 가지, 고추, 토마토, 콩(완두, 잠두 등), 오이, 수박, 호박, 참외, 옥수수 등

## ▌ 채소의 중요성

- 식품적 가치(비타민, 무기질, 섬유소의 공급, 알칼리성 식품)
- 보건적 가치
- 기호적 기능, 약리적 효능
- 경제적 가치

## ▌ 종자의 수명

- 단명종자(1~2년) : 메밀, 고추, 양파
- 상명종자(2~3년) : 벼, 쌀보리, 완두, 목화, 토마토
- 장명종자(4~6년 또는 그 이상) : 콩, 녹두, 오이, 가지, 배추

## ▌ 꽃눈분화(화아분화)와 추대의 촉진요건

- 일장 : 저온감응성을 가지고 있는 무, 배추 등은 장일상태에서 화아분화와 발육이 촉진되고, 추대도 빨라진다.
- 온도 : 추대에 적당한 온도는 25~30℃이고, 고온일수록 추대가 빨라진다.
- 토양 : 점질토양이나 비옥토보다 사질토양이나 척박토에서 추대가 더 빠르게 진행된다.

## ▌ 결구생리

- 결구성 엽채류의 결구과정은 외엽발육기, 결구기, 엽구충실기로 구분된다.
- 양파나 마늘은 단일조건에서 인경의 형성과 비대가 촉진된다.
- 결구성 엽채류에서 외엽은 주로 광합성에 관여하며, 결구엽은 동화산물의 저장에 관여한다.
- 엽수형은 엽수가 엽구의 크기와 중량을 결정하는 형태이다.
- 배추의 결구에 관여하는 가장 중요한 원인은 온도이다.

## ▌ 광합성

- 광합성은 식물이 빛을 받아 광에너지 및 $CO_2$와 $H_2O$를 원료로 하여 동화물질(탄수화물)을 합성하는 작용이다.
- 수박은 광포화점이 높고 딸기는 낮다.
- 총광합성량(총동화량) = 호흡량 + 순광합성량(순동화량)

## ▌ 무기양분

필수원소(17종) : 채소가 생육하는 데 반드시 필요한 원소

| 다량원소<br>(9종) | • 체내 함량이 높아 요구량이 많은 원소<br>• 탄소(C), 수소(H), 산소(O), 질소(N), 인(P), 칼륨(K), 칼슘(Ca), 마그네슘(Mg), 황(S) |
|---|---|
| 미량원소<br>(8종) | • 체내 함량이 낮아 요구량이 적은 원소<br>• 철(Fe), 붕소(B), 망간(Mn), 아연(Zn), 구리(Cu), 몰리브덴(Mo), 염소(Cl), 니켈(Ni) |

※ 황화현상(chlorosis)을 일으키는 것 : N, Mg, Fe, Mn

## ▌ 근권환경

- 토양 내 이산화탄소 농도가 높아지면 수소이온을 생성하여 토양이 산성화되고, 수분과 무기염류의 흡수를 저해하여 작물에 해롭다.
- 유효수분 : 식물이 토양으로부터 흡수하여 이용할 수 있는 수분으로, 포장용수량(pF 2.5~2.7)과 영구위조점 사이의 수분을 말한다.
- 토양의 지하수위가 높으면 작물의 호흡작용이 나빠진다.
- 토양수분이 많아지면 토양용기량은 감소되어 산소 농도가 낮아짐과 동시에 이산화탄소 농도가 높아진다.
- 유기물의 기능 : 암석의 분해 촉진, 양분의 공급, 대기 중 이산화탄소 공급, 생장촉진물질의 생성, 입단의 형성, 보수·보비력의 증대, 미생물의 번식 촉진, 지온상승, 토양보호 등

## ▌ 수확시기 결정의 지표가 되는 채소의 성숙지표

- 싹채소 : 생장 초기 수확
- 줄기채소 : 시금치, 쑥갓, 잎상추, 깻잎은 소비자의 기호에 따라 외관이 형성되면 수확
- 땅속채소 : 감자, 고구마는 정식 후 일수, 지상부의 성숙정도
- 열매채소 : 오이, 풋고추, 애호박은 출하규격에 도달하면 수확, 미숙 상태로도 주로 이용

## ▌ 수확 후 생리

| 증산작용 | • 수확 후 작물에서 수분이 빠져나가는 현상이다.<br>• 온도가 높을수록, 상대습도가 낮을수록, 공기유동량이 많을수록, 표면적이 넓을수록, 큐티클층이 얇을수록 증산속도가 빠르다. | |
|---|---|---|
| 호흡작용 | • 저장양분의 소모에 의해서 노화가 빨라지고 호흡기질의 소모로 인해 중량이 감소한다.<br>• 호흡의 생성물로 이산화탄소가 생성되고, 호흡열에 의한 품질열화가 촉진된다.<br>• 호흡상승과와 비호흡상승과 | |
| | 호흡상승과(dlimacteric) | 비호흡상승과(non-climacteric) |
| | 수박, 사과, 바나나, 토마토, 멜론, 복숭아, 감, 자두, 키위, 망고, 배, 참다래, 아보카도, 살구 파파야 등 | 고추, 가지, 오이, 딸기, 호박, 감귤, 포도, 오렌지, 파인애플, 동양배, 레몬 등 |
| 에틸렌 발생 | • 호흡급등형 과실의 과숙에 관여한다.<br>• 식물조직에서 에틸렌이 발생되기 시작하면 스스로의 합성을 촉진시킨다. | |

## 예건(preconditioning)

- 과실 표면의 수분을 적당히 건조시키는 것이다.
- 저온저장 시 과피흑변을 방지한다.
- 마늘(수분함량 60%)과 같이 수분함량이 낮은 작물, 소비단계에서 외피를 제거하는 양파, 배추, 양배추 등에서 실시한다.

## 큐어링(curing)

- 지하작물들의 수확 도중에 생긴 상처를 치유하는 과정이다.
- 상처 난 조직에서 유합조직이 형성되어 수분의 손실이 억제되며, 미생물의 침투를 방지하고, 저장 중의 부패를 방지할 수 있다.

## 예랭(precooling)

- 수확 후 빠른 시간 내에 품온을 낮추는 과정이다.
- 선도유지 및 저장수명의 연장을 위해 반드시 필요하다.
- 품온을 낮추고 호흡을 억제시켜 저장에 도움을 준다.

## 저온유통체계(콜드체인시스템)

- 수확 즉시 산물의 품온을 낮춰 수확에서부터 판매까지 적정저온이 유지되도록 관리하는 체계
- 장점 : 호흡 억제, 숙성 및 노화 억제, 연화 억제, 증산량 감소, 미생물 증식 억제, 부패 억제 등
- 저온유통체계 순서 : 예랭 – 저장 – 수송 – 판매

## 정지

- 적심(순지르기) : 줄기의 끝(생장점)을 제거하여 새로운 착과 및 생장을 막는다.
- 적아(눈따기) : 불필요한 착과 또는 줄기신장에 따른 양분의 소모를 막고 건전한 생육을 도모하여 병해충을 방지한다.
- 적엽(잎따기) : 잎이 겹치는 것을 막아 수광량을 늘려 광합성과 통기를 원활하게 한다.

## ▌유인 방법

- 수직 유인 : 토마토, 파프리카와 같이 열매와 잎의 발생이 연속적으로 계속 이루어지는 채소의 경우 수직방향으로 끈을 이용하여 유인한다.
- 수평 유인 : 별도의 끈 등으로 유인하지 않고 제한된 밭의 고랑에서 수평적으로 가지를 휘고 고정하므로 땅에 박아 고정할 수 있는 핀 등을 이용한다.
- 터널 유인 : 박과 채소와 같이 덩굴성인 작물에서 아치형 터널 또는 역V자형 파이프 구조물을 설치하고 그물(망)을 씌운 후 자연적으로 구조물을 감아 올라가는 방식으로 유인한다.
- 파이프 유인 : 고추와 같이 바람 등에 의하여 도복할 수 있는 작물에서 철제 또는 플라스틱 파이프를 박고 끈을 이용하여 수평 방향으로 돌려 묶어 재배 열 전체를 고정하여 유인하는 방법이다.

## ▌착과율 향상 방법

- 토마토 : 화방의 끝 쪽에 달리는 열매는 일반적으로 작고 생육기간이 길어 일찍 솎아내야 한다. 기형과, 생리장해과 등은 보이는 대로 제거한다.
- 수박 : 기상이 나빠 인공수분이 되지 않을 때 착과제(토마토톤 100배액)를 꽃에 분무해 준다.
- 멜론
  - 수정에 의한 착과가 열매의 품질이 가장 좋아지므로 수분을 시키는 것이 바람직하다.
  - 착과제(토마토톤 30~100배액) 처리를 해야 하는 경우 : 개화기에 비가 내려 동화양분이 부족할 때, 초세가 너무 왕성하여 착과가 어렵다고 판단될 때, 온도가 너무 낮아서 꽃가루가 잘 나오지 않을 때
- 참외
  - 수분 후 30일 정도면 수확이 가능한데 20일이 지나면 열매솎기를 한다.
  - 평균기온이 18℃ 이하일 경우에는 착과제(토마토톤 50~120배액, 벤질아데닌 1,000ppm) 처리를 한다.
- 오이 : 개화 후 3~4일 경에 비정상과(구부러진 것 등)를 조기에 제거해 준다.

## ▌착과제의 종류

토마토톤(4-CPA), 토마토란(cloxyfonac), 지베렐린(GA), 벤질아데닌(BA), 풀매트(CPPU), 2,4-D, 2,4,5-TP, 2,4,5-T, 나프탈렌아세트산(NAA) 등

## ▌인공수분의 필요성

- 과실 내 종자를 많이 형성시켜 과실 발육 및 품질 향상 도모
- 수분수가 없을 경우
- 시설재배, 대기오염, 강풍지역, 기상이변, 농약의 남용 등과 같이 매개충(꿀벌)의 도입 조건이 나쁜 경우

**▌ 수경재배(hydroponics, 양액재배)의 특징**

- 관수 노력과 비료 비용 절감
- 무병한 모종 생산, 상토 제조 및 관리 노력 절감
- 관수 및 비배 관리의 자동화
- 같은 장소에서 같은 작물을 반복 재배 가능
- 각종 채소의 청정재배 가능
- 작업의 생력화 가능
- 황폐지에서도 이용 가능
- 양분 및 물 이용 효율성 상승

**▌ 수경재배에서 이용되는 배양액의 구비조건**

- 필수 무기양분을 함유할 것
- 뿌리에서 흡수하기 쉬운 형태로 물에 용해된 이온 상태일 것
- 각각의 이온이 적당한 농도로 용해되어 총이온 농도가 적절할 것
- 작물에 유해한 이온을 함유하지 않을 것
- 용액 pH 범위가 5.5~6.5에 있을 것
- 값싼 비료를 사용하여 만들어질 것
- 재배기간이 계속되어도 농도, 무기원소 간의 비율 및 pH 변화가 적을 것

**▌ 수경재배 종류**

| | | |
|---|---|---|
| 순수<br>수경재배 | 분무경재배 | • 뿌리를 베드 내의 공중에 매달아 양액을 분무로 젖어 있게 하는 재배방식 |
| | 분무수경재배 | • 배양액을 뿌리에 분무함과 동시에 뿌리의 일부를 양액에 담아 재배하는 방식<br>• 양액재배 방식 중 뿌리에 가장 산소공급이 양호 |
| | 박막형(NFT) | • 1/100~1/70 정도의 경사를 두고 양액을 조금씩 흘러내리면서 재배하는 방법 |
| | 담액수경재배 | • 뿌리가 양액에 담겨진 상태로 재배하는 방식<br>• 산소의 공급 방법에 따라 액면상하식, 환류식, 통기식, 등량교환식 등 |
| 고형<br>배지경 | 무기물 배지 | • 암면 : 휘록암 등을 섬유화하여 적절한 밀도로 성형화시킨 것<br>• 펄라이트 : 무게가 가벼워 취급이 용이하고, 수분흡수력이 뛰어나며 잡초종자, 병원균, 해충 등이 없음<br>• 그 외 모래, 자갈, 버미큘라이트, 폴리우레탄, 폴리페놀 등 |
| | 유기물 배지 | • 코코넛코이어(코코피트) : 코코넛 분말, 섬유 가수 처리한 것으로 흡수성, 보수성, 통기성 및 투수성이 우수<br>• 그 외 피트모스, 왕겨, 훈탄, 톱밥, 수피 등 |

## ▋ 농기계·기구의 종류 및 특성

- 농업 동력원 : 트랙터, 동력경운기, 관리기 등
- 농작업 기계 : 경운 작업기, 파종기(씨 뿌리는 작업), 이식기(옮겨 심는 데에 사용), 이앙기(벼의 묘 이식), 방제기 (약제 살포), 수확기 등이 있다.
- 농산 가공 기계 : 건조기, 선별기, 결속기(묶는 데 사용), 도정기 등이 있다.

## ▋ 농기계·기구 보관 및 관리

- 기체에 녹이 발생하거나 부식되는 것을 방지하기 위해 깨끗한 물로 세척한 후 완전히 건조시켜 기름칠을 한다.
- 가능한 한 건조한 실내에 보관하고, 실내 보관이 어려울 경우에는 덮개를 씌워 평지에 보관한다.
- 공기청정기, 배기구 등을 종이 등으로 막는다.
- 볼트, 너트의 잠김 상태를 점검하고 풀려 있으면 바로 조여 준다.
- 각종 클러치, 레버, V벨트는 풀림 상태로 보관한다.

## ▋ 농약 보관 방법

- 어린이나 노인, 술에 취한 사람이 농약을 함부로 취급할 수 없도록 자물쇠를 장치한 별도의 농약 보관시설(함)에 보관해야 한다.
- 농약 보관상자는 직사광선을 피할 수 있고 바람이 잘 통하는 곳에 보관한다.
- 농약은 본래의 농약 용기에 넣어 라벨이 잘 보이도록 해야 한다.
- 라벨이 훼손되었으면 상표 또는 품목명을 반드시 적어놓아야 한다.
- 제초제(특히 비선택성 제초제)와 독성이 높은 농약은 다른 농약과 구분해 보관한다.
- 보관 중인 농약은 용기의 부식, 약액의 누출 등 상태를 가끔 살펴보아야 한다.
- 보관 용기에 이상이 있을 시 즉시 견고한 다른 용기에 옮겨 담고 본래의 라벨을 붙인다.

## ▋ 농약 사용 안전수칙

- 농약을 살포할 때에는 마스크, 보안경, 고무장갑 및 방제복 등을 착용한다
- 살포작업은 한낮 뜨거운 때를 피하여 아침, 저녁 서늘할 때 해야 한다.
- 농약을 살포할 때에는 바람을 등지고 뿌린다.

## ▋ 폐농자재 수거 이유

- 폐자재의 불법소각 등 불법 처리 : 토양과 대기오염 등의 환경문제가 대두
- 영농폐기물 방치 : 쾌한 명품도시 조성의 저해요인으로 작용
- 환경오염 예방 및 깨끗한 농촌을 조성하기 위함

## ▌ 삽목의 종류

- 경지삽목(硬枝挿木, dormantwood cutting) : 낙엽 직후부터 3월 상순까지 가능하다.
- 녹지삽목(綠枝挿木, greenwood cutting) : 발아된 신초의 길이가 10~15cm 정도 자랐을 때부터 8월 하순까지 가능하나 5월 중하순에 삽목하는 것이 삽목상 온습도 관리 및 발근 후 충분한 생육이 가능하므로 유리하다.

## ▌ 삽수 채취 및 보관

- 삽수 채취용 모수는 품종이 정확하고 병해충으로부터 감염되지 않아야 하며, 특히 바이러스에 무독한 나무라야 한다.
- 가지의 기부에서 채취하는 것이 발근에 유리하다.
- 경지삽목은 주로 1월경에 하므로 저장기간이 짧은 편이다.
- 녹지삽수는 채취와 동시에 양분 소모를 줄이기 위해 잎이 큰 것은 적당히 잘라 버리고 비닐봉지에 담아 아이스박스 안에 넣어 보관한다.

## ▌ 대목의 종류

- 사과
  - 일반 대목 : 삼엽해당, 환엽해당, 매주나무, 사과실생
  - 왜성대목 : M9, M26
- 배 : 공대, 돌배, 북지콩배, 콩배
- 복숭아 : 산도, 아몬드, 앵두, 자두
- 매실 : 공대, 복숭아

## ▌ 대목 구비조건

- 상호 친화성이 있으며, 접수의 특성을 완전히 발휘시킬 수 있을 것
- 근부의 발육이 왕성하며, 그 지방의 풍토에 적합할 것
- 대목을 손쉽게 구입하여 양성할 수 있을 것
- 병충해에 대한 저항력이 강할 것
- 소기의 재배 목적에 적합한 대목일 것

**▌ 접목의 효과 및 시기**

- 품종 고유의 특성을 그대로 유지할 수 있다.
- 다른 방법으로 번식할 수 없는 과수류의 번식을 가능하게 한다.
- 접목묘를 식재하면 개화 결실이 빠르다.
- 대목의 선택에 따라 환경적응 및 병해충 저항성이 강하다.

| 과수명 | 대목 | 방법 | 접목시기 | 접목형태 |
|---|---|---|---|---|
| 사과나무 | 실생, 삽목 | 절접 | 3중~4상순 | 깍기접 |
| | | 눈접 | 8상~9상순 | T자형, 삭아접 |
| | | 녹지접 | 6월~7월 | 할접(짜개접) |
| 감나무 | 고욤, 실생 | 절접 | 4상~하순 | 깍기접 |
| | | 눈접 | 8하~9상순 | T자형 |
| | 품종갱신 | 고접 | 4상~하순 | 깍기접 |
| 배나무 | 실생, 돌배 | 절접 | 3중~4중순 | 깍기접 |
| | | 눈접 | 9상~중순 | T자형, 삭아접 |
| | | 할접 | 3중~4중순 | 할접(짜개접) |
| | 고접갱신 | 고접 | 3하~4중순 | 깍기접, 할접 |

**▌ 접목의 종류**

- 접목 장소에 따라 : 제자리접, 들접
- 접목 시기에 따라 : 봄접, 여름접과 가을접
- 접목 위치에 따라 : 고접(top grafting), 근두접(crown grafting), 복접(side grafting), 근접(root grafting) 등
- 접목 방법에 따라 : 깎기접(切接, veneer grafting), 깎기눈접(削芽椄, chip budding), 눈접(芽椄, budding), 혀접(舌接, tongue grafting), 삽목접(挿木接, cutting grafting), 배접(腹椄)

**▌ 접목 후 관리**

대목의 절단면에는 건조와 빗물로 인한 부패를 방지하기 위하여 접목묘의 발코트를 발라 둔다.

**▌ 과수 재배 환경조건**

- 온도(기온)
  - 북부온대과수 : 연평균 기온 8~12℃, 사과, 체리 등
  - 중부온대과수 : 연평균 기온 11~15℃, 포도, 감, 복숭아, 배, 밤나무 등
  - 남부온대과수 : 연평균 기온 15~17℃, 상록성인 감귤류와 비파나무
- 내건성(耐乾性) : 복숭아, 살구 등의 핵과류 및 배, 감, 사과 등
- 내습성(耐濕性) : 포도, 감, 인과류(사과, 배) 등 핵과류 및 감귤류
- 성숙기의 햇빛 부족 시 : 과실 착색 불량, 숙기 지연, 산도증가, 당도와 풍미 및 비타민 C의 함량이 낮아진다.

**▌ 청경법(淸耕法)**

과수원의 토양 관리 시 유목과 잡초의 양·수분 경쟁을 피하면서 병해충의 잠복처도 함께 제거하기 위한 방법으로 작업이 편리하지만 토양 침식이 많다.

**▌ 비료의 3대 요소 : N, P, K**

**▌ 시비량의 결정**

경험에 의한 방법, 토양검정에 의한 방법, 적량시비 시험에 의한 방법, 양분흡수량에 의한 방법, 엽 분석에 의한 방법 등

**▌ 최소율의 법칙(최소양분율)**

양분 중에서 필요량에 대해 공급이 가장 적은 양분에 의해 작물 생육이 제한되는데 이 양분을 최소양분이라 하며, 최소양분의 공급량에 의해 작물의 수량이 지배되는 원리이다.

**▌ 시비 시기**

• 밑거름(기비) : 파종이나 정식하기 전 작물이 자라는 초기에 양분을 흡수할 수 있도록 주는 비료
• 웃거름(덧거름, 추비) : 작물이 자라는 동안에 추가로 주는 비료

**▌ 시비 방법**

• 전면시비 : 밭을 갈고 전체적으로 비료를 섞어 뿌린 다음 경운을 하는 방법
• 무경운시비 : 땅을 갈지 않고 비료를 뿌리는 방법
• 엽면시비 : 비료를 물에 타거나 액체비료를 잎에 뿌려주는 방법, 작물의 뿌리가 정상적인 흡수 능력을 발휘하지 못할 때, 병충해 또는 침수피해를 당했을 때, 이식한 후 활착이 좋지 못할 때와 같이 응급한 경우에 사용

**▌ 과수의 분류**

• 인과류 : 사과, 배, 모과 등
• 준인과류 : 감, 레몬, 유자, 감귤류 등
• 핵과류 : 복숭아, 자두, 양앵두, 대추, 매실, 살구, 블랙베리, 라즈베리, 오디, 무화과 등
• 장과류 : 아보카도, 포도, 블루베리, 참다래, 파인애플, 바나나 등
• 각과류 : 밤, 호두, 은행, 개암, 피칸 등

## ▌국내 육성품종

| | |
|---|---|
| 사과 | • 새나라(스퍼어리브레이즈×골든델리셔스) <br> • 감홍(스퍼어리브레이즈×스퍼골든델리셔스) <br> • 홍로(스퍼어리브레이즈×스퍼골든) <br> • 화홍(후지×세계일) <br> • 추광(후지×모리스델리셔스) <br> • 서광(모리스델리셔스×갈라) <br> • 선홍(홍로×추광) |
| 복숭아 | 유명백도, 미홍, 월봉조생, 천홍, 용성황도, 수홍, 미백도, 진미, 백천, 수미, 백향, 용황백도, 장호원황도, 홍슬, 수향(감금향×장호원황도), 수황, 금황, 홍백 |
| 배 | • 조생종 : 미니배, 감로, 신천, 조생황금, 선황, 원황, 신일, 한아름 <br> • 중생종 : 황금배, 수황배, 화산, 만풍배, 영산배, 수정배, 감천배, 단배 <br> • 만생종 : 미황, 추황배, 만수, 만황, 청실리 |
| 포도 | 청수, 홍단, 탐나라, 홍이슬, 흑구슬, 흑보석, 진옥, 수옥 |

## ▌수형 구성 및 유지 방법

| | | |
|---|---|---|
| 주간형(원추형) | | • 재식거리를 넓게 심어 재배하는 형태에 적당하다. <br> • 수관 확대가 빠르며 수량이 많지만 수고가 높아져 관리가 불편하고 채광에 불리하다. <br> • 풍해를 심하게 받을 수 있고, 과실의 품질도 불량해지기 쉽다. <br> • 왜성 사과나무, 양앵두, 호두, 밤나무 등에 적용한다. |
| 개심형 | 변칙주간형 | • 주간형의 단점인 높은 수고와 수관 내 광 부족을 개선할 수 있다. <br> • 사과, 감, 밤, 서양배 등에 적용한다. |
| | 배상형 | • 관리가 편하고, 수관 내 통풍과 통광이 좋다. <br> • 주지의 부담이 커서 가지가 늘어지기 쉽고, 결과수가 적어지며, 공간의 이용도가 낮다. <br> • 배, 복숭아, 자두 등에 적용한다. |
| 개심자연형 | | • 수관 내부가 완전히 열려 있어 투광이 좋고, 수고가 낮아 관리가 편하다. <br> • 복숭아, 배나무, 감귤나무 등에 적용한다. |
| Y자형 | | • 수형 유지를 위해 지주를 세워야 한다. <br> • 우리나라 배나무 재배에서 많이 적용한다. |
| 방추형 | | 사과나무 방추형의 수형구성은 4년째 완성시키는 것이 가장 적당하다. |
| 덩굴성 과수의 수형 | 웨이크만식 | • 포도(켐벨얼리)에서 주로 사용하는 수형이다. <br> • 우리나라에서는 주로 원가지 2개를 양쪽으로 유인하여 V자를 만든다. |
| | 덕식 | • 공중 1.8m 정도 높이에 가로, 세로로 철선을 치고, 결과부를 평면으로 만들어 주는 수형이다. <br> • 풍해를 적게 받고 과실의 품질이 좋지만, 시설비가 많이 들고 관리가 불편하다. <br> • 포도나무, 키위, 배나무 등에 적용한다. |

## ▌과수의 결과 습성

• 1년생 가지에 결실하는 과수 : 포도, 감, 밤, 무화과, 호두, 감귤 등

• 2년생 가지에 결실하는 과수 : 복숭아, 자두, 살구, 매실, 양앵두 등

• 3년생 가지에 결실하는 과수 : 사과, 배 등

## ▌ 솎음전정과 절단전정

- 솎음전정은 사과와 같이 측면의 신초가 강하게 신장하면 과실이 착과되기 어려운 과수(서양배, 사과 등)에 많이 이용된다.
- 절단전정은 복숭아처럼 과실생산을 위해 어느 정도 강한 측면의 신초를 필요로 하는 과수에서 많이 이용된다.

## ▌ 전정의 효과

- 목적하는 과수의 나무 꼴을 조화롭게 만들 수 있다.
- 해거리를 방지하고 적화와 적과의 노력을 줄일 수 있다.
- 결과지를 튼튼한 새 가지로 갱신하여 수세를 강건히 할 수 있다.
- 적정가지수를 확보하여 통풍과 수광태세를 좋게 한다.
- 웃자란 도장지와 병해충의 피해지를 제거한다.
- 비료와 영양분 손실을 막아준다.

## ▌ 배나무 결과지에서 발생한 도장지 자르기

- 결과지에서 발생한 도장지를 최하위 2엽만 남기고 자른다.
- 결과지 전체 길이의 절반까지 발생한 도장지만 제거한다.
- 결과지에서 하위 2엽을 남기고 도장지를 제거하면 신초가 생긴다.

## ▌ 결과지 발생을 위한 주지 전정

- 주관에서 가까운 주지부터 제거한다.
- 주지의 중간을 자르는 것은 세력이 갑자기 약해지므로 금지하여야 한다.
- 심하게 비틀어진 주지는 제거한다.
- 과원의 경사방향에 따라 결정된 주지는 제거한다(웃자라거나 세력이 약해짐).
- 주지 선단부는 정부우세성을 유지하도록 강하게 잘라 준다.
- 주지를 제거하는 것은 연간 1개 이내로 제한하는 것이 좋다.
- 주지의 수는 결과지가 겹치지 않을 조건으로 조절한다.
- 주지에 발생한 꽃눈군은 결과지 발생을 위해 제거한다.

## ▌ 예비지 확보방법

- 예비가지의 윗부분에서 2개의 긴 열매가지가 발생했을 경우, 그중 하나는 윗부분을 약하게 절단하여 곁가지로 이용하고 다른 하나는 짧게 절단하여 예비지로 만든다.
- 예비가지의 윗부분에서 발생한 긴 열매가지 하나는 1/2 이내로 강하게 절단하여 곁가지로 이용하고 다른 하나는 기부에서 제거한다.
- 긴 열매가지의 절단을 약하게 하여 곁가지로 이용하는 방법으로 곁가지의 윗부분까지 과실을 결실시키면 꼭대기 부분의 생장이 약해지고 중간 부위에 도장지의 발생이 많아진다.

## ▌ 수분수의 구비조건

- 다른 품종으로 혼식할 것
- 주품종과 화합성, 친화력이 높을 것
- 건전한 꽃가루를 많이 가질 것
- 개화시기가 주품종과 같거나 1~2일 빠를 것
- 결실되는 과실은 시장성이 높고 다수성일 것

▌ 화분이 불완전한 복숭아의 용궁백도, 오수백로, 애천중도, 미백도, 천중도백도, 배나무의 신고, 황금배 및 사과의 3배체인 육오, 조나골드, 와인샙, 무쓰와 같은 품종은 수분수로 이용할 수 없다.

## ▌ 자연수분

- 바람에 의한 수분
- 곤충(꿀벌류, 가위벌류, 꽃등에류 등)에 의한 수분

## ▌ 인공수분 시기

- 개화 1~2일 전부터 수분해도 수정이 가능하나, 개화 당일부터 그 후 2~3일까지가 가장 좋다.
- 수분 시기는 낮 시간 어느 때나 가능하지만, 오전에 하는 것이 가장 좋다.

## ▌ 적과(열매솎기)의 효과

- 꽃눈의 분화 발달을 좋게 해 주고 해거리(격년결실)를 예방한다.
- 나무의 잎, 가지, 뿌리 등의 영양체 생장을 돕는다.
- 과실의 크기를 크고 고르게 해 준다.
- 과실의 착색을 돕고 품질을 높여 준다.
- 병충해를 입은 과실이나 모양이 나쁜 것을 제거한다.
- 적기(생리적 낙과 후)에 적과를 실시하면 과실의 무게를 증가시킨다.

## ▌ 결실 저해 요인

저장양분 부족, 수분수 부족, 개화기 전후 기상 악화, 탄수화물이 생성하는 것보다 소비되는 것이 많을 때

## ▌ 결실 향상 방법

수분수를 혼식, 방화곤충 이용, 인공수분

# 휴면(休眠, dormancy)

- 성숙한 종자 또는 식물체가 발육할 준비를 하면서 정체되어 있는 상태
- 원인 : 발아억제물질의 존재, 씨눈(胚)의 미성숙, 종피의 기계적 저항, 수분과 산소에 대한 종피의 불투과성, 식물호르몬의 불균형적 분포

# 휴면타파와 발아촉진방법

건열처리, 습열처리, 종피파상법, 진한 황산처리, 저온처리, 진탕처리, 질산처리법 등

# 생리적 낙과의 원인

- 제1기 낙과 : 암술이나 배주가 불완전하여 수정 능력이 없거나 동상해로 고사
- 제2기 낙과 : 암술이 완전함에도 수분 수정이 되지 않거나, 수정되었다 해도 양분 경합에 의하여 낙과
- 제3기 낙과[6월 낙과(june drop, 조기낙과)] : 수정에 의하여 배가 형성된 후 어떠한 원인에 의해서 배가 발육을 정지함으로써 낙과 유발

# 낙과의 대책

- 수분의 매개(수분하면 낙과 방지)
- 합리적인 균형시비
- 동해 방지 대책 강구
- 과습 및 건조방지

# 봉지 씌우기의 목적

충해 방지, 외관 품질의 향상, 일소 현상·열과 방지, 노지재배 과수의 생산성 안정 및 과실의 상품성 증진

# 봉지의 종류

- 사과 착색 봉지 : 차광률이 높은 2중 구조
- 배 : 방균과 방충 작용
- 포도 기능성 봉지 : 비닐 창이 들어간 봉지, 합성수지(부직포) 봉지, 코팅 봉지, 봉지 끝에 얇은 철사가 삽입된 봉지 등

# 봉지 씌우는 시기

- 일반적으로 낙화 후 20~30일 전후가 적당하다.
- 감홍, 양광과 같이 동녹 발생이 심한 품종은 낙화 후 10일 이내에 씌워야 동녹 발생을 막을 수 있다.

## ▌봉지 벗기는 시기

- 일기가 좋을 때 봉지 밑을 열어 두었다가 구름이 낀 날 벗겨 준다.
- 일소피해는 과실의 온도가 낮은 상태이거나 수분이 많은 조건에서 더 심하다.
- 봉지를 벗길 때는 이른 아침이나 늦은 오후를 피한다.
- 과실의 온도가 기온과 비슷해지는 12~14시 사이에 작업하는 것이 좋다.
- 비가 온 직후나 햇볕이 강할 때는 일소피해를 받기 쉬우므로 피하도록 한다.

## ▌착색원리

- 과실의 착색에 영향을 미치는 주요 물질로는 안토시아닌(적색), 카로티노이드(황색), 클로로필(녹색) 등이 있다.
- 당분과 질소 영양분의 함량이 매우 중요하다.
- 착색을 위해서는 과실의 당 함유량이 일정 수준 이상 증가해야 한다.
- 질소 영양분은 적당한 범위 내에서 정제되어 있어야 한다.

## ▌착색 관리 방법

도장지 제거, 봉지 벗기기, 잎 따기, 과실 돌리기, 반사필름 피복

## ▌과종별 성숙 특성

- 사과는 너무 일찍 수확하면 저장성은 좋으나 생산성과 품질이 떨어진다.
- 배의 가용성 당분 중 솔비톨은 세포분열기, 세포비대기에 80% 이상을 차지하고 있고 과당, 자당은 세포비대기 후기부터 증가하기 시작하여 성숙기에 급격히 증가한다.
- 배 신고 품종의 만개 후 성숙일수는 160일이 과실품질 및 저장력이 가장 좋다.
- 포도는 대표적인 비호흡급등형 과실로서 수확 후 성숙이 거의 없다.

## ▌사과 품종별 만개 후 성숙까지의 일수

- 조생종 : 축, 산사(110~120일), 쓰가루(115~125일)
- 중생종 : 홍로(125~140일), 양광, 홍옥(155~165일), 감홍(160~170일)
- 만생종 : 화홍(165~175일), 후지(170~185일)

# 수확 시기 결정 방법

- 과실의 호흡량 또는 에틸렌 발생에 의한 결정
- 만개 후 성숙기까지의 일수에 의한 결정
- 착색에 의한 수확적기 결정
- 당도 및 맛(신맛, 떫은맛, 전분맛 등) 측정에 의한 결정
- 밀 증상에 의한 적기 판단
- 종자색(백색에서 갈색으로 변화)에 의한 예측
- 전분의 아이오딘 반응에 의한 적기 결정(요오드 용액과 반응하여 청색으로 변하는 원리)

# 예랭의 효과

- 작물의 온도를 낮추어 호흡 등의 대사작용속도 지연
- 에틸렌의 생성 억제
- 병원성·부패성 미생물의 증식 억제
- 노화에 따른 생리적 변화를 지연시켜 신선도 유지
- 증산량 감소로 인한 수분의 손실 억제
- 유통과정 중 수분의 손실 감소

# CA 저장(Controlled Atmosphere storage)

- 인위적 대기환경 조절을 통한 저장기술로 장기저장을 위한 가장 이상적인 방법이다.
- 공기 중 산소를 낮추고 이산화탄소를 높여서 저온을 유지하는 것이 저장성을 높이는 방법이다.
- 산소(3%), 이산화탄소(2~5%), 습도(85~90%), 온도(0~3℃)
- 과실이 시들거나 썩지 않고 신선도가 오랫동안 유지되며, 저장 후의 품질 또한 저온저장보다 우수하다.
- 호흡, 에틸렌 발생, 연화, 성분 변화와 같은 생화학적·생리적 변화와 연관된 작물의 노화를 방지한다.

# 과실 저장 환경조건

- 저장고 내 온도 0~1℃, 상대습도 85~95%
- 저장고 환기에 의한 에틸렌 및 유해가스 제거
- 부패과 제거

# 수확 후 저장 중 생리장해

- 사과 고두병 : Ca 부족이 원인으로 질소시비 과다, 수체 및 착과량 조절 실패 등
- 배 바람들이 현상 : 생육기간 동안 Ca가 부족한 과실을 저장할 경우
- 사과, 배 밀 증상 : 장기저장 시 과육 내부갈변의 원인이 된다.
- 사과, 배 내부갈변 현상 : 수확 전후에 얼었던 과실을 저장하거나 저장고의 환기 불량으로 저장고 내 이산화탄소가 5% 이상 축적될 경우 발생

## ▌ 서리피해의 특성

- 생육 단계 중 서리에 가장 약한 때는 개화기다.
- 개화기가 빠를수록 늦서리 피해를 심하게 받는다.
- 개화기 전후에 늦서리 피해가 발생하면 암술머리와 배주(胚珠)가 검은색으로 변한다.
- 화성이 짧아지고, 과병이 굴곡되거나 기형과가 되어 낙과한다.
- 개화 후 꽃잎은 암술보다 약해서 서리가 내리면 바로 갈변한다.
- 과실 표면에 혀 모양이나 띠 모양의 동녹이 발생하고, 과형을 나쁘게 하여 상품 가치를 떨어뜨린다.
- 어린잎이 상해를 받으면 물에 삶은 것처럼 되어 검게 말라 죽는다.

## ▌ 우박피해 특성

- 우박이 내리는 시기는 5~6월, 9~10월이다.
- 피해를 입은 잎은 마찰에 의해 상처가 나며 심한 경우 낙엽이 되고, 광합성을 감소시켜 소과와 꽃눈 불량의 원인이 되기도 한다.
- 꽃눈이나 잎눈이 피해를 입으면 다음 해 결실에도 나쁜 영향을 준다.
- 우박과 충돌한 과실의 부위는 깊게 구멍이 생기고 심하면 낙과된다.
- 큰 과실이피해를 받으면 봉지가 찢어지고 과실에 상처가 생기며, 상품성 저하와 수량 감소로 직결된다.
- 우박 피해를 입은 나뭇가지는 껍질에 상처가 나거나 가지가 찢어진다.
- 비교적 좁은 범위에서 돌발적이고, 짧은 시간에 큰 피해가 발생한다.

## ▌ 태풍피해 특성

- 열대저기압 중 중심 부근의 최대 풍속이 17m/s 이상이면 태풍이고, 30m/s 이상이면 초태풍이다.
- 태풍이 우리나라에 영향을 주는 달은 8월, 7월, 9월 순이다.
- 전엽 시기의 강풍은 어린잎이 상처를 받거나 잘 떨어지고 농약 살포 때 약하여 병해 발생의 원인이 된다.
- 개화기의 강풍은 결실을 나쁘게 한다.
- 생육기의 강풍은 잎의 증산이 커져 건조해와 바람과의 마찰에 의해 상처를 입히고, 낙엽을 유발한다.
- 잎의 피해는 과실 비대, 수체 저장양분 및 꽃눈 발달에 나쁜 영향을 미친다.
- 과수는 가지가 찢어지거나 부러지고 낙과 등이 발생한다.
- 수고가 높거나 뿌리의 발달이 불량하면 피해가 커지며, 골짜기나 하천을 끼고 있는 곳은 풍속이 강해 그 피해가 더 크다.

## ▌ 동해피해 특성 – 부위별 동해

- 목질부 동해 : 묘목이나 어린 유목에서 심부가 흑변하고, 목부가 암색으로 되는 것이 보통이며, 복숭아, 매실, 양앵두 등에서 볼 수 있다.
- 원줄기 동해 : 온도가 급격히 하강하여 가지 내부의 수분이 급격히 얼지만 온도가 상승하면 회복된다.
- 겨울철 일소 : 낮 동안 온도가 상승했다가 밤에 갑자기 온도가 하강하여 수피가 동결되는 것이 보통인데, 유목은 껍질이 세로로 갈라지고 목질부가 분리되는 경우가 많으며, 원줄기 남서면(南西面)과 굽은 가지 위쪽에 피해가 많다.
- 가지의 고사 : 초봄 복숭아를 비롯하여 작은 가지 끝에서 발생한다.
- 눈의 동해 : 잎눈보다 꽃눈이 약하고, 겨드랑이눈보다 끝눈에서 피해가 심하다.

## ▍ 화훼의 분류

| 한두해살이 화초 | 1년생 초화류 | 춘파 1년초 | 분꽃, 맨드라미, 채송화, 과꽃, 색비름, 샐비어, 메리골드, 달리아, 백일초, 코스모스, 해바라기, 일일초, 금어초, 봉선화, 나팔꽃, 미모사, 아게라텀 등 |
|---|---|---|---|
| | | 추파 1년초 | 데이지, 팬지, 프리뮬러, 시네라리아, 칼세올라리아, 스타티스, 피튜니아, 금잔화, 양귀비, 튤립 등 |
| | 2년생 초화류 | | 패랭이꽃, 접시꽃, 디기탈리스, 석죽, 스토크, 루나리아, 당아욱, 캄파눌라 등 |
| 여러해살이 화초 | 노지숙근초 | | 구절초, 아퀼레기아, 벌개미취, 작약, 샤스타데이지, 국화, 꽃창포, 루드베키아, 매발톱꽃, 꽃잔디, 숙근플록스, 옥잠화, 비비추, 원추리 등 |
| | 온실숙근초 | | 군자란, 칼랑코에, 피소스테기아, 마가렛, 제라늄, 극락조화, 안스리움, 아스파라거스, 거베라, 카네이션 등 |

## ▍ 심는 시기에 따른 구근 분류

- 춘식구근(春植球根) : 글라디올러스, 칸나, 달리아, 글로리오사, 아마릴리스, 진저, 수련 등
- 추식구근(秋植球根) : 나리, 무스카리, 라넌큘러스, 백합, 수선화, 아네모네, 아이리스, 알리움, 크로커스, 튤립, 프리지어, 히아신스, 스노드롭, 콜키쿰, 시클라멘 등

## ▍ 구근의 형태별 분류

| 인경 (비늘줄기) | 유피인경 | 튤립, 아마릴리스, 히아신스, 스노드롭, 사프란, 로도히폭시스, 상사화, 수선화, 실라, 히메노칼리스, 알리움, 오니소갈럼, 튜베로스, 무스카리 등 |
|---|---|---|
| | 무피인경 | 백합, 프리틸라리아, 나리 등 |
| 구경 (구슬줄기) | 춘식구경류 | 글라디올러스, 아시단데라 등 |
| | 추식구경류 | 구근아이리스, 바비아나, 스파락시스, 왓소니아, 익시아, 콜키쿰, 크로커스, 트리토니아, 프리지어 등 |
| 괴근(덩이뿌리) | | 달리아, 라넌큘러스, 작약, 도라지 등 |
| 괴경 (덩이줄기) | 춘식구근 | 구근베고니아, 글록시니아, 칼라, 칼라디움 등 |
| | 추식구근 | 시클라멘, 아네모네 등 |
| 근경(뿌리줄기) | | 수련, 진저, 칸나, 붓꽃, 아이리스 등 |

## ▍ 관엽식물 종류

- 천남성과 : 디펜바키아, 싱고니움, 스킨답서스, 스파티필룸 등
- 수선화과 : 군자란, 문주란, 석산·상사화 등
- 야자과 : 아레카야자, 관음죽, 테이블야자, 켄차야자 등
- 고사릿과 : 보스턴고사리, 아디안툼, 프테리스, 박쥐란 등

**■ 난류**

- 동양란(온대성) : 한란, 춘란, 건란, 석곡(장생란), 풍란 등
- 서양란(열대성) : 카틀레야, 덴드로비움, 심비디움, 팔레놉시스, 온시디움, 밀토니아, 소브라리아, 반다, 에피덴드룸 등

**■ 선인장은 사막이나 건조한 지방에서 잘 자라며 잎이 가시로 변한 식물이다.**

**■ 야자과 :** 당종려, 관음죽, 아레카 야자, 켄차 야자, 피닉스 야자, 테이블 야자, 워싱턴 야자 등

**■ 화목류**

| 교목류 | 이팝나무, 쪽동백나무, 목련, 왕벚나무, 겹벚나무, 팥배나무, 꽃사과나무, 산사나무, 배롱나무, 매실나무, 산딸나무 등 |
|--------|--------|
| 관목류 | 개나리, 진달래, 장미, 무궁화, 산철쭉, 쥐똥나무, 회양목 등 |
| 만경류 | 덩굴장미, 능소화, 클레마티스류, 인동덩굴, 재스민 등 |

**■ 고산식물(alpine plant)**

- 한대 또는 고산 지방에서 자생하는 식물
- 에델바이스, 망아지풀, 송다리, 새우난초, 암매, 시로미, 설앵초, 누운향나무, 누운주목, 금강초롱, 연영초

**■ 방향식물(aromatic plant)**

- 잎이나 꽃의 관상가치는 적지만, 잎에서 특이한 향기를 방출하는 식물
- 구문초, 라벤더, 란타나, 레몬밤, 로즈마리, 로즈제라늄, 메리골드, 바질, 세이지, 스피아민트, 오데코롱민트, 율마, 제라늄, 캔들플랜트, 타임, 파인애플민트, 페니로열, 페퍼민트, 우리나라 울릉도에서 자생하는 섬백리향 등

**■ 우리나라 남해안이 자생지인 화훼 :** 석곡, 문주란, 나도풍란

**■ 식충식물**

- 벌레를 잡아 영양을 섭취하는 식물로, 이색을 띤 용모가 관상가치가 있어 절화용으로 이용된다.
- 포충낭을 가진 것 : 사라세니아, 네펜데스, 세팔로투스, 통발 등
- 포충엽을 갖는 것 : 비너스 파리잡이풀(파리지옥), 벌레먹이말 등
- 끈끈이점액을 분비하는 것 : 끈끈이주걱, 끈끈이귀개, 벌레잡이제비꽃 등

## ▌종자 번식의 장단점

| 장점 | 단점 |
|---|---|
| • 번식 방법이 쉽고, 대량 번식이 가능하다.<br>• 영양 번식에 비해 발육이 왕성하고, 수명이 길다.<br>• 교잡에 의한 품종 개량이 가능하다.<br>• 수송과 저장에서 취급이 용이하다. | • 교잡에 의해 원하지 않는 변이가 나타날 수 있다.<br>• 목본 화훼류의 경우 개화와 결실에 이르는 기간이 오래 소요된다.<br>• 휴면 종자의 경우 별도 처리가 선행되어야 한다.<br>• 불임과 단위결과성 식물의 번식이 어렵다. |

## ▌호광성 종자와 혐광성 종자

- 광발아 종자(호광성 종자) : 금어초, 베고니아, 피튜니아, 진달래, 아게라텀, 칼세올라리아, 글록시니아, 베고니아, 프리뮬러 등
- 암발아 종자(혐광성 종자) : 맨드라미, 팬지, 일일초, 고데치아, 스타티스, 백일홍, 시클라멘 등
- 광과 관계없는 종자 : 패랭이꽃, 국화, 메리골드, 채송화, 안개초, 색비름 등

## ▌종자 발아 전처리 방법

- 종자 코팅 : 코팅의 목적은 종자 겉면에 묻어 있는 병원균 소독, 발아 시기에 발생되기 쉬운 모잘록병 방제에 효과가 있다.
- 종자의 펠릿팅 : 원형이 아닌 종자는 기계 파종이 어려우나 펠릿팅 종자로 만들면 가능하고, 이때 약제나 발아촉진제를 첨가하여 발아율을 높인다.
- 프라이밍 : 프라이밍 처리를 하면 발아율과 발아 속도가 향상되며 균일하게 발아된다.
- 멀티 종자 : 멀티 종자를 이용하면 파종에 소요되는 시간과 노동력을 절감할 수 있다.

## ▌영양 번식의 장점

- 보통 재배로는 채종이 곤란하여 종자 번식이 어려운 작물에 이용된다.
- 우량한 유전질을 쉽게 영속적으로 유지시킬 수 있다.
- 종자 번식보다 생육이 왕성해 조기수확이 가능하며 수량도 증가한다.
- 암수를 구분하여 번식할 수 있다.
- 접목은 풍토적응성 증대, 병충해 저항성 증진, 개화·결실 촉진, 품질 향상, 수세 회복 등을 기대할 수 있다.

## ▌꺾꽂이의 장단점

| 장점 | 단점 |
|---|---|
| • 같은 형질의 개체를 단기간에 번식시킬 수 있다.<br>• 우수한 특성을 지닌 개체를 골라서 번식하는 것이 가능하다.<br>• 겹꽃으로 결실하지 못하는 종류도 쉽게 번식시킬 수 있다.<br>• 종자 번식에 비하여 개화와 결실이 빠르다.<br>• 다른 영양 번식보다 비교적 쉽게 번식시킬 수 있다. | • 온도와 습도 등의 환경을 적절히 조절해 주어야 한다.<br>• 일반적으로 종자 번식보다 뿌리 및 줄기 등의 생장이 약해진다. |

## ▌ 꺾꽂이의 종류

- 잎꽂이(엽삽) : 산세비에리아, 페페로미아, 렉스베고니아, 에케베리아 등
- 줄기꽂이(지삽)
  - 풋가지꽂이(녹지삽) : 국화, 카네이션, 제라늄, 동백나무, 철쭉, 포인세티아 등
  - 굳가지꽂이(숙지삽) : 장미, 개나리, 무궁화, 매화 등
- 뿌리꽂이(근삽) : 라일락, 무궁화, 등나무, 개나리, 황매화, 플록스 등

## ▌ 접붙이기(접목)

| 깎기접(절접) | • 굵은 대목에 가는 접수를 이용할 때 대목을 쪼개고 상호 형성층을 결합하여 활착시키는 가장 일반적인 접목법이다.<br>• 장미, 모란, 목련, 벚꽃, 라일락, 단풍, 탱자나무 등 |
|---|---|
| 맞춤법(합접) | • 줄기굵기가 같을 때 접수를 비스듬하게 깎아 접한다.<br>• 장미 등 |
| 쪼개접(할접) | • 굵은 대목과 가는 소목을 접목할 때 대목 중간을 쪼개 그 사이에 접수를 넣는 방법이다.<br>• 다알리아, 가짓과, 숙근안개초, 금송, 오엽송 |
| 눈접(아접) | • 8월 상순~9월 상순경, 그해 자란 수목의 가지에서 1개의 눈을 채취하여 대목에 접목하는 방법이다.<br>• 장미, 벚나무 등 |
| 안장접(안접) | • 대목을 쐐기모양으로 깎고 접수는 대목모양으로 잘라 접한다.<br>• 선인장 등 |

## ▌ 휘묻이, 묻어떼기(취목)

- 휘묻이
  - 단순취목법 : 가지를 휘어 땅에 묻고 선단 일부가 지상에 나오도록 하는 방법
  - 끝휘묻이(선단취목)법 : 가지를 굽혀 끝을 땅에 묻고 새 가지가 자라고 뿌리가 생기면 다음 해 봄에 모본에서 분리하는 방법
  - 망취묻이법(빗살묻이) : 가지를 수평으로 묻고 각 마디에서 새 가지를 발생시켜 하나의 가지에서 여러 개의 개체를 발생시키는 방법
  - 물결묻이(파상취목) : 긴 가지를 파상으로 휘어서 지곡부마다 흙을 덮고 하나의 가지에서 여러 개의 개체를 발생시키는 방법
- 높이떼기(고취법) : 줄기나 가지를 땅속에 묻을 수 없을 때 높은 곳에서 발근시켜 취목하는 방법
- 묻어떼기(성토법) : 모체의 기부에 새로운 측지가 나오게 한 다음 측지의 끝이 보일 정도로 흙을 덮어 발근시킨 후 잘라서 번식시키는 방법

## ▌ 히아신스의 인공 분구법 : 스쿠핑(scooping), 스코어링(scoring), 노칭(notching)

## ▌ 육묘의 목적

- 조기수확 및 증수효과가 있다.
- 출하기를 앞당길 수 있다.
- 양질의 균일한 묘를 생산할 수 있다.
- 저온감응성 채소의 추대를 방지한다.
- 집약적인 관리와 보호가 가능하다.
- 종자가 절약되며 토지 활용도를 높일 수 있다.
- 본밭의 적응력을 향상시킬 수 있다.
- 최적의 생육 환경 조건으로 작물의 병해충 보호가 가능하다.

## ▌ 육묘용 상토(배양토)

- 버미큘라이트(질석) : 비료분이 적고, 보비성, 보수성, 통기성이 우수하여 원예용 배지로 많이 이용한다.
- 펄라이트 : 염류를 최소화한 것으로 보수성이 충분하고 보비력, 배수성이 우수하다.
- 피트모스(이탄토) : 늪, 식물, 낙엽 등이 퇴적한 것으로 보수력과 흡비력이 크다.
- 코코피트 : 염류를 최소화한 것으로 보수성이 충분하고 보비력, 배수성이 우수하다.
- 수태 : 습생 식물을 건조시킨 것으로, 통기성, 배수성 및 보수력이 우수하다.

## ▌ 모종의 순화(경화)

옮겨심기 후 뿌리내리는 것을 빠르게 하고 몸살을 줄이기 위해 모종을 환경에 적응시키는 것

## ▌ 모종의 옮겨심기

- 식물의 줄기가 길게 자라는 것을 막고, 측지 발생을 빠르게 한다.
- 불량한 묘를 버리고 균일한 묘를 생산한다.

## ▌ 주요 화훼 작물의 시비 요구도

- 요구도 적은 식물 : 아잘레아, 카틀레아, 프리뮬러, 동백, 글라디올러스, 고사리, 치자나무
- 요구도 보통인 식물 : 프리지어, 거베라, 아네모네, 시클라멘, 장미, 안스리움, 작약
- 요구도 많은 식물 : 수국, 포인세티아, 제라늄, 카네이션, 국화, 라넌큘러스, 백합, 튤립

## ▌ 광주성과 식물 분류

- 장일성 식물 : 피튜니아, 스토크, 금잔화, 과꽃, 데이지, 아이리스 등
- 단일성 식물 : 백일홍, 가을국화, 코스모스, 포인세티아 등
- 중간성 식물 : 시클라멘, 장미 등

■ **국화의 일장반응** : 단일처리하면 개화가 촉진되고, 장일처리하면 억제된다.

■ 일장반응을 일으키는 광은 적색광이며, 청색광은 효과가 적고, 녹색광은 전혀 효과가 없다.

■ **전조재배**
- 일장이 짧은 가을과 겨울철에 단일성 식물의 개화를 억제하거나 장일성 식물의 개화를 촉진시키기 위해 사용하는 방법이다.
- 가을국화(추국) : 야간(23~3시, 한밤중)에 4시간 정도 전조를 하여 장일 상태로 만들어 10월 하순에 소등하면 12월 하순에 개화할 수 있다.

■ **차광재배(암막처리)**
- 일몰 전부터 일출 전까지 시설 내에서 암막을 덮어서 명기를 짧게 하는 방법으로, 주로 자연 일장이 긴 계절에 단일성 식물의 개화를 촉진시킬 때 사용한다.
- 가을국화 : 저녁 6시경부터 새벽 6시까지 차광을 하면 자연 개화기인 10월 말보다 더 일찍 8월에 개화시킬 수 있다

■ **화훼 작물별 온도 감응 특성**

| 고온을 좋아하는 작물(20℃ 이상) | 꽃고추, 부용, 글록시니아, 거베라, 후쿠시아, 크로산드라, 안젤로니아 등이 있다. |
|---|---|
| 중온을 좋아하는 작물(15~20℃) | 아부틸론, 아킬레아, 아게라텀, 아스크레피어스, 과꽃, 베고니아, 맨드라미, 코레우스, 코스모스, 시클라멘, 백묘국, 제라늄, 천일홍, 임파첸스, 리시안서스, 메리골드, 한련화, 꽃담배, 오스테오스펄멈, 펜타스, 피튜니아, 채송화, 버베나 |
| 저온을 좋아하는 작물(15℃ 미만) | 알스트로메리아, 알리섬, 아킬레기아, 꽃양배추, 금잔화, 캄파눌라, 카네이션, 코레옵시스, 델피늄, 에키네시아, 니포피아, 리나리아, 팬지, 프록스, 꽃양귀비, 루드베키아, 금어초, 라넌큘러스, 비올라 등 |

■ **춘화현상(vernalization)**
- 종자춘화형 : 종자 단계에서 저온에 감응하여 개화되는 경우로 스타티스 등이 있다.
- 녹색식물체춘화형 : 일정 기간 생장을 한 후부터 비로소 감응하는 경우로 2년초, 구근류, 숙근초 등이 속한다.

■ **로제트(rosette) 현상**
- 한대나 온대지방이 원산지인 한두해살이 화초류나 여러해살이 화초류에서 절간(마디 사이)신장이 일시적으로 정지되는 현상
- 화훼류의 로제트 현상을 타파하는 방법 : 저온 처리

## ▌ 생장조절제

| 옥신(auxin) | 세포의 신장을 촉진하며, 발근촉진제로 삽목 시 발근을 촉진시킨다. |
|---|---|
| 지베렐린<br>(gibberellin, GA) | • 개화하는 데 저온을 요구하는 식물의 경우 저온을 대신하여 처리하면 추대가 유도되어 개화가 촉진된다.<br>• 팬지, 프리지어, 시클라멘, 피튜니아, 스톡 등의 장일성 식물의 개화를 촉진시키고, 단위결과를 유도한다.<br>• 숙근, 구근류의 저온을 대체하여 휴면타파에 이용하면 발아가 촉진된다.<br>• 장미, 국화 등의 절화 보존 용액에 GA를 처리하면 절화잎의 엽록소 소실을 감소시켜 황화현상이 지연됨으로써 절화<br>  수명이 연장된다. |
| 시토키닌<br>(cytokinin) | • 잎과 줄기의 형성을 촉진시킨다.<br>• 호접난이나 easter cactus에서는 화아형성과 개화를 촉진한다.<br>• 장미, 국화 등의 절화에 처리하면 에틸렌 생성을 억제하고, 엽록소 함량을 증가시켜 꽃의 노화를 지연시킴으로써<br>  절화 수명을 연장시키는 효과가 있다. |
| 에틸렌<br>(ethylene) | • 절화에 처리하면 노화가 촉진되어 꽃의 조기 위조 및 절화 수명이 단축되는 현상이 나타난다.<br>• 파인애플과 식물(guzmania, ananas, neoregelia 등)들은 에틸렌을 처리하면 개화가 촉진되지만, 대부분의 화훼류에<br>  서는 개화가 억제된다.<br>• 프리지어, 시클라멘, 수선, 백합 등과 같은 구근류의 구근에 에틸렌을 처리하면 휴면이 타파되어 맹아율이 증가된다 |
| 아브시스산<br>(ABA,<br>abscissic acid) | • 식물의 기공 개폐에 관여하는데, 건조 스트레스를 받으면 ABA 함량이 증가하여 기공이 닫히고 증산량이 감소한다.<br>• 종자의 휴면을 유도하고, 온대 지방에서 자생하는 식물들은 단일 조건에서 식물체의 눈에 ABA 함량이 증가하여<br>  휴면이 유도된다. |
| 생장억제제 | • 주로 GA의 생합성이나 작용을 억제하여 식물의 초장을 감소시켜 왜화제로 사용된다.<br>• CCC(chlormequat, cycocel), B-nine(B-9, daminozide), 트리아졸(triazole)계(paclobutrazol, uniconazole) 등 |

## ▌ 이식과 가식

• 이식은 파종 후 떡잎이 나오고 본잎이 2~4장 충분히 벌어진 후에 하는 것이 일반적이다.

• 가식 : 불량한 묘를 추려 내거나 옮겨심기를 함으로써 뿌리의 발달을 촉진하고, 도장(徒長, 웃자람)을 방지할
 목적으로 한다.

## ▌ 화목류의 정식 시기

• 침엽수 : 2월 하순~4월 하순, 9월 상순~11월 하순

• 낙엽활엽수 : 3월 상순~4월 상순, 6월 상순~7월 상순

• 상록활엽수 : 3월 하순~4월 상순, 10월 하순~12월 하순

## ▌ 전정의 효과

• 목적하는 수형을 만들 수 있다.

• 병충해 피해 가지, 노쇠한 가지, 죽은 가지 등을 제거하고, 새로운 가지로 갱신하여 결과를 좋게 한다.

• 적정가지수를 확보하여 통풍과 수광태세를 좋게 한다.

• 결과부의 상승을 억제하고, 공간을 효율적으로 이용할 수 있게 한다.

• 결과를 조절하여 해거리를 예방하고, 적과 노력을 줄일 수 있다.

• 비료와 영양분 손실을 막아준다.

## ▌ 전정 시기

- 작년에 꽃눈을 만드는 화목류 : 봄철 꽃이 피고 나서 새로운 가지가 나와 충분히 자란 후인 여름철에서 꽃눈이 만들어지는 늦가을 전에 전정한다(수국 등 일부 화목류는 제외).
- 장미나 배롱나무 등 올해 꽃눈을 만드는 화목류 : 낙엽이 진 후 어느 때나 전정을 할 수 있다. 따라서 정원 장미의 경우에는 이른 봄 새싹이 나오기 전에 전정을 하여도 문제가 없다.
- 향나무와 같은 침엽수 : 봄철 새순이 나온 후 무더운 여름철을 피해서 전정한다.
- 꽃이나 잎이 지고 난 후에 가지를 치는 것이 좋으며, 식물에 따라 늦가을에서 이른 봄 사이나 초가을에서 가을 사이에 한다.

## ▌ 전정 시 주의사항

- 위, 옆, 아래의 순서로 가지를 잘라내는 것이 좋다.
- 너무 엉켜서 필요 없는 중심 가지를 밑에서 바짝 자른다.
- 잔가지를 자를 때는 눈의 위치보다 다소 위쪽을 자른다.
- 굵은 가지는 2~3번 나누어 자른다.
- 큰 가지를 자를 때는 가지 밑동을 남기지 말고 바짝 자른다.
- 전정 시 가장 위에 남는 눈의 반대쪽으로 비스듬히 자른다.
- 일반적으로 꽃이 잘 피지 않거나 빈약할 때에는 나무의 모양을 해치지 않는 범위에서 충실한 가지를 남기고 윗부분을 1/3~2/3 길이로 잘라 준다.
- 전정 시 절단면이 넓으면 도포제를 발라 상처 부위를 보호한다.

## ▌ 적심(순지르기)

주경 또는 주지의 순을 잘라 생장을 억제시키고, 측지의 발생을 많게 하여 개화, 착과, 착립을 돕는 작업이다.

## ▌ 주요 밭잡초의 종류

| 1년생 | 화본과 | 강아지풀, 돌피, 미국개기장, 바랭이, 둑새풀(2년생) 등 |
|---|---|---|
| | 방동사니과 | 금방동사니, 참방동사니 등 |
| | 광엽잡초 | 개비름, 개망초, 개갓냉이(2년생), 깨풀, 꽃다지(2년생), 냉이(2년생), 망초(2년생), 명아주, 별꽃(2년생), 쇠비름, 속속이풀(2년생), 여뀌 등 |
| 다년생 | 화본과 | 띠, 참새피 등 |
| | 방동사니과 | 향부자 등 |
| | 광엽잡초 | 메꽃, 민들레, 쇠뜨기, 쑥, 씀바귀, 토끼풀 등 |

## ▋ 제초제 사용 시 유의점

• 제초제 선택과 사용시기, 사용농도를 적절히 한다.

• 파종 후 처리 시 복토를 다소 깊고 균일하게 한다.

• 인축, 후작물, 천적, 생태계에 피해를 주어서는 안 된다.

• 제초제의 연용에 의한 토양조건이나 잡초군락의 변화에 유의해야 한다.

• 농약, 비료 등과의 혼용을 고려해야 한다.

• 제초제에 대한 저항성 품종의 육성이 고려되어야 한다.

• 살충제의 병뚜껑은 초록색, 살균제는 분홍색, 제초제는 노란색이므로 식별하여 사용한다.

## ▋ 화훼 수확

• 일반적으로 만개한 꽃을 수확하면 절화 수명이 짧아지는 단점이 있으며, 장거리 수송이나 수출을 위한 꽃은 발육이 덜 진행된 단계에서 수확하는 것이 좋다.

• 절화는 절화 후 수분이 급격히 손실되므로 아침에 수확하는 것이 좋다.

• 꽃에 이슬이나 습기가 있을 경우에는 습기가 제거된 이후에 수확해야 한다.

• 25~30℃ 이상의 고온과 고광도에서의 수확은 가능한 한 피하는 것이 좋다.

## ▋ 절화별 포장 방법

• 글라디올러스, 금어초는 직립으로 세울 수 있는 상자에 포장한다(눕혀 놓으면 화서 끝이 휘기 쉬우므로)

• 안스리움, 난, 극락조화 등은 화기 부분을 종이나 PE 필름으로 하나씩 싼다(화기 부분의 보호를 위해 잘게 자른 종이나 종이울, 보호망 등으로 채워 넣는다.).

• 안스리움이나 헬리코니아와 같은 열대성 절화를 포장할 때에는 충진물을 적셔 수분 손실 및 건조를 방지한다.

## ▋ 수확 후의 생리

• 절화의 탈수현상 : 탈수현상을 막기 위해서는 줄기를 재절단하거나 물을 깨끗이 유지해야 한다.

• 절화의 호흡작용 : 모든 식물체는 온도가 올라감에 따라 호흡량이 증가한다.

• 에틸렌 발생 : 꽃잎탈리, 꽃잎말림, 위조, 화색의 적색화·청색화, 화탈리, 고사 등의 노화증상을 일으킨다.

• 절화의 품질 저하 : 절화의 품질유지에는 수분공급(물올림 등), 체내양분공급, 온습도 조절(예랭 등), 에틸렌 발생 방지, 물리적 손상 방비 등이 있다.

## ▌ 건식저장과 습식저장

| 건식저장 | 습식저장 |
|---|---|
| • 절화를 물에 담그지 않고 종이나 폴리에틸렌 필름으로 포장한 후 상자에 넣어 저온저장고(0~2℃)에 보관하는 방법이다.<br>• 2~3개월 정도 저장이 가능하고, 저장 공간을 최대로 활용할 수 있다.<br>• 증산에 의해 위조(쇠약하여 마름)하기 쉬우며, 수분이 많은 절화는 곰팡이에 의한 부패 등으로 상품성을 떨어뜨리는 단점이 있다. | • 물을 넣은 용기에 절화 줄기의 아랫부분을 담가서 저장하는 방법이다.<br>• 건식저장보다 높은 온도에서 저장하므로 절화의 저장 영양분 소모가 빠르고, 꽃봉오리 발육과 노화도 빨라 단기간인 1~4주 정도 저장할 경우에 이용한다.<br>• 건식저장보다 많은 면적의 저장고가 필요하다.<br>• 간단하고 쉽게 취급하기 위해 스펀지나 물솜 포장을 하여 유통하기도 한다. |

## ▌ 습식수송

- 절화는 습식수송을 하여야 절화의 품질을 유지하고, 수명을 연장할 수 있다.
- 수송 시 온대 절화의 경우 4℃, 열대 절화의 경우에는 8~10℃를 유지할 수 있도록 설정한다.
- 습식수송은 수송 중 생체중 감소와 유통 과정 중 손상이 거의 없으며, 수분 균형이 좋아 꽃목굽음이 생기지 않고 절화 수명도 길어진다.
- 습식수송은 건식수송에 비해 개화 진전이 빠르므로 반드시 저온 상태로 수송하여야 한다.
- 운송 시 충격에 의해 물이 흘러나와 박스를 젖게하는 경우가 있다.
- 글라디올러스, 금어초 등 화서 끝이 휘는 종류는 습식 수송으로 바로 세워서 수송한다.

## ▌ 차광시설

흑색 네트망, 한랭사, 알루미늄 필름을 이용하거나 석회를 도포하여 햇빛을 차단해 주는 것들이 있다.

## ▌ 보광시설의 종류 및 특성

- 백열등 : 적색광이 많아 광합성에 유리하고 장일식물에 효과가 크다.
- 형광등 : 백열등보다 발광 효율이 4배 정도 더 크고 수명이 10배나 길다.
- 수은등 : 발광 효율은 일반 형광등보다 낮고, 백열등보다는 높다.
- 메탈할라이드등 : 적색광과 원적색광의 에너지 분포가 자연광과 유사하다.
- 고압나트륨등 : 전등 중 출력이 가장 높고, 광합성 효과가 높은 파장을 가지고 있다.
- 발광 다이오드(LED) : 식물 생육에 필요한 특수한 파장의 단색광만을 방출하는 인공 광원이다.

## ▌ 모관수(pF 2.7~4.2)

토양공극에서 모관 인력에 의하여 보유되는 수분으로 작물생육에 가장 유효하게 이용된다.

## ▮ 수분 요구도에 따른 식물 분류

- 건생식물 : 선인장류, 소나무, 향나무, 노간주나무, 바위솔, 채송화 등
- 중생식물 : 대부분의 재배 식물들
- 습생식물 : 알로카시아, 토란, 미나리아재비, 미나리, 약모밀, 낙우송, 버드나무 등
- 수생식물 : 연꽃, 수련, 부들, 가래, 창포 등

## ▮ 관수시설

| | | |
|---|---|---|
| 지표관수 | 고랑관수 | 고랑에 물을 흐르게 하여 작물의 스며들게 하는 수분을 공급 방법이다. |
| | 호스관수 | 분화류 관수와 소규모 관수에서 많이 이용하고 있다. |
| | 다공튜브 관수 | 폴리에틸렌으로 된 호스 또는 튜브에 구멍을 뚫어 관수하는 방법이다. |
| 공중관수 | 스프링클러관수 | 단시간에 많은 양의 물을 넓은 면적에 뿌릴 수 있다. |
| | 미스트관수 | 미세한 노즐을 통과한 물이 안개 상태로 분산되어 관수되는 방법이다. |
| | 관수노즐관수 | 포트나 화분 재배 시, 포트 크기가 작으면 관수 노즐도 가늘고 부드럽게 관수할 수 있는 것을 선택하고, 큰 화분은 큰 노즐을 사용한다. |
| 저면관수 | | 화분 또는 플러그트레이 하단부 가운데에 있는 배수공을 통하여 물이 올라가게 하는 방법이다. |
| 점적관수 | | 플라스틱 파이프나 튜브로부터 물방울이 뚝뚝 떨어지게 하거나 천천히 흘러나오게 하여 관수한다. |

## ▮ 공기의 구성

질소 약 78.1%, 산소 약 21%, 아르곤 약 1%, 이산화탄소 약 0.03%

▮ 보통 작물의 $CO_2$ 포화점은 1,200~1,800ppm 정도이다.

## ▮ 탄산가스 시비의 의의

식물은 탄산가스(이산화탄소)를 흡수함으로써 포도당을 생성하게 되므로, 탄산가스 농도를 증가시키면 광합성 속도를 증가시킬 수 있다.

## ▮ 탄산가스 농도의 일변화

호흡 작용으로 인하여 해 뜨기 직전에 700~1,500ppm으로 높게 나타나지만, 해가 뜨면서 급속히 저하하여 환기 직전에는 300ppm 미만으로 크게 감소하게 된다.

## ▮ 탄산가스 시비 방법

환기에 의한 방법, 액화 탄산가스 시비법, 드라이아이스 시비법, 연소식 탄산가스 시비법, 고체 탄산가스 시비법

## ▮ 탄산가스 시비 효과

- 장미 : 경우 1,000ppm의 이산화탄소 사용으로 53%의 절화 수량을 증대시켰고, 개화기 단축 및 꽃잎의 수를 크게 증가시켰다.
- 국화, 카네이션 등 : 수량 증대, 절화 품질의 향상 및 절화의 수명을 연장시키는 효과가 있다.

## ▌ 시설의 분류

- 피복재 종류에 따른 분류 : 유리온실(glass house), 플라스틱온실(plastic film house)
- 지붕 모양에 따른 분류 : 양지붕형, 외지붕형, 쓰리쿼터(3/4)형, 더치라이트형, 둥근지붕형, 곡선지붕형, 벤로형 등
- 골재 종류에 따른 분류 : 경량철골, 파이프, 경량철골 및 파이프 혼용, 경량철골 및 경합금 혼용, 목재 등
- 재배작목에 따른 분류 : 채소재배, 과수재배, 화훼재배, 육묘용 등
- 가온 유무에 따른 분류 : 가온, 무가온
- 설치방향에 따른 분류 : 동서동, 남북동

## ▌ 아치형(arch roof, 원형) 하우스

- 곡선형으로 가공한 철재파이프를 골조로 사용하므로 풍압을 적게 받는다.
- 시설비가 적고 실용적이며 설치 및 철거가 비교적 쉽고 투광성도 양호하다.
- 온실 내부의 온도변화가 심하고 방열면적이 넓기 때문에 겨울철 보온에 불리하다.

## ▌ 양지붕형

- 대형화가 용이하고 온실의 폭도 다양하다.
- 광선이 비교적 고르게 투과되어 실내온도가 균일하지만 온실의 폭이 넓은 경우에는 적설의 피해가 우려되는 단점이 있다.

## ▌ 편지붕형

- 지붕이 남향의 한쪽 방향으로만 경사진 온실로서 주로 동서동으로 설치한다.
- 겨울철에 채광량이 많으며 북쪽 벽의 반사열로 인하여 온도상승에 유리하고 벽체를 통한 열손실이 적어 보온성도 뛰어나다.
- 광선의 입사방향이 일정하여 작물의 생육이 균일하지 못하고, 통기성이 불량하여 과습이 우려된다.

## ▌ 쓰리쿼터형(three-quarter type, 3/4형)

- 양지붕형과 편지붕형의 복합 형태, 온실의 방향은 동서동이 일반적이다.
- 겨울철에 투광량이 많고 보온성이 양호하기 때문에 멜론과 같은 고온성 작물 재배에 적당하다.

## ▌ 반원형 터널

- 시설원예 초기에 이용된 대표적인 간이온실 형태로 과거에는 골조재로 주로 반원형의 대나무가 사용되었으나 근래에는 대부분 철재파이프로 대체되었다.
- 기밀성이 우수하여 보온성능이 양호하고 설치비가 적게 소요되며 채광성이 좋고 그늘이 적어 실내가 밝다.
- 환기가 불량하여 과습의 우려가 있고 내부 작업이 불편하다.

## ▌ 연동형

- 보온성이 우수하고 시설비가 절감되며 작업이 용이하다.
- 연결부분의 투광성이 떨어지고 통풍이 불량하며, 지붕 접합부의 누수와 겨울철 적설하중에 약한 단점이 있다.

## ▌ 벤로(venlo)형

- 처마가 높고 너비가 좁은 양지붕형 온실을 연결한 형태로서, 양지붕 연동형 온실의 결점을 개선한 온실이다.
- 서까래의 간격이 넓어질 수 있기 때문에 골조가 적게 들어 시설비가 절약된다.
- 골조율 감소에 의한 투광률을 향상시킬 수 있다.

## ▌ 시설의 구조

- 서까래 : 지붕의 하중을 받는 경사재이다.
- 중도리 : 서까래를 받치는 수평재이다.
- 대들보(왕도리) : 용마루에 놓이는 수평재이다.
- 측면보(갓도리, 처마도리) : 기둥 상단을 연결하는 수평재이다.
- 버팀대, 가새 : 기둥과 기둥 사이의 경사재로, 온실 모서리에 받는 큰 풍압을 지지하는 부재이다.
- 기둥 : 지붕의 하중을 주로 담당하는 수직재이다.
- 샛기둥 : 기둥과 기둥 사이의 수직재이다.

## ▌ 시설의 자재

| 기초 피복재 | 유리 | • 판유리(투명유리), 형판유리(산광유리), 복층유리, 열선흡수(반사)유리 등<br>• 가시광선 투과율 : 아크릴 > 유리 > 플라스틱 |
| | 연질필름 | • 폴리에틸렌(PE), 에틸렌아세트산비닐(EVA), 염화비닐(PVC) 등<br>• 보온력 : PVC > EVA > PE<br>• 광 투과율 : PE > PVC > EVA<br>• 먼지 부착 등 오염에 따른 투광률 유지도 : PE > EVA > PVC |
| | 경질필름 | • 두께 0.1~0.2mm 정도<br>• 경질폴리염화비닐(RPVC)필름, 경질폴리에스테르(PET)필름, 불소수지(ETFE)필름 등 |
| 추가 피복재 | | 반사필름, 부직포, 매트, 한랭사 등 |
| 골격자재 | | 죽재, 목재, 철재, 경합금재 등 |

## ▌시설 내 온도 환경의 특성

- 시설 밖의 바람에 영향을 받는다.
- 시설 내 온도 상승은 들어오는 광량의 영향이 크다.
- 일교차가 크고 온도분포가 불균일하다.
- 시설 내의 온도는 식물체 내의 삼투압, 작물의 기공개폐 및 증산작용 등에 영향을 준다.

## ▌시설 내 광 환경의 특성

- 광량의 일변화 차이가 노지에 비해 작다.
- 광 분포가 불균일하다.
- 시설 내 광질이 노지와 다르다.
- 작물이 클수록 하단부의 광량은 적다.
- 밀폐된 하우스 내의 이산화탄소 부족은 작물의 광합성을 저해하여 생육에 부진한 영향을 미친다.

## ▌하우스 재배에서 광량이 저하되는 이유

- 기둥, 서까래 등의 골격재에 의한 차광(높은 골조율)
- 피복재에 의한 광선의 반사 또는 흡수
- 피복재의 오염 또는 물방울 맺힘
- 피복재의 이중 피복
- 착색필름의 사용
- 하우스를 남북동으로 설치

## ▌시설 내 토양수분 환경의 특성

- 자연강우에 의한 수분공급이 전혀 없다.
- 증발산량이 많아 건조해지기 쉽다.
- 낮은 지온으로 근계의 발달이 빈약하고 수분흡수가 억제된다.
- 단열층 매설로 지하수분의 상승이동을 억제한다.

## ▌시설 내 토양의 특성

- 노지에 비해 염류농도가 높다.
- 특정성분의 양분이 결핍되기 쉽다.
- 토양의 pH가 낮은 것이 특징이다.
- 토양의 공극률이 낮아 통기성이 불량하다.
- 연작장해와 병충해 발생이 증가한다.

## ▌ 토양 염류농도가 높을 때 작물에 나타나는 현상

- 생육 속도가 떨어지고 뿌리의 발육이 나쁘다.
- 잎 끝이 타들어가는 현상을 보인다.
- 잎의 가장자리가 안으로 말린다.
- 잎의 색이 진하며(농록색), 잎의 표면이 정상적인 잎보다 더 윤택이 난다.
- Ca 또는 Mg 결핍 증상이 나타난다.

## ▌ 시설토양의 염류 집적 방지 대책

- 마른 볏짚이나 마른 옥수수대 같은 미 분해성 유기물을 사용한다.
- 여름에는 기초 피복을 벗겨 자연강우에 노출시킨다.
- 가축 분뇨와 같은 유기물의 연용을 피한다.
- 일정기간 수수나 옥수수 등의 흡비 작물을 재배한다.
- 휴한기를 이용하여 단기간 내염성 작물을 재배한다.
- 땅을 깊이 갈아 엎어준다.
- 담수 및 관수를 충분히 하여 용탈시켜 준다.

## ▌ 관비재배의 효과를 높이기 위한 토양의 조건

- 토양의 pH는 5.5~6.5로 조정하여야 한다.
- 토양 물빠짐(투수성)이 좋고, 토양 공기가 원활하게 공급되어야 한다.
- 토양분석을 토대로 시비량을 결정한다.
- 잘 부숙되지 않거나 양분의 함량이 높은 유기물이나 축분사용을 삼가한다.
- 칼슘이나 마그네슘이 많이 함유되었거나 pH가 높은 물은 인산비료를 이용할 때 인산칼슘이나 인산마그네슘은 침전되므로 산성을 띠는 인산비료(인산이나 제1인산암모늄)를 사용하는 것이 좋다.

## ▌ 토양소독 방법

- 답전윤환
- 가열소독 : 태양열소독, 증기소독법
- 약제소독법 : 폼알데하이드, 클로로피크린, 메틸브로마이드, 베이팜 등

## ▌ 냉난방장치

- 냉방장치
  - 증발냉각 : 팬 앤드 패드(fan & pad) 방법, 포그(fog) 방법
  - 히트펌프
- 난방장치 : 온풍난방기, 온수난방장치, 증기난방방식

# 온수난방의 장점

- 예열시간이 길고 온수온도를 바꾸어 부하변동에 대응할 수 있다.
- 기온에 따라 수온을 조절할 수 있다.
- 넓은 면적에 열을 고루 공급한다.
- 급격한 온도변화 없이 보온력이 크다.
- 내구성이 클 뿐만 아니라 지중 가온도 가능하다.

# 자연환기와 강제환기의 차이점

| 자연환기 | 강제환기 |
| --- | --- |
| • 시설 내 온도차에 의해 생기는 환기력과 시설 밖 바람에 의해 형성되는 압력차에 의함<br>• 환기창 면적이나 위치를 잘 선정하면 비교적 효과가 높음<br>• 온실 내 온도분포가 비교적 균일함<br>• 풍향, 풍속 등 외부 기상조건의 영향을 많이 받음 | • 환기량은 시설상 면적과 방풍량에 비례하고, 설정된 온도차에 반비례함<br>• 시설 내 상·하 온도차가 작아져서 고온장해 위험이 감소<br>• 풍속, 환기량에 따라 달라짐<br>• 소음과 전기료가 문제가 됨<br>• 흡입구부터 배출구까지 온도구배가 생김 |

# 환기의 이점

- 온도조절 : 고온 시 환기시켜 적절한 온도를 유지시켜 준다.
- 습도조절 : 시설 내 과습은 병충해와 웃자람의 원인이 된다.
- 이산화탄소 공급 : 공기 중의 $CO_2$ 농도는 300ppm 수준이지만, 시설 내에 광합성이 활발히 이루어지는 상태에서는 시설 내의 $CO_2$ 농도가 그 이하로 낮아진다.
- 유해가스의 배출을 위해 환기가 필요하다.

# 각종 센서 종류와 특성

- 온도센서 : 온도변화감지로 온도관리 자동화
- 습도센서 : 공기 중 수증기양 측정
- 타이머를 이용한 스위치 온/오프 : 관수(관비)펌프 구동, $CO_2$ 발생기, 하우스 측창 개폐, 커튼 개폐, 보일러 구동
- 토양수분함량센서를 이용한 스위치 온/오프 : 관수(관비)펌프 구동
- 내부온도 센서를 이용한 스위치 온/오프 : 하우스 내 히터 구동, 하우스 측창 개폐
- 입/출입 경보기 : 적외선 센서
- 전기 전도도(EC)센서, pH 센서 : 양액의 농도를 측정하여 감지한다. 높은 EC값은 높은 이온(염) 농도를 나타낸다.
- 계측 장치 : 온도계, 온습도계, 광도계, $CO_2$ 농도 측정기, 토양수분계, pH미터, EC미터, DO측정기 등

# 복합환경제어시스템

여러 가지 정보를 컴퓨터에 입력하여 모든 상태를 컴퓨터로 자동제어할 수 있는 환경제어 관리방식

# CHAPTER 05 원예 생리장해 및 방제

## ▌ 병해의 발생

기주식물, 병원체(곰팡이, 세균, 바이러스 등), 병원체에 적합한 환경조건

## ▌ 병원체

| 세균(bacteria) | • 병든 식물체나 토양 속에 서식하며 살다가, 물에 의해 전파되어 각종 상처나 기공, 수공 등을 통해서 침입한다.<br>• 세균성 점무늬병, 궤양병, 잘록병, 풋마름병, 암종병, 화상병 등 |
|---|---|
| 곰팡이(진균) | • 덩어리인 균사체가 자라면 대량으로 증식하여 식물에 피해를 준다.<br>• 흰가루병, 토마토 잎곰팡이병, 탄저병 등 |
| 바이러스 | • 접목, 즙액, 종자, 영양 번식기관, 토양, 곤충 등에 의해 전염된다.<br>• 뿌리혹병, 담배모자이크병, 감자 모자이크병, 감자 잎말림병, 사과 고접병, 배 잎검은점병, 포도 잎말림바이러스병, 복숭아 위축바이러스병 등 |

## ▌ 환경

• 대부분의 작물병은 고온다습한 조건하에서 발병이 심하다.

• 고추 탄저병, 오이 노균병 등은 습도가 높을 때 자주 발생한다.

• 광이 부족할 때 병에 대한 저항력이 약하게 되어 병의 발생이 많아진다.

• 기온이 낮고 일조가 부족하며 비가 자주 올 때에 병 발생이 높다.

• 바람 : 병원균류의 포자, 세균체 및 매개곤충 등의 접종원을 광범하게, 멀리 분산 전파하여, 간접적으로 병을 유발시킨다.

## ▌ 노균병

• 주로 박과 채소에 발생하는 곰팡이병으로 특히 오이에서 피해가 크다.

• 병은 아랫잎에서 먼저 발생하여 위로 번지고, 잎맥 사이로 다각형의 황백색 병반이 발생한다.

## ▌ 역병

• 수박 재배 시 처음에는 잎, 줄기 또는 과실에 암흑색 수침상의 병반이 생긴 후 회갈색으로 변해간다.

• 주로 토양이 장기간 과습하거나 배수가 불량하고 포장이 침수될 때 많이 발생한다.

• 토양을 멀칭하여 강우나 관수 시 전염을 막고, 역병에 강한 대목을 이용하여 접목한 모종을 구입하여 심는다.

• 약제는 관수 전후에 살포한다.

## ▌ 탄저병

- 딸기의 경우, 병반은 잎, 관부 및 잎자루에 형성되며, 포복경에서 방추형으로 함몰되어 흑변되고 심하면 휘어 부러진다.
- 수박의 경우는 잎자루, 줄기, 과경에서는 약간 움푹 들어간 암갈색 타원형 병반이 나타나며, 후에 담황색의 분생포자 덩어리가 형성된다.
- 생육 초기에 질소질 비료의 지나친 사용은 피한다.

## ▌ 잎곰팡이병

- 처음에는 잎의 표면에 흰색 또는 담회색의 반점이 생기고, 이것이 진전하면 황갈색으로 변하며 확대된다.
- 병든 잎은 신속히 제거하고 통풍이 잘되게 한다.
- 밀식하지 않고 질소질 비료의 지나친 사용은 피해야 한다.

## ▌ 흰가루병

- 잎, 줄기, 과실에 발생하나 주로 잎 표면에 많이 발생한다.
- 병이 심하면 잎 전면에 밀가루를 뿌려 놓은 것 같은 증상이 나타난다.
- 저항성 품종을 이용하고 너무 건조하거나 낮은 온도에서 재배를 피한다.

## ▌ 온실가루이

- 토마토, 오이, 멜론 등 식물체의 즙액을 빨아먹는다.
- 피해 받은 식물은 잎과 새순의 생장이 저해되거나 퇴색, 위조, 고사 등과 같은 직접적인 피해를 입는다.
- 발생 초기에 집중적으로 약제를 사용하거나 천적인 온실가루이좀벌을 이용하여 방제한다.

## ▌ 뿌리혹선충

- 감자, 고구마, 파, 딸기 등 수많은 작물의 뿌리에 침입하여 혹을 만들고 기주하면서 작물의 양·수분 흡수를 방해한다.
- 파종 3~4주 전에 토양에 훈증제를 처리하고 비닐로 덮거나 물을 뿌린 뒤 5~7일간 밀봉을 하여 선충을 죽인 다음에 땅을 갈아엎어 가스를 제거한다.
- 여름철 태양열을 이용하여 열소독을 하거나 논농사를 짓고 객토를 하면 선충의 피해를 줄일 수 있다.

## ▌ 담배거세미나방

- 주로 고추, 토마토 작물 등에 해를 준다.
- 애벌레는 잎, 꽃봉오리 등을 가해하기도 하지만 주로 과실 속에 들어가 종실을 가해하므로 피해과실은 무름병에 걸리거나 부패하여 대부분 낙과된다.
- 페로몬 트랩을 이용하여 예찰하고, 나방 살충용 친환경 자재와 유아등인 메탈할라이트 등으로 유인하여 포살한다.

## ▌ 진딧물

- 고추, 오이, 가지 등 채소작물의 어린싹이나 잎의 뒷면을 흡즙한다.
- 바이러스의 주요 감염원이 되기도 한다.
- 4월 중순에 부화하여 간모(진딧물의 월동란이 봄에 부화하여 발육한 것으로 날개가 없이 새끼를 낳는 단위생식형의 암컷)가 되면 단성생식을 하면서 1~2세대를 지낸다.
- 한랭사나 비닐 등을 이용하여 진딧물의 유입을 차단해야 한다.

## ▌ 채소의 생리장해

- 내적 요인 : 무기성분(Ca, Fe, Mn, Mg, B 등)의 과잉과 결핍, 수분 흡수의 과부족, 호르몬 이상, 수확 시기가 너무 이르거나 늦음 등
  - 칼슘 결핍 : 참외의 발효과, 토마토 배꼽썩음과, 상추의 끝마름 현상 등
  - 석회 결핍, 질소와 칼륨 과다시비 : 배추 속썩음병
- 외적 요인 : 온도, 습도, 빛, 공기조성, 화학물질 등
  - 고온장해 : 증산량과 호흡량의 증가로 인해 잎이 연약해지고, 생장점을 중심으로 팁번(잎끝이 타는 증상), 일소(잎 또는 과실 등이 타는 증상), 낙뢰, 낙화 및 낙과, 열매채소의 공동과, 일소과, 곡과, 선세과 등
  - 저온장해 : 잎의 황화, 오이 순멎이, 과실 착색 불량, 오이 잘록과, 가지 석과 등

## ▌ 토마토 공동과

착과제 고농도 처리, 광합성량 부족, 질소·토양수분의 과다, 토마토톤 등 생장조절제의 오용

## ▌ 토마토 배꼽썩음병

질소, 칼륨질 비료의 시비량 과다, 토양 중 석회(칼슘) 함량 부족, 증산작용의 급변화, 토양건조 및 용수량 부족

## ▌ 사과의 부란병

- 사과나무의 원줄기, 원가지, 가지 등의 상처 부위를 통해 감염된다.
- 4~10월에 피해 증상이 심하게 나타난다.
- 피해 부위는 갈색으로 변하고, 알코올 냄새가 난다.
- 6월에는 병환 부위에 검은 점이 돋아난다.
- 부란병균은 줄기의 상처를 거쳐 체내에 침입한다.
- 방제에는 발코트가 많이 쓰인다.

## ▌ 배나무 붉은별무늬병(赤星病, pear rust)

- 주로 잎에 많이 발생한다.
- 4월 중~하순경 바람을 동반한 비가 많이 내리는 해에 발생이 심하다.
- 병원균은 향나무에서 월동한다.

## 과수 해충의 종류

- 잎을 가해하는 해충 : 사과잎말이나방, 사과순나방, 사과굴나방, 복숭아굴나방 등
- 흡즙성 해충 : 사과혹진딧물, 사과응애, 점박이 응애, 꼬마배나무이 등
- 줄기, 가지를 가해하는 해충 : 사과하늘소, 포도호랑하늘소, 깍지벌레과, 포도유리나방
- 과실을 가해하는 해충 : 복숭아심식나방, 복숭아순나방, 복숭아명나방, 꽃노랑총채벌레

## 과수의 생리장해

- 사과 : 고두병(칼슘 결핍), 적진병(망간 과다 흡수), 동녹, 붕소결핍증
- 배 : 돌배, 열과, 유부과
- 포도 : 휴면병, 꽃떨이현상, 축과병, 일소피해
- 복숭아 : 수지병, 붕소결핍증

## 화훼의 생리장해

- 국화 로제트 현상 : 여름 고온 경과 후 가을의 저온에 접하게 되면 절간이 신장하지 못하고 짧게 되는 현상이다.
- 버들눈 : 분화한 꽃눈이 꽃눈 발달에 필요한 한계 일장을 받지 못하여 미숙 꽃눈이 되어 정상적으로 개화하지 않는 현상이다.
- 장미, 글라디올러스 블라인드 현상
  - 일조 시간이 부족할 때 발육이 정지되어 개화지로 발달하지 못하는 현상이다.
  - 주로 차광에 의해 광량이 저하되거나 12℃ 이하의 낮은 온도 조건에서 많이 발생한다.

## 카네이션 악할 현상(언청이꽃)

- 꽃받침이 터져 꽃잎이 바깥으로 빠져나오는 현상이다.
- 발생 원인
  - 꽃받침의 생장보다 꽃잎의 생장이 급격하게 이루어질 때
  - 주야간 온도차가 클 때
  - 꽃눈 발달 시기가 지나친 저온인 경우
  - 꽃눈 발달 시 수분과 거름이 과다한 경우
  - 질소 부족, 붕소 결핍 시

## 카네이션 꽃잎말이 현상

- 고온기에 바깥 부위의 꽃잎이 안쪽으로 말리며 위조되는 현상이다.
- 특히 노화된 꽃에서 발생한 에틸렌 가스에 의해 나타난다.

■ **카네이션 녹병** : 고온다습과 질소비료 성분이 과다할 때 발생하기 쉽다.

■ **이세리아깍지벌레의 천적** : 베달리아무당벌레

■ **대기오염 물질의 종류** : 오존($O_3$), 이산화질소($NO_2$), 염소($Cl_2$), PAN, 일산화탄소(CO), 아황산가스($SO_2$), 황화수소($H_2S$), 불화수소(HF), 시안화수소(HCN), 염화수소(HCl), 암모니아가스($NH_3$), 에틸렌, 아세틸렌, 뷰틸렌, 아세톤 등

■ **병해충 방제법**

| 생물적 방제법 | | 생물(기생, 생물 농약, 천적 등)을 이용하여 병해충을 방제 |
|---|---|---|
| 물리적 · 기계적 방제 | 물리적 방제 | 온도 처리, 습도 처리, 빛과 색깔 이용(유아등, 유색 점착 트랩 등), 방사선과 음파, 압력(감압법) 등 |
| | 기계적 방제 | 간단한 기계를 사용하여 방제하는 방법<br>• 차단법 : 망실재배, 봉지 씌우기 재배 등<br>• 포살 : 나무줄기 속에 있는 나방류나 하늘소 유충을 간단한 도구로 제거하는 방법 |
| 화학적 방제법 | | 병해충에 따른 적절한 농약을 사용하여 병해충을 방제 |
| 종합적 방제 | | • 두 가지 이상의 방법을 병행하여 병해충을 방제<br>• 가능한 모든 방제(경종적 방제, 생물적 방제, 물리적 방제, 화학적 방제)를 종합적으로 활용하여 병해충을 방제한다. |

■ **천적의 분류와 종류**
- 기생성 천적 : 기생벌, 기생파리, 선충 등
- 포식성 천적 : 무당벌레, 포식성 응애, 풀잠자리, 포식성 노린재류 등
- 병원성 천적 : 세균, 바이러스, 원생동물 등

■ **살충제**

| 식독제 | 곤충의 먹이가 되는 부분에 약제를 뿌려 먹이와 농약이 해충의 소화기관 내로 들어가 살충작용을 하는 약제이다. |
|---|---|
| 접촉독제 | 곤충의 피부에 농약이 묻어 피부를 통과한 성분이 해충을 죽게 하는 약제로 직접 충제에 약제가 접촉하였을 때에만 독작용을 나타내는 직접 접촉독제와 약제가 살포된 장소에서 해충이 접촉되어 살충효과를 나타내는 잔류성 접촉독제로 구분한다. |
| 침투성살충제 | 농약을 작물의 줄기, 잎 또는 뿌리 등 일부 부위에 뿌리면 살충 성분이 식물 즙액과 함께 작물 전체로 퍼져서 해충을 죽이는 약제이다. |
| 훈증제 | 살충 성분을 가스 상태로 만들어서 사용하는 약제이다. |
| 훈연제 | 살충 성분을 연기 상태로 만들어서 사용하는 약제이다. |
| 유인제 | 해충을 유인하여 한 곳으로 모이게 하는 약제이다. |
| 기피제 | 보호하고자 하는 작물이나 저장곡물에 해충이 모여드는 것을 막는 약제이다. |
| 점착제 | 끈적끈적한 물질을 나무에 발라 월동 전후에 나무를 타고 이동하는 해충을 잡는 약제이다. |
| 생물 농약 | 해충의 천적을 이용하는 제제인데 세균, 바이러스, 천적 곤충 등이 이용된다. |
| 불임제 | 해충의 생식능력을 제거하는 약제이다. |

## ▮ 살균제

| 직접 살균제 | 병균이 작물체 내로 침투하는 것을 막아 주기도 하며, 이미 침입한 병균을 죽이는 살균제이다. |
|---|---|
| 보호 살균제 | 병균이 작물체 내로 침투하는 것을 막아주는 살균제이다. |
| 기타 살균제 | 종자살균제, 토양소독제 |

## ▮ 농약이 갖추어야 할 조건

- 효력이 정확하고, 작물에 대한 약해가 없어야 한다.
- 사람과 가축에 대한 독성이 적고, 수질을 오염시키지 않아야 한다.
- 토양이나 먹이사슬 과정에 축적되지 않도록 잔류성이 적어야 한다.
- 농약에 대해 방제 대상 병해충이나 잡초의 저항성이 유발되지 않아야 한다.
- 다른 약제와 혼합하여 사용할 수 있어야 한다.
- 품질이 일정하고 저장 중 변질되지 않아야 한다.
- 사용법이 간편하고, 값이 싸야 한다.

교육은 우리 자신의 무지를 점차 발견해 가는 과정이다.

- 윌 듀란트 -

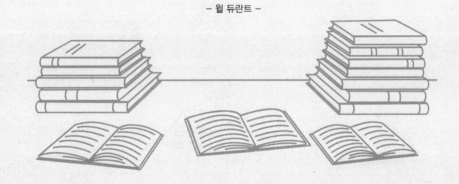

교육이란 사람이 학교에서 배운 것을 잊어버린 후에 남은 것을 말한다.

– 알버트 아인슈타인 –

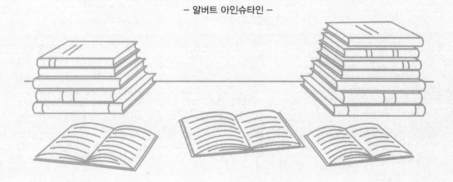

우리 인생의 가장 큰 영광은 결코 넘어지지 않는 데 있는 것이 아니라

넘어질 때마다 일어서는 데 있다.

– 넬슨 만델라 –

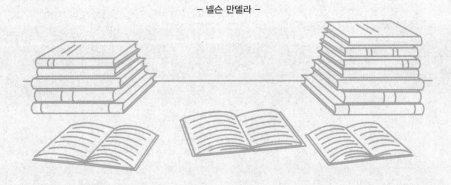

합격에 **윙크[Win-Q]**하다!

www.sdedu.co.kr

# 핵심이론

#출제 포인트 분석          #자주 출제된 문제          #합격 보장 필수이론

# CHAPTER 01 채소

---

## 제1절 채소 재배포장 준비

### 1-1. 토양검사

| 핵심이론 01 | 토양의 구조 및 특성

① 토성 : 토양입자의 굵기를 모래, 고운모래(미사), 찰흙(점토)으로 나누어 이들의 함유 비율에 따라 토양을 분류한 것이다.

[토성에 의한 토양의 구분]

| 구분 | 찰흙(점토) 함량 |
|------|----------------|
| 사토 | 10% 이하 |
| 사양토 | 사토와 양토의 중간 정도 |
| 양토 | 25% 이상 |
| 식양토 | 식토와 양토의 중간 정도 |
| 식토 | 40% 이상 |

㉠ 일반적인 원예작물 재배에 적당한 토성은 양토~사양토 범위이다.

㉡ 비열, 양분의 흡착력, 보수력(保水力) : 식토 > 식양토 > 양토 > 사양토 > 사토

② 토양의 3상

㉠ 고상(광물 45%와 유기물 5%) : 유기물은 토양의 물리적 성질을 개선하고, 양이온 흡착 용량을 늘려주며, 양분공급과 유효성을 높여주어 채소의 생육 증진에 효과적이다.

㉡ 액상(수분 25%)

• 액상의 비율은 관수량과 토성에 따라 달라질 수 있으며, 그 비율에 따라 채소의 뿌리에서 흡수 정도가 달라진다.

• 채소가 이용 가능한 유효수분은 양토에서 가장 많다.

㉢ 기상(공기 25%) : 뿌리는 기상의 산소를 이용하여 호흡을 하며, 산소의 함량이 10% 이상이어야 뿌리가 원활히 자랄 수 있다.

※ 가장 이상적인 토양 3상의 비율은 고상 50%, 액상 25%, 기상 25%이다.

③ 토양반응

㉠ 토양 용액 중에 들어있는 수소 이온 농도에 따라 산성, 중성 및 염기성으로 나뉘는 성질을 말한다.

㉡ 대부분의 채소작물은 약산성(pH 5~7 범위)에서 잘 자란다.

㉢ 산성토양과 채소의 생육

• 토양이 산성화되면 다량의 수소이온에 의해 식물이 직접적인 해를 입는다.

• 알루미늄과 망간 등이 다량 녹아 나와 작물에 독성을 일으킬 수 있고, 칼슘과 마그네슘, 붕소 등의 양분을 제대로 흡수할 수 없어 결핍 증상이 생길 수도 있다.

• 미생물의 활동 또한 제한되어 유기물의 분해 속도가 줄어 질소나 황 등의 양분 공급이 줄어들 수 있다.

• 떼알 형성이 어려워 토양의 물리적 성질도 나빠질 수 있다.

※ 떼알구조 : 단일입자가 결합하여 하나의 입단을 만들고 이들이 모여서 토양을 만든 것으로 유기물이나 석회가 많은 표층토에서 볼 수 있다.

## 10년간 자주 출제된 문제

**1-1. 토성을 결정하는 주요인으로만 구성된 것은?**

① 모래, 미사, 점토의 함량
② 공기, 물, 햇빛의 양
③ 양토, 사양토, 점질토 함량
④ 비료의 성분 및 유기질의 양

**1-2. 다음 중 양분의 흡착력이나 보수력(保水力)이 제일 약한 토양은?**

① 식양토          ② 사양토
③ 양토            ④ 사토

**1-3. 보통 토양의 부피 조성에서 가장 적은 부분을 차지하는 것은?**

① 공기            ② 수분
③ 유기물          ④ 광물

|해설|

1-3
**토양의 3상** : 고상(광물 45% + 유기물 5%), 액상(수분 25%), 기상 (공기 25%)

정답 1-1 ①  1-2 ④  1-3 ③

---

**핵심이론 02 │ 토양시료 채취 원리 및 방법**

① **토양시료 채취** : 땅이 갖고 있는 양분상태를 과학적으로 분석하여 재배할 작물에 필요한 비료량을 추천받아 과부족이 없는 화학비료 시용으로 안전농산물을 생산하기 위해 시행한다.

② **토양시료 채취 시기**

㉠ 작물의 생육 후기나 수확 직후가 바람직하다.

㉡ 한 해 몇 번 작물을 재배할 경우 시비 전에 채취한다.

㉢ 작물별 토양시료 채취 시기
　• 벼 : 수확 후 1개월 이내
　• 밭작물, 하우스 : 수확기나 수확 직후
　• 과수 : 시비 전

③ **토양시료 채취하기**

㉠ 평탄한 포장에서는 토양 검정을 위해 지그재그 형태로 12~15개 지점을 선정하여 얇은 실린더나 삽으로 토양시료를 채취한다.

[평탄한 포장의 토양시료 채취 부위 선정]

㉡ 경사진 포장에서는 상, 중, 하 지점의 토양을 채취하여 혼합한다.

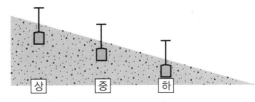

[경사진 포장의 토양시료 채취 부위 선정]

㉢ 포장 토양의 표준 채취 깊이는 작물의 뿌리가 존재하는 깊이인 15~20cm이지만 상황에 따라서 시료 채취의 깊이를 달리한다.

④ 토양시료 채취 방법

　　㉠ 토양시료 채취기(soil auger)를 사용한다.

　　㉡ 채취기가 없을 때는 삽을 이용하여 표토 1~2cm를 걷어 내고 15cm 깊이로 떠낸 후 층위별 같은 부피가 되도록 시료를 채취한다.

　　㉢ 과수원의 경우 지표면 이물질을 걷어 내고 30~40cm 깊이까지 채취한다.

　　㉣ 한 필지 내에서 20~30지점의 토양을 채취하여 큰 그릇에 담아 고루 섞은 후 약 1~2kg을 시료봉투에 담아 1점의 시료로 만든다.

　　　※ 시료용기에는 시료명, 검사항목, 채취일시 및 장소, 채취심도, 토성, 중량 및 채취자명 등 시료내역이 지워지지 않도록 기재한다.

---

**핵심이론 03 | 토양분석(土壤分析, soil analysis)**

① 토양분석은 토양의 이화학적 특성을 알기 위하여 토양시료를 채취해서 실시하는 물리적・화학적 및 생물학적 분석을 말한다.

② 토양분석의 목적

　　㉠ 토양분석 결과는 토양의 합리적 이용 및 시비개선 또는 토양개량에 있어 중요한 지침을 제시하는 등 토양진단용으로 이용된다.

　　㉡ 현지 토양조사 결과와 결합시켜 토양분류를 하는 데 이용되며 또한 토양비료에 대한 농업연구의 목적으로 실시된다.

③ 토양분석 항목

　　㉠ 토양산도(pH) : pH가 7이면 중성, 7 이하면 산성, 7 이상이면 알칼리성이다.

　　　※ 일반적으로 논, 밭토양의 pH는 6.0~6.5, 과수원은 5.0~6.5가 적정수준이다.

　　㉡ 유기물 : 유기물이 많으면 보비력, 보수력 등이 커서 미생물의 활동 및 토양양분의 가용화를 촉진한다.

　　㉢ 유효인산(P) : 작물생육의 전체 기간에 필요한 필수양분이다.

　　㉣ 유효규산($SiO_2$) : 규산은 논토양 개량제로 내병해충・내도복성을 강화하며, 질소의 과잉흡수를 억제한다.

　　㉤ 치환성 칼륨(K) : 식물체 속에서 전분이나 당분, 단백질의 생성에 관여한다.

　　㉥ 치환성 칼슘(Ca) : 산성토양을 개량한다.

　　㉦ 치환성 마그네슘(Mg) : 엽록소의 구성원소로서 식물의 신진대사를 원활하게 한다.

　　㉧ 양이온치환용량(CEC) : 흙의 양분 저장능력을 나타낸다.

　　㉨ 전기전도도(EC) : 산과 염기가 결합된 염류량으로 토양 내 비료가 얼마나 많이 축적되어 있는지를 나타낸다.

　　㉩ 질산태질소($NO_3-N$) : 밭토양의 주된 비료 형태이다.

## 10년간 자주 출제된 문제

**토양분석 항목과 거리가 먼 것은?**

① 토양 pH(산도)
② 전기전도도(EC)
③ 유효질소
④ 양분보존능력

|해설|

**토양분석 항목** : pH, 유기물, 유효인산, 유효규산, 치환성 칼륨, 치환성 칼슘, 치환성 마그네슘, CEC, EC, 질산태질소

**정답** ③

---

## 1-2. 시비

### 핵심이론 01 | 비료의 종류 및 특성

① 질소질 비료

  ㉠ 암모늄태와 질산태 질소는 수용성이며 속효성이어서 식물에 잘 흡수된다.

  ㉡ 암모늄태 질소는 토양에 잘 흡착되어 용탈이 잘 안 되나 질산태 질소는 토양에 흡착되지 않아서 용탈되기 쉽다.

  ※ 요소 : 하우스 재배에서 가스피해를 준다.

② 인산질 비료

  ㉠ 유기질 인산

    • 여러 가지 동식물성 비료에 인지질, 피틴, 핵산 등이 함유되어 있다.

    • 토양에서 분해되어 무기태 인산으로 변하여 식물에 흡수 이용된다.

  ㉡ 무기질 인산

    • 물이나 묽은 산과 같은 용해되는 용매의 성질에 따라서 수용성, 구용성, 불용성으로 구분된다.

    • 수용성 인산은 물에, 구용성 인산은 구연산에 녹는다.

| | |
|---|---|
| 수용성 | • 과인산석회 : 수용성 인산이 들어있는데, 불용성 인산을 만들기 위하여 석회질 비료를 섞는다. |
| 구용성 | • 용성인비<br>　- 인광석과 사문암을 주원료로 제조하며 알칼리성이다.<br>　- 황산암모늄에 용성인비를 섞어서 시비하면 질소가 가스로 되어 휘산된다.<br>　- 구용성 인산 이외에 고토(MgO) 성분이 12% 함유되어 있다.<br>　- 인산이 구용성이므로 철, 알루미늄과의 결합이 약해 유효한 상태로 토양 중에 오래 간직한다.<br>• 용과린 : 수용성 인산과 구용성 인산이 함께 들어있다. |
| 불용성 | 골분, 회류, 인광석 등 |

③ 칼리질 비료 : 염화칼륨과 황산칼륨은 무기태로 물에 용해되기 쉽고 속효성이다.

④ 석회질 비료 : 칼슘 성분이 포함된 비료로 산성 토양개 량제로 사용된다.

---

**10년간 자주 출제된 문제**

**1-1. 채소의 하우스재배에서 가스 피해를 주는 비료는?**

① 요소
② 과인산석회
③ 초목회
④ 완숙퇴비

**1-2. 토양에 시비할 때 알칼리성을 나타내는 비료는?**

① 요소
② 용성인비
③ 중과인산석회
④ 염화칼륨

**1-3. 황산암모늄에 용성인비를 섞어서 시비하면 어떠한 현상이 일어나는가?**

① 인산 성분이 불용성으로 된다.
② 인산 성분이 가스로 되어 휘산된다.
③ 질소가 가스로 되어 휘산된다.
④ 질소 성분이 토양에 잘 부착된다.

**1-4. 구용성 인산 이외에 고토(MgO) 성분이 15~18% 함유되어 있는 인산질 비료는?**

① 과인산석회
② 중과인산석회
③ 용성인비
④ 용과린

**1-5. 다음 중에서 불용성 인산질 비료는?**

① 과인산석회
② 인산암모늄
③ 골분
④ 중과인산석회

|해설|

1-2
식물에 흡수된 뒤 알칼리성을 나타내는 비료를 생리적 염기성 비료라 하며 용성인비, 재, 칠레초석, 퇴구비 등이 해당된다.

1-5
**불용성 인산질 비료** : 골분, 회류, 인광석 등

**정답** 1-1 ① 1-2 ② 1-3 ① 1-4 ③ 1-5 ③

---

| 핵심이론 02 | 비료 성분별 시비 |

① 비료 종류별 시비 시기

 ㉠ 유기질비료는 부숙되지 않으면 작물의 생장에 좋지 않으므로 씨앗을 뿌리거나 모종을 옮겨심기 2주일 전에 공급한다.

 ㉡ 화학비료는 1주일 전에 공급해 준다.

② 시비량 결정

 ㉠ 일반적인 과채류의 재배 시 밑거름 비율 : 질소 50% : 인산 100% : 칼륨 50%

 ㉡ 연간 작물이 흡수한 비료성분 총량에서 토양에 원래 존재하여 천연적으로 공급되는 성분량을 뺀다.

$$시비량 = \frac{비료요소의\ 흡수량 - 천연공급량}{비료요소의\ 흡수이용률}$$

③ 채소류의 표준시비량(단위 : kg/ha)

| 작물명 | 시비량 | | |
|---|---|---|---|
| | N | $P_2O_5$ | $K_2O$ |
| 고추 | 190 | 112 | 149 |
| 오이 | 240 | 164 | 238 |
| 딸기 | 190 | 59 | 109 |
| 배추 | 320 | 78 | 198 |
| 무 | 280 | 59 | 154 |
| 파 | 250 | 66 | 140 |

**2-1.** 시비 후 가장 빨리 흡수 이용될 수 있는 비료는?

① 구비
② 화학비료
③ 미숙퇴비
④ 완숙퇴비

**2-2.** 일반적인 과채류의 재배 시 밑거름 분량은 3요소 전체 소요량의 어느 정도를 주는가?(단, 질소 : 인산 : 칼륨의 순서임)

① 100% : 50% : 100%
② 30% : 70% : 50%
③ 50% : 100% : 50%
④ 70% : 100% : 50%

**2-3.** 시비량은 대개 수확물 중의 흡수량에 천연공급량을 빼고 이용률을 나누어주는 방법으로 계산된다. 예를 들어 토마토의 경우 전체흡수량이 25kg/10a, 천연공급량이 5kg/10a, 이용률이 70%라고 할 때 정식 전에 50%를 밑거름으로 주려고 한다. 요소(질소질 46%)는 얼마인가?

① 20kg/10a
② 23kg/10a
③ 31kg/10a
④ 46kg/10a

|해설|

2-3

$$시비량 = \frac{비료요소의\ 흡수량 - 천연공급량}{비료요소의\ 흡수이용률}$$

$$= (25 - 5) \div 0.7 = 28.5kg$$

이때, 밑거름으로 50%를 주므로, $14.25kg \div 0.46 = 30.97kg$

**정답** 2-1 ② 2-2 ③ 2-3 ③

---

**핵심이론 03 | 채소 품목별 적정 비료량**

① 엽채류

  ㉠ 엽채류는 재배기간이 짧고, 뿌리가 얕고 좁게 자라므로 이랑 전체 또는 표층에 기비의 형태로 고르게 시비한다.

  ㉡ 이랑의 표면에 비료를 뿌린다.

  ㉢ 이랑 전체 또는 이랑의 표층 5~7cm 깊이로 섞어 준다.

② 근채류

  ㉠ 근채류는 뿌리가 토양의 깊은 층까지 신장하므로 생육 초기에는 엽채류와 비슷하게 비료를 전체 표층에 시용한다.

  ㉡ 뿌리 비대 시에는 이랑의 측면에 비료를 부분적으로 묻어준다.

③ 과채류

  ㉠ 엽채류에 비해 재배기간이 긴 과채류의 경우 뿌리에 비료가 닿지 않게 한다.

  ㉡ 이랑의 측면(고랑)에 비료를 묻는다.

**시비 방법에 대한 설명으로 옳지 않은 것은?**

① 엽채류는 이랑 전체 또는 표층에 기비의 형태로 고르게 시비한다.
② 근채류는 생육 초기에는 엽채류와 비슷하게 비료를 전체 표층에 시용한다.
③ 재배기간이 긴 과채류의 경우 비료를 전체 표층에 시용한다.
④ 오이는 뿌리가 넓게 퍼지는 작물이므로 이에 맞게 웃거름도 포기를 중심으로 넓게 뿌려 준다.

|해설|

엽채류에 비해 재배기간이 긴 과채류의 경우 뿌리에 비료가 닿지 않게 이랑의 측면(고랑)에 비료를 묻는다.

**정답** ③

## 1-3. 이랑 조성

① 오이
- ㉠ 분육묘를 하면 정식할 때 새 뿌리를 가장 빨리 내리게 한다.
- ㉡ 고랭지에 알맞은 작형은 여름재배이다.
- ㉢ 촉성재배용 오이(무접목의 경우)의 적정 육묘 일수 : 30~35일
  - ※ 촉성재배 : 가온 설비를 하여 수확이 거의 끝날 때까지 보온상태에서 재배하는 방식
- ㉣ 4~6월에 출하하기 위해서는 반촉성재배를 한다.
- ㉤ 시설재배용 품종의 조건 : 저온 신장성과 단위결과성이 강하고, 마디 사이가 짧으며, 약한 광선에서 잘 자라야 한다.
- ㉥ 순멎이 현상
  - 촉성재배 오이에서 마디가 극히 짧아지고 새잎과 꽃 등이 생장점 주변에 밀집되어 생육이 정지되는 증상
  - 저온단일에서 발생
  - 적온관리 : 낮 23~25℃, 밤 12℃ 이상
- ㉦ 오이의 쓴맛이 생기는 원인
  - 질소가 너무 많거나 인산 및 칼리가 부족할 때
  - 저온건조, 다습 및 햇빛이 부족할 때

② 수박
- ㉠ 정식에 알맞은 모종의 크기에서 본 잎수가 가장 적다.
- ㉡ 육묘 일수가 짧다.
- ㉢ 개화에서 성숙까지의 적산온도 : 800~1,000℃
- ㉣ 시설재배용 품종의 조건
  - 저온 신장성 및 저온 결과성이 강할 것
  - 숙기가 빠르고, 과피가 두꺼울 것
  - 과실의 크기가 적당하고 수송성이 좋을 것

③ 딸기
- ㉠ 비타민 C가 많이 들어있다.
- ㉡ 난지형은 휴면이 거의 없고 촉성재배에 가장 알맞다.
- ㉢ 저위도 지방의 환경에 적응된 난지형은 휴면이 얕다.
- ㉣ 반촉성재배 시 육묘단계에서 지베렐린을 처리하는 목적 : 휴면타파
- ㉤ 휴면이 타파되는 온도 : 2~6℃ 정도
- ㉥ 딸기를 8월 중에 고랭지에서 육묘하는 이유 : 화아분화 촉진

④ 토마토
- ㉠ 발아적온 25~30℃, 생육적온 17~27℃
- ㉡ 촉성재배에서 과실의 성숙(착색)이 늦은 이유 : 온도 부족
- ㉢ 하우스재배 시 고온의 피해가 가장 심한 단계는 감수분열기이다.

---

### 10년간 자주 출제된 문제

**1-1. 다음 시설재배용 오이 품종으로서 갖추어야 할 구비조건이 틀린 것은?**
① 저온 신장성이 강하다.　② 단위결과성이 강하다.
③ 마디 사이가 길다.　④ 약한 광선에서 잘 자란다.

**1-2. 정식에 알맞은 모종의 크기에서 본 잎수가 가장 적고, 육묘일수도 가장 짧은 것은?**
① 가지　② 토마토
③ 고추　④ 수박

**1-3. 휴면이 거의 없는 딸기 품종의 재배에 알맞는 것은?**
① 억제재배　② 노지재배
③ 조숙재배　④ 촉성재배

|해설|

1-3
**딸기 품종별 재배 작형**
- 난지형 : 거의 휴면하지 않고, 촉성재배용으로 많이 쓰인다.
- 한지형 : 휴면이 매우 길고, 노지재배용으로 쓰인다.
- 중간형 : 한지형과 난지형의 중간 정도의 휴면성을 나타낸다.

**정답** 1-1 ③　1-2 ④　1-3 ④

① 당근

　㉠ 종자의 발아수명이 짧다.

　㉡ 이식을 하지 않는다.

　㉢ 당근을 솎아줄 때 근수부(根首部)가 굵지 않은 것은 남겨두어 가꾸어야 한다.

　㉣ 뿌리 색소(카로틴)의 축적이 잘되는 토양 조건 : 약간 건조하고 통기성이 좋은 토양

　㉤ 당근의 가랑이가 생기는 원인

　　• 자갈이 많거나 흙덩어리가 있을 경우

　　• 앞그루의 잔재가 있을 경우

　　• 잘 썩지 않은 퇴비를 주었을 경우

② 배추

　㉠ 육묘기간이 짧다.

　㉡ 배추 묶어주기의 필요성 : 내한성과 결구력 보완을 위하여

　㉢ 시설재배용 품종의 조건

　　• 만추대성(晩抽薹性)으로 저온감응성이 둔할 것

　　• 빨리 자라고 단기간에 결구하는 극조생(極早生) 종일 것

　　• 저온, 약광하에서 생육 및 결구가 잘 될 것

　　• 대표적인 품종 : 노랑봄배추, 춘하왕배추, 고랭지 여름배추 등

③ 시금치

　㉠ 대표적인 장일성 식물로 일장이 길어지면 추대가 촉진된다.

　㉡ 산성토양에서 재배가 어렵다.

④ 마늘

　㉠ 백합과 작물로 난지형과 한지형으로 구분된다.

　㉡ 12시간의 장일에서 결구 비대가 촉진된다.

　㉢ 한지형 마늘 품종을 따뜻한 지방에서 재배하면 결구 비대가 안 된다.

　㉣ 씨마늘의 구입비가 많이 든다.

⑤ 양파

　㉠ 장일 조건에서 구 비대가 촉진된다.

　㉡ 생육 후반기에 거름이 과잉되면 상품성이 극히 떨어진다.

⑥ 기타 재배환경 특성

　㉠ 잔뿌리가 많은 채소 모종을 생산하기 위하여 이식을 2~3회 해 준다.

　㉡ 열매채소를 모래가 많은 땅에서 재배하는 경우

　　• 근채류는 허울이 좋으나 저장성이 약하다.

　　• 일반적으로 생육이 빠르고 왕성하여 조기 수량은 많으나 총수량은 떨어진다.

　　• 생산물은 조직이 치밀하지 못하고 성분 농도가 낮다.

　　• 재배기간이 긴 작물은 영양분의 결핍과 노화가 쉽게 된다.

　㉢ 뿌리채소 재배 시 질참흙인 땅에서 재배된 생산물은 조직이 치밀하고 당도가 높으며, 저장성이 높다.

---

### 10년간 자주 출제된 문제

**2-1. 당근의 재배 시 가랑이가 생기는 원인과 관계없는 것은?**

① 자갈이 많이 있다.

② 앞그루의 잔재가 있다.

③ 잘 썩은 퇴비를 주었다.

④ 흙덩어리가 있다.

**2-2. 다음 설명 중 틀린 것은 어느 것인가?**

① 당근 종자는 발아수명이 짧다.

② 시금치는 산성토양에서 재배가 어렵다.

③ 마늘품종은 난지형과 한지형으로 구분된다.

④ 배추는 이식재배가 되지 않는다.

**2-3. 채소의 종류 중 생육 후반기에 거름이 과잉되면 상품성이 극히 떨어지는 작물은?**

① 토마토　　　　　② 오이

③ 양파　　　　　④ 시금치

|정답| 2-1 ③　2-2 ④　2-3 ③

① 이랑의 기능

  ㉠ 작업의 편리성 : 파종, 제초, 솎음 과정, 관수 등이 편리해진다.

  ㉡ 작물의 생육증진

    • 토양의 배수성과 통기성 증대로 작물의 근권부 뿌리의 호흡을 촉진시켜 작물의 생육을 증진시킬 수 있다.

    • 기온이 낮을 시 두꺼운 작토층 형성으로 인한 지온을 상승시킬 수 있다.

  ㉢ 병해 경감 : 이랑이 형성되어 두둑이 높아지면 수인성 전염병이 경감될 수 있다.

② 이랑의 형태 및 적정 규격

  ㉠ 배수가 잘되고, 작토층이 깊은 밭에서는 이랑을 낮게 만든다.

  ㉡ 이랑이 높은 경우 이랑 지온이 높아지기 쉽고, 낮은 이랑보다 통기성이 좋다. 노지 멜론, 수박, 고구마 등은 높은 이랑 재배에 적합하다.

  ㉢ 겨울철 재배의 경우에는 햇빛이 잘 드는 동서 방향으로 길게 이랑을 만든다.

  ㉣ 반대로 햇빛이 잘 드는 봄, 여름철 재배 시에는 남북 방향으로 이랑을 만든다.

---

**10년간 자주 출제된 문제**

채소작물을 재배하기 위한 이랑조성 시 주의사항으로 옳지 않은 것은?

① 배수가 잘되고, 작토층이 깊은 밭에서는 이랑을 낮게 만든다.

② 겨울철 재배의 경우에는 햇빛이 잘 드는 동서 방향으로 길게 이랑을 만든다.

③ 이랑이 낮은 경우 이랑 지온이 높아지기 쉽다.

④ 노지 멜론, 수박, 고구마 등은 높은 이랑 재배에 적합하다.

|해설|

③ 이랑이 높은 경우 이랑 지온이 높아지기 쉽고, 낮은 이랑보다 통기성이 좋다.

정답 ③

---

① 멀칭(mulching, 바닥덮기)

  ㉠ 채소작물을 재배하는 토양 표면에 여러 가지 재료를 이용하여 덮어주는 것이다.

  ㉡ 지하부의 환경을 개선하기 위한 목적으로 사용된다.

② 멀칭의 기능

  ㉠ 온도 조절

    • 채소 재배에 적합한 지온의 조성 및 유지

    • 저온이나 고온으로부터 생길 수 있는 피해의 경감

  ㉡ 토양수분 유지

    • 토양수분의 급속한 증발 방지

    • 장마철 작토층으로 과도한 수분의 유입을 어느 정도 차단

    • 작물의 건조 및 과습 피해를 경감

    • 채소의 생육, 수량의 증진과 품질 향상

  ㉢ 기타

    • 강우에 의한 비료 성분 용탈과 토양의 유실 방지

    • 외부와의 접촉 방지로 수인성 전염병 경감

    • 잡초 발생 억제

③ 멀칭재료의 종류

  ㉠ 플라스틱 필름

    • 투명필름 : 지온 상승 효과가 가장 크며, 저온기에 재배하는 작물에 효과가 좋지만 잡초가 많이 발생하는 단점이 있어 겨울에 많이 사용된다.

    • 흑색필름 : 지온 상승 효과가 투명필름보다는 적고, 잡초발생을 억제하는 데 효과적이며, 여름에 많이 사용된다.

    • 녹색필름 : 지온 상승 효과가 투명필름보다는 적고, 흑색필름보다는 많으며, 잡초방제 효과도 있다.

- 배색필름 : 식물이 재배되는 부분은 투명하게 처리하고 가장자리는 흑색으로 되어 있어 지온 상승과 잡초방제 효과가 있다.
- 반사필름 : 알루미늄 필름이 부착되어 있어 지온 상승 효과, 잡초방제 효과, 보광 효과가 있다.
ⓒ 식물 부산물(짚, 왕겨, 낙엽 등)
- 플라스틱 필름보다는 지온 상승효과가 적지만 수분이 증발되는 것을 억제하고 잡초발생을 억제하는 효과가 있다.
- 작물재배 후 식물 부산물이 유기질 거름으로 사용될 수 있어 다음 작물재배에도 도움이 될 수 있다.

---

**4-1. 멀칭(mulching)의 효과로 올바른 것은?**

① 생육 촉진　　　　② 비료 절감
③ 풍해 방지　　　　④ 낙과 방지

**4-2. 멀칭의 효과와 거리가 가장 먼 것은?**

① 토양의 침식방지
② 공기유통 촉진
③ 잡초의 억제
④ 지온의 조절

|해설|

**4-1**
멀칭을 하게 되면 지온 상승에 의해 생육이 촉진된다.

**4-2**
**멀칭의 효과**
- 지온의 조절
- 저온/고온 피해 경감
- 토양의 침식 방지, 수분 유지
- 잡초 발생 억제

정답 4-1 ①　4-2 ②

---

## 1-4. 관비시설 설치

### 핵심이론 01 | 관비시설의 구성 및 사용법

① 관비재배(fertigation)

ㄱ 관수(irrigation)와 시비(fertilization)를 동시에 수행함으로써 토양이 가지고 있는 양분을 활용하고 추가적인 시비를 통해 작물의 생산량을 증진시킬 수 있는 농법이다.

ㄴ 작물이 필요한 시기에 양·수분을 적절하게 공급할 수 있어 최소한의 경비로 최대의 효과를 올릴 수 있다.

ㄷ 비료를 물에 녹여 식물에 공급하므로 비료 흡수율이 높고 노동력 및 생산비를 절감할 수 있다.

ㄹ 점적관수로 작물체 주변의 습도를 낮추어 병 발생을 억제할 수 있다.

ㅁ 작물의 생장과 발달(생육)을 조절할 수 있다.

② 관비 공급장치의 종류

ㄱ 간이 액비혼입기 : 점적관수시설에 액비혼입기만 부착하면 된다. 액비혼입기는 벤츄리형과 수압펌프형이 주로 사용된다.

ㄴ 간이 관비자동기기
- 관비와 관수가 동시에 이루어지고 혼입되는 액비를 조절할 수 있다.
- 설정농도(EC)에 의해 혼입되는 액비량을 인위적으로 조정하여 농도를 조절한 다음 공급하는 반자동식 장치이다.

ㄷ 자동관비시스템
- 액비공급 농도를 EC 센서와 EC 제어기를 이용하여 목표 EC 농도를 선정하면 자동으로 액비공급을 제어할 수 있는 시스템으로 보다 체계적인 관비재배가 가능하다.
- 직접관로 투입방식, 혼합 후 공급방식, 연속혼합 주입방식이 있다.

**관비장치의 설명으로 옳지 않은 것은?**

① 간이 액비혼입기, 간이 관비자동기기, 자동관비시스템 등이 있다.

② 액비혼입기는 벤투리형과 수압펌프형이 주로 사용된다.

③ 자동관비시스템에는 직접관로 투입방식, 혼합 후 공급방식, 연속혼합 주입방식이 있다.

④ 간이액비혼입기는 관비와 관수가 동시에 이루어지고 혼입되는 액비를 조절할 수 있다.

|해설|

관비와 관수가 동시에 이루어지고 혼입되는 액비를 조절할 수 있는 것은 간이 관비자동기기이다.

정답 ④

---

## 핵심이론 02 | 채소 품목별 양·수분 요구도

① **과채류**

ㄱ 정식 후 뿌리가 활착되기 5~7일까지는 10~1.5톤/10a/일 정도 실시한다.

ㄴ 15일까지는 전체 시비량의 5~10% 정도를 관비한다.

ㄷ 15~45일까지는 18~25%를 시비하며, 이때 관수량은 2~3톤/10a/일 정도 실시한다.

ㄹ 45일 이후에는 50~70% 정도 사용한다.

ㅁ 관수량은 2.5~3.5톤/10a/일 정도 관수한다.

② **엽채류**

ㄱ 정식 후 뿌리가 활착되기 5~7일까지는 1.0~1.5톤/10a/일 정도로 관수만 실시한다.

ㄴ 15~20일까지는 전체 시비량의 10~20% 정도를 시비하며, 이때 관수량은 1.5~3.5톤/10a/일 정도 공급한다.

ㄷ 20일 이후에는 전체 시비량의 70~80% 정도를 사용하고 관수량은 2.0~3.5톤을 관수한다.

③ **근채류**

ㄱ 근채류는 점적관수가 어려우나 조파하고 점적관수가 가능한 경우는 표준시비량과 같이 관비한다.

ㄴ 종자를 산파하여 멀칭재배를 하지 못하는 엽채류나 근채류의 경우는 토양에 전체 시비량의 20~30% 정도를 기비로 사용하고 저농도(0.3~0.6%)로 6~10일 간격으로 살수장치를 이용하여 5~10회를 살포한다.

④ 열매채소는 생육단계에 따라서 영양생장기에는 수분 요구도가 크고, 성숙기에는 수분이 많아지면 맛이 덜하고 저장력이 약해질 수 있으므로 물 공급량을 줄여 주는 것이 좋다.

⑤ 적정 토양수분 함량에 따른 채소의 분류
　　㉠ 다소 건조해도 잘 자라는 채소 : 고구마, 수박, 토마토, 땅콩, 들깨, 호박
　　㉡ 다소 습한 토양에서 잘 자라는 채소 : 토란, 생강, 오이, 가지, 배추, 양배추
　　㉢ 습한 토양에서 잘 자라는 채소 : 연근, 미나리
⑥ 채소의 생육에 가장 적당한 토양수분 함량은 포장용수량의 60~70% 정도이다.

---

**10년간 자주 출제된 문제**

채소의 생육에 가장 적당한 토양수분 함량은?

① 포장용수량의 30~50%
② 최대용수량의 30~40%
③ 포장용수량의 60~70%
④ 최대용수량의 60~80%

정답 ③

---

## 제2절　채소 육묘

### 2-1. 접목

**핵심이론 01 ┃ 채소 품목별 대목의 종류 및 특성**

※ 접목 부위의 윗부분을 접수(scion)라 하고, 아랫부분을 대목(rootstock)이라고 한다.

① 수박
　　㉠ 박
　　　• 수박과의 친화성이 높고, 저온신장성도 비교적 강하나 덩굴쪼김병에 약하다.
　　　• 수박을 대목용 박에 꽂이접으로 접목시키고자 할 때는 대목용 박을 수박보다 7일 먼저 파종한다.
　　㉡ 호박 : 저온신장성과 내고온성이 강하고 덩굴쪼김병 등 토양전염성 병해에는 강하나 흡비력이 좋아 웃자라기 쉽고 과실의 품질이 떨어진다.

② 참외
　　㉠ 신토좌호박 : 토양전염성 병해에 강하고 저온신장성이 강하여 촉성재배에서 좋은 효과를 얻을 수 있으며, 내서성도 비교적 강하므로 노지재배에서도 유리하다.
　　㉡ 홍토좌 : 신토좌보다 초세가 약하여 착과성이 좋고 발효과 발생이 적으며 당도가 높고 참외과실의 성숙일수가 단축되며 기형과의 발생이 신토좌 대목에 비하여 훨씬 적다.

③ 오이
　　㉠ 흑종호박 : 저온신장성, 초세 및 흡비력이 우수하여 촉성재배에 사용하는 경우가 많다.
　　㉡ 신토좌호박 : 친화성과 내고온성이 우수하여 반촉성재배부터 억제재배에 많이 이용되고 있다.
　　　※ 박과(수박, 참외, 오이 등) 작물은 박계통과 호박계통의 대목을 사용하고 있다.

**1-1. 채소 접목재배를 하는 가장 큰 목적은?**

① 덩굴쪼김병에 의한 피해를 막기 위하여
② 큰 과실을 생산하기 위하여
③ 고온 신장성을 높이기 위하여
④ 바이러스병을 막기 위하여

**1-2. 오이나 수박을 호박에 접붙이기하여 기르는 이유로 틀린 것은?**

① 흡비력이 높아진다.
② 덩굴쪼김병이 방지된다.
③ 이어짓기 피해를 줄일 수 있다.
④ 암꽃의 수가 많아진다.

**1-3. 오이를 접목 육묘하여 하우스재배를 하려고 한다. 억제재배 시의 대목으로 어떤 것이 가장 좋은가?**

① 흑종호박 ② F₁신토좌 호박
③ 재래종오이 ④ 박

|해설|

**1-1**
**접목 육묘의 주요 목적 및 효과**
• 이어짓기(연작)에 따른 주요 토양전염성 병해의 예방, 선충 및 바이러스의 감염 또는 피해 감소
　예 박과 채소의 덩굴쪼김병(만할병)과 고추의 역병(疫病)
• 접수의 생육 촉진
• 중금속 오염 감소

**1-2**
호박은 수박 대목으로 친화성이 강하고 토양, 재배방식 등 적응범위가 비교적 넓으며 저온 신장력과 높은 온도를 견디는 내고온성이 특히 강하다.

**1-3**
오이의 대목으로는 호박(흑종, 신토좌, 백국좌)이 주로 이용되고 있는데 저온 신장성, 초세 및 흡비력은 흑종호박이 우수하여 촉성용으로 이용한다.

정답 1-1 ① 1-2 ④ 1-3 ①

**핵심이론 02 | 접목 방법과 특성**

① 호접(呼接, tongue approach grafting)

　㉠ 접수를 먼저 파종하여 발아를 시작할 무렵에 대목을 파종한다.

　㉡ 대목의 떡잎이 완전히 벌어지면 대목과 접수를 동시에 뽑아 접목을 한다.

　㉢ 대목의 생장점을 제거하고 자엽 1cm 아랫부분을 위에서 밑으로 45°로 대목 두께의 1/3~1/2을 자른다.

　㉣ 접수의 자엽을 1.5cm 아래에서 위로 잘라 절단부위를 끼운 다음 클립으로 고정하여 한 분에 심어 키운다.

　㉤ 온도·공중습도 등의 접목환경이 좋지 않을 때나 소규모 접목 시에 가장 많이 이용한다.

　㉥ 참외와 오이에서 많이 이용되고, 공정육묘에서는 주로 사용하지 않는다.

② 삽접(揷接, hole insertion grafting)

　㉠ 대목에 비스듬히 구멍을 뚫고 접수를 끼우는 방식이다.

　㉡ 대목은 크게, 접수는 작게 육성해야 하므로 대목을 먼저 파종하여 발아하는 것을 확인하고 접수를 파종한다.

　㉢ 접목은 대목의 본엽이 나오고, 접수의 자엽이 전개되었을 때 한다.

　㉣ 대목의 생장점을 제거하고, 이 부위에 이쑤시개를 위에서 밑으로 45°로 찔러 구멍을 낸다.

　㉤ 구멍이 뚫린 대목에 접수의 절단면이 대목의 뿌리 쪽을 향하도록 끼워 넣는다.

　㉥ 관다발이 잘 접합되도록 접수의 절단부 선단이 대목을 비스듬히 통과하여 밖으로 약간 돌출되게 접목한다.

③ 편엽합접(片葉合接, single-cotyledon splice grafting)
  ㉠ 접목은 대목과 접수의 본엽 크기가 동전 크기 정도일 때 한다.
  ㉡ 대목의 생장점을 포함하여 자엽 하나를 60°로 자르고, 접수는 자엽 1cm 아래에서 소독된 예리한 칼을 이용하여 60°로 자른다.
  ㉢ 준비된 대목에 접수를 맞붙이고 접목용 클립으로 고정한다.
  ㉣ 접수를 절단하므로 접목 후 관리는 삽접과 같게 한다.
  ㉤ 합접과는 다르게 대목의 한쪽 잎을 제거해야 한다.

④ 합접(合接, splice grafting)
  ㉠ 가짓과 채소에 가장 많이 이용하는 접목 방법이다.
  ㉡ 대목과 접수의 굵기가 같도록 육묘하여 60°로 비스듬히 자른 후 절단부위를 서로 맞대어 주고, 클립(clip)·핀(pin)·튜브(tube)·포일(foil) 등으로 고정하는 방법이다.
  ㉢ 성공률이 높고 접목묘의 품질이 현저하게 좋아진다.
  ㉣ 대부분의 대규모 육묘장에서 선호하는 접목 방법이다.

⑤ 핀접
  ㉠ 세라믹 핀(두께 0.5mm, 길이 1.5cm)이나 대나무 핀으로 대목과 접수를 연결하는 방법이다.
  ㉡ 대목의 떡잎 1~2cm 윗부분을 수평으로 절단하고 잘린 면에 핀의 절반을 꽂는다.
  ㉢ 접수 역시 대목의 굵기와 비슷한 부위를 수평으로 절단한 후 대목에 꽂혀 있는 핀의 절반을 꽂는다.
  ㉣ 접목 후 절단면이 서로 잘 밀착되도록 주의해야 한다.
  ㉤ 접목 효율이 높아 노동력을 절감할 수 있으나 세라믹 핀값이 비싸다.
  ㉥ 고추, 토마토, 가지 등 가짓과 채소의 접목에 많이 이용된다.

⑥ 할접(割接, split grafting, cleft grafting)
  ㉠ 박과 및 가짓과 작물에 고르게 이용된다.
  ㉡ 대목이 접수보다 약간 굵은 것이 좋으므로 대목을 3~4일 먼저 파종한다.
  ㉢ 접목시기는 본잎이 5~6장 전개되었을 때 한다.
  ㉣ 접수는 자엽이 위쪽으로 V자가 되도록 자른다.
  ㉤ 대목은 자엽 2~3cm 위에서 수평으로 자른 후 줄기의 가운데를 반으로 1cm 정도 자른다.
  ㉥ 대목에 쐐기 모양으로 다듬은 접수를 끼운 후 클립으로 고정한다.
  ㉦ 우리나라에서는 많이 이용하지 않는다.

> **더 알아보기**
>
> **채소의 주요 접목 방법**
> • 박과 : 할접, 삽접, 합접, 2단 합접, 호접
> • 가짓과 : 할접, 삽접, 합접, 핀접

① 접목의 생리

ㄱ 대목과 접수를 연결하면 절단면의 양쪽 조직에서 캘러스(미분화된 세포덩어리)가 형성되기 시작한다.

ㄴ 캘러스가 서로 유착하면 생리적인 결합이 이루어진다.

ㄷ 접목부위의 연결속도는 보통 25~30℃의 온도와 상대습도 95% 이상의 조건에서는 3일 후에 유상조직이 형성되기 시작하여 7일 후면 활착이 완료된다.

ㄹ 활착과정 : 접착기 → 유착기 → 융착기 → 활착기 → 정상생장

② 접목 후 온도 관리

ㄱ 접목 후 1~2일은 수분 및 온도유지, 바람의 유입방지 비닐로 밀폐한다.

ㄴ 접목 후 3일 정도는 25~30℃ 범위에서 관리한다.

ㄷ 최고온도가 30℃ 이상 넘지 않도록 하고, 최저온도는 25℃ 이하가 되지 않도록 한다.

ㄹ 온도가 너무 낮으면 세포분열이 억제되어 대목과 접수부위의 연결과 유합이 늦어진다.

ㅁ 접목 후 4~7일 정도는 온도를 약간 낮추어서 묘의 도장을 막고, 그 이후에는 일반적인 관리 방법으로 관리한다.

③ 접목 후 습도 관리

ㄱ 습도 관리는 접목 후 2~3일까지가 가장 중요하다.

ㄴ 삽접일 경우 접목 후 2~3일간은 접목상 내부가 거의 포화상태가 되어야 한다.

ㄷ 맞접일 경우는 상대습도가 80~90% 정도는 유지되어야 한다.

ㄹ 접목 후 2~3일간 공중습도가 부족하면 절단부위가 건조해져 조직의 괴사 및 캘러스 형성이 어려워져 접목 활착률이 떨어진다.

ㅁ 접목 후 3~5일부터는 공중습도가 너무 많으면 대목의 줄기가 짓물러 쓰러지는 무름병 등이 발생되므로 터널의 피복재를 조금씩 열어 준다.

ㅂ 이때 피복재를 열어 접수가 시들면 다시 피복재를 닫아 준다.

④ 접목 후 광 관리

ㄱ 접목 후 1~2일까지 직사광선을 받지 않도록 차광을 해 준다.

ㄴ 접목 후 3~5일경에는 아침에 30~40분 정도 약광을 받도록 피복재를 걷어 주었다가 다시 닫아 준다.

ㄷ 그 이후에는 점차 광선을 길게 받도록 하여 7일부터는 햇볕을 잘 받을 수 있게 한다.

---

**10년간 자주 출제된 문제**

박과 작물의 접목 후 활착에 영향을 크게 주지 않는 환경 요인은?

① 광                    ② 온도
③ 습도                  ④ 탄산가스농도

**|해설|**

활착에 영향을 주는 환경 요인은 온도, 습도, 광이다.

**정답** ④

---

## 2-2. 육묘 환경 관리

**핵심이론 01 | 채소 품목별 묘의 환경 특성**

① 육묘장 광 관리
  ㉠ 골격률을 최대한으로 낮추고, 투광률과 보온성이 좋으며 무적성(無敵性, 물방울이 맺히지 않는)인 피복자재를 이용한다.
  ㉡ 가지는 약광 조건이 지속되면 암꽃에 기능장해가 발생하고 낙화나 수정장해가 발생되기도 한다.
  ㉢ 박과 작물은 일장이 길면 암꽃의 발생을 불량하게 할 수 있으므로 일장을 8시간 정도로 단일 처리를 하고 온도도 15℃ 이하로 낮추어 관리해야 암꽃의 착생이 빨라진다.
  ㉣ 가짓과 작물은 광량이 부족하면 인공광원으로 보광하여 준다.

② 육묘장 온도 관리
  ㉠ 뿌리털의 최저발생 한계온도는 토마토와 고추가 10℃, 가지・호박 및 오이가 12℃, 수박과 멜론이 13~14℃이며, 최고 발생 한계온도는 대부분의 작물이 38℃ 전후의 범위에 있다.
  ㉡ 여름에는 지하수 또는 차광 등으로 지온을 낮추고, 겨울에는 13℃ 이상으로 한다.
  ㉢ 낮기온은 높게, 밤기온은 가급적 낮게 관리한다.

[채소류의 적정 육묘 관리 온도]

| 구분 | 작물 | 낮기온 | 밤기온 | 지온 |
|------|------|--------|--------|------|
| 가짓과 | 가지 | 25~30℃ | 23~25℃ | 23~25℃ |
| | 토마토 | 24~27℃ | 13~18℃ | 18~20℃ |
| | 고추 | 25~30℃ | 18~20℃ | 23~25℃ |
| 박과 | 수박 | 25~30℃ | 18~20℃ | 23~25℃ |
| | 오이 | 25~28℃ | 17~20℃ | 20~23℃ |
| | 멜론 | 25~30℃ | 18~20℃ | 23~25℃ |

③ 육묘장 수분・습도 관리
  ㉠ 발아 후에는 관수량과 관수횟수를 줄여 약간 건조한 상태로 유지한다.
  ㉡ 토양습도는 다소 높게 하고, 대기의 상대습도는 60~80%가 좋다.
  ㉢ 관수량은 저녁 묘상의 상토 표면이 뽀얗게 말라있는 정도가 적절하다.

④ 육묘장 비배 관리
  ㉠ 육묘 후기로 갈수록 비료의 양이 부족하여 노화가 촉진되는 경우 적정농도의 요소나 4종 복비(複肥)를 3~6일 간격으로 관주하는 것이 좋다.
  ㉡ 박과 작물은 질소성분이 과다하면 암꽃 착생률이 떨어지는 경우가 있다.
  ㉢ 생육 후기의 웃자람이 우려될 때에는 제1인산칼륨 1% 용액을 엽면에 살포한다.

---

**10년간 자주 출제된 문제**

**채소류의 육묘 관리에 대한 설명으로 옳지 않은 것은?**

① 골격률을 최대한으로 낮추고, 투광률과 보온성이 좋게 한다.
② 겨울에는 13℃ 이상으로 해주어야 한다.
③ 기온은 낮에는 낮게, 밤에는 가급적 높게 관리한다.
④ 대기의 상대습도 60~80%가 좋다.

**|해설|**
③ 기온은 낮에는 높게, 밤에는 가급적 낮게 관리한다.

정답 ③

① 경화(硬化, hardening)

　㉠ 고온과 약광의 온실 환경에서 약하게 자란 묘를 정식하기 전에 정식지의 환경에 묘가 잘 견딜 수 있게 적응시키는 과정을 말하며, 순화(馴化, 묘 굳히기)라고도 한다.

　㉡ 정식 1주 전부터는 서서히 직사광선을 쪼이면서, 온상 내 온도를 정식포장의 온도와 비슷하게 낮춘다.

　㉢ 관수량을 줄여 잎이 소형이 되도록 유도함과 동시에 당 함량을 증대시켜 세포의 삼투압을 높이고, 불량환경에 견딜 수 있는 능력을 높인다.

② 경화의 효과

　㉠ 엽육이 두꺼워지고, 큐티클층과 왁스층이 발달한다.

　㉡ 건물량이 증가한다.

　㉢ 지상부 생육은 억제되고 지하부 생육은 촉진된다.

　㉣ 내한성과 내건성이 증가한다.

　㉤ 외부환경에 견디는 힘이 강해진다.

　㉥ 정식 후 활착이 촉진된다.

　㉦ 지나친 경화는 조기 수량을 감소시킬 우려가 있다.

---

**10년간 자주 출제된 문제**

**모종을 경화시킬 때 나타나는 현상이 아닌 것은?**

① 엽육이 두꺼워진다.
② 건물량이 감소한다.
③ 지하부의 발달이 촉진된다.
④ 내한성이 증가한다.

|정답| ②

---

① 주야간의 온도차(DIF ; Difference between day and night temperature)를 통한 절간장의 조절

　㉠ 환경오염이 없는 환경친화적, 무공해, 물리적 처리 방법이다.

　㉡ 음(-)의 DIF는 묘의 절간장을 감소시키고 양(+)의 DIF는 절간장을 증가시킨다(단, 주야간 평균온도는 동일한 조건).

**[주야간의 온도차(DIF)에 의한 플러그 묘의 절간장 반응]**

| 식물종류 | DIF처리에 대한 반응정도$^z$ | 식물종류 | DIF처리에 대한 반응정도$^z$ |
|---|---|---|---|
| 토마토 | 2 | 수박 | 3 |
| 고추 | 0~1 | 호박 | 2 |
| 가지 | 3 | 멜론 | 3 |
| 브로콜리 | 3 | 오이 | 1~2 |

$^z$0 : 무반응, 3 : 가장 민감한 반응

② 물리적 자극(접촉 또는 진동)을 통한 생육조절

　㉠ 직접적인 자극(생장점 자극) : 막대기에 연결된 총채나, 빗자루를 이용하여 묘의 생장점 부분을 주기적으로 자극한다.

　㉡ 간접적인 자극(바닥 진동) : 진동장치를 작동하여 주기적이며 규칙적으로 물리적 자극을 준다.

　　※ 접촉자극 방법은 생장억제 효과는 인정되나 결과의 정량화가 어렵고, 병원균을 확산시킬 우려가 있으며, 생식생장 지연 등의 부작용이 있어 작물에 따른 선행실험을 한 후 적용해야 한다.

③ 생장조절제(생장억제제)를 이용한 초장의 조절 : CCC, B-9, A-rest, paclobutrazol, uniconazole 등

**3-1. 과채류의 육묘 중 웃자람을 억제시킬 수 있는 생장조절제는?**

① 2,4-D　　　　　　② 지베렐린
③ 토마토톤　　　　　④ B-9

**3-2. 작물의 생육조절 방법 중 환경오염이 적은 방법은?**

① 생장조절제를 이용하는 방법
② 주야간의 온도를 조절하는 방법
③ 상토 내의 양분을 조절하는 방법
④ 상토 내의 수분을 조절하는 방법

|해설|

**3-1**
B-9(daminozide) : 과채류의 육묘 중 웃자람을 억제시킨다.

**3-2**
주야간의 온도차를 통한 생육조절 방법은 환경오염이 없는 환경친화적, 무공해, 물리적 처리 방법이다.

정답 3-1 ④　3-2 ②

---

## 3-1. 채소의 정의

### |핵심이론 01| 채소의 정의 및 분류

① 채소의 정의
　㉠ 야채(野菜)라고도 하며, 1년생 초본식물로 인간이 먹을 수 있는 부위를 생산할 수 있는 작물을 말한다.
　㉡ 주로 잎, 줄기, 뿌리가 섭취 대상이지만 수박, 참외, 토마토, 오이 등의 열매채소(과일채소, 과채류)도 있다.
　㉢ 목본류는 포함하지 않지만 예외적으로 두릅은 채소로 분류한다.
　㉣ 감자나 콩, 옥수수 등은 사용하는 방식에 따라, 주식으로 먹으면 식량작물, 기름을 짜거나 하면 공예작물, 반찬으로 먹으면 채소로 친다.

② 채소의 분류
　㉠ 식물학적 분류

| 담자균 | 송이과 | 양송이, 표고 |
|---|---|---|
| 단자엽<br>식물 | 화본과 | 맹종죽, 옥수수, 단옥수수, 튀김옥수수 |
| | 토란과 | 토란, 곤약 |
| | 백합과 | 아스파라거스, 파, 양파, 쪽파, 마늘, 리크, 부추, 염교, 달래 |
| | 마과 | 마 |
| | 생강과 | 생강 |
| 쌍자엽<br>식물 | 가짓과 | 가지, 고추, 토마토, 감자 |
| | 국화과 | 우엉, 쑥갓, 상추, 머위 |
| | 도라지과 | 도라지 |
| | 명아주과 | 비트, 근대, 시금치 |
| | 십자화과<br>(배추과) | 배추, 케일, 양배추, 꽃양배추, 순무, 갓, 무 |
| | 두과(콩과) | 콩, 작두콩, 녹두, 팥, 강낭콩, 완두, 동부, 잠두 |
| | 박과 | 수박, 참외, 멜론, 오이, 호박, 박 |
| | 산형화과 | 셀러리, 고수, 삼엽채, 당근, 미나리, 파슬리 |
| | 꿀풀과 | 들깨 |
| | 메꽃과 | 고구마 |
| | 연과 | 연근 |
| | 아욱과 | 아욱, 오크라 |
| | 장미과 | 딸기 |
| | 두릅나무과 | 독활, 두릅나무 |

ⓛ 식용부위에 따른 분류(원예적 분류)

| 잎, 줄기 채소 (엽경채류) | 잎채소 | 배추, 양배추, 시금치 등 |
|---|---|---|
| | 꽃채소 | 꽃양배추, 콜리플라워, 브로콜리 등 |
| | 순채소 | 아스파라거스, 토당귀, 죽순 등 |
| | 비늘줄기채소 | 파, 양파, 마늘 등 |
| | 기타 | 송이버섯, 양송이 등 |
| 뿌리채소 (근채류) | 직근류 | 무, 당근, 우엉 등 |
| | 괴근류 | 고구마, 마 등 |
| | 괴경류 | 감자, 토란 등 |
| | 근경류 | 생강, 연근 등 |
| 열매채소(과채류) | | 가지, 고추, 토마토, 콩(완두, 잠두 등), 오이, 수박, 호박, 참외, 옥수수 등 |

ⓒ 생태적 분류

• 온도 적응성에 따른 분류

| 호냉성 채소 | • 17~20℃ 정도의 비교적 서늘한 기후조건에서 생육이 활발하며, 대부분 영양기관을 이용한다. <br> • 양파, 마늘, 딸기, 무, 배추, 파, 시금치, 상추 등 |
|---|---|
| 호온성 채소 | • 25℃ 정도의 비교적 따뜻한 기후조건에서 생육이 활발하며, 대부분 열매를 이용한다. <br> • 가지, 고추, 오이, 토마토, 수박, 참외 등 |

• 광 적응성에 따른 분류

| 양성채소 | • 햇볕이 잘 드는 곳에서 잘 자라는 채소 <br> • 박과, 콩과, 가짓과, 무, 배추, 상추, 당근 등 |
|---|---|
| 음성채소 | • 어느 정도의 그늘에서도 잘 자라는 채소 <br> • 토란, 아스파라거스, 마늘, 부추, 잎채소 등 |

**1-1. 채소의 식물학적 분류에서 고추, 감자, 토마토, 피망은 무슨 과에 속하는가?**

① 박과
② 백합과
③ 가짓과
④ 국화과

**1-2. 장미과에 속하는 것은?**

① 딸기
② 토마토
③ 도라지
④ 오크라

**1-3. 자연분류법(식물학적 분류)에 의한 채소의 분류가 알맞게 짝지어진 것은?**

① 박과 – 참외, 오이
② 백합과 – 마늘, 고추
③ 가짓과 – 가지, 무
④ 십자화과 – 토마토, 양배추

**1-4. 다음 중 땅속줄기(지하경)로 번식하는 작물은?**

① 마늘
② 생강
③ 토란
④ 감자

**1-5. 다음 채소 중 호냉성 채소에 속하는 것은?**

① 수박
② 딸기
③ 멜론
④ 토마토

**1-6. 적정온도가 상대적으로 높은 호온성 작물에 해당하지 않은 것은?**

① 가지
② 배추
③ 피망
④ 오이

|해설|

1-2
② 가짓과, ③ 도라지과(초롱꽃과), ④ 아욱과

1-3
② 백합과 : 마늘
③ 가짓과 : 가지, 고추, 토마토
④ 십자화과 : 양배추, 무

1-6
배추는 호냉성 채소이다.

**정답** 1-1 ③  1-2 ①  1-3 ①  1-4 ②  1-5 ②  1-6 ②

## 핵심이론 02 | 채소의 중요성

① 식품적 가치가 있다.
  ㉠ 비타민의 공급 : 특히 비타민 A와 C의 중요한 공급
     원이다.
  ㉡ 무기질의 공급 : Ca, Fe, Mg 등 30여 종의 무기질
     을 공급받을 수 있다.
  ㉢ 섬유소의 공급 : 소화를 돕고 변비를 예방한다.
  ㉣ 알칼리성 식품 : Na, K, Mg, Ca, Fe 등을 많이
     포함하고 있다.
② 김치를 비롯한 가공식품 등에 원료를 제공한다.
③ 비만, 심혈관계 질환예방 등 보건적 가치가 크다.
④ 기호적 기능을 하며, 약리적 효능이 있다.
⑤ 경제적 가치가 있다.
  ㉠ 채소 농가의 안정 생산에 기여할 수 있다.
  ㉡ 시설채소는 개방화 시대에 국제경쟁력을 키울 수
     있는 산업이다.
  ㉢ 식량자원이다.
     예 감자, 고구마, 통과채소 등
  ㉣ 우리나라 연간 농업 총생산액 중 원예작물이 30%
     로 비중이 크다.

---

### 10년간 자주 출제된 문제

**채소원예의 중요성에 해당하지 않는 것은?**
① 비타민과 무기질의 공급원이다.
② 기호적 기능을 하며, 약리적 효능이 있다.
③ 섬유소의 공급원으로 산성 식품이다.
④ 식품적, 보건적 가치가 크다.

|해설|
③ 알칼리성 식품이다.

정답 ③

---

## 3-2. 채소의 생장과 발육

### 핵심이론 01 | 종자의 발아

① 종자의 발아 : 배의 유근 및 유아가 배유나 자엽 중에
   저장되어 있던 양분을 이용하여 생장하는 현상

---

**더 알아보기**

**종자의 구조**
• 배 : 난핵과 정핵이 수정하여 만들어지며, 식물체(뿌리,
  줄기)가 되는 부분이다.
• 배유 : 2개의 극핵과 1개의 정핵이 수정하여 만들어지
  며, 발아에 필요한 양분을 저장한다.

---

② 발아의 조건
  ㉠ 수분조건
    • 박과 작물과 같이 단백질이나 지방 함량이 많은
      종자는 종자 중량의 80~150%
    • 옥수수와 같이 전분의 함량이 많거나 비교적 적
      은 배를 가진 종자는 50% 전후
  ㉡ 온도조건
    • 대부분의 채소 발아적온 : 15~35℃
    • 호냉성 엽근채류 : 15~20℃
    • 호온성 과채류 : 25~30℃
  ㉢ 산소조건
    • 종자 발아의 생리적 과정에는 호흡이 수반되므
      로 발아에 산소를 필요로 한다.
    • 무·셀러리 등은 산소요구도가 높고 배추·오이·
      파 등은 비교적 산소요구도가 낮다.
  ㉣ 광조건
    • 광발아 종자 : 상추, 쑥갓, 당근, 셀러리, 배추과
      (배추, 양배추 등)
    • 암발아 종자 : 가짓과, 박과, 백합과(파, 양파,
      부추 등)
    • 광과 관계없는 종자 : 시금치, 근대, 콩과 등

③ 종자의 수명(발아력 유지 최대기간)
  ㉠ 단명종자(1~2년) : 메밀, 고추, 양파
  ㉡ 상명종자(2~3년) : 벼, 쌀보리, 완두, 목화, 토마토
  ㉢ 장명종자(4~6년 또는 그 이상) : 콩, 녹두, 오이, 가지, 배추

④ 종자발아력의 간이 검정법 : 테트라졸륨법, 구아이아콜법, 전기전도도검사법, 효소활력측정법, 인디고카민법, 착색법, 배 절단법, X선 검사법 등

### 10년간 자주 출제된 문제

**1-1. 종자가 발아해서 뿌리와 줄기가 되는 부위는?**
① 배
② 배젖
③ 외피
④ 흡수층

**1-2. 배추나 박과 작물 종자의 저장양분이 저장하는 곳은?**
① 종피
② 자엽
③ 배유
④ 유근

**1-3. 발아적온이 가장 높은 채소는?**
① 양배추
② 시금치
③ 상추
④ 고추

**1-4. 다음 중 광발아(光發芽)종자인 것은?**
① 호박
② 가지
③ 상추
④ 토마토

**1-5. 다음 중 수명이 가장 긴 장명종자는?**
① 메밀
② 가지
③ 양파
④ 상추

|해설|

1-3
④ 고추 : 20~30℃
① 양배추 : 20~25℃
② 시금치 : 15~22℃
③ 상추 : 15~20℃

1-5
장명종자 : 콩, 녹두, 오이, 가지, 배추

정답 1-1 ① 1-2 ③ 1-3 ④ 1-4 ③ 1-5 ②

---

### 핵심이론 02 │ 영양기관의 발달

① 줄기
  ㉠ 줄기선단 정단분열조직의 분열활동에 의하여 줄기가 신장하고 잎이 분화하며 측지가 발생하게 된다.
  ㉡ 줄기의 종류
    • 신장경 : 직립형(고추), 넝쿨형(오이), 평복경(토마토), 포복경(고구마)
    • 단축경 : 딸기, 마늘, 양파, 무, 배추, 양배추, 상추 등

② 잎
  ㉠ 줄기의 정단분열조직의 측면에서 분화한 엽원기가 발달하여 잎이 된다.
  ㉡ 세포수 증가보다는 개개 세포의 신장으로 이루어진다.
  ㉢ 채소류 중 엽구와 인경을 형성하는 것을 결구라 한다.
    • 양배추는 모두 결구성이고 배추, 상추는 결구성, 반결구성, 비결구성으로 분류한다.
    • 결구는 차광에 의한 옥신의 불균형분포와 그로 인한 잎의 불균형신장으로 설명된다.
    • 인경을 형성하는 채소 : 마늘, 양파, 쪽파 등

③ 뿌리
  ㉠ 뿌리의 선단 생장점에서 신장이 이루어지는데 줄기선단처럼 측면에서 측아가 형성되지는 않는다.
  ㉡ 선단은 생장점과 그를 감싸 보호하는 근관조직, 신장대, 근모대로 구성된다.
  ㉢ 근모대에는 표피세포가 돌출하여 형성되는 다수의 근모가 있어 양수분의 흡수를 촉진한다.
  ㉣ 뿌리의 저장기관(직근류의 비대근)
    • 목부비대형 : 무, 순무, 우엉
    • 사부비대형 : 당근
    • 환상비대형 : 비트

ⓜ 바람들이

- 비대근 수확 시 또는 수확 후 저장 중 세포조직 내의 당 소모가 빠르고 공급은 안 되어 빈 껍데기의 세포가 되어버리는 현상이다.
- 생장속도가 빠르고 체내 당함량이 적은 품종과 고온 건조한 조건에서 저장하는 경우에 많이 발생한다.

## 핵심이론 03 | 꽃눈분화 및 추대

① 꽃눈분화(화아분화)

ⓐ 영양기관의 발달을 시작으로 조직의 형태적 분화를 거쳐 꽃눈이 완성되기까지의 과정을 꽃눈분화라 한다.

ⓑ 꽃눈분화가 시작되면 엽채류는 생장속도가 둔화되고, 근채류는 뿌리의 비대가 불량해진다.

ⓒ 꽃눈은 장차 꽃으로 발전할 세포조직으로, 꽃눈분화를 기점으로 대부분의 작물은 생식생장이 시작된다.

ⓓ 꽃눈분화의 요인

- 외적 요인 : 일장, 온도 등
- 내적 요인 : C/N율, 식물호르몬(옥신, 지베렐린 등)
  ※ C/N율(탄질률) : 식물체 내의 탄수화물과 질소의 비율

ⓔ 엽근채류의 꽃눈분화

- 무 : 발아기 5℃ 이하 저온과 생육기간 중 하루평균 온도가 12℃ 이하로 일정기간이 지나면 저온에 감응하여 일어난다.
- 당근 : 식물체가 어느 정도 커진 다음 저온에 감응하여 일어난다.

ⓕ 과채류의 꽃눈분화

- 가짓과, 박과는 꽃눈분화 후에도 영양·생식생장을 병행한다.
- 딸기의 꽃눈분화에 적당한 조건 : 저온단일
- 딸기의 꽃눈분화에 있어 단일에 감응할 수 있는 최소한의 잎 수 : 3매
- 자연조건하에서 딸기의 꽃눈분화 시기 : 가을
- 딸기의 화아분화 촉진 방법 : 8월 중 고랭지 육묘
  ※ 딸기 기형과 발생률을 줄일 수 있는 가장 효과적인 방법 : 꿀벌 방사

② 추대
  ㉠ 꽃눈형성 이후 줄기가 급속히 신장하는 것을 말한다.
  ㉡ 무, 배추, 양배추 등의 재배에서 예기치 않은 저온으로 인한 조기추대 등은 수량을 감소시키므로 큰 문제가 된다.
③ 화아분화와 추대의 촉진요건
  ㉠ 일장 : 저온감응성을 가지고 있는 무, 배추 등은 장일상태에서 화아분화와 발육이 촉진되고, 추대도 빨라진다.
  ㉡ 온도 : 추대에 적당한 온도는 25~30℃이고, 고온일수록 추대가 빨라진다.
  ㉢ 토양 : 점질토양이나 비옥토보다 사질토양이나 척박토에서 추대가 더 빠르게 진행된다.

### 더 알아보기

- 무의 꽃눈형성과 추대가 촉진되는 조건 : 저온, 고온장일
- 무를 이른 봄에 파종하여 재배할 때 가장 문제가 되는 것 : 추대성
- 상추를 고온기에 파종하면 조기 추대할 위험성이 크다.
- 토마토 재배 시 난형과가 생기는 생리적 원인 : 온도(저온)와 영양조건이 좋지 않음
- 호박의 육묘기간 동안 암꽃 착생을 촉진하는 처리 : 저온단일 처리

① 꽃의 분화

　　㉠ 꽃받침 → 꽃잎(꽃부리) → 수술 → 암술의 순서로 분화한다.

　　㉡ 전엽 7일 후에 꽃받침이 이루어지고, 다시 7일 후면 꽃부리가 생긴다.

　　㉢ 대체로 전엽 후 14~21일에 수술이 생기고, 그 후 7일 정도 늦게 암술이 발달하기 시작하여 6~8주 정도면 꽃의 모든 화기가 이루어져 개화한다.

② 과실의 발달

　　㉠ 의의

　　　　• 수정된 자방은 대부분 자방벽과 태좌로 구성되는데, 대개 개화 후 세포분열이 끝나기 때문에 자방의 비대는 세포 크기의 확장에 의하여 이루어진다.

　　　　• 세포의 크기는 체외 양분과 수분 축적에 의해 확장된다.

　　㉡ 과실의 생성

　　　　• 생식기관인 꽃은 결국 종자와 과실을 생산하기 위한 도구이므로, 착과 이후에는 탄수화물, 무기물, 수분 등의 모든 양분이 과실로 향하게 된다.

　　　　• 다른 영양기관은 급속도로 기능이 쇠퇴해 가며, 과실 상호 간에 심한 양분경합이 나타난다.

　　　　• 영양생장과 생식생장이 동시에 이루어지는 경우 과실 간 양분경합은 물론 영양기관과의 양분경합도 나타난다.

　　㉢ 과실의 비대

　　　　• 과실 간 양분경합의 예가 바로 과채류의 착과주기성이며 영양기관과의 경쟁으로 나타나는 것이 생리적 낙과, 과실 비대불량 등이다.

　　　　• 과실의 비대 중에는 옥신이 많이 생성되어 비대를 촉진한다.

• 수정이 되지 않아도 옥신류 생장조절물질을 처리하면, 착과가 촉진되고 과실이 비대해지는 단위결과 현상이 나타난다.

> **더 알아보기**
>
> **단위결과**
> 수분이나 수정이 되지 않아 종자가 형성되지 않았는데도 과실이 비대발육하는 현상을 말하며, 단위결과의 요인은 다음과 같이 나뉜다.
> • 자연적 단위결과 : 자방에 옥신이 많이 함유되어 있어 자연적으로 단위결과가 이루어지는 것 ⑩ 토마토, 고추, 바나나, 감귤, 파인애플, 오이, 호박, 포도, 오렌지, 감, 무화과 등
> • 환경적 단위결과 : 저온·고온·일장·곤충작용 등의 특수한 환경조건에서 단위결과가 이루어지는 것
> • 화학적 단위결과 : 지베렐린, PCA, 옥신 등과 같은 화학물질로 단위결과를 유도하는 것

> **10년간 자주 출제된 문제**
>
> **4-1. 분화된 꽃눈의 발생순서가 맞는 것은?**
> ① 암술 → 수술 → 꽃받침 → 꽃잎
> ② 꽃받침 → 꽃잎 → 수술 → 암술
> ③ 수술 → 암술 → 꽃받침 → 꽃잎
> ④ 꽃잎 → 꽃받침 → 암술 → 수술
>
> **4-2. 종자가 형성되지 않아도 착과하여 과실이 정상적으로 비대되는 현상을 무엇이라 하는가?**
> ① 수분　　　　　　　② 수정
> ③ 춘화　　　　　　　④ 단위결과
>
> **정답 4-1** ② **4-2** ④

## 핵심이론 05 | 성숙과 노화

① 과실의 성숙 : 과실의 중량과 크기가 최고에 달하고, 바로 수확할 수 있는 단계에 이른 것을 말한다.

② 생리적 성숙 : 형태적으로 고유의 모양을 갖추고 최대 크기에 달한 한편, 다음과 같은 질적 변화를 수반한다.

  ㉠ 저장탄수화물이 당으로 변한다.

  ㉡ 유기산이 감소하여 신맛이 감소한다.

  ㉢ 엽록소가 감소하고, 카로티노이드와 안토시아닌이 증가한다.

  ㉣ 세포벽의 펙틴질이 분해되어 조직이 연화된다.

  ㉤ 여러 가지 향기가 난다.

  ㉥ 호흡이 일시적으로 상승하기도 한다.

  ㉦ 에틸렌의 급격한 상승이 일어난다.

### 10년간 자주 출제된 문제

**5-1. 채소 과실 성숙 시 내부적 변화에 해당되지 않는 것은?**

① 유기산이 감소하여 신맛이 감소한다.
② 에틸렌의 급격한 상승이 일어난다.
③ 호흡이 일시적으로 저하되게 된다.
④ 세포벽의 펙틴질이 분해하여 조직이 연화된다.

**5-2. 과실이 익어갈 때 나타나는 변화로 볼 수 없는 것은?**

① 종자 속 배의 분화         ② 과육의 연화
③ 색소와 향기 성분의 변화   ④ 저장물질의 가수분해

|해설|

5-2

과실 성숙 과정 중 대사 작용에 따른 품질 변화

| 세포벽 분해 효소 활성화 | 과육 연화 |
| --- | --- |
| 전분의 당으로 가수분해 | 당도 증가 |
| 호흡에 의한 유기산의 변화 | 산도 감소 |
| 엽록소 분해 및 색소 합성 | 착색 |
| 타닌의 중합 반응 | 떫은 맛 소실 |
| 휘발성 에스테르 등 합성 | 풍미 발생 |
| 표면 왁스 물질의 합성 | 과피 외관 저하 |

**정답** 5-1 ③ 5-2 ①

## 핵심이론 06 | 낙과의 원인

① 기계적 낙과 : 태풍, 강풍, 병충해 등에 의해 발생한다.

② 생리적 낙과

  ㉠ 수정이 이루어지지 않아 낙과가 발생한다.

  ㉡ 수정이 된 것이라도 발육 중 불량환경, 수분 및 비료분의 부족, 수광태세 불량으로 인한 영양부족 등으로 인해 낙과가 발생한다.

  • 유과기 저온에 의한 동해로 낙과가 발생한다.

  • 고추의 비닐하우스 재배 시 고온이 되면 낙과가 잘 일어난다.

  • 토마토는 야간 고온으로 수정이 불완전하여 낙과가 많아진다.

  ㉢ 시기에 따라 조기낙과(6월 낙과)와 후기낙과(수확 전 낙과)로 구분한다.

### 10년간 자주 출제된 문제

**6-1. 고추의 비닐하우스 재배 시 고온이 되면 잘 일어나는 피해는?**

① 낙과         ② 병해
③ 위조         ④ 생장불량

**6-2. 야간 고온으로 수정이 불완전하여 낙과가 많아지는 작물은?**

① 수박         ② 딸기
③ 가지         ④ 토마토

|해설|

6-1

고추는 고온장해를 받게 되면 양분부족으로 꽃의 발육이 충실하지 못하여 꽃봉오리가 떨어지고 수정이 되어 착과가 되더라도 어린 열매가 떨어진다.

6-2

낙화, 낙과를 방지하기 위해서는 암술과 수술이 충실한 꽃을 개화시켜 수분, 수정이 잘되도록 하여야 한다.

**정답** 6-1 ① 6-2 ④

① 식물 생장조절물질은 식물의 생육 과정 중의 발아, 발근, 신장, 개화, 결실 등을 촉진하거나 반대로 억제하기도 한다.

② 생장조절제의 종류

　㉠ 옥신(auxin, 생장호르몬)

　　• 측아의 생장을 억제하는 정아우세 현상이 나타난다.

　　• 토마토의 착과를 좋게 하기 위하여 꽃송이에 처리한다.

　　• 세포 신장촉진, 발근촉진, 접목 활착촉진, 가지의 굴곡 유도, 개화조절(족진/억제), 적화, 적과, 낙화방지, 과실의 비대와 성숙촉진, 단위결과 유도, 증수효과, 제초제 이용 등

　㉡ 지베렐린(gibberellin, 도장호르몬)

　　• 개화를 유도하고 촉진하므로 저온(버널리제이션), 일장 처리 대용효과

　　• 종자의 발아 및 감자 등의 영양기관의 휴면타파에 이용한다.

　　• 딸기의 착과증진과 숙기촉진에 이용한다.

　　• 셀러리의 저온기 시설재배에서 잎자루 신장에 이용한다.

　㉢ 시토키닌(cytokinin, 세포분열호르몬)

　　• 뿌리에서 합성되어 여러 가지 생리작용에 관여한다.

　　• 조직배양 시 옥신과 함께 배양한 조직의 세포분열을 촉진시키며, 잎과 줄기의 형성을 촉진시킨다.

　　• 옥신에 의해 나타나는 정아우세 현상을 억제하여 측아의 생장을 촉진시킨다.

　　• 종자의 휴면타파 및 발아촉진 효과가 있다.

　　• 호흡억제, 단백질의 분해억제, 잎의 노화 방지, 저장 중 신선도를 증진, 착과 증진 등

　㉣ 에틸렌(ethylene, 성숙·스트레스호르몬)

　　• 발아·성숙촉진, 정아우세 타파, 생장억제, 개화촉진

　　• 잎의 노화촉진, 적과효과, 성 표현의 조절 등

　　• 오이의 암꽃 착생 촉진제로 사용된다.

　㉤ 생장억제제

　　• 아브시스산(ABA) : 발아억제, 가을낙엽에 관여

　　• 2,4-D : 강낭콩의 초장을 작게 하고, 초생엽중 증대

　　• BOH : 줄기 신장억제와 화성유도

　　• 모르팍틴(morphactin) : 생장 및 굴광·굴지성을 억제, 분얼수 증가와 줄기가 가늘어짐

　　• CCC(cycocel) : 지베렐린의 생합성을 저해하여 식물의 생장을 억제하면서 개화시기를 앞당긴다.

　　• B-9(daminozide) : 과채류의 육묘 중 신초생장(웃자람)을 억제

　　• MH-30 : 마늘, 양파의 맹아억제

---

### 10년간 자주 출제된 문제

**7-1. 정아우세성에 주로 관여하는 호르몬은?**

① 지베렐린　　　　　　② 시토키닌

③ 옥신　　　　　　　　④ B-9

**7-2. 종자의 발아 및 감자 등의 영양기관의 휴면타파에 이용되는 생장조절제는?**

① 토마토톤(4-CPA)　　② 지베렐린(GA)

③ 2,4-D　　　　　　　④ CCC

**7-3. 마늘의 저장 중 맹아를 억제시키기 위해 쓰이는 약품은?**

① 2,4-D　　　　　　　② $\alpha$-NAA

③ 콜히친　　　　　　　④ MH-30

|해설|

7-1
옥신은 줄기 선단에 있는 분열조직에서 합성되어 아래로 이동하며 측아의 발달을 억제하는 정아우세 현상과 관련된 식물 생장조절물질이다.

**정답** 7-1 ③　7-2 ②　7-3 ④

① 결구와 비결구
  ㉠ 결구 : 배추, 양배추와 같이 안쪽의 잎들이 위로 서기 시작하고, 내측으로 굽어 구를 형성하는 것을 말한다.
  ㉡ 비결구 : 시금치와 같이 잎이 로제트상으로 자라지만 구는 형성하지 않는다.
② 결구과정은 외엽발육기, 결구기, 엽구충실기로 구분된다.
③ 외엽은 주로 광합성에 관여하며, 결구엽은 동화산물의 저장에 관여한다.
④ 엽구의 형태에 따라 포합형과 포피형, 엽중형과 엽수형으로 분류한다.
  ㉠ 엽중형 : 외측의 잎들이 엽구중량의 대부분을 차지하며 엽구형성에 결정적으로 관여한다.
  ㉡ 엽수형 : 엽수가 엽구의 크기와 중량을 결정하는 형태이다.
⑤ 채소의 이식은 생육을 양호하게 하여 숙기가 단축되고 상추, 양배추 등의 결구를 촉진한다.
⑥ 배추의 결구
  ㉠ 싹이 난 후 40~50일이 되면 잎이 일어서기 시작하면서 속이 차올라 결구를 이룬다.
  ㉡ 배추의 결구에 관여하는 가장 중요한 원인은 온도이다.
    ※ 배추, 양배추, 결구상추 등은 온도가 높으면 결구가 잘되지 않는다.
  ㉢ 결구온도는 15~18℃가 적당하며 결구하는 데 가장 낮은 온도는 4~5℃ 정도이다.
  ㉣ 결구는 유전적인 특성과 빛의 양과 세기, 온도 및 습도 등 재배환경에 의해 좌우된다.
    ※ 양파나 마늘은 장일조건에서 인경의 형성과 비대가 촉진된다.

---

**더 알아보기**

벌마늘이 생기는 이유
• 모래가 많은 토양에 재배하였을 때
• 겨울철 기온이 높아 생육이 너무 진전되었을 때
• 추대된 주아를 너무 일찍 뽑았을 때
• 제때보다 일찍 파종했을 때
• 질소질 거름을 너무 많이 주었을 때
• 마늘종을 너무 빨리 제거하였을 때

---

**10년간 자주 출제된 문제**

8-1. 다음 중에서 배추의 결구에 관여하는 가장 중요한 원인은?
① 일장과 온도          ② 양분과 수분
③ 양분               ④ 온도

8-2. 잎의 결구현상에 대한 설명 중 틀린 것은?
① 결구성 엽채류의 결구과정은 외엽발육기, 결구기, 엽구충실기로 구분된다.
② 양파나 마늘은 단일조건에서 인경(인엽구, scaly bulb)의 형성과 비대가 촉진된다.
③ 결구성 엽채류에서 외엽은 주로 광합성에 관여하며, 결구엽은 동화산물의 저장에 관여한다.
④ 엽수형은 엽수가 엽구의 크기와 중량을 결정하는 형태이다.

8-3. 벌마늘이 생기는 원인과 관계가 없는 것은?
① 일장이 너무 길고 건조할 때
② 제때보다 일찍 파종했을 때
③ 질소질 거름을 너무 많이 주었을 때
④ 마늘종을 너무 빨리 제거하였을 때

|해설|

8-2
양파나 마늘은 장일조건에서 인경의 형성과 비대가 촉진된다.

정답 8-1 ④  8-2 ②  8-3 ①

## 3-3. 채소의 영양생리

### 핵심이론 01 광합성

① 광합성과 호흡

$$6CO_2 + 6H_2O \xrightarrow[\text{엽록소}]{\text{빛(E)}} C_6H_{12}O_6 + 6O_2$$

- ㉠ 광합성은 식물이 빛을 받아 광에너지 및 $CO_2$와 $H_2O$를 원료로 하여 동화물질(탄수화물)을 합성하는 작용이다.
- ㉡ 작물생육에 주로 관여하는 광은 가시광선(380~760nm)이다.
- ㉢ 광합성은 적색광과 청색광이 가장 효과적이다.
- ㉣ 하루 중 채소의 광합성이 가장 활발하게 이루어지는 시간 : 오전 11시경

② 광보상점, 광포화점

- ㉠ 광보상점
  - 식물이 광합성에 사용되는 $CO_2$량과 호흡으로 배출되는 $CO_2$량이 같을 때 빛의 세기를 말한다.
  - 호흡량과 광합성량이 일치하여 식물의 생육이 정지된다.
- ㉡ 광포화점
  - 빛의 세기를 증가시켜도 더 이상 광합성량이 증가하지 않을 때의 빛의 세기를 말한다.
  - 광포화점이 높은 작물은 강광을 필요로 하므로 저온기 시설재배 시 광 환경 관리에 유의해야 하고, 광포화점이 낮은 작물은 고온기 재배 시 차광이 필요하다.
  - 수박은 광포화점이 높고 딸기는 낮다.

③ 총광합성량(총동화량) = 호흡량 + 순광합성량(순동화량)

① 무기양분의 종류

　㉠ 필수원소(17종) : 채소가 생육하는 데 반드시 필요한 원소

　　• 탄소, 수소, 산소는 기공을 통해 이산화탄소와 뿌리를 통한 물에서 얻을 수 있다.

　　• 나머지는 토양 또는 배지를 통해 물과 함께 흡수되어야 한다.

　㉡ 다량원소 : 체내 함량이 높아 요구량이 많은 원소

　㉢ 미량원소 : 체내 함량이 낮아 요구량이 적은 원소

| 다량원소<br>(9종) | 탄소(C), 수소(H), 산소(O), 질소(N), 인(P), 칼륨(K), 칼슘(Ca), 마그네슘(Mg), 황(S) |
|---|---|
| 미량원소<br>(8종) | 철(Fe), 붕소(B), 망간(Mn), 아연(Zn), 구리(Cu), 몰리브덴(Mo), 염소(Cl), 니켈(Ni) |

② 필수원소의 기능

　㉠ 질소(nitrogen, N)

　　• 아미노산과 핵산을 포함하는 많은 식물세포의 구성성분으로 식물이 가장 많이 필요로 하는 원소이다.

　　• 뿌리의 발육이나 줄기와 잎의 신장을 좋게 하고, 잎의 녹색을 좋게 한다.

　　• 결핍증상

　　　– 잎이 황화하며, 성숙이 빨라지고, 수량이 적어진다.

　　　– 전체적으로 생장이 약하며, 줄기는 가늘고 잎은 작다.

　　※ 황화현상(chlorosis)을 일으키는 것 : N, Mg, Fe, Mn

　㉡ 인산(phosphorus, P)

　　• 세포 생장과 증식에 반드시 필요한 물질이다.

　　• 세포분열의 촉진, 뿌리의 생장, 개화 결실 및 품질을 좋게 한다.

　　• 결핍증상

　　　– 아랫잎이 녹자색이 되고 잎이 작아져 잎 폭이 좁아지며 광택이 부족하다.

　　　– 개화결실이 나빠지고, 과채류는 단맛이 떨어지고, 품질이 저하된다.

　㉢ 칼륨(potassium, K)

　　• 수분의 흡수와 이동, 기공 개폐, 동화물질의 전류 촉진, 광합성과 호흡작용에 관여하는 많은 효소의 활성화 등 광합성이 활발한 잎이나 세포분열이 왕성한 생장점 부위에 다량으로 분포하고 있다.

　　• 뿌리나 줄기를 강하게 하고, 병해에 강하다.

　　• 결핍증상

　　　– 잎은 말려 오그라들고, 하엽의 선단부터 황화되어 잎 가장자리가 퍼지고 그 부분이 갈색으로 말라 죽는다.

　　　– 줄기는 절간 부위가 비정상적으로 짧아지며 연약하고, 뿌리 신장이 나빠 뿌리썩음병이 생기기 쉽다.

　　　– 과실 비대가 약해지고, 맛, 외관이 나빠진다.

　㉣ 칼슘(calcium, Ca)

　　• 새로운 세포벽의 합성, 세포의 형태 지지, 체내에 지나치게 있는 유기산의 중화 등 뿌리의 발육을 돕고, 병에 강하게 한다.

　　• 결핍증상

　　　– 생장이 왕성한 어린잎이나 뿌리 끝이 괴사하며, 희게 되고 점차 갈변한다.

　　　– 뿌리 표피에 코르크층이 생기고 뿌리가 짧고 갈색을 띠며, 많이 분지한다.

　　※ 칼슘 결핍으로 생기는 생리장해
　　　• 참외의 발효과
　　　• 토마토 배꼽썩음과
　　　• 상추의 끝마름 현상

　　※ 주요 채소의 배꼽썩음병 발생은 석회의 결핍

　㉤ 마그네슘(magnesium, Mg)

　　• 광합성 색소인 엽록소의 구성성분이며, 인산 대사에 관여하는 효소의 활성화, 단백질 합성 등에 관여한다.

- 결핍증상
  - 노엽의 잎 가장자리에서 잎맥 사이가 황화된다.
  - 과실이 달린 부근의 잎이 결핍되기 쉽다.
ⓑ 황(sulfur, S)
- 몇 가지 아미노산의 주요 구성성분이다.
- 효소 또는 호르몬 등의 활성에 중요한 역할을 한다.
ⓐ 미량원소
- 붕소(B) : 세포의 분열, 핵산 합성, 동화산물의 전류를 촉진하고, 옥신의 활성 제어, 꽃가루 수정을 돕는다.
- 철(Fe)
  - 엽록소 형성에 관여하는 효소의 생합성, 광합성, 호흡, 단백질 합성 등 효소의 구성성분이다.
  - 결핍 시 새로운 잎 전체 또는 잎맥을 남기고 황백화되며, 곁가지가 있으면 새순에도 잎맥 사이가 황화된다.
- 망간(Mn) : 효소 구성성분으로 엽록소 형성에 관여하면서 산화환원 작용, 광합성, 물의 광분해, 비타민 C 합성 등을 돕는다.
- 아연(Zn) : 옥신의 합성, 산화환원효소의 작용을 도우며, 단백질의 합성을 돕는다.
- 구리(Cu) : 산화환원효소의 구성성분으로 광합성 및 엽록소 형성에 관여한다.
- 몰리브덴(Mo) : 단백질의 합성에 관여하고, 질소를 고정하는 근류균의 생육을 돕는다.
- 염소(Cl) : 섬유화 작용이 좋아지고, 병해 저항성을 강하게 하며 쓰러지지 않게 된다.
- 니켈(Ni) : 삼투압, 체내 수분 이용, 증산작용, 광합성에 관여하며, 병해 저항성을 강하게 한다.

### 더 알아보기

**영양장해 증상**
- 황화 : 작물체(주로 잎)가 황색으로 변함
- 갈변 : 잎이나 줄기가 갈색으로 변함
- 백화 : 잎이 백색에 가까운 색으로 변함

- 위조 : 잎이나 줄기가 시들시들함
- 고사 : 잎이나 줄기가 말라 죽는 상태
- 괴사 : 기관, 조직, 세포 등이 죽는 것
- 왜화 : 줄기의 절간 신장이 억제되어 생육이 느리거나, 정체된 상태
- 반점 : 잎의 군데군데에 본래의 잎 색이 아닌 다른 색으로 변하여 무늬처럼 나타나는 것으로 모양에 따라 원형, 다각형 등, 색에 따라 갈색 반점, 백색 반점, 황색 반점, 크기에 따라 소반점, 대반점 등으로 구별

---

### 10년간 자주 출제된 문제

**2-1. 다음 무기성분 중 작물에 필요하지 않은 것은?**
① 알루미늄　　　　② 석회
③ 구리　　　　　　④ 인산

**2-2. 다음 중 미량원소가 아닌 것은?**
① 붕소　　　　　　② 황
③ 아연　　　　　　④ 구리

**2-3. 꽃눈분화가 늦거나 불임 화분이 많이 생기는 것은 어느 영양성분의 결핍 때문인가?**
① 질소　　　　　　② 인산
③ 칼륨　　　　　　④ 칼슘

**2-4. 양분결핍증상의 하나인 황화현상(chlorosis)을 일으키는 것은?**
① P　　　　　　　② N
③ Cl　　　　　　　④ Mo

**2-5. 잎의 엽맥과 엽맥 사이에 황화현상이 일어나며 주로 늙은 잎에서 나타나서 상부로 올라간다. 어떤 영양분이 결핍해서 일어나는 것인가?**
① Fe　　　　　　　② Mn
③ Ca　　　　　　　④ Mg

|해설|

2-2
**미량원소** : 철, 망간, 아연, 구리, 몰리브덴, 붕소, 염소, 니켈 등

2-4
**황화현상(chlorosis)을 일으키는 무기양분** : N, Mg, Fe, Mn

**정답** 2-1 ①　2-2 ②　2-3 ①　2-4 ②　2-5 ④

CHAPTER 01 채소 ■ 31

① 토양공기

　㉠ 토양용기량이 증대하면 산소가 많아지고, 이산화탄소는 적어져 작물생육에 이롭다.

　㉡ 토양 내 이산화탄소 농도가 높아지면 수소이온을 생성하여 토양이 산성화되고, 수분과 무기염류의 흡수를 저해하여 작물에 해롭다.

　　※ 무기염류의 저해 정도 : K > N > P > Ca > Mg

　㉢ 토양 내 산소가 부족하면 뿌리의 호흡을 저해한다.

② 토양수분

　㉠ 점토 함량이 많을수록 유효수분의 범위가 넓어지므로 사토에서는 범위가 좁고, 식토에서는 범위가 넓다.

　　※ 유효수분 : 식물이 토양으로부터 흡수하여 이용할 수 있는 수분으로, 포장용수량(pF 2.5~2.7)과 영구위조점 사이의 수분을 말한다.

　㉡ 일반 노지식물은 모관수를 활용하지만, 시설원예 식물은 모관수와 중력수를 활용한다.

　　※ 요수량 : 작물이 건물 1g을 생산하는 데 소비되는 수분량을 의미한다.

　㉢ 토양의 지하수위가 높으면 작물의 호흡작용이 나빠진다.

　㉣ 토양수분이 많아지면 토양용기량은 감소되어 산소 농도가 낮아짐과 동시에 이산화탄소 농도가 높아진다.

　㉤ 토양수분의 부족은 한해를 유발하며, 과다는 습해나 수해를 유발한다.

　㉥ 토양수분이 감소하면 수분장력이 증가한다.

---

**더 알아보기**

**수분의 역할**
• 광합성 등 화학 반응의 원료가 된다.
• 양분 흡수와 이동을 가능하게 한다.
• 각종 효소의 활성을 증대시켜 촉매 작용을 증진시킨다.
• 여러 가지 무기양분의 용매이다.
• 세포의 팽압과 체형을 유지시킨다.
• 증산 작용으로 체온을 조절한다.

---

③ 토양온도

　㉠ 지온은 지상부의 생육적온보다 낮고, 적지온의 폭도 좁아 대체로 15~20℃의 범위이다.

　㉡ 엽근채류는 저온성이 대부분이고 과채류는 고온성이지만 토마토, 콩류, 딸기는 낮다.

　㉢ 노지에서는 멀칭으로 토양온도를 조절한다.

④ 토양유기물

　㉠ 유기물의 기능 : 암석의 분해 촉진, 양분의 공급, 대기 중 이산화탄소 공급, 생장촉진물질의 생성, 입단의 형성, 보수·보비력의 증대, 미생물의 번식 촉진, 지온상승, 토양보호 등

　㉡ 토양부식

　　• 부식은 작물생육에 이롭기 때문에 부식 함량의 증대는 곧 지력의 증대를 의미한다.

　　• 습답에서는 토양공기가 부족해 유기물의 분해가 저해되어 과다한 축적을 가져오고, 고온기에 분해가 왕성할 때는 토양을 심한 환원상태로 만들어 여러 가지 해를 끼친다.

⑤ 토양미생물

　㉠ 유용 토양미생물의 생육조건

　　• 토양 내에 유기물이 많고, 통기가 좋은 조건에서 잘 자란다.

　　• 토양반응은 중성이나 미산성, 토양온도는 20~30℃, 토양습도는 과습하거나 과건하지 않은 조건에서 생육이 왕성하다.

　㉡ 유해한 토양미생물은 윤작, 담수, 배수, 토양소독 등을 통해 생육활동을 억제하거나 경감시킬 수 있다.

## 3-4. 재배 관리

**핵심이론 01 | 관수 및 시비**

① 관수

※ 시설재배 시 관수개시 시기 : pF 1.5~2.0

※ 원예작물의 재배에 있어서 위조현상이 나타나는 위조계수 : pF 4.2

ⓐ 전면관수

- 재배포장의 전표면에 관수하는 방법으로 물이 풍부하고 지표의 높낮이가 없는 지역에 적합하다.
- 관수 후 지표가 굳어질 염려가 있으며 토양전염성 병을 초래할 수 있다.

ⓑ 이랑관수

- 경작지에 이랑을 만들어 흐르는 방식으로 관수하는 방법이다.
- 지표의 기울기가 크면 물을 고르게 유입시킬 수 없다.
- 토양전염성 병원균이 단기간에 포장 전체로 확산될 수 있다.

ⓒ 분수관수

- 플라스틱 파이프나 튜브에 일정한 거리와 각도로 구멍을 뚫고 압력이 가해진 물을 분출시켜 공급하는 방법이다.
- 재료비가 적게 들고 시공이 용이하다.

ⓓ 살수관수

- 공중에서 물을 뿌려 넓은 지역을 균일하게 관수하는 방식으로 스프링클러를 이용하는 방법이 대표적이다.
- 노동력을 절감할 수 있으나 식물체의 표면이 젖어 있는 시간이 길어 병해를 쉽게 입을 수 있다.

※ 살수관수로 채소 재배를 할 때 필요한 수압 : 1.0kg/cm$^2$

ⓔ 점적관수

- 플라스틱파이프나 튜브에 가는 구멍을 뚫어 물이 방울방울 흘러나와 천천히 뿌리 주위의 토양을 집중적으로 관수하는 방식이다.

- 물이 부족한 건조지대의 수분절약형 관수 방법이다.
- 표토가 굳어지지 않고 토양의 유실이 없으며 넓은 면적을 균일하게 관수할 수 있다.
- 겨울철 과채류 멀칭재배에서 가장 효과적인 관수 방법이다.

ⓑ 지중관수
- 지중에 매설된 급수파이프로부터 물이 모세관현상으로 토양 중으로 스며 나오게 하는 방식이다.
- 오랜 시간이 걸리고 물의 손실이 많다.
- 화분에 관수할 때 밑면의 배수공을 잠기게 하여 심지 방식으로 위로 관수하는 방식도 일종의 지중관수라고 할 수 있다.

※ 미세종자 파종 후의 이상적인 관수 방법 : 지중 또는 저면관수

② 시비
ⓐ 시비 시기
- 기비(밑거름) : 파종이나 정식하기 전 작물이 자라는 초기에 양분을 흡수할 수 있도록 주는 비료이다.
- 추비(웃거름) : 작물이 자라는 동안에 추가로 주는 비료이다.

ⓑ 시비 방식
- 전면시비 : 비료를 전체 농지에 골고루 시비하는 가장 일반적인 방법이다.
- 부분시비(국부시비) : 전체 농지 중 일부분에만 비료를 공급하는 방법이다.
- 엽면시비 : 희석된 양분용액을 식물의 잎에 직접 뿌리는 방법으로서 희석된 질소, 인, 칼륨 또는 미량원소가 엽면시비 방법으로 작물에 공급될 수 있다.

**1-1. 다음 중 토마토, 오이, 고추, 딸기, 셀러리 등 작물의 시설 내 토양의 일반적인 관수 개시 시점으로 가장 적당한 것은?**

① pF 0.4 이하
② pF 0.5~0.9
③ pF 1.0~1.4
④ pF 1.5~2.0

**1-2. 다음 중 미세종자 파종 후의 관수 방법으로 가장 이상적인 것은?**

① 살수관수
② 저면관수
③ 호스관수
④ 고랑관수

**1-3. 겨울철 과채류 멀칭재배에서 가장 효과적인 관수 방법은?**

① 점적관수
② 유공파이프 지상관수
③ 살수호스관수
④ 스프링클러이용 관수

**1-4. 다음 중 엽면시비의 효과가 가장 낮은 것은?**

① 요소
② 붕산
③ 황산암모늄
④ 인산칼륨

|해설|

1-1
대체로 시설재배 시 관수를 개시하는 시기는 pF 1.5~2.0이다.

1-3
**점적관수** : 온실 내 토양재배에서 원하는 부위에 소량의 물을 지속적으로 공급하여 토양 유실이 없고, 토양이 굳어지지 않으며 소량의 물을 넓은 면적에 효과적으로 관수할 수 있다.

**정답** 1-1 ④ 1-2 ② 1-3 ① 1-4 ③

① 경운과 정지

 ㉠ 깊이갈이를 하여 표토와 심토를 교체하여 준다.

 ㉡ 적극적인 대책으로, 신선한 흙으로 환토하여 토양을 개선한다.

② 배토의 효과

 ㉠ 파, 셀러리, 아스파라거스 등의 연백화를 유도한다.

 ㉡ 감자 괴경의 발육을 촉진하고, 괴경이 광에 노출되어 녹화되는 것을 방지한다.

 ㉢ 토란의 분구를 억제하고, 비대생장을 촉진한다.

③ 연작장해

 ㉠ 원인 : 염류의 집적, 토양선충 등의 만연, 미량요소의 결핍, 잡초의 번성, 토양유해 성분의 발생 등

 ㉡ 대책

  • 심경을 하여 작토층을 넓혀 준다.

  • 답전윤환으로 담수하여 과잉된 염류를 용탈시키고 연작의 피해를 줄여준다.

  • 토양전염병, 선충류 등 기지현상을 막기 위한 윤작재배로 지력을 높여 준다.

  • 유용미생물의 생존을 고려할 때 토양 소독 시 온도를 60℃로 하는 것이 가장 좋다.

  • 살균, 살선충, 살충효과가 있는 토양 소독제 : 클로로피크린제

  • 유기물과 Ca, Mg, K 등을 충분히 사용하여 양이온 치환용량을 높이고 토양의 입단화를 촉진시킨다.

④ 열매채소의 종류별 토양적응성

 ㉠ 오이 : 배수가 잘되고 통기가 좋아야 한다.

 ㉡ 수박 : 토심이 깊고, 통기와 배수가 잘되어야 한다.

 ㉢ 고추 : 보수력이 있는 모래참흙이 좋다.

 ㉣ 호박 : 이어짓기를 할 수 있고 토양의 적응성이 높다.

 ㉤ 당근 : 약간 건조하고 통기성이 좋아야 한다.

---

**2-1.** 연백, 분구촉진, 머리부분 엽록소 발생억제 등의 효과를 위하여 북주기(배토)를 하지 않아도 되는 채소는?

① 아스파라거스     ② 토란

③ 양파        ④ 당근

**2-2.** 다음 중 연작장해 대책으로서 적합하지 않은 것은?

① 합리적 시비     ② 이어짓기

③ 토양소독      ④ 객토

**2-3.** 당근에서 뿌리의 색소인 카로틴의 축적이 잘되는 토양 조건은?

① 약간 건조하고 통기성이 좋은 토양

② 약간 다습하고 통기성이 좋은 토양

③ 약간 다습하고 통기성이 나쁜 토양

④ 약간 건조하고 통기성이 나쁜 토양

|해설|

2-1

**배토가 반드시 필요한 작물** : 감자, 당근, 파, 셀러리, 아스파라거스, 토란 등

정답 2-1 ③   2-2 ②   2-3 ①

## 3-5. 채소 수확 관리

**핵심이론 01 | 수확**

① 채소 품목별 수확 적기
- ㉠ 싹채소
  - 생장 초기에 수확한다.
  - 아스파라거스, 콩나물, 새싹채소, 치콘 등
- ㉡ 잎·줄기채소
  - 시금치, 쑥갓, 잎상추, 깻잎, 파슬리 등 : 영양생장 중에 일정수준의 크기 외관이 형성되면 수확한다.
  - 결구배추, 양배추, 결구상추 등 : 생육후기에 수확하며 결구성 채소는 결구정도가 중요한 성숙지표가 된다.
  - 마늘, 양파 등 : 지상부의 도복이나 잎의 변색을 기준으로 한다.
- ㉢ 땅속채소
  - 감자, 고구마 등 : 정식 후 일수, 지상부 성숙정도가 중요 성숙지표가 된다.
  - 무, 당근 등 : 고유한 근형과 크기가 성숙지표가 된다.
    - 봄배추, 봄무 : 저온감응으로 추대하기 전 수확
    - 알타리무 : 고유의 근형을 갖추면 수확
    - 20일무 : 바람이 들기 전 수확
- ㉣ 열매채소
  - 부분 성숙 수확 : 생리적으로는 미숙과이지만 작물별 출하규격에 도달하면 수확한다.
    - 오이 : 크기 20~25cm, 개화 후 7~10일
    - 애호박 : 개화 후 10일 내외
    - 풋고추 : 개화 후 20~30일
  - 완숙 수확 : 당도와 같은 내적 품질이 소비자가 요구하는 품질 기준이 되어 성숙지표로 이를 대변할 수 있는 색깔, 비중 등을 이용한다.
    - 토마토 : 과피색(완숙기), 수정 후 40일 내외

- 가지 : 개화 후 15~40일 내외, 100~200g 정도의 것
- 수박 : 가벼운 탁음, 접지부 과피색이 황색, 과병의 털이 없어짐
  ※ 수박의 가장 알맞은 수확기 : 수분 후 30~35일
- 참외 : 과피색 변화, 착과 후 35일 내외
- 멜론 : 교배 후 네트멜론 50~60일, 무네트 40~50일, 수확 전 당도나 육질 시험조사
- 딸기 : 과피색, 저온촉성재배 시 개화 후 50~60일

② 채소 품목별 수확 방법
- ㉠ 완숙과형
  - 토마토 : 이층형성부위로 손 수확이 가능하나, 유통 중 절단된 과경에 의한 흠집이 발생하여 수확용 가위로 과경을 짧게 남기고 수확
  - 가지 : 과경을 붙여서 수확
  - 수박 : 과실자루(과병) 10cm 내외 수확
  - 멜론 : 과실의 품온이 낮을 때, 과실 양쪽 줄기 10cm 이상
  - 고추 : 소비자 기호에 따라 풋고추, 홍고추 상태에서 이층부위 이용 손 수확
  - 딸기 : 과실에 상처가 나지 않도록 품온이 낮은 오전에 수확
  - 콩과 작물 : 꼬투리 채 4~5회 나누어(강낭콩) 열개하여 튀기 전에 수확
- ㉡ 오이 : 미숙과 수확이므로 이층형성이 없어 수확용 가위를 이용
- ㉢ 땅속채소
  - 무 : 무를 뽑아 3~5씩 묶어 잎을 제거
  - 당근 : 작형에 따라 여름과 겨울에 수확하므로 수확 후 온도 관리가 중요
  - 감자 : 토양이 습하지 않게 작업
  - 고구마 : 10~12℃ 이하로 내려가지 않게 주의

ⓔ 엽경채소
- 배추 : 상품성 없는 외엽을 2~3장 붙여서 수확
- 상추
  - 잎상추는 일정한 크기의 잎만 손 수확
  - 결구상추는 포기째 수확
- 시금치 : 초장 30cm 정도인 것이 전체의 1/4 정도
  일 때 일제히 수확
- 마늘 : 맑은 날 상처에 조심하여 수확 후 포장에
  서 말린다(예건).
- 양파 : 맑은 날 수확하고 상처에 조심한다.

① 선별

ⓐ 농산물의 선별은 객관적인 품질평가기준으로 등
  급을 분류하고, 등급별 품질을 보증하여 유통상의
  상거래 질서를 공정하게 하고, 생산자에게는 고품
  질 농산물 생산 의욕을 부여하는 역할을 한다.

ⓑ 등급 기준 : 우리나라에서 가장 중요한 농산물의
  등급 기준은 중량과 크기이다.
  - 객관적 등급 기준 : 개체의 중량과 크기(용적),
    착색정도, 당도
  - 주관적 등급 기준 : 풍미, 식미 등 관능적 평가기
    준, 결함(외부 흠집) 등

ⓒ 선별 방법
  - 외형적 특성 기준 선별 : 크기와 중량을 기계적
    또는 전자기기로 측정하는 일반적인 선별 방법
    과 크기는 물론, 형태, 색깔, 결함까지 동시에
    측정하여 선별하는 영상 처리 방법이 있다.
    예 중량선별기, 용적선별기, 색채선별기 등
  - 내부 품질 특성 기준 선별 : 근적외선(near
    infrared reflectance) 등을 이용한 당도·산도
    측정 방법이 있다.
    예 비파괴 내부품질 선별기, 당도선별기 등

② 포장 : 수확한 농산물에 대해 유통 중 물리적 충격
  방지와 병해충, 미생물 등 유해물질에 의한 오염을
  막고, 외부의 급격한 환경변화(광선, 온도, 습도)로
  부터 농산물을 보호하여 품질저하를 줄이기 위한 과정
  이다.

**2-1. 수확 후 관리단계에서 농산물의 등급 지정, 비상품과 제거 그리고 규격화를 목적으로 하는 것은?**

① 선별                  ② 포장
③ 수송                  ④ 저장

**2-2. 원예산물을 포장하는 목적이 아닌 것은?**

① 물리적 충격 방지
② 해충, 미생물, 먼지에 의한 오염 방지
③ 적정 온습도 관리
④ 홍수 출하 방지

|해설|

2-2
생산부터 소비까지의 과정에 있어 수송 중의 물리적 충격과 미생물, 병충해 등에 의한 오염 및 빛, 온도, 습도 등에 의한 산물의 변질을 방지한다.

**정답** 2-1 ①  2-2 ④

## 핵심이론 03 | 수확 후의 생리

① 증산작용

　㉠ 수확 후 작물에서 수분이 빠져나가는 현상이다.

　㉡ 신선도 저하, 상품가치 상실 등의 영향이 있다.

　㉢ 온도가 높을수록, 상대습도가 낮을수록, 공기유동량이 많을수록, 표면적이 넓을수록, 큐티클층이 얇을수록 증산속도가 빠르다.

　㉣ 엽채류 중 기공의 수가 많은 것이 증산작용이 활발하다.

② 호흡작용

　㉠ 저장양분의 소모에 의해서 노화가 빨라지고 호흡기질의 소모로 인해 중량이 감소한다.

　㉡ 식품으로서의 단맛, 신맛 등 품질성분, 영양가가 저하된다.

　㉢ 호흡의 생성물로 이산화탄소가 생성된다.

　㉣ 호흡열에 의한 품질열화가 촉진된다.

　㉤ 유기산이 기질로 사용되면 호흡계수(RQ)는 1보다 크다.

　㉥ 호흡의 결과로 발생하는 열은 저장고 온도를 상승시킨다.

　　• 호흡상승형(climacteric) : 수박, 사과, 바나나, 토마토, 멜론, 복숭아, 감, 자두, 키위, 망고, 배, 참다래, 아보카도, 살구, 파파야 등이 있다.

　　• 비호흡상승형(non-climacteric) : 고추, 가지, 오이, 딸기, 호박, 감귤, 포도, 오렌지, 파인애플, 동양배, 레몬 등이 있다.

③ 에틸렌 발생

　㉠ 에틸렌은 기체상태의 식물호르몬으로, 호흡급등형 과실의 과숙에 관여한다.

　㉡ 작물을 수확하거나 잎을 절단하면 절단면에서 에틸렌이 발생한다.

　㉢ 식물조직에서 에틸렌이 발생되기 시작하면 스스로의 합성을 촉진시킨다.

ⓔ 에틸렌의 생성에 반드시 산소가 필요하며, 에틸렌의 생성을 억제하면 노화지연, 선도유지, 저장수명이 연장된다.

**3-1. 원예산물 수확 후의 활발한 호흡이 품질에 미치는 영향을 틀리게 설명한 것은?**

① 저장물질의 소모에 의해서 노화가 빨라진다.
② 식품으로서의 영양가가 저하된다.
③ 단맛, 신맛 등 품질성분이 향상된다.
④ 호흡열에 의한 품질열화가 촉진된다.

**3-2. 다음 중 클라이매트릭(climacteric) 호흡형을 갖는 대표적인 채소는?**

① 토마토          ② 가지
③ 오이            ④ 딸기

|해설|

**3-1**
수확 후 활발한 호흡은 당과 유기산 등 여러 성분이 호흡의 기질로 사용되어 감소하고, 숙성과 노화가 촉진되면서 품질열화가 촉진된다.

**정답 3-1 ③  3-2 ①**

---

**핵심이론 04 | 채소작물의 저장**

① 저장(출하) 전 처리 : 예건, 큐어링, 예랭과 같은 1차 전 처리와 세척, 다듬기, 절단, 포장으로 연결되는 2차 전 처리(신선편이 농산물 대상)가 있다.

ⓐ 예건(preconditioning)
• 과실 표면의 수분을 적당히 건조시키는 것이다.
• 저온저장 시 과피흑변을 방지한다.
• 마늘(수분함량 60%)과 같이 수분함량이 낮은 작물, 소비단계에서 외피를 제거하는 양파, 배추, 양배추 등에서 실시한다.
• 증산작용이 거의 없는 무, 당근이나 엽채류 중 수분손실이 많은 잎상추, 시금치 등은 실시하지 않는다.

ⓑ 큐어링(curing)
• 지하작물들의 수확 도중에 생긴 상처를 치유하는 과정이다.
• 상처 난 조직에서 유합조직이 형성되어 수분의 손실이 억제되며, 미생물의 침투를 방지하고, 저장 중의 부패를 방지할 수 있다.
• 양파, 마늘, 고구마, 감자, 생강 등은 수확 후 큐어링을 반드시 실시해야 한다.

ⓒ 예랭(precooling)
• 수확 후 빠른 시간 내에 품온을 낮추는 과정이다.
• 선도유지 및 저장수명의 연장을 위해 반드시 필요하다.
• 품온을 낮추고 호흡을 억제시켜 저장에 도움을 준다.
• 딸기, 버섯, 과채류 등에서 실시한다.

② 저장기술

　　㉠ 일반저장 : 움저장, 지하저장, 환기저장

　　㉡ 저온저장(0~13℃)

　　　• 식물체의 호흡과 증산량을 감소시켜 신선도를
　　　　유지한다.

　　　• 농산물 저장에 가장 효과적인 방법이다.

　　㉢ CA/MA 저장 : 수확한 농산물의 대사활동을 억제
　　　하기 위해 주변 대기 조성을 변화시키는 저장 방법
　　　이다.

---

### 10년간 자주 출제된 문제

**4-1.** 고구마, 감자를 수확할 때 입은 상처를 아물게 하고 코르
크 등을 형성시켜 수분증발이나 미생물의 침입을 막는 수단을
가리키는 용어는?

① 후숙　　　　　　　　② 도정
③ 코링　　　　　　　　④ 큐어링

**4-2.** 큐어링(curing)의 목적은?

① 저장 중의 부패 방지　　② 화아분화 촉진
③ 휴면타파　　　　　　　④ 맹아 억제

**4-3.** 채소 저장 전의 처리 방법으로 실시하지 않은 것은?

① 추숙　　　　　　　　② 예건
③ 큐어링　　　　　　　④ 맹아억제

|해설|

4-3
추숙은 작물이 수확기에 저절로 떨어져 손실되는 것을 막기 위해
제때보다 일찍 수확한 후 완전히 익히는 것을 말한다.

**정답** 4-1 ④　4-2 ①　4-3 ①

---

① 수송

　　㉠ 수송작업을 효율적으로 진행하기 위해서는 단위
　　　적재를 실시해야 한다.

　　　※ 단위적재(unit load system) : 지게차를 이용하여 일괄수
　　　　송용 팰릿(pallet) 취급하는 것

　　㉡ 표준팰릿(1,100×1,100mm)을 사용하여 적재한 채
　　　로 수송하면 인력 절감과 함께 수송 및 상하차 시
　　　산물의 파손을 줄이고 시간, 비용을 절감할 수 있다.

　　　※ 국제적으로 가장 사용 비중이 높은 규격 : 1,200×1,000
　　　　mm

　　㉢ 저온 및 예랭된 농산물은 냉동기가 부착된 냉장차
　　　나 냉장트레일러 및 컨테이너를 이용하여 10℃ 이
　　　하로 수송하는 것이 바람직하다.

② 유통

　　㉠ 수확 후 유통 관리 : 생산물의 생리대사작용과 수
　　　분함량의 변화, 장해현상을 감소시키기 위한 기술
　　　을 응용하여 품질을 최상으로 유지하는 데 그 목적
　　　을 두고 있다.

　　㉡ 저온유통체계(cold-chain system) : 원예산물의
　　　신선도 및 품질을 유지하기 위하여 수확 즉시 산물
　　　에 알맞은 적정저온으로 냉각시켜 저장·수송·
　　　판매에 걸쳐 적정온도를 일관성 있게 관리하는 체
　　　계이다.

---

### 더 알아보기

**콜드체인시스템의 특징**

• 매장에서의 저온 관리를 포함한다.
• 수확 시기에 따라서 생산지 예랭이 필요하다.
• 상온유통에 비해 압축강도가 높은 포장상자를 사용한다.
• 장기수송 시 농산물의 혼합적재 가능성을 고려한다.
• 저온장해에 민감한 원예산물은 저온장해온도 이상에서 유
　통을 해야 한다.
• 저온컨테이너 이용 시 컨테이너 내부의 습도 조절이 필요하다.
• 저온컨테이너로 운반 시 MA 처리하면 호흡을 감소시킬
　수 있다.
• 저온저장 후 결로 방지를 위해 저온으로 운송한다.

**콜드체인시스템에 관한 가장 올바른 설명은?**

① 저장적온에서 저장된 원예산물은 콜드체인시스템을 적용하지 않아도 된다.
② 예랭 후 곧바로 콜드체인시스템을 적용하면 작물이 부패된다.
③ 콜드체인시스템은 선진국에 적합한 방식으로 국내 실정에 맞지 않는다.
④ 저온컨테이너 운송은 콜드체인시스템의 하나의 과정이다.

|해설|

**콜드체인시스템의 의의**
• 수확 즉시 산물의 품온을 낮춰 수확에서부터 판매까지 적정저온이 유지되도록 관리하는 체계를 콜드체인시스템 또는 저온유통체계라고 한다.
• 원예산물의 신선도 및 품질을 유지하기 위하여 산물에 알맞은 적정저온으로 냉각시켜 저장·수송·판매에 걸쳐 적정온도를 일관성 있게 관리하는 것이다.

정답 ④

## 3-6. 정지·유인

**핵심이론 01** | 정지 및 유인의 기능

① 정지
  ㉠ 줄기의 수평 또는 수직방향 생장조절과 수량을 높이기 위한 절단 작업이다.
  ㉡ 정지의 종류
  ※ 전정 : 줄기나 덩굴의 길이 또는 수를 제한하여 불필요한 착과 또는 줄기신장에 따른 양분의 소모를 막는다.
  • 적심(순지르기) : 줄기의 끝(생장점)을 제거하여 새로운 착과 및 생장을 막는다.
  • 적아(눈따기) : 불필요한 착과 또는 줄기신장에 따른 양분의 소모를 막고 건전한 생육을 도모하여 병해충을 방지한다.
  • 적엽(잎따기) : 잎이 겹치는 것을 막아 수광량을 늘려 광합성과 통기를 원활하게 한다.
② 유인
  ㉠ 작물의 생장특성 및 수량과 품질을 최대로 높이기 위하여 수평 또는 수직방향으로 적절하게 생장하도록 만들어주는 절차를 말한다.
  ㉡ 일반적으로 정지작업과 동시에 진행된다.
  ㉢ 정지와 같이 유인작업을 통하여 잎이 겹치는 것을 막아 수광량을 늘려 광합성을 촉진할 뿐만 아니라 통기를 원활하게 하여 생산성과 품질을 높일 수 있다.
  ㉣ 과채류의 유인작업은 수직방향으로 끈을 이용해서 작업하는 것이 일반적이나 아치형 골격을 이용하여 터널형태로 유인할 수도 있다.
  ㉤ 노지에서는 지주를 세우거나 그물을 이용하여 유인한다.

<table>
<tr><td>

**10년간 자주 출제된 문제**

정지에 대한 설명으로 옳지 않은 것은?

① 정지는 불필요한 곁가지의 생장을 막고 필요한 곁가지의 생장을 촉진함으로써 생산물의 품질과 수량을 극대화하는 방법이다.

② 전정은 줄기나 덩굴의 길이 또는 수를 제한하는 것이다.

③ 적심은 불필요한 곁눈을 따 주는 작업이다.

④ 적엽은 불필요한 아랫잎을 따 주는 작업이다.

|해설|

③은 적아에 대한 설명이다.

정답 ③

</td></tr>
</table>

## 핵심이론 02 | 정지 및 유인 방법

① 정지 방법

㉠ 적심 : 참외, 수박, 멜론, 토마토 등에서 더 이상 수직 방향으로 새로운 가지가 자라나지 않도록 맨 끝(생장점) 부분을 제거한다.

※ 참외 2대 가꾸기를 위해 가장 알맞은 적심시기 : 본 잎 3~4매일 때

㉡ 적아 : 포도, 토마토 등에서 원줄기와 잎 사이 겨드랑이에 발생하는 곁순을 어린 상태에서 제거한다.

㉢ 적엽 : 오이, 토마토, 파프리카 등에서 노화된 잎, 병이 발생한 잎 등을 제거한다.

② 유인 방법

㉠ 수직 유인

• 토마토, 파프리카와 같이 열매와 잎의 발생이 연속적으로 계속 이루어지는 채소의 경우 수직방향으로 끈을 이용하여 유인한다.

• 토마토는 원줄기 1개를 지속적으로 유인하고, 파프리카는 최초의 원줄기가 2개로 분할하는 위치(방아다리)에서 2줄기로 유인한다.

㉡ 수평 유인 : 별도의 끈 등으로 유인하지 않고 제한된 밭의 고랑에서 수평적으로 가지를 휘고 고정하므로 땅에 박아 고정할 수 있는 핀 등을 이용한다. 수박, 참외의 2줄기 유인이 대표적이다.

㉢ 터널 유인 : 박과 채소와 같이 덩굴성인 작물에서 아치형 터널 또는 역V자형 파이프 구조물을 설치하고 그물(망)을 씌운 후 자연적으로 구조물을 감아 올라가는 방식으로 유인한다.

㉣ 파이프 유인 : 고추와 같이 바람 등에 의하여 도복할 수 있는 작물에서 작물 5~10주당 1개의 철제 또는 플라스틱 파이프를 박고 끈을 이용하여 수평 방향으로 돌려 묶어 재배 열 전체를 고정하여 유인하는 방법이다.

**2-1. 유인의 설명으로 옳지 않은 것은?**

① 작물의 생장특성 및 수량과 품질을 최대로 높이기 위하여 수평 또는 수직방향으로 적절하게 생장하도록 만들어 주는 절차이다.
② 과채류의 유인작업은 수직방향으로 끈을 이용해서 작업하는 것이 일반적이다.
③ 수직 유인의 대표적인 작물은 수박과 참외 등이 있다.
④ 노지에서는 지주를 세우거나 그물을 이용하여 유인한다.

**2-2. 일반적으로 참외 1개의 아들덩굴 적정 유인 본 수는?**

① 2본　　　　　② 6본
③ 8본　　　　　④ 12본

|해설|

2-1
③ 수박과 참외는 대표적인 수평 유인 작물이다.

정답 2-1 ③　2-2 ①

## 3-7. 착과 조절

**핵심이론 01 | 채소 품목별 착과 특성**

① 토마토

　㉠ 본 잎이 9장 이상일 때 제1화방이 생성된다.

　㉡ 제3~4화방이 나오면 최상부의 화방 위 잎 2장을 남기고 제거한다.

　㉢ 꽃은 양성화로 자가수분하므로 결실이 잘되지만, 기온이 낮을 때에는 수정이 되지 않으므로 인공수분이나 착과제를 처리해 주어야 한다.

　　※ 과채류 착과 과정(순서) : 수분 → 수정 → 종자형성 → 착과

　　※ 작물에 있어서 정상적인 착과란 수정과 함께 과실의 생장과 발육이 시작되는 것이다.

　㉣ 착과제로는 토마토톤 50~100배액을 온도에 따라 달리 사용하며, 한 화방의 두 번째 꽃이 피었을 때 화방 전체에 분무한다.

　　※ 기온이 낮을 때에는 농도를 진하게 하면 효과적이다.

② 고추

　㉠ 약 10~12마디의 제1차 분지에서 첫 개화가 된다.

　㉡ 각 분지마다 겨드랑이에서 계속 개화하는 무한화서이다.

　㉢ 꽃은 오전 6시부터 10시 사이에 피고, 꽃밥이 터지는 시간대는 오전 8~12시가 최성기이다.

　㉣ 꽃가루의 발아 신장 : 20~25℃, 15℃보다 낮거나 30℃보다 높은 고온에서는 수정 능력이 떨어진다.

　㉤ 고추의 열매는 약 70%가 자가수분에 의해 수정이 이루어지지만 30% 정도는 타가수분에 의해 열매가 맺는다.

　㉥ 시설재배는 밀폐, 고온, 다습 조건이어서 수정이 잘 이루어지지 않아 통풍을 시켜 주거나 가볍게 진동을 시켜 주어야 착과율이 좋다.

③ 오이

    ⊙ 꽃눈은 처음에는 암수의 구별 없이 같은 꽃 안에서 분화하지만, 온도와 일조량에 의하여 암꽃 또는 수꽃으로 발달하게 된다.

    ⓒ 암술과 수술이 동시에 정상적으로 발달하여 양성화로 발달하는 경우도 있다.

    ⓒ 육묘기간 중 야간온도 15℃ 이하의 저온에서 암꽃 착생률이 높아지고 일조시간을 8시간 정도 짧게 하면 암꽃 착생을 촉진시킬 수 있다.

    ⓔ 저온 단일 조건에서 암꽃 발생을 촉진할 수 있다.

    ⓜ 에틸렌 발생 약제(에테폰 등)를 처리하면 고온기 재배 시에도 암꽃 발생을 촉진할 수 있고, 옥신계열 약제는 수꽃 발생을 촉진시킨다.

    ※ 오이는 수분·수정 없이 결실되는 단위결과성 작물이다.

---

### 10년간 자주 출제된 문제

**1-1. 작물에 있어서 정상적인 착과(fruit set)의 정의를 가장 바르게 설명한 것은?**

① 개화와 함께 과실의 생장과 발육이 시작되는 것
② 수분과 함께 화분의 발아와 신장이 시작되는 것
③ 수분과 함께 과실의 생장과 발육이 시작되는 것
④ 수정과 함께 과실의 생장과 발육이 시작되는 것

**1-2. 오이의 암꽃 착생 현상은 어떠한 경우에 촉진 증대하는가?**

① 고온단일      ② 저온단일
③ 저온장일      ④ 고온장일

**1-3. 다음 중 단위결과로 열매를 맺는 채소는?**

① 호박      ② 참외
③ 오이      ④ 수박

|해설|

1-3
오이는 수분·수정 없이 결실되는 단위결과성 작물이다.

정답 1-1 ④   1-2 ②   1-3 ③

---

① 토마토

    ⊙ 적화와 적과를 통해 화방당 결실수를 제한해 준다.

    ⓒ 소형 진동기를 이용하여 화방을 잠시 흔들어 준다.

    ※ 리코펜 색소의 착색에 알맞은 온도 : 22~24℃

② 딸기 : 꽃의 수가 많은 작물은 꿀벌을 키워 수분에 이용한다.

③ 박과

    ⊙ 박과는 자연수분이 잘 안 되어 결과율이 낮으므로 화분을 채집하여 암꽃 주두에 묻혀 인공수분을 해 준다.

    ⓒ 수박

      • 대개 원가지와 곁가지의 5~8째 마디에서 첫 번째 암꽃이 핀다.

      • 방임재배 시 착과율 : 10~20% 정도

      • 기상이 나빠 인공수분이 되지 않을 때는 토마토톤 100배액을 꽃에 분무해 준다.

      • 수박을 인위적으로 착과시키기 위하여 호르몬(풀매트)을 암꽃의 어린 과경에 스프레이하면 수분 수정 과정이 없어도 정상적으로 착과하게 된다.

      ※ 호르몬에 의한 수정 시 씨 없는 수박이나 비대 불량으로 열과 또는 품질저하 현상이 발생할 수 있다.

    ⓒ 멜론

      • 수정에 의한 착과가 열매의 품질이 가장 좋아지므로 수분을 시키는 것이 바람직하다.

      • 착과제(토마토톤 30~100배액) 처리를 해야 하는 경우

        – 개화기에 비가 내려 동화양분이 부족할 때

        – 초세가 너무 왕성하여 착과가 어렵다고 판단될 때

        – 온도가 너무 낮아서 꽃가루가 잘 나오지 않을 때

ⓛ 참외

- 2차 측지(손자덩굴)의 1~2마디에 암꽃이 착생
  된다. 즉, 손자덩굴에 열매(착과)가 열린다.
- 수분 후 30일 정도면 수확이 가능한데 20일이
  지나면 열매솎기를 한다.
- 기온 25℃ 전후에 착과가 용이하다.
- 평균기온이 18℃ 이하일 경우에는 착과제(토마
  토톤 50~120배액, 벤질아데닌 1,000ppm) 처리
  를 한다.

**더 알아보기**

오이는 수정이 이루어지지 않아도 과실이 정상적으로 맺히는
대표적인 단위결과 작물로 시설재배에서 인공수분이 전혀
필요하지 않다.

**10년간 자주 출제된 문제**

**2-1. 토마토 과실에 리코펜 색소의 착색에 알맞은 온도는?**

① 12~15℃          ② 17~19℃
③ 22~24℃          ④ 27~30℃

**2-2. 수박은 대개 원가지와 곁가지의 몇째 마디에서 첫 번째 암
꽃이 피는가?**

① 3~4째 마디          ② 5~8째 마디
③ 10~11째 마디         ④ 11~13째 마디

**2-3. 수박 방임재배 시 착과율은 몇 % 정도 되는가?**

① 10~20%          ② 25~30%
③ 35~40%          ④ 45~50%

**2-4. 참외는 어떤 덩굴에 열매가 열리는가?**

① 원덩굴          ② 손자덩굴
③ 아들덩굴         ④ 모든 덩굴

|해설|

2-4
**참외의 결과습성** : 2차 측지(손자덩굴)의 1~2마디에 암꽃이 착생
된다.

정답 2-1 ③  2-2 ②  2-3 ①  2-4 ②

**핵심이론 03 │ 착과제 종류 및 특성**

① 착과제 종류

| 토마토톤<br>(4-CPA) | • 토마토 : 개화 초기 화방에 살포 또는<br>  침지<br>• 가지 : 개화 당일 살포<br>• 호박, 멜론, 참외 등 |
|---|---|
| 토마토란<br>(cloxyfonac) | • 토마토 : 개화 초기 화방에 살포<br>• 가지 : 꽃에 살포 |
| 지베렐린(GA) | • 토마토, 수박, 참외 등<br>• 토마토 : 토마토톤 등과 혼용<br>• 수박 : 붓으로 주두나 자방에 도포 |
| 벤질아데닌(BA) | 참외, 멜론 등 |
| 풀매트(CPPU) | 수박 : 암꽃 수분 후 과경에 도포 |
| 2,4-D | • 토마토 : 화방에 살포하거나 침지<br>• 가지 : 꽃에 살포하거나 침지<br>• 호박 등 |
| 2,4,5-TP, 2,4,5-T | • 토마토 : 전체 살포<br>• 딸기 등 : 화방에 살포 |
| 나프탈렌아세트산(NAA) | 호박, 오이 : 붓으로 찍어 주두에 도포 |

② 착과 보조와 비대 촉진을 위한 토마토톤 처리 시기 :
   개화 초기

③ 단위결과 유도에 효과적인 생장조절제 : 토마토톤, 지베
   렐린, PCA

   ※ 단위결과를 유도할 수 없는 생장조절물질 : ABA

④ 착과제를 처리하여 단위결과를 유도하면 기형과가 발
   생하기 쉽다.

**10년간 자주 출제된 문제**

**3-1. 착과 보조와 비대 촉진을 위한 토마토톤 처리 시기는?**

① 착뢰 전          ② 착뢰 초기
③ 개화 초기         ④ 낙화 후

**3-2. 토마토의 착과증진에 이용되는 호르몬제의 종류는?**

① 말레이액제(MH-30)
② 토마토톤
③ 지베렐린
④ 아토닉

정답 3-1 ③  3-2 ②

**핵심이론 04** | 수분·수정 원리 및 방법

① 수분과 수정

　㉠ 수분(pollination) : 수술의 꽃밥으로부터 암술머리로 화분이 옮겨지는 것을 말한다.

　㉡ 수정(fertilization) : 수분 후 화분 내의 정핵이 난핵 및 극핵과 접합하는 것 말한다.

　　• 정핵(n) + 난핵(n) = 배(2n)

　　• 정핵(n) + 극핵(2n) = 배유(3n)

② 수분 방법

　㉠ 자가수분 : 같은 품종의 화분이 암술머리로 옮겨지는 것을 말한다.

　㉡ 타가수분 : 서로 다른 품종 간 화분이 암술머리로 옮겨지는 것을 말한다.

③ 자연 상태에서 화분은 대부분 곤충이나 바람에 의하여 운반되는데, 중요 채소의 대다수는 곤충에 의하여 화분이 옮겨진다.

　※ 옥신, 지베렐린, 시토키닌 등의 호르몬은 직접 또는 간접적으로 결실의 원인을 제공한다.

④ 인공수분

　㉠ 인공수분의 필요성

　　• 과실 내 종자를 많이 형성시켜 과실 발육 및 품질 향상 도모

　　• 수분수가 없을 경우

　　• 시설재배, 대기오염, 강풍지역, 기상이변, 농약의 남용 등과 같이 매개충(꿀벌)의 도입 조건이 나쁜 경우

　㉡ 인공수분 방법

　　• 꽃가루는 저온건조 조건에서 저장하면 비교적 발아 능력을 오래 유지할 수 있다.

　　• 저장해 두었던 꽃가루는 대개 인공수분에 사용하기 직전에 증량제에 혼합하여 희석한다.

　　• 개화 1~2일 전부터 개화 2~3일 후까지 생식능력이 왕성하고(이 시기에 실시) 개화 4~5일부터는 수정 능력이 급격히 저하된다.

　　• 오후(고온)에 꽃가루관의 신장이 빠르므로 오전에 하는 것이 유리하다.

　　• 붓, 면봉, 분무식 수분기를 이용한다.

**더 알아보기**

• 꽃의 기관 중에서 화분이 발아하는 곳 : 암술머리(주두)
• 수분·수정 후에 발달하여 종자가 되는 기관 : 배주
• 꽃양배추와 녹색꽃양배추는 식물체의 꽃봉오리를 식용으로 이용한다.
• 일대 잡종 종자의 특성 : 종자를 다음 대에 이용하면 형질분리가 일어난다.
• 우량계통을 자가수분시켜 다음 대의 식물 균일성을 조사하여 우수한 개체를 골라내는 육종법 : 분리육종법

**10년간 자주 출제된 문제**

4-1. 꽃의 기관 중에서 화분이 발아하는 곳은?
① 꽃가루주머니(약)
② 암술머리(주두)
③ 씨방(자방)
④ 꽃받기(화탁)

4-2. 수분·수정 후에 발달하여 종자가 되는 기관은 어느 것인가?
① 배주　　　　　② 자방
③ 주두　　　　　④ 화분관

4-3. 우량계통을 자가수분시켜 다음 대의 식물 균일성을 조사하여 우수한 개체를 골라내는 육종법은?
① 교잡육종법
② 잡종육종법
③ 분리육종법
④ 돌연변이육종법

**정답** 4-1 ② 4-2 ① 4-3 ③

## 4-1. 수경재배 방식 선정

### | 핵심이론 01 |   수경재배

① 수경재배의 개념
- ㉠ 시설재배의 한 형태로서 토양 이외의 배지에서 생육에 필요한 무기양분을 적정 농도로 골고루 녹인 (배)양액으로 작물을 재배하는 형태를 말한다.
- ㉡ 우리나라 초창기에는 일본에서 사용하는 용어인 양액재배를 그대로 인용하여 사용하였으나 근래 들어 수경재배라는 용어로 변경하여 사용하고 있다.

② 수경재배의 특징
- ㉠ 관수 노력과 비료 비용 절감
- ㉡ 무병한 모종 생산, 상토 제조 및 관리 노력 절감
- ㉢ 관수 및 비배 관리의 자동화
- ㉣ 같은 장소에서 같은 작물을 반복 재배 가능
- ㉤ 각종 채소의 청정재배 가능
- ㉥ 작업의 생력화 가능
- ㉦ 황폐지에서도 이용 가능
- ㉧ 양분 및 물 이용 효율성 상승

③ 수경재배에 이용되는 배양액의 구비 조건
- ㉠ 필수 무기양분을 함유할 것
- ㉡ 뿌리에서 흡수하기 쉬운 형태로 물에 용해된 이온 상태일 것
- ㉢ 각각의 이온이 적당한 농도로 용해되어 총이온 농도가 적절할 것
- ㉣ 작물에 유해한 이온을 함유하지 않을 것
- ㉤ 용액의 pH 범위가 5.5~6.5에 있을 것
- ㉥ 값싼 비료를 사용하여 만들어질 것
- ㉦ 재배기간이 계속되어도 농도, 무기원소 간의 비율 및 pH 변화가 작을 것

**1-1. 수경재배용 양액의 구비조건으로 가장 거리가 먼 것은?**
① 필수 무기양분을 함유할 것
② 뿌리 흡수가 용이한 이온 상태일 것
③ 양액의 pH가 5.5~6.5 범위일 것
④ 재배기간 중 EC의 변화가 작을 것

**1-2. 수경재배에서 배양액이 갖추어야 될 조건이 아닌 것은?**
① 필수 무기양분을 함유할 것
② 각각의 이온이 적당한 농도로 용해되어 총 이온의 온도가 적절할 것
③ 용액의 pH가 6.5~7.5 범위에 있을 것
④ 가격이 저렴할 것

| 해설 |

1-1
④ 재배기간이 계속되어도 농도, 무기원소 간의 비율 및 pH 변화가 작아야 한다.

1-2
③ 용액의 pH 범위는 5.5~6.5여야 한다.

정답 1-1 ④  1-2 ③

① 분무경재배

 ㉠ 작물의 뿌리를 베드 내의 공중에 매달아 배양액을 분무로 젖어 있게 하는 방식이다.

 ㉡ 뿌리에 대한 산소공급 성능이 좋다.

 ㉢ 베드 내 온도와 습도 조건이 지상부에 직접적으로 영향을 미친다.

 ㉣ 정전 시에는 배양액이 공급되지 않아 채소가 시드는 문제가 발생한다.

② 분무수경재배

 ㉠ 소량의 배양액을 항시 베드 내에 담액하여 근계의 아래 부분은 배양액에 닿게 하고, 배양액을 뿌리에 직접 분무해 주는 안정성 있는 방식이다.

 ㉡ 수경재배 방식 중 뿌리에 가장 산소공급이 양호하다.

③ 박막형(NFT ; Nutrient Film Technique)

 ㉠ 베드의 바닥에 1/100~1/70 정도의 경사를 두고 배양액을 조금씩 흘려서 그 위에 뿌리가 닿게 하여 재배하는 방식이다.

 ㉡ 비교적 간단한 장치와 저렴한 시설비로 시공이 가능하고, 배양액을 계속적으로 순환시키므로 비료나 물의 손실이 적다.

 ㉢ 뿌리의 산소 흡수가 용이하고 양분흡수도 효율적이므로 저농도로 배양액을 관리해도 좋다.

④ 담액수경재배

 ㉠ 배양액 탱크, 급액장치, 배액장치, 제어장치 및 재배베드로 구성되어 있다.

 ㉡ 배양액은 펌프로 급액관을 통하여 다시 탱크로 돌아와서 순환된다.

 ㉢ 산소의 공급을 위해 양액공급 시 베드와 양액탱크에 공급양액과 회수양액에 낙차를 두어 수포가 발생하게 한다.

 ㉣ 산소의 공급 방법에 따라 액면상하식, 환류식, 통기식, 등량교환식 등이 있다.

 ㉤ 베드 내 양액량이 많기 때문에 근권의 온도조절, 양액 농도, pH가 안정적이고 조절이 쉽다.

 ㉥ 작물에 공급하는 수분량 조절이 어렵고 양액을 순환함으로써 토양 전염균의 발생이 쉽다.

---

**10년간 자주 출제된 문제**

**2-1. 양액재배 방법 중 분무경재배의 설명으로 가장 알맞는 것은?**

① 뿌리를 베드 내의 공중에 매달아 양액을 분무로 젖어 있게 하는 재배방식

② 배양액을 뿌리에 분무함과 동시에 뿌리의 일부를 양액에 담아 재배하는 방식

③ 뿌리가 양액에 담겨진 상태로 재배하는 방식

④ 고형 배지에 양액을 공급하면서 재배하는 방식

**2-2. 다음 양액재배 방식 중 뿌리에 가장 산소공급이 양호한 것은?**

① 박막수경(NFT)　　　② 분무수경

③ 배지경　　　　　　　④ 담액경(DFT)

**2-3. 양액재배 방법 중 1/100~1/70 정도의 경사를 두고 양액을 조금씩 흘러내리면서 재배하는 방법은?**

① 연속통기법　　　　　② 환류법

③ 박막형(NFT)　　　　④ 유동적하법

|해설|

2-3

**박막형(NFT ; Nutrient Film Technique)**

베드의 바닥에 1/100~1/70 정도의 경사를 두고 배양액을 조금씩 흘려서 그 위에 뿌리가 닿게 하여 재배하는 방식이다.

정답 2-1 ①　2-2 ②　2-3 ③

① 암면 재배(rockwool culture)

　㉠ 암면은 휘록암, 석회암 및 코크스를 섞어서 용해시킨 후 솜반죽 모양으로 섬유화시킨 것이다.

　㉡ 주성분이 광물질로 되어 있는 불용성 무기물로, 통기성, 보수성, 확산성이 뛰어나다.

　㉢ 다른 고형배지경에 비하여 이식과 정식이 간편하며, 시설비가 저렴하고 가벼워 취급하기가 편리하다.

　㉣ 재배 가능한 작물의 종류가 많고 병해충 발생 위험이 적으며, 재배 관리를 시스템화할 수 있다.

　※ 암면을 이용한 양액재배 시 암면판 내의 적정 공극률은 15%, 암면판(slab)의 부피 중 섬유는 4~7%이다.

② 펄라이트 재배(perlite culture)

　㉠ 펄라이트는 흑요석을 고온으로 가열하여 만든 흰색의 입자로, pH가 중성이고 양분함량이 거의 없다.

　㉡ 무게가 가벼워 취급이 용이하고, 수분흡수력이 뛰어나며 잡초종자, 병원균, 해충 등이 전혀 없다.

　㉢ 최근 수경재배 배지로 상품화되어 실용적으로 많이 이용하고 있다.

　㉣ 유효수분함량이 적은 단점을 보완하기 위해 입상암면, 피트모스, 훈탄 등을 혼합하거나 배지 전면의 부직포를 깔면 효과적이다.

③ 코코넛코이어 재배(coconut coir culture)

　㉠ 코코넛 분말, 섬유를 부숙, 선별, 정제, 건조, 압축 과정을 통해 처리한 배지를 가수 처리한 것이다.

　㉡ C/N율이 80~120 : 1로 미생물 분해가 느려 완전히 분해되는 데 약 20년이 걸린다.

　㉢ 공극률이 86~90%로, 흡수성, 보수성, 통기성 및 투수성이 우수하다.

　㉣ pH는 5.4~6.6, 최대수분함량은 배지의 무게에 8~10배에 이른다.

　㉤ K, Na, Cl이 다량 함유되어 있어 EC가 높다.

④ 기타 재배

　㉠ 버미큘라이트(질석)

　　• 알루미늄실리케이트 원석을 고열(1,000℃ 정도) 처리한 것이다.

　　• 용적을 10~15배 증가시켜 보비성과 보수, 통기성이 우수하다.

　㉡ 피트모스(이탄) : 천연유기배지 중 양이온치환용량(CEC)과 pH가 가장 낮다.

　㉢ 기타 : 자갈, 모래, 훈탄, 폴리우레탄 등

---

### 10년간 자주 출제된 문제

**3-1. 휘록암 등을 섬유화하여 적절한 밀도로 성형화시킨 것으로서 통기성, 보수성, 확산성이 뛰어난 양액재배용 배지에 해당되는 것은?**

① 질석　　　　　　② 훈탄
③ 경석　　　　　　④ 암면

**3-2. 다음 중 수경재배의 고형배지경으로 실용적으로 많이 이용하는 것은?**

① 모래　　　　　　② 버미큘라이트
③ 톱밥　　　　　　④ 펄라이트

**3-3. 버미큘라이트 및 펄라이트 등의 특징에 속하지 않은 것은?**

① 인공적인 고온 처리로 만들어진다.
② 완전히 멸균되어 균이 없는 토양이다.
③ 가볍고 물빠짐 및 보수력이 좋다.
④ 비료의 모든 성분이 고루 포함되어 있다.

|해설|

3-1
암면은 휘록암, 석회암 및 코크스를 섞어서 용해시킨 후 솜반죽 모양으로 섬유화시킨 것이다.

3-2
최근 수경재배 배지로 상품화되어 실용적으로 많이 이용하고 있다.

정답 3-1 ④　3-2 ④　3-3 ④

## 핵심이론 04 | 수경재배에 적합한 수질 기준

① 전기전도도(EC) : 0.5dS/m 이하

  ※ 전기전도도를 높이는 원소 : 칼륨, 칼슘, 마그네슘 및 나트륨 등

  ㉠ 나트륨 농도가 높은 원수의 경우, 배양액 중에 집적되기 쉽다.

  ㉡ 칼륨, 칼슘, 마그네슘 등은 원수 농도를 고려하여 배양액 관리를 하면 문제가 없다.

② 중탄산($HCO_3$) : 30~50mg/L

  ㉠ 고농도의 중탄산은 배양액의 pH를 상승시킨다.

  ㉡ 원수가 어느 정도 완충능을 갖는 수준으로 중화하여 유지시키는 것이 좋다.

③ 철분(Fe)

  ㉠ $Fe(HCO_3)_2$로 용해되어 있는 철은 공기와 접촉하면 산화되어 수산화철[$Fe(OH)_3$]로 침전되어 작물이 직접 이용할 수 없다.

  ㉡ 산화철은 점적관수 시 노즐을 막히게 하는 원인이 되므로 제거해야 한다.

④ 수돗물

  ㉠ pH가 높고, 살균에 사용된 염소가 혼입되어 있으므로 즉시 사용하면 뿌리에 장해를 일으킬 수 있다.

  ㉡ 하루 정도 방치하여 염소를 탈기시킨 후 사용한다.

⑤ 수경재배 시 용수의 허용 기준(mg/L)

| 수질 항목 | 시판 양액비료 | 단비 |
|---|---|---|
| pH | 5.5~7.5 | 5.0~8.0 |
| EC(dS/m) | 0.3 | 0.5 |
| 칼슘(Ca) | 20 | 60 |
| 마그네슘(Mg) | 10 | 20 |
| 나트륨(Na) | 20 | 30 |
| 염소(Cl) | 15 | 30 |
| 황산($SO_4$) | 20 | 40 |
| 중탄산($HCO_3$) | 50 | 100 |
| 철(Fe) | 0.5 | 1.0 |
| 망간(Mn) | 0.2 | 0.6 |
| 아연(Zn) | 0.2 | 0.5 |
| 붕소(B) | 0.05 | 0.1 |

### 10년간 자주 출제된 문제

수경재배에서 사용되는 물의 수질에 대한 설명으로 옳지 않은 것은?

① 수질 내 중탄산이 고농도로 존재할 때 $H^+$이온이 증가한다.

② 중탄산 농도가 200mg/L으로 높을 때는 중화하는 것이 좋다.

③ 살균에 사용된 염소 농도가 높은 수돗물을 즉시 사용하면 뿌리에 장해를 일으킬 수 있다.

④ 산화철은 점적관수 시 노즐을 막히게 하는 원인이 된다.

|해설|

① 중탄산이 고농도로 존재하면 pH가 상승되어 각종 무기원소의 불용화가 유발되므로 작물생장이 불량해진다.

정답 ①

① 베드(bed, 재배조)

　㉠ 수경재배 시 작물이 위치하여 자라는 장소

　㉡ 베드의 재료 : 발포스티로폼, PVC, PE, 경질 플라스틱, 철판, 콘크리트, 나무 등

　㉢ 베드의 구조

　　• 단열이 잘 되고 암흑상태이어야 한다.

　　• 길이 30m 이내, 깊이 20cm 이내, 폭 120cm 이내로 하는 것이 좋다.

　　• 배액구 쪽에는 경사를 주어 배액이 잘 되도록 하며, 베드 밑에 단열재를 깔아 보온효과를 높인다.

　　• 높이는 작업 환경을 위하여 허리의 높이에서 할 수 있도록 설치한다.

　　• 초장이 큰 과채류는 베드의 위치를 낮게 하지만 키가 작은 딸기 재배에서는 70~90cm 정도 높이로 올려서 설치하는 것이 좋다.

② 탱크

　㉠ 물을 담는 원수탱크와 배양액을 저장하는 배양액 탱크로 구분된다.

　㉡ 원수는 지하수, 하천수, 빗물, 수돗물을 이용할 수 있다.

③ 급·배액장치

　㉠ 배양액은 양액탱크로부터 재배조로 공급되며, 작물이 흡수하고 남은 배양액은 다시 탱크로 모이게 하는 배양액을 순환시키는 장치이다.

　㉡ 급·배액장치로는 펌프, 급액관, 배액관, 기타 부품으로 나눌 수 있으며, 타이머와 전자밸브를 이용하여 배양액 공급을 자동화할 수 있다.

　　※ 타이머 제어법은 배양액의 급액 방법으로 가장 저렴하고 간단한 제어 방법이다.

④ 배양액 혼입장치

　㉠ 배양액 급액장치에 부착하여 농축 배양액을 물과 섞어서 원하는 농도로 만들어 공급하는 장치이다.

　㉡ 배양액을 주입하는 방식에 따라 정량식과 비율식으로 나뉜다.

⑤ 배양액 관리 및 제어장치

　㉠ 배양액의 온도, 산도(pH), 농도(EC), 용존산소량(DO)을 유지시키고, 외부침입의 미생물에 대한 오염 또한 조절할 수 있어야 한다.

　　• 온도조절을 위해서는 온수 보일러와 차가운 지하수를 이용한다.

　　• pH와 EC는 양액기를 이용하여 유지한다.

　　• 용존산소량은 공급되는 배양액의 낙차를 이용한다.

　　• 살균장치로는 자외선, 모래, 오존($O_3$), 열 등을 사용한다.

> **더 알아보기**
>
> **순수 수경재배에서 용존산소를 높이는 방법**
> • 급액 시 강제 흡입시킨다.
> • 유속을 빠르게 한다.
> • 수온을 낮춘다.

　㉡ 배양액의 관수량과 시기는 일사량, 배지무게 등을 측정하는 센서와 양액기를 연결하여 조절할 수 있으며, 간단하게 타이머를 통해서 하루의 관수 시기와 관수량을 제어할 수도 있다.

　　※ 순수 수경재배 시 양액 관리에 필요한 센서 : 온도센서, 전기전도도센서, pH센서(단, 수분센서 ×)

⑥ 여과장치

　㉠ 탱크에서 펌프로 들어가기 전에 여과장치를 설치하고, 압력이 필요한 방식에서는 펌프 다음에 설치한다.

　㉡ 점적 급액장치에서 여과장치는 비료희석기 다음에 장치하고, 적어도 100메시(mesh)의 필터를 가진 Y자형을 사용하며, 필터와 배수 밸브는 아래쪽에 단다.

## 10년간 자주 출제된 문제

**5-1. 양액 관리 항목 중 가장 관계가 먼 것은?**

① 양액의 pH 관리
② 양액의 EC 조정
③ 양액의 용존산소 관리
④ 양액의 습도 관리

**5-2. 순수 수경재배 시 양액 관리에 필요한 센서가 아닌 것은?**

① 온도센서
② 전기전도도센서
③ pH센서
④ 수분센서

**5-3. 순수 수경재배에서 용존산소를 높이는 방법이 아닌 것은?**

① 급액 시 강제 흡입시킨다.
② 유속을 빨리한다.
③ 수온을 높인다.
④ 수온을 낮춘다.

**정답** 5-1 ④  5-2 ④  5-3 ③

---

## 4-2. 배양액 제조

**핵심이론 01 │ 원수의 종류와 특성**

① 지하수

  ㉠ 우리나라에서는 수경재배 용수로 지하수를 가장 많이 사용한다.

  ㉡ 해안가에 가까운 지역의 지하수일수록 염분(Na, Cl) 농도가 높다.

  ㉢ 염분이 과다하면 토마토는 Ca의 흡수가 저해되어 배꼽썩음병이 발생하기 쉽고, 딸기는 배양액의 EC가 낮아야 하므로 염분의 피해를 많이 받는다.

  ㉣ Na이 80mg/L 이상인 용수를 사용하면 K 결핍이 발생한다.

  ㉤ Ca나 Mg는 작물의 생육에 필요한 성분이기 때문에 함량이 지나치게 높지 않으면 용수로 사용할 수 있다.

  ㉥ Cl 10me/L, Mg 8me/L 이상이면 과잉증이 나타나는데, 순환식 양액재배에서는 같은 용수를 계속해서 공급하기 때문에 이들 물질이 급속히 농축되기 쉽다.

  ㉦ 경수에 녹아 있는 Ca나 Mg는 중탄산염이나 황산염의 형태로 존재하는 것이 보통이다.

  ㉧ Fe는 공기와 접촉하면 산화되어 붉은 $Fe(OH)_3$의 형태로 침전되므로 관수 시 노즐의 구멍이 막히기 쉽고 겨울철에 보온을 위해 하우스의 수막으로 이용하면 피복 비닐이 붉게 물들어 햇빛을 차단하게 된다.

  ㉨ 지하수의 생물학적 산소요구량(BOD)이나 화학적 산소요구량(COD)이 5mg/L 이상인 경우에는 용수로 사용하면 안 된다.

② 빗물

  ㉠ 빗물은 대개 수질이 좋지만 대기오염으로 인한 산성비(pH 5.6 이하)가 많이 내리므로 주의가 필요하다.

ⓒ 온실용 철골은 아연도금한 것이 많아 빗물에 아연이 혼입될 가능성이 높으므로 빗물 사용 시 집수조를 만들어 물이 지하로 스며들지 않도록 한다.

③ 수돗물

㉠ 지하수가 오염된 지역에서는 수돗물을 빗물이나 지하수와 혼합하여 사용하기도 한다.

ⓒ 잔류염소에 의해 뿌리에 장해를 유발할 수 있으므로 수돗물을 용수로 사용하려면 잔류염소를 제거해야 한다.

ⓒ 물 1,000L에 티오황산나트륨($Na_2S_2O_3 \cdot 5H_2O$) 2.5g을 첨가하면 잔류염소나 결합염소를 쉽게 분해할 수 있다.

---

**10년간 자주 출제된 문제**

**원수의 종류와 특성으로 옳지 않은 것은?**

① 수돗물을 용수로 사용하려면 잔류염소를 제거해야 한다.

② 빗물을 용수로 사용하려면 집수조를 만들어서 물이 지하로 스며들지 않도록 한다.

③ 우리나라에서는 수경재배 용수로 빗물을 가장 많이 사용한다.

④ 지하수의 생물학적 산소요구량이나 화학적 산소요구량이 5ppm 이상인 경우에는 용수로 사용하지 말아야 한다.

|해설|

③ 우리나라에서는 수경재배 용수로 지하수를 가장 많이 사용한다.

정답 ③

---

① 배양액의 필수성분 : 작물의 생육에 필요한 필수원소 중 공기와 물에서 흡수하는 C, O, H를 제외한 12가지 필수 무기양분을 녹여 조성한다.

② 배양액 제조용 비료의 종류

㉠ 다량원소용 비료

| 비료명 | 분자식 | 분자량 | 당량중 (mg/me) | 성분 함량 (%) |
|---|---|---|---|---|
| 질산칼륨 | $KNO_3$ | 101.1 | 101.1 | N 14, K 39 |
| 질산칼슘 (결정) | $Ca(NO_3)_2 \cdot 4H_2O$ | 236.1 | 118.1 | N 12, Ca 17 |
| 질산칼슘 | $5[Ca(NO_3)_2 \cdot 4H_2O] NH_4NO_3$ | 1,080 | 108 | N 15.5, Ca 19 |
| 질산암모늄(초안) | $NH_4NO_3$ | 80.1 | 40.1 | N 35 |
| 제1인산암모늄 | $NH_4H_2PO_4$ | 115 | 38.3 | N 12, P 26 |
| 제1인산칼륨 | $KH_2PO_4$ | 136.1 | 45.4 | K 28, P 23 |
| 황산마그네슘 | $MgSO_4 \cdot 7H_2O$ | 246.5 | 123.3 | Mg 10, S 13 |
| 질산마그네슘 | $Mg(NO_3)_2 \cdot 6H_2O$ | 256 | 128 | Mg 9, N 11 |

ⓒ 미량원소용 비료

| 비료명 | 분자식 | 분자량 | 당량중 (mg/me) | 성분 함량 (%) |
|---|---|---|---|---|
| 킬레이트 철 | Fe-EDTA | 382.1 | 191.1 | Fe 13 |
| | Fe-DTPA | 932 | 466 | Fe 6 |
| | Fe-EDDHA | 1,118 | 559 | Fe 5 |
| 붕산 | $H_3BO_3$ | 61.8 | 20.6 | B 18 |
| 붕사 | $Na_2B_4O_7 \cdot 10H_2O$ | 381.4 | 190.7 | B 11 |
| 황산망가니즈 | $MnSO_4 \cdot 5H_2O$ | 241 | 121 | Mn 23 |
| 황산아연 | $ZnSO_4 \cdot 7H_2O$ | 287.6 | 143.8 | Zn 23 |
| 황산구리 | $CuSO_4 \cdot 5H_2O$ | 249.7 | 124.9 | Cu 25 |
| 몰리브덴산나트륨 | $Na_2MoO_4 \cdot 2H_2O$ | 242 | 121 | Mo 40 |

다음 배양액의 조성성분 가운데 미량요소만으로 구성된 것은?

① C, O, H, B
② N, P, K, S
③ Ca, Mg, Fe, Mo
④ Mn, Zn, Cu, Mo

|해설|

미량원소 : Fe, Cl, Mn, Zn, B, Cu, Mo, Ni

정답 ④

---

**핵심이론 03 | 작물 품목별 양분 요구도**

① 배양액 조성(me/L)

| 구분 | 한국원시 배양액 | 야마자키 배양액 | | | |
|---|---|---|---|---|---|
| | | 상추 | 토마토 | 오이 | 멜론 |
| $NO_3-N$ | 14 | 6 | 7 | 13 | 13 |
| $NH_4-N$ | 1 | 0.5 | 0.7 | 1 | 1.3 |
| Ca | 8 | 2 | 3 | 7 | 7 |
| $PO_4-P$ | 3 | 1.5 | 2 | 3 | 4 |
| Mg | 4 | 1 | 2 | 4 | 3 |
| $SO_4-S$ | 4 | 1 | 2 | 4 | 3 |
| K | 6 | 4 | 4 | 6 | 6 |

② 배양액 제조용 비료의 필요량

> 필요비료량 = 비료의 당량 × 당량수

※ 당량 = 원자량/원자가

   예 토마토 야마자키 배양액의 당량수는 $PO_4-P$ 2, Ca 3, $NO_3-N$ 7, $NH_4-N$ 0.7, $SO_4-S$ 2, K 4이다. 이것을 1톤으로 환산하면 당량수/t이 된다.

㉠ 인산 필요량
  • 2당량이 필요하고 $PO_4$의 원자가는 -3이며, 분자량은 115g이다.
  • 필요비료량 = 115/3 × 2 = 76.7g/t

㉡ 칼슘 필요량
  • 8당량이 필요하고 원자가는 +2이며, 분자량은 236g이다.
  • 필요비료량 = 236/2 × 8 = 944g/t

㉢ 마그네슘 필요량
  • 4당량이 필요하고 원자가는 +2이며, 분자량은 246.5g이다.
  • 필요비료량 = 246/2 × 4 = 492g/t
  ※ 황 : 2당량이 필요하나 마그네슘을 줄 때 다 들어갔으므로 줄 필요 없다.

㉣ 질소 필요량
  • 질소는 질산칼륨($KNO_3$)을 사용하는데 당량은 8 당량이고 원자가는 +1이며 분자량은 101.1이다.
  • 필요비료량 = 101.1/1 × 8 = 808.8g/t
  ※ 질산태 질소와 임모늄태 질소 비율 : 7 : 3

ⓜ 칼륨 필요량 : 칼륨의 양은 8당량이나 질소비료를
만들 때 모두 들어갔다.

**농도**

우리나라에서 다량원소는 mM/L, me/L(물 1L 중의 mg 당량)
으로, 미량원소는 mg/L로 표시하고 있다. 유럽에서는 주로
mM/L와 mg/L이 쓰이고 있다.

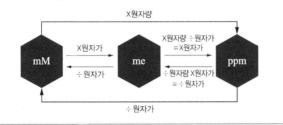

**10년간 자주 출제된 문제**

**3-1. 배양액에 포함된 이온의 농도를 나타내는 단위로 적합하
지 않은 것은?**

① me/L                    ② mg
③ ppm                    ④ mM/L

**3-2. 1ppm은 몇 g인가?**

① 1/10,000

② 1/100,000

③ 1/1,000,000

④ 1/10,000,000

|해설|

3-2
1ppm = 1/1,000,000g

정답 3-1 ②  3-2 ③

---

① 농축 배양액 조제

ⓐ 저울을 이용하여 비료 종류별로 계산된 비료의 무
게를 측정한다(오차범위 약 ±5% 미만).

ⓑ 배양액 통 두 개를 준비하여 탱크의 절반만 물을
채운다.

• 고농도의 배양액을 만들 때 물에 녹기보다는 이온
과 이온이 결합하여 침전되는 경우가 발생할 수
있기 때문에, 구분하여 농축 배양액을 준비한다.

• 배양액 통에 들어갈 비료 종류

| $Ca(NO_3)_2 \cdot 4H_2O$, $KNO_3$, $FeEDTA$, $NH_4NO_3$ | $MgSO_4 \cdot 7H_2O$, $K_2SO_4$, $NH_4H_2PO_4$, 미량원소 |
|---|---|

ⓒ 배양액 통에 비료를 한 종류씩 녹인다.

ⓓ 탱크의 나머지 물을 채운다.

ⓔ 배양액의 pH와 EC를 측정하고, pH를 보정한다.

• 적정 pH 범위보다 높은 경우 질산, 인산, 황산
등을 이용해서 낮추고, 낮은 경우 수산화칼륨이
나 수산화나트륨을 이용해서 높인다.

• 배양액의 농도는 보통 전기전도도(EC ; Electrical
Conductivity)로 나타내며, dS/m, mS/cm 등의
단위를 쓴다.

② 농축액 조제 시 주의사항

ⓐ 질산칼슘은 조해성이 있어 밀봉해야 한다.

ⓑ 질산칼슘은 생산국에 따라 비료성분의 차이가
크다.

ⓒ 질산칼륨은 용해가 잘 안 된다.

ⓓ 비료는 한 번에 하나씩 녹인다.

ⓔ 여러 가지 비료를 혼합해서 동시에 녹이지 않는다.

③ 배양액 조성 시 혼용해서는 안 되는 이온

ⓐ 칼슘(Ca)과 황이온($SO_4^{2-}$) 및 인산이온($PO_4^{3-}$)

ⓑ 인산(P)과 킬레이트철(FeEDTA 등)

ⓒ 몰리브덴산소다($Na_2MoO_4$)와 비료 농축액

ⓓ 산과 탄산수소칼륨($KHCO_3$) 등

**4-1. 양액재배에서 양액의 pH가 낮아졌을 때 양액 pH를 높이기 위하여 투입하는 것은?**

① 질산　　　　　　　② 인산
③ 황산　　　　　　　④ 수산화나트륨

**4-2. 수경재배에서 수경액의 염류농도 지표로 삼는 것은?**

① pH
② 산소 농도
③ 전기전도도
④ 탄산가스 농도

|해설|

4-1
pH 5.5~6.5보다 낮은 경우 수산화칼륨이나 수산화나트륨을 이용해서 높인다.

정답 4-1 ④　4-2 ③

---

## 제5절  채소 재배장비 · 자재 관리

### 5-1. 장비 관리

**핵심이론 01 │ 농기계 · 기구의 종류 및 특성**

① 농업 동력원
　㉠ 농업 기계의 작업 부위에 내연 기관 및 전동기 등 동력을 제공하는 기계이다.
　㉡ 트랙터, 동력경운기, 관리기 등이 있다.

② 농작업 기계
　㉠ 논밭을 갈거나 이식 또는 수확하는 데 사용하는 기계이다.
　㉡ 경운 작업기, 파종기(씨 뿌리는 작업), 이식기(옮겨 심는 데에 사용), 이앙기(벼의 묘이식), 방제기(약제 살포), 수확기 등이 있다.

③ 농산 가공 기계
　㉠ 수확한 농산물을 처리하거나 가공하는 데 사용하는 기계이다.
　㉡ 건조기(농산물 건조), 선별기(농산물 선별), 결속기(묶는 데 사용), 도정기 등이 있다.

④ 시설 원예용 기계
　㉠ 시설 하우스 내에서 작물을 재배하는 데 사용하는 기계이다.
　㉡ 환경 조절, 재배 관리, 수확에 사용하거나 수확 후의 작업에 사용하는 것 등이 있다.

⑤ 농업 기계의 특징
　㉠ 작물, 농산물, 토양, 물과 같은 물질을 대상으로 하여 일을 한다.
　㉡ 이앙기나 수확기는 작물을, 건조기나 선별기는 농산물을, 쟁기 작업을 하는 트랙터나 경운기는 토양을, 양수기는 물을 대상으로 하여 작업하는 것이다.
　㉢ 농장의 작물은 분산되어 있으므로 장소를 옮겨 다니면서 작업을 해야 한다.
　㉣ 농장에서의 직업은 기상 조건에 크게 좌우된다.

## 핵심이론 02 | 농기계 · 기구 보관 및 관리

① 농기계 보관 전 점검하기

  ㉠ 외관 및 보관 장소에서 점검내용
   • 기체에 녹이 발생하거나 부식되는 것을 방지하기 위해 깨끗한 물로 세척한 후 완전히 건조시켜 기름칠을 한다.
   • 가능한 건조한 실내에 보관하고, 실내 보관이 어려울 경우에는 덮개를 씌워 평지에 보관한다.
   • 공기청정기, 배기구 등을 종이 등으로 막는다.
   • 볼트, 너트의 잠김 상태를 점검하고 풀려 있으면 바로 조여 준다.
   • 각종 클러치, 레버, V벨트는 풀림 상태로 보관한다.
   • 정비가 필요한 부분은 정비하여 보관한다.

  ㉡ 보관 전 연료 및 윤활관련 장치 점검내용
   • 각종 오일 상태를 점검하여 필요시 교환하고, 교환 후에는 약 5분 정도 가동하여 각부에 오일이 공급되게 한다.
   • 보관 중에도 1주일에 1회 정도는 가동시킨다.
   • 휘발유는 연료탱크, 기화기 등에서 휘발유를 완전히 빼내고, 경유는 물이나 녹발생을 방지하기 위하여 연료탱크에 가득 채워둔다.
   • 그리스 주입이 필요한 곳에는 그리스를 주입한다.

  ㉢ 엔진 점검내용
   • 냉각수는 완전히 뺀다. 이때 핸들 등 잘 보이는 곳에 '냉각수 없음' 표시를 부착하여 냉각수 없이 운전하는 일이 없도록 한다.
   • 누전으로 인한 화재, 방전 등을 방지하기 위하여 배터리는 떼어 놓거나 (−)단자를 분리해 놓는다.
   • 농기계 도난, 배터리 방전 방지를 위하여 시동키는 빼 놓는다.

ⓔ 주행 관련 장치 점검내용
- 타이어는 고임목을 고여 땅에 닿지 않게 하거나 타이어 압력을 표준보다 조금 더 넣어서 보관한다.
- 주차브레이크를 걸고 차륜 앞뒤에 고임목 등을 놓아 차륜을 고정시킨다.

② 트랙터 보관요령
ⓐ 엔진오일 교환 후 5분 정도 시동하여 각부에 오일이 퍼지도록 한다.
ⓑ 클러치를 밟은 상태에서 클러치페달 록을 걸어준다.
ⓒ 클러치 하우징 밑의 배수 플러그를 확인한다(물이 있으면 뺀다).
ⓓ 연료 콕을 OFF로 하고 배터리의 접지 코드를 떼어낸다.
ⓔ 작업기는 분리 또는 지면에 내려 놓는다.
ⓕ 웨이트와 리프트 로드를 분리하고 리프트 암은 최고 위치로 놓는다.
ⓖ 배터리를 장기 보관 중에는 1개월에 1회씩 완전 충전해야 한다.

③ 경운기 보관요령
ⓐ 일상 보관
- 주 클러치 레버는 풀어 놓고(끊김 위치), 변속 레버는 중립, 조향클러치는 넣은 상태로 한다.
- 연료는 가득 채우고, 연료 콕 레버는 올려 연료를 차단한다.
- 시동 핸들로 회전시켜 밸브가 닫힌 상태로 보관한다.
- 겨울에는 냉각수를 빼거나 부동액을 넣는다.
ⓑ 장기 보관
- 기관에 부동액을 채우고, 엔진오일을 교환하여 보관한다.
- 크랭크 케이스 오일은 빼고 새 오일을 규정량만큼 넣어 5~10분간 공회전한다.

- 흡기관에 오일을 소량 넣어 시동하여 압축 상사점에 놓는다.
- 작동부, 나사부는 윤활유나 그리스를, 와이어에는 오일을 약간 주입한다.
- 통풍이 좋은 실내에 타이어가 땅에 닿지 않게 보관한다.
- 에어클리너, 소음기 등 구멍부는 비닐, 종이 등으로 덮는다.

---

### 10년간 자주 출제된 문제

**2-1. 경운기 보관·관리 요령 중 틀린 것은?**
① 변속 레버는 저속 위치로 보관
② 본체와 작업기를 깨끗이 닦아서 보관
③ 작동부나 나사부에 윤활유나 그리스를 바른 후 보관
④ 통풍이 잘되는 실내에 보관

**2-2. 농업기계의 보관·관리 방법 중 올바르지 못한 것은?**
① 각종 레버, V벨트는 풀림 상태로 한다.
② 사용 후 물로 세척하고 건조시킨 후 기름칠을 한다.
③ 콤바인의 모든 클러치는 연결 위치로 해 놓는다.
④ 통풍이 잘되고 습기가 없는 곳에 보관한다.

**2-3. 농기계의 보관·관리 방법으로 틀린 것은?**
① 기계사용 후 세척하고 기름칠하여 보관한다.
② 보관 장소는 건조한 장소를 선택한다.
③ 장기 보관 시 사용설명서에 제시된 부위에 주유한다.
④ 장기 보관 시 공기타이어의 공기압력을 낮춘다.

|해설|

2-1
① 변속 레버는 중립 상태로 한다.

2-2
③ 주 클러치 레버는 풀어 놓는다.

2-3
④ 타이어 압력을 표준보다 조금 더 넣어서 보관한다.

**정답** 2-1 ① 2-2 ③ 2-3 ④

① 농작업을 안전하게 하기 위한 기본사항

  ㉠ 농작업자는 자신과 타인에게 위해를 가하지 않도록 안전의식을 갖고 작업에 임한다.

  ㉡ 타인을 고용하여 농작업을 할 경우, 피고용자에 대한 안전성을 확보하면서 주변 환경에도 배려한다.

  ㉢ 농작업자 등은 농작업 안전 교육 및 홍보활동 등에 적극적으로 참가하여 안전의식을 높이고, 도로교통법 등 관계법령을 숙지하는 등에 노력해야 한다.

② 농작업을 실시할 때의 유의사항

  ㉠ 여유를 갖고 무리 없는 작업계획을 세운다.

  ㉡ 작업을 여러 명이 할 경우에는 사전에 그날의 작업에 대해 미리 협의한다.

  ㉢ 작업 시작 전에는 준비운동을, 작업 후에는 정리운동을 하여 몸을 풀어 준다.

  ㉣ 가능한 하루의 작업시간은 8시간을 넘지 않도록 하며, 2시간마다 휴식을 취하도록 한다.

  ㉤ 농작업자는 적당히 쉬고, 정기적으로 건강진단을 받는 등 건강 관리에 노력하여야 한다.

③ 주위에 산재해 있는 위험요소를 줄이기 위한 사항

  ㉠ 운전자는 안전하게 회전할 수 있는 충분한 공간을 확보한다.

  ㉡ 농로의 가장자리는 제초작업을 잘해서 농로경계, 수로 등을 명확히 알 수 있도록 한다.

  ㉢ 운전자의 시야를 가리는 나뭇가지, 나무 그루터기 등의 장애물들은 제거한다.

  ㉣ 침식된 지역은 뚜렷이 표시를 해 두거나 채워서 평평하게 한다.

  ㉤ 위험성이 높은 작업을 할 경우에는 가능한 한 혼자서는 작업하지 않도록 한다.

  ㉥ 부득이 혼자 작업할 경우에는 작업내용이나 작업장소를 가족 등에게 알려주는 등 필요한 조치를 취해 둔다.

  ㉦ 작업의 수위탁을 할 경우에는 위탁자는 수탁자에게 위험지역이나 주의사항 등에 대해 사전에 설명하고 사고방지에 노력한다.

④ 여성, 연소자 및 고령자의 배려

  ㉠ 임산부 및 연소자에게 무거운 물건의 취급, 높은 곳에서의 작업, 진동이 심한 환경에서 작업 등 위험성이 높은 작업이나 약제를 다루는 일은 시키지 않는다.

  ㉡ 임산부 및 연소자에게는 심야작업을 시키지 않는다.

  ㉢ 여성 농작업자를 대상으로 농업기계 조작, 농작업 안전의식 등의 교육 및 홍보 등을 강화하도록 한다.

  ㉣ 고령자가 농작업을 직접하기보다는 위탁에 의하여 농작업을 수행하도록 유도한다.

⑤ 복장 및 보호구

  ㉠ 헐렁한 옷, 소매가 긴 옷을 입거나 장갑을 착용하고 농업기계를 다루지 않는다.

  ㉡ 신발은 발에 꼭 맞고 미끄럼 방지 처리가 된 안전화가 적당하다.

  ㉢ 긴 머리칼은 뒤로 묶거나 모자 속으로 집어넣도록 한다.

  ㉣ 보석류는 빼놓고 작업에 임하도록 한다.

---

**더 알아보기**

**농작업에 종사하는 자의 제한**
- 연소자, 음주자, 비숙련자(숙련 작업자의 지도하에 실시하는 경우 제외)
- 약물을 복용하고 있어 작업에 지장이 있는 자
- 병, 부상, 과로 등으로 정상적인 작업이 곤란한 자
- 임신 중이거나 해당 작업이 임신 또는 출산과 관련하여 기능장애 등 건강상태에 악영향을 미친다고 생각되는 자

## 10년간 자주 출제된 문제

**농기계·기구 사용 안전 수칙으로 옳지 않은 것은?**

① 운전자의 시야를 가리는 나뭇가지, 나무 그루터기 등의 장애물들은 제거한다.
② 침식된 지역은 뚜렷이 표시를 해 두거나 채워서 평평하게 한다.
③ 위험성이 높은 작업을 할 경우에는 가능한 한 혼자서 작업한다.
④ 농로의 가장자리는 제초작업을 잘해서 농로경계, 수로 등을 명확히 알 수 있도록 한다.

**|해설|**

위험성이 높은 작업을 할 경우에는 작업자의 부담 경감이나 조기에 위험한 상황을 알려줄 수 있는 보조자를 배치하도록 하고 가능한 한 혼자서는 작업하지 않도록 한다.

**정답** ③

## 5-2. 농약 관리

### 핵심이론 01 | 농약 종류와 특성

① 농약이란 수목 및 농림산물을 포함한 모든 농작물을 해하는 병균, 곤충, 응애, 선충, 바이러스, 기타 농림부령이 정하는 동식물의 방제에 사용하는 살균제, 살충제, 제초제와 농작물의 생리 기능을 증진 또는 억제하는 데 사용되는 생장조절제 및 약효를 증진시키는 자재를 말한다.

② 농약 종류와 특성
　㉠ 살균제
　　• 농작물에 피해를 주는 각종 병해를 방제하는 데 쓰이는 농약을 말한다.
　　• 작용 특성에 따라 침입한 병원균을 죽이는 직접 살균제와 침입하는 것을 예방하는 보호 살균제로 구분된다.
　　• 사용대상 및 목적에 따라 살포용 살균제, 종자 소독제, 토양 소독제로 나뉜다.
　　• 현재 사용되는 살균제의 대부분은 보호와 직접 살균의 기능을 동시에 가지고 있다.

　㉡ 살충제
　　• 농작물에 피해를 주는 여러 종류의 해충을 방제하는 데 쓰이는 농약을 말한다.
　　• 살충제의 유효 성분이 어떤 경로로 해충 체내에 침입하여 해충을 구제하느냐에 따라 식독제, 접촉독제, 침투성 살충제, 훈증제, 훈연제, 유인제, 기피제, 점착제, 생물 농약, 불임제 등으로 구분한다.

> **더 알아보기**
>
> **카바메이트(carbamate)계 농약의 특징**
> • 선택성 살충작용을 한다.
> • 유기인제 저항성 해충 방제에 효과가 있다.
> • 인축에 독성이 낮다.
> • 헤테로고리화합물과 aryl기를 갖고 있다.

ⓒ 제초제
- 농작물의 정상적인 생육을 방해하는 잡초방제에 사용하는 약제를 말한다.
- 특정 잡초에 대해서만 제초 효과를 나타내는 선택성 제초제와 작물을 포함하여 모든 종류의 식물을 죽이는 비선택성 제초제로 구분한다.

ⓔ 생장조절제(식물 생장조절물질)
- 농작물의 생리 기능을 촉진 또는 억제하는 물질을 말한다.
- 생장촉진제(아토닉, 지베렐린, 토마토톤 등), 발근촉진제(루톤 등), 착색촉진제(에테폰 등), 낙과방지제(2,4,5-TP 등), 생장억제제제(MH 등)

### 더 알아보기

- 마늘 고자리파리 구제 약제 : 다수진 입제(다이아톤 입제)
- 토양소독제 : 클로로피크린(chloropicrin), 폼알데하이드(formaldehyde), NBA

③ 농약 종류에 따른 포장지 색깔
- ⓐ 살균제 : 분홍색
- ⓑ 살충제 : 초록색
- ⓒ 제초제
  - 선택성 : 노란색
  - 비선택성 : 붉은색
- ⓓ 생장조절제 : 하늘색

### 10년간 자주 출제된 문제

**지베렐린, 나프탈렌초산, MH 등의 농약이 지니는 공통 명칭은?**

① 살균제　　　　　　　② 살충제
③ 식물 생장조절제　　④ 제초제

|해설|
**식물 생장조절제** : 지베렐린, 2,4-D, MH 등

정답 ③

---

**핵심이론 02 | 농약 보관 방법**

① 어린이나 노인, 술에 취한 사람이 농약을 함부로 취급할 수 없도록 자물쇠를 장치한 별도의 농약 보관시설(함)에 보관해야 한다.
② 농약 보관상자는 직사광선을 피할 수 있고 바람이 잘 통하는 곳에 보관한다.
③ 농약은 본래의 농약 용기에 넣어 라벨이 잘 보이도록 해야 한다.
④ 라벨이 훼손되었으면 상표 또는 품목명을 반드시 적어 놓아야 한다.
⑤ 제초제(특히 비선택성 제초제)와 독성이 높은 농약은 다른 농약과 구분해 보관한다.
⑥ 보관 중인 농약은 용기의 부식, 약액의 누출 등 상태를 가끔 살펴보아야 한다.
⑦ 보관 용기에 이상이 있을 시 즉시 견고한 다른 용기에 옮겨 담고 본래의 라벨을 붙인다.
⑧ 농약을 마루 밑 또는 헛간 등 어린이들이 잘 보이는 곳에 보관하지 않는다.

### 10년간 자주 출제된 문제

**농약의 보관 방법으로 옳지 않은 것은?**

① 제초제(특히 비선택성 제초제)와 독성이 높은 농약은 다른 농약과 구분해 보관한다.
② 농약 보관상자는 직사광선을 피할 수 있고 바람이 잘 통하는 곳에 보관한다.
③ 농약은 본래의 농약용기에 넣어 라벨이 잘 보이도록 해야 한다.
④ 보관 용기에 이상이 있을 시 즉시 견고한 드링크병 또는 사이다병 등에 옮겨 담고 본래의 라벨을 붙인다.

|해설|
④ 농약을 본래의 용기가 아닌 드링크병 또는 사이다병 등에 넣어 두면 어린이, 술 취한 사람 또는 노인 등 농약을 분명히 판단할 수 없는 사람들이 먹거나 식음료로 착각해 마실 수 있으므로 각별히 주의해야 한다.

정답 ④

① 용어 해설

　㉠ 현수성 : 수화제를 물에 희석하였을 때 고체상의 미세입자가 약액 중에 균일하게 퍼져 있는 성질

　㉡ 습윤성 : 살포한 농약이 식물체나 충체의 표면을 적시는 성질

　㉢ 잔효성 : 약제를 살포하였을 때 살충 효과가 지속되는 기간

　㉣ 규정농도(normality) : 용액 1L 안에 녹아 있는 용질의 당량수

② 농약 소요량 계산

　㉠ 농약 소요량 $= \dfrac{\text{단위 면적당 살포량}}{\text{소요 희석 배수}}$

　　예 메티온 40% 유제를 1,000배액으로 희석해서 10a당 120L를 살포할 때 소요되는 양은?

　　　120/1,000 = 0.12L = 120cc

③ 농약 사용 안전수칙

　㉠ 사람의 경우

　　• 농약을 살포할 때에는 마스크, 보안경, 고무장갑 및 방제복 등을 착용한다.

　　• 살포작업은 한낮 뜨거운 때를 피하여 아침, 저녁 서늘할 때 해야 한다.

　　• 농약을 살포할 때에는 바람을 등지고 뿌린다.

　　• 병뚜껑(봉지)을 열(뜯을) 때 신체(눈, 코, 입, 피부 등)에 내용물이 묻지 않도록 한다.

　　• 신체(감기, 알레르기, 임신, 천식, 피부병 등)에 이상이 있을 때는 약제 살포나 취급을 삼간다.

　　• 작업 후에는 입안을 물로 헹구고 손, 발, 얼굴 등을 비눗물로 깨끗이 씻는다.

　　• 안전 사용기준과 취급 제한기준을 반드시 지켜야 한다.

　㉡ 작물의 경우

　　• 적용대상 작물과 병, 해충, 잡초 이외에는 절대 사용하지 않는다.

　　• 농약을 혼용하고자 할 때에는 반드시 혼용가부를 확인한 후 구입, 혼용한다.

　　• 표기사항이 이해가 되지 않거나 의문사항이 있을 경우에는 해당 회사에 문의한다.

　　• 농약을 중복하여 사용할 경우 약해가 날 수 있으므로 주의한다.

　　• 살포 전후 살포기를 반드시 씻는다.

　　• 사용 후 남은 희석액과 살포기를 씻은 물은 하천 등에 흘러 들어가지 않도록 처리한다.

　　• 사용하고 남은 농약은 다른 용기에 옮겨 보관하지 않는다.

　　• 농산물에서 등록되지 않은 농약(잔류농약)이 검출되면 폐기 처분당할 수도 있으므로 반드시 작물에 등록된 농약을 사용해야 한다.

---

**더 알아보기**

**보르도액 사용 시 유의사항**
• 알칼리성 농약으로 혼용 시 약해가 발생하거나 약효가 떨어지므로 유의하여야 한다.
• 과수에 많이 사용하며, 만든 즉시 사용해야 한다.
• 비가 오기 직전 또는 직후에 뿌려서는 안 된다.
• 석회황합제는 보르도액과 혼용하여 사용할 수 없는 약제이다.

## 10년간 자주 출제된 문제

**3-1. 농약의 습윤성에 대한 설명이 올바른 것은?**

① 약제가 식물체나 충체에 스며드는 성질
② 약제의 미립자가 용액 중에서 균일하게 분산되는 성질
③ 살포한 농약이 식물체나 충체의 표면을 적시는 성질
④ 살포한 약액이 식물체나 충체에 잘 부착되는 성질

**3-2. A 살충제를 800배액으로 희석하여 200L를 살포하려고 할 때 소요 농약량은?(단, 배액계산으로 한다).**

① 40mL
② 160mL
③ 250mL
④ 800mL

**3-3. 다음 중 보르도액과 혼용하여 사용할 수 없는 약제는?**

① 석회황합제
② 황산아연
③ 수화성황
④ 황산마그네슘

**3-4. 시설 내 농약 살포 시 유의하여야 할 사항으로 거리가 먼 것은?**

① 적정 희석 배수의 사용
② 품목 고시에 등록된 약제의 선택
③ 적정량의 살포
④ 바람의 방향을 무시

|해설|

3-2

$$농약 소요량 = \frac{단위 면적당 살포량}{소요 희석 배수}$$
$$= 200L/800 = 0.25L = 250mL$$

**정답** 3-1 ③　3-2 ③　3-3 ①　3-4 ④

---

## 5-3. 농자재 관리

### 핵심이론 01 | 비료의 종류 및 특성

① 질소질 비료
  ㉠ 요소는 수용액을 엽면에 시용하면 흡수되어 가장 많은 비료의 효과를 거둘 수 있다.
  ㉡ 우리나라에서 가장 많이 쓰고 있는 질소의 형태는 요소태 질소이다.

② 인산질 비료 : 과인산석회, 용성인비, 인산암모늄 등
  ㉠ 과인산석회는 두엄을 썩힐 때 암모늄 휘발을 방지하기 위해 첨가하여 주는 비료이다.
  ㉡ 과인산석회는 인산의 대부분이 수용성이고 속효성으로, 불용성 인산을 만들기 위하여 석회질 비료를 섞는다.
  ㉢ 용성인비는 약알칼리성, 완효성 구용성 인산비료로 작물의 뿌리에 의해 흡수 이용된다.
  ㉣ 유기질 인산비료에는 쌀겨, 보리겨 등이 있다.

③ 칼륨질 비료 : 체내 이동성이 매우 크며 잎, 생장점, 뿌리의 선단 등 분열조직에 많이 함유되어 있다.

④ 복합비료
  ㉠ 비료 3요소 가운데 두 가지 성분 이상을 함유한 비료이다.
  ㉡ 공정규격상 제1종, 제2종, 제3종, 제4종 복합 비료로 나뉜다.
  ㉢ 제4종 복합비료는 액체비료로 엽면시비용과 양액재배용 및 화초용 세 가지로 구분된다.
  ㉣ 명칭과 N-P-K의 함량 %를 숫자로 표시한다.

⑤ 유기질 비료
  ㉠ 퇴비를 비롯하여 외양간 두엄, 가축과 가금류의 배설물, 쌀겨 등이 있다.
  ㉡ 유용한 토양미생물의 에너지 공급원이 되어 미생물의 번식 활동을 돕고, 토양의 완충 작용을 돕는다.

**1-1.** 수용액을 엽면에 시용하면 흡수되어 가장 많은 비료의 효과를 거둘 수 있는 질소비료는?

① 황산암모늄　　　　② 질산암모늄
③ 요소　　　　　　　④ 질산칼륨

**1-2.** 현재 우리나라에서 질소비료로 가장 많이 쓰고 있는 질소의 형태는?

① 암모늄태　　　　　② 질산태
③ 요소태　　　　　　④ 시안아미드태

**1-3.** 두엄을 썩힐 때 암모늄 휘발을 방지하기 위해 첨가하여 주는 비료는?

① 과인산석회　　　　② 요소
③ 황산암모늄　　　　④ 염화칼륨

**1-4.** 복합비료 22-18-11의 25kg 1포에 함유된 질소, 인산, 칼륨의 양(kg)은 각각 얼마인가?

① 질소(5.5), 인산(4.5), 칼륨(2.75)
② 질소(10.8), 인산(8.8), 칼륨(5.4)
③ 질소(9.9), 인산(3.6), 칼륨(6.6)
④ 질소(3.0), 인산(7.0), 칼륨(14.0)

|해설|

1-4
- 질소 = 25 × (22/100) = 5.5kg
- 인산 = 25 × (18/100) = 4.5kg
- 칼륨 = 25 × (11/100) = 2.75kg

정답 1-1 ③　1-2 ③　1-3 ①　1-4 ①

---

**핵심이론 02** | 비료 관리 방법

① 보관장소는 직사광선이나 빗물이 닿지 않는 곳이어야 한다.
② 비료의 유출로 인해 농업용수의 수원이 오염될 수 있으므로 비료가 빗물에 유실되지 않도록 해야 한다.
③ 비료가 땅에 닿지 않도록 바닥에 화물 운반용 받침대(팰릿)를 깔아주는 것이 좋다.
④ 건물 처마 및 기둥으로부터 최소 1m 거리를 두어야 하고, 비료 포대의 경우 벽면으로부터도 1m 거리를 둔다.
⑤ 비료와 가연성 물질 사이 거리는 최소 5m를 유지해야 한다.
⑥ 질산암모늄이나 질산칼륨 등의 비료는 유류와 접촉하면 폭발 가능성이 높다.
⑦ 생석회에 빗물이 스며들면 발열반응이 일어나는데, 생석회 주변에 톱밥더미 등 가연성 물질이 있으면 준자연발화 현상이 발생할 수 있다.
⑧ 사용 후 남은 비료는 반드시 밀봉하여 보관한다.
⑨ 농약이나 칼슘비료와 혼용을 피한다.
⑩ 희석배수를 반드시 준수하여 사용한다.

비료 관리 방법의 설명으로 옳지 않은 것은?

① 퇴비화 시 발열 온도를 높게 유지하여 모든 유해 미생물이 사멸하도록 한다.
② 잎채소나 과채류에 미생물 영양제인 퇴비차를 잎에 직접 살포하려면 되도록 생육이 왕성할 시에만 사용한다.
③ 비료와 가연성 물질 사이 거리는 최소 5m를 유지해야 한다.
④ 질산암모늄이나 질산칼륨 등의 비료가 유류와 접촉하지 않게 한다.

|해설|

잎채소나 과채류에 미생물 영양제인 퇴비차를 잎에 직접 살포하려면 되도록 생육초기에만 사용한다.

정답 ②

① 계측 및 측정기

    ○ 온도계 : 주로 유리제 온도계를 많이 사용한다.

    ○ 습도계 : 습도의 증감에 따라 모발의 신축성에 의해 모발의 길이가 변하는 현상을 이용한 모발 습도계와 건구 온도, 습구 온도의 차이를 구한 후 수치표를 써서 공기 중의 습도를 측정하는 건습구 습도계(건습계)가 있다.

    ○ 자기 온습도계 : 자기 온도계와 자기 습도계를 한 대의 기기로 결합하여 온도와 습도의 기록을 동시에 할 수 있도록 고안한 편리한 측정기이다.

      ※ 토양수분의 측정은 텐시오미터(tensiometer)나 TDR(time domainreflectometry) 형태의 센서 등을 이용한다.

    ○ 조도계 : 조도는 빛의 밝기를 나타내는 것으로, 면에 입사된 빛의 양을 측정한다.

    ○ $CO_2$ 측정기 : 식물의 광합성에 반드시 필요한 $CO_2$ 측정장치이다.

    ○ pH 측정기 : 지시약법과 전극법이 있다.

    ○ 전기 전도율계 : 용액 속의 염류 농도를 측정하는 장치로 토양 용액 내의 양분 함량이나 양액의 농도 등을 측정하는 데 사용한다.

    ○ 당도계 : 당분의 농도를 측정하는 기기로 당 측정을 통하여 수확적기를 판단할 수 있다.

    ○ 저울 : 저울은 무게를 측정하는 기구로 천칭, 기계식, 전자식의 세 가지가 있다.

② 피복 자재

| 기초 피복 자재 | • 유리온실 : 판유리, 형판 유리, 산광 유리, 복층 유리 등<br>• 플라스틱 온실 : 연질 필름(폴리에틸렌 필름, 폴리염화비닐 필름, 에틸렌 아세트산 비닐), 경질 필름(경질 폴리염화비닐 필름, 경질 폴리에스터 필름), 경질판(FRP판, FRA판, MMA판, PC판) 등 |
|---|---|
| 추가 피복 자재 | • 외면 피복, 지면 피복, 소형 터널 피복, 보온 피복, 차광 피복 등<br>• 종류 : 반사필름, 부직포, 매트, 거적, 한랭사 및 네트 등 |

③ 친환경 농자재의 종류와 용도

| 용도 | 자재의 종류 |
|---|---|
| 양분 공급 | 퇴비, 수용성 인산, 그린 칼슘, 아미노산 등 |
| 병해충 발생억제 | 천적, 목초액, 키토산, 현미 식초 등 |
| 농약 + 비료 효과 | 천혜 녹즙, 한방 영양제, 유산균 등 |
| 생육촉진 | 과일 효소, 천연 식초, 미네랄 A, B, C, D |
| 토양개량 | 목탄, 피트모스, 맥반석 등 |
| 기타 | 담배 추출물, 발효 깻묵, 해조류 추출물 등 |

---

**10년간 자주 출제된 문제**

다음 중 토양의 수분을 측정하는 기구는 어느 것인가?

① 텐시오미터       ② 전기 전도도계
③ pH메타         ④ 습도계

|해설|

토양수분의 측정은 텐시오미터나 TDR 형태의 센서 등을 이용한다.

정답 ①

① 폐농자재 : 영농과정에서 발생한 더 이상 사용이 불가능한 부직포, 차광망, 보온덮개, 호스, 농약병, 폐비닐, 비료 포대 등의 농업자재를 말한다.

② 수거 이유
　　㉠ 폐자재의 불법소각 등 불법 처리 : 토양과 대기오염 등의 환경문제가 대두
　　㉡ 환경오염 예방 및 깨끗한 농촌을 조성하기 위함이다.

③ 운영 방법
　　㉠ 폐기물 다량 발생시기에 작목반별 영농폐기물 집중수거
　　㉡ 폐비닐 소량 발생자(또는 토지소유자)에게 영농폐기물 수거 동참 유도
　　㉢ 소량씩 수거된 폐기물은 중간 집하장에 집하하여 한국환경공단(민간위탁수거자)에 수거의뢰

④ 배출 방법
　　㉠ 비료포대, 거름포대, 폐비닐 : 묶어서 마을회관 등에 배출 후 읍·면·동사무소에 연락하여 한국환경공단에서 수거
　　㉡ 농약 빈 병 : 각 마을에 비치된 수거함 등에 배출(노출 시 어린이 등 피해 발생 우려)
　　㉢ 과실봉지 : 종량제 봉투를 사용하여 폐기물스티커 부착 후 청소차가 진입 가능한 곳에 배출
　　㉣ 반사필름, 차광막, 부직포 : 10~20m(부직포 2m) 크기로 자른 후 종량제 봉투 사용 또는 끈으로 묶어 폐기물스티커 부착 후 배출
　　※ 마대 사용 절대 금지(소각장 반입 불가)

⑤ 폐농자재 관련 법규
　　㉠ 폐기물의 투기 금지 등(폐기물 관리법 제8조 제1항, 제2항)
　　㉡ 과태료(폐기물 관리법 제68조 제3항 제1호) : 생활폐기물을 버리거나 매립 또는 소각한 자에게는 100만원 이하의 과태료를 부과한다.

---

### 10년간 자주 출제된 문제

폐기물 관리법상 농약 빈 병을 불법 배출하였을 경우 과태료 금액은?

① 100만원이하 과태료
② 150만원이하 과태료
③ 200만원이하 과태료
④ 300만원이하 과태료

|해설|

폐기물 관리법 제68조 제3항 제1호

정답 ①

---

# 과수

## 제1절 과수 영양 번식

### 1-1. 삽수·접수 채취

#### 핵심이론 01 | 삽목(揷木, 꺾꽂이) 종류

① 삽목의 종류

  ㉠ 경지삽목(硬枝揷木, dormantwood cutting)

    • 나무가 완전히 성숙한 휴면기에 있을 때 실시하기 때문에 휴면지삽목이라고도 한다.

    • 삽수의 조건은 주지, 결과지, 도장지, 단단한 것, 연한 것 등 발근에 영향을 주는 많은 인자가 있다.

    • 과종에 따라 삽수의 선택을 달리해야 한다.

      ※ 삽수 : 꺾꽂이에 이용되는 가지, 줄기, 뿌리 등

  ㉡ 녹지삽목(綠枝揷木, greenwood cutting)

    • 생육기에 삽수를 채취하여 삽목하는 방법이다.

    • 반숙지삽목(semihardwood cutting), 미숙지삽목(softwood cutting)이라고도 한다.

    • 당년에 생육한 신초가 목질화되어 어느 정도 단단할 때 채취해야 한다.

    • 삽수가 목질화가 안 되어 너무 부드러운 것을 이용하면 부패하여 삽목에 성공하기가 어렵다.

    • 생육기간 중에 신초를 이용하여 급속으로 증식하고자 할 때는 미스트 온실에서 녹지삽목으로 번식할 수 있다.

② 삽목용토

  ㉠ 삽목용토는 비료분이 없고 깨끗한 흙이 좋다.

  ㉡ 삽목용토 중 가볍고 보수력이 좋은 용토 : 버미큘라이트

  ㉢ 꺾꽂이를 할 때 삽목상 흙의 온도 : 15~20℃

---

### 10년간 자주 출제된 문제

**1-1. 포도의 번식 방법으로 이용되기 어려운 꺾꽂이 방법은?**

① 접삽법      ② 한눈꽂이

③ 경지삽      ④ 녹지삽

**1-2. 다음 중 꺾꽂이 용토(삽목용토)로 알맞은 흙은?**

① 거름기가 많은 흙

② 유기물이 많은 흙

③ 비료분이 없고 깨끗한 흙

④ 미생물이 다소 있는 흙

|해설|

1-1

포도나무는 주로 삽목으로 번식하며, 그중에서도 휴면지를 이용한 노지 경지삽목법을 주로 이용하나 상황에 따라서 미스트시설을 이용한 녹지삽목을 이용하기도 한다.

정답 1-1 ① 1-2 ③

① 경지삽목의 시기 및 방법

  ㉠ 낙엽 직후부터 3월 상순까지 가능하다.

  ㉡ 다량의 자근묘를 양성할 목적이면 이 기간 중 계속 삽목하면 된다.

  ㉢ 삽목적기는 2월 중순~3월 상순이며 3월 상순 이후의 경지삽목은 기온의 상승으로 삽수에서 눈이 발아되어 양수분의 소모가 많아져 발근율이 극히 저조할 뿐 아니라 포장에 이식한 후에도 거의 생존하지 못한다.

### 더 알아보기

• 낙엽과수의 삽목 시기는 3월 중순경이다.
• 낙엽과수의 삽목용 삽수의 크기는 15~20cm가 적당하다.
• 낙엽과수의 경지삽은 경화된 가지로 하는 것이 좋다.

② 녹지삽목의 시기 및 방법

  ㉠ 발아된 신초의 길이가 10~15cm 정도 자랐을 때부터 8월 하순까지 가능하나 5월 중하순에 삽목하는 것이 삽목상 온습도 관리 및 발근 후 충분한 생육이 가능하므로 유리하다.

  ㉡ 다량의 자근묘를 양성할 목적이라면 이 기간 동안 반복하여 삽목하여도 무방하다.

### 10년간 자주 출제된 문제

**포도의 꺾꽂이(삽목) 시기로 가장 알맞은 것은?**
① 3월 중순~4월 상순
② 5월 상순~6월 중순
③ 8월 중순~8월 하순
④ 9월 상순~9월 중순

**정답** ①

① 경지삽수의 채취 및 보관

  ㉠ 삽수 채취용 모수는 품종이 정확하고 병해충으로부터 감염되지 않아야 하며, 특히 바이러스에 무독한 나무라야 한다.

  ㉡ 가지의 기부에서 채취하는 것이 발근에 유리하다.

  ㉢ 경지삽목은 주로 1월경에 하므로 저장기간이 짧은 편이다.

  ㉣ 눈의 발육이 억제되고 약간의 습도가 있어 삽수가 마르지 않도록 해야 한다.

  ㉤ 삽수를 10~30개씩 다발로 묶어 방수지로 싸두는 것이 좋다. 대부분 그 안에 톱밥, 이끼 등을 충전물로 넣는다.

  ㉥ 저장기간이 짧을 경우에는 충전물을 넣지 않고 보관할 수도 있다. 저장온도는 기간이 짧으므로 5℃ 정도의 저온저장고에 보관해도 무난하다.

② 녹지삽수의 채취 및 보관

  ㉠ 발근은 당년에 자란 1년생 가지가 목질화된 것을 채취하여야 잘된다.

  ㉡ 삽수는 채취와 동시에 양분 소모를 줄이기 위해 잎이 큰 것은 적당히 잘라 버리고 비닐봉지에 담아 아이스박스 안에 넣어 보관한다.

③ 왜성사과 삽수 채취 및 보관

  ㉠ 왜성대목 모수를 기부에서 3마디 정도 남기고 절단하면 매년 1m 이상 정도가 되는 삽수를 채취할 수 있다.

  ㉡ 삽수를 휴면기에 기부에서 절단 채취하여 저장하였다가 1월 말경에 삽목한다.

  ㉢ 삽수 조제는 기부에서 30~40cm 길이로 절단하여 10~20개씩 묶어서 삽목한다.

④ 포도 경지삽수의 채취 및 보관

　　㉠ 겨울철 포도가 휴면기에 들어갔을 때 대목 모수에서 충실히 자란 일년생 가지를 채취한다.

　　㉡ 채취한 가지는 마르지 않도록 밀봉하여 저장고(약 5℃)에 보관하거나 물이 차지 않는 곳에 얼지 않도록 묻어 보관한다.

**삽수 채취 및 보관의 설명으로 옳지 않은 것은?**

① 경지삽목은 주로 1월경에 한다.
② 녹지삽목은 절단 채취하여 저장하였다가 1월 말경에 삽목한다.
③ 삽수를 10~30개씩 다발로 묶어 방수지로 싸두는 것이 좋다.
④ 저장온도는 5℃ 정도의 저온저장고에 보관한다.

|해설|

② 녹지삽목은 일반적으로 삽목할 당시 즉시 삽수를 채취하므로 저장할 필요가 없다.

정답 ②

## 1-2. 대목양성

**핵심이론 01 ┃ 대목의 종류**

① 사과

　　㉠ 일반 대목 : 삼엽해당, 환엽해당, 매주나무, 사과실생

　　㉡ 왜성대목 : M9, M26

② 배 : 공대, 돌배, 북지콩배, 콩배

　　※ 공대 : 접수와 같은 종의 대목

③ 복숭아

　　㉠ 대목 : 산도, 아몬드, 앵두, 자두

　　㉡ 핵과류 대목용 종자로서 가장 좋은 것 : 만생종

　　㉢ 복숭아의 조생종 종자를 대목용으로 사용하지 않는 중요한 이유 : 종자의 발아율이 낮기 때문에

④ 포도 : 글로아르, C3309, C3306

⑤ 감귤 : 탱자, 유자, 하귤, 비룡

⑥ 감 : 공대, 고욤

　　※ 고욤 대목에 접목할 경우 친화성이 좋은 품목 : 경산반시, 상주시, 고종시, 갑주백목, 선사환, 평핵무, 어소 등

⑦ 매실 : 공대, 복숭아

**1-1. 다음 중 사과나무를 왜화 재배할 때 이용하는 대목으로 가장 효과적인 것은?**

① 야광나무　　　　　　　② TT104
③ 환엽해당　　　　　　　④ M9

**1-2. 다음 중 핵과류 대목용 종자로서 가장 좋은 것은?**

① 조생종　　　　　　　　② 만생종
③ 중생종　　　　　　　　④ 양앵두

**1-3. 우리나라에서 감귤나무의 대목으로 가장 많이 이용되고 있는 것은?**

① 탱자나무　　　　　　　② 감귤의 공대
③ 유자나무　　　　　　　④ 하귤나무

|해설|

1-1
사과나무 왜성대목묘 : M9, M26 등

정답 1-1 ④　1-2 ②　1-3 ①

① 상호 친화성이 있으며, 접수의 특성을 완전히 발휘시킬 수 있을 것
② 근부의 발육이 왕성하며, 그 지방의 풍토에 적합할 것
③ 대목을 손쉽게 구입하여 양성할 수 있을 것
④ 병충해에 대한 저항력이 강할 것
⑤ 소기의 재배 목적에 적합한 대목일 것

**더 알아보기**

우량대목의 검토 요인
흡지발생 정도, 접목친화성, 내한성, 병해충 저항성, 내 스트레스성 등 대목의 고유 특성과 왜화도, 과실의 생산성과 품질 등이 있고, 또한 대목이 접수품종에 미치는 영향 등을 고려한다.

**10년간 자주 출제된 문제**

대목의 구비조건으로 맞지 않은 것은?
① 쉽게 구입하여 양성할 수 있을 것
② 병충해에 대한 저항력이 강할 것
③ 상호 친화성보다 접수의 특성을 완전히 발휘시킬 수 있을 것
④ 소기의 재배 목적에 적합한 대목일 것

정답 ③

① 실생대목 : 종자 번식
   ※ 종자 번식 : 종자 채취 → 저장 → 파종 전 처리 → 파종 → 발아
② 왜성대목 : 묻어떼기(취목)
   ㉠ 성토 묻어떼기
      • 왜성대목을 정식한 후 지상부에서 $5\pm3cm$ 높이에서 자른 후 신초 3~4개를 충실하게 키운다.
      • 이듬해 봄에 이 가지들을 $10\pm3cm$에서 절단한 후에 신초가 10cm 정도로 자라면 4~5cm 정도 1차 복토를 한다.
      • 2차 복토는 20cm 정도일 때 복토하며 총 복토깊이는 20~25cm 정도가 되게 복토하면 기부에서 발근하게 된다.
      • 복토가 너무 깊으면 대목생육이 떨어지고 얕으면 발근이 불충실해진다.
      • 복토재료는 주로 톱밥이나 질석(버미큘라이트), 팽연왕겨 등이 이용된다.
   ㉡ 골(이랑) 묻어떼기
      • 왜성대목 모수 1~2년생 긴 가지의 일부 또는 전부를 땅속에 묻었다가 이 가지에서 신초가 발생하면 그 위에 배토하여 발근을 유도하는 방법이다.
      • 발근 부위를 흙보다 가벼운 질석이나 톱밥으로 복토하고 관수를 해주면 발근을 촉진시킬 수 있다.

**10년간 자주 출제된 문제**

대목 번식 방법(왜성사과)에서 발근이 잘되도록 복토하는 재료로 가장 옳지 않은 것은?
① 질석            ② 톱밥
③ 팽연왕겨        ④ 피트모스

|해설|

**발근율** : 팽연왕겨 > 톱밥 > 질석 > 모래 > 피트모스

정답 ④

## 핵심이론 04 | 대목 굴취 및 보관 방법

① 대목 굴취 시기 및 방법

  ㉠ 굴취 시기 : 품목이나 지역에 따라 다르다.

  ㉡ 굴취 방법

    • 성토 묻어떼기나 골 묻어떼기로 번식한 대목은 복토한 상토를 걷어 낸 뒤에 굴취한다.

    • 경지삽목한 대목은 밭에 그대로 두거나 묘목 장소를 옮길 경우에 굴취하여야 한다.

② 대목 보관

  ㉠ 겨울철 동해가 우려되는 곳에서는 늦가을 낙엽이 진 후 대목을 굴취하여 저온저장고에 보관하거나 땅에 묻어주는 것이 안전하다.

  ㉡ 땅에 묻을 때에는 배수가 잘되는 곳에 흙을 깊이 파고 대목을 묻는다.

  ㉢ 겨울에 찬 공기가 들어가지 못하도록 잘 묻어야 한다.

    ※ 찬 공기가 땅속으로 들어가면 동해보다도 말라서 죽는 경우가 많다.

---

### 10년간 자주 출제된 문제

**대목 굴취 및 보관 방법의 설명으로 옳지 않은 것은?**

① 겨울철 동해가 우려되는 곳에서는 초가을 낙엽이 지기 전 대목을 굴취한다.

② 대목의 번식 방법에 따라 굴취 방법이 달라질 수 있다.

③ 성토 묻어떼기나 골 묻어떼기로 번식한 대목은 복토한 상토를 걷어 낸 뒤에 굴취한다.

④ 경지삽목한 대목은 밭에 그대로 두거나 묘목 장소를 옮길 경우에 굴취하여야 한다.

|해설|

① 겨울철 동해가 우려되는 곳에서는 늦가을 낙엽이 진 후 대목을 굴취하여 저온저장고에 보관하거나 땅에 묻어 주는 것이 안전하다.

**정답** ①

---

## 1-3. 접목

## 핵심이론 01 | 접목 효과 및 시기

① 접목의 효과

  ㉠ 품종 고유의 특성을 그대로 유지할 수 있다.

  ㉡ 다른 방법으로 번식할 수 없는 과수류의 번식을 가능하게 한다.

  ㉢ 접목묘를 식재하면 개화 결실이 빠르다.

  ㉣ 대목의 선택에 따라 환경적응 및 병해충 저항성이 강하다.

② 과수 품목별 접목시기 및 방법 등

| 과수명 | 대목 | 방법 | 접목시기 | 접목방법 |
|---|---|---|---|---|
| 사과나무 | 실생, 삽목 | 절접 | 3중~4상순 | 깎기접 |
| | | 눈접 | 8상~9상순 | T자형, 삭아접 |
| | | 녹지접 | 6월~7월 | 할접(짜개접) |
| 감나무 | 고욤, 실생 | 절접 | 4상~하순 | 깎기접 |
| | | 눈접 | 8하~9상순 | T자형 |
| | 품종갱신 | 고접 | 4상~하순 | 깎기접 |
| 배나무 | 실생, 돌배 | 절접 | 3중~4중순 | 깎기접 |
| | | 눈접 | 9상~중순 | T자형, 삭아접 |
| | | 할접 | 3중~4중순 | 할접(짜개접) |
| | 고접갱신 | 고접 | 3하~4중순 | 깎기접, 할접 |
| 감귤나무 | 탱자나무 | 눈접 | 9월상순 | T자형, 갈고리형 |
| | | 절접 | 4월중~하순 | 깎기접 |
| 복숭아 | 야생, 실생 | 절접 | 2하~3상순 | 깎기접 |
| | | 눈접 | 8하~9상순 | T자형, 삭아접 |
| | 품종갱신 | 고접 | 4상~하순 | 깎기접 |
| 매실나무 | 토종, 실생 | 절접 | 2중~3상순 | 깎기접 |
| | | 고접 | 3중~하순 | 피하접 |
| | | 눈접 | 8하~9상순 | T자형, 삭아접 |
| 포도나무 | 삽목번식 | | 3중~4상순 | 20~5cm가지삽목 |
| | 접목번식 | 가지접 | 4하순 | 깎기접 |
| 밤나무 | 실생 | 박접 | 4상~하순 | 피하접 |
| | | 절접 | 4상~하순 | 깎기접 |

  ㉠ 사과, 배, 복숭아는 주로 깎기눈접(삭아접, 削芽接)과 깎기접(切接)을 한다.

    • 깎기눈접은 8월 하순~9월 상순에 한다.

    • 깎기접은 3월 하순~4월 상순, 눈이 발아하기 전에 실시한다.

ⓒ 포도는 주로 녹지접목[쪼개접(割接)과 깎기접]을 한다.

- 대목의 생육이 왕성하면 5~7월에 실시한다.
- 기온이 25℃ 이상일 때 실시하는 것이 유리하다.
- 쪼개접은 대목과 접수의 굵기가 같을 때 하고, 깎기접은 대목과 접수의 굵기가 다를 때 한다.

ⓒ 감귤은 눈접과 깎기접으로 하는데, 주로 눈접은 8월 하순~9월 상순에 실시한다.

**10년간 자주 출제된 문제**

**1-1. 접목육묘의 목적에 해당되지 않은 사항은?**
① 토양전염성의 병해충 피해를 회피할 수 있다.
② 개화시기는 앞당기고 맛을 증진시킨다.
③ 온도 저항성이 강한 대목을 이용해 조기재배를 할 수 있다.
④ 대목의 종류에 따라 흡비력이 강해 비료를 절감할 수 있다.

**1-2. 동일 품종의 사과묘목을 일시에 대량 육성할 수 있는 방법은?**
① 접목법            ② 분주법
③ 실생육묘법        ④ 휘묻이법

**1-3. 사과 깎기접의 실시 시기는?**
① 3~4월            ② 4~5월
③ 6~7월            ④ 9~10월

**1-4. 배나무에서 가장 많이 하는 접목 방법은?**
① 깎기접            ② 쪼개접
③ 배접              ④ 고접(높접)

|해설|

1-1
② 맛 증진은 접목육묘의 목적에 해당되지 않는다.

**정답** 1-1 ② 1-2 ① 1-3 ① 1-4 ①

**핵심이론 02 │ 접목 종류 및 방법**

① 접목의 종류
　ⓐ 접목 장소에 따라 : 제자리접, 들접
　ⓑ 접목 시기에 따라 : 봄접, 여름접과 가을접
　ⓒ 접목 위치에 따라 : 고접(top grafting), 근두접(crown grafting), 복접(side grafting), 근접(root grafting) 등

② 접목 방법
　ⓐ 깎기접(切接, veneer grafting)
- 일종의 가지접으로, 과수류에서 묘목 생산에 가장 많이 이용하고 있다.
- 접수 다듬기
　- 접수는 가지의 기부와 선단부는 버리고 눈을 한두 개 붙여서 절단한다.
　- 특히 윗눈에서 0.5cm 정도 여유 있게 자른다.
　- 윗눈과 나란히 접수의 한단 측면을 접목용 칼로 면이 바르게 3cm 정도 깎아 낸다.
　- 접수 뒷면은 1cm 높이에서 30~40°로 경사지게 하여 얇게 쐐기같이 깎아 낸다.
- 대목 다듬기와 붙이기
　- 대목은 지면 약 15~20cm에서 자르고, 면이 고른 쪽을 접착면으로 정한 뒤 대목 굵기의 1/3~1/5 두께로 목질부를 수직으로 3cm 길이로 깎아 내린다.
　- 대목의 깎은 면과 접수의 깎은 면이 일치하도록 접수를 끼워 넣는다.
　※ 깎기접에서 접붙인 후 접합(graft wax)이나 발코트를 가지 끝에 발라주는 가장 큰 이유 : 접수의 건조를 막기 위해

　ⓑ 깎기눈접(削芽椄, chip budding)
- 접수 대신 접눈을 이용하는 방법으로, 과수류의 모든 과종에서 이용할 수 있다.
- 핵과류와 감귤류에서 많이 이용한다.

- 접목 시기에 건조한 날씨가 계속되거나 접목 시기가 늦어짐에 따라 수액의 이동이 원활하지 않아 나무껍질이 목질부로부터 잘 벗겨지지 않을 경우에 깎기눈접을 하면 유리하다.
- 다른 접목에 비하여 접목 기술이 쉽고 활착률이 매우 높다.
- 접목할 수 있는 기간이 길다.
- 눈 하나만 있으면 한 개체를 만들 수 있어 접수를 절약할 수 있다.
ⓒ 눈접(芽椄, budding) : 눈을 따서 대목에 접붙이는 방법으로 감귤에 가장 많이 이용한다.
  ※ 장미의 T자 눈접(아접) 시기 : 8~9월
ⓔ 혀접(舌接, tongue grafting) : 굵기가 비슷한 접수와 대목을 각각 비스듬하게 혀 모양으로 잘라 서로 결합시키는 방법으로 주로 포도나무에서 이용한다.
ⓜ 삽목접(挿木椄, cutting grafting) : 뿌리가 없는 두 식물의 가지끼리 접목하는 방법이다.
ⓗ 배접(腹椄)
- 대목 또는 접목할 가지에 20~30°, 약 3~4cm 정도의 칼자국을 낸다.
- 접수는 2~4개 정도의 눈을 길이 10~15cm 정도로 절단하고 아랫부분을 2~3cm 길이의 삭면을 만들어 쐐기 모양으로 한다.
- 접수의 형성층과 대목의 형성층이 밀착되도록 하고 접목용 테이프로 감아서 고정시킨다.

① 대목과 접수가 완전히 유합될 때까지 접수가 마르지 않도록 한다.

② 생육기에는 온도 조절, 접목부의 빗물 침투 방지, 접수의 신장을 촉진하기 위한 대목 눈 제거, 활착 후의 생장기에 비배관리를 잘해 주어야 한다.

  ㉠ 대목의 옆순치기

    • 접목 직후로부터 활발하게 발생하는 대목의 부정아는 양분의 소모 및 접수의 활착과 생장이 억제되므로 제거하여 준다.

    • 접수의 눈이 3cm가량 생장하여 확실성이 인정되면 그중에 눈 한 개만 두고, 대목의 눈과 같이 제거한다.

  ㉡ 결박 재료의 제거 : 접목한 접수가 활착하여 왕성한 생장을 하게 되면 서로 유합이 불량하든가 접목 끈이 파고 들어가게 되므로 풀어주고 새로 결박하여 준다.

  ㉢ 지주 세우기 : 접수가 자라면 접목부가 쪼개지게 되므로 일찍 지주를 세워서 유인한다.

  ㉣ 비배 관리

    • 비료의 3요소 중 인산, 칼륨에 비중을 둔다.

    • 6~8월 중순에 1~2회로 나누어 접목묘의 옆에 이랑을 만들어 비료를 주고, 흙을 덮어 준다.

  ㉤ 전지 : 접목의 목적에 따라서 결정한다.

③ 접목 후 미리 예찰에 의한 방제로 병충해가 발생하기 전에 약제 등을 살포한다.

④ 기타

  ㉠ 눈접의 활착 판정

    • 대체로 접목의 결과는 7~10일 내외로 판정할 수 있다.

    • 활착의 가능성이 없는 것은 잎자루가 시들며 쉽사리 떨어지지 않는다.

    • 눈접의 변색, 즉 활착이 될 것은 눈접 후에도 생생한 윤택이 있으나, 불량한 것은 생기가 없으며 시들어 말라 죽는다.

  ㉡ 결박한 정도를 수시로 관찰하여 다시 감아 주기도 한다.

  ㉢ 대목의 절단 제거

    • 눈접을 봄여름에 한 것은 활착이 확인되면 곧 눈접을 붙인 위의 대목을 절단 제거한다.

    • 가을 눈접한 것은 다음 해 봄에 결박 끈을 제거하고 접목부의 선단을 제거한다.

  ㉣ 대목을 절단한 후라도 대목으로부터 나오는 눈을 수시로 제거하여 발생하지 않도록 한다.

  ㉤ 6~7월이 되면, 대목의 나머지 부분을 완전히 제거하고, 절단면에는 건조와 빗물로 인한 부패를 방지하기 위하여 접목의 발코트를 발라 둔다.

  ㉥ 접목을 하고 나면 대목에서 많은 맹아가 발생한다. 접수에서 나오는 눈만을 남기고 새로 발생되는 순은 어려서부터 따주어야 한다.

---

**10년간 자주 출제된 문제**

**접목 후 관리로 옳지 않은 것은?**

① 대목과 접수가 완전히 유합될 때까지 접수가 마르지 않도록 한다.

② 부정아는 양분의 소모 및 접수의 활착과 생장이 억제되므로 제거하여 준다.

③ 접목한 접수가 활착하면 결박 재료는 즉시 제거한다.

④ 대목의 절단면에는 건조와 빗물로 인한 부패를 방지하기 위하여 접목묘의 발코트를 발라 둔다.

|해설|

③ 유합이 불량하든가 접목끈이 파고 들어가게 되므로 풀어주고 새로 결박하여 준다.

**정답 ③**

## 2-1. 과수 재배 환경조건

**핵심이론 01 | 온도(기온)**

① 기온은 과수 재배의 적지를 결정할 때 가장 중요한 요소이다.

※ 적산온도 : 하루의 평균온도가 기준온도보다 높은 날의 평균온도를 누적시킨 것. 여름과수의 기준온도는 10℃로 잡음

② 연평균 기온

ㄱ 북부온대과수

- 연평균 기온 8~12℃인 곳이 주산지로서 사과와 체리가 대표적이다.
- 사과보다 내한성이 약한 체리는 연평균 기온이 이와 같은 범위 안에 있더라도 겨울철에 저온이 심한 지역에서는 재배가 불가능하다.

ㄴ 중부온대과수 : 연평균 기온 11~15℃인 곳에 주산지가 형성되어 있으며, 포도, 감, 복숭아, 배, 밤나무 등이 대표적인 과수이다.

ㄷ 남부온대과수 : 연평균 기온 15~17℃로서, 상록성인 감귤류와 비파나무가 대표적이다.

③ 겨울철 극저온

ㄱ 겨울철 한계온도 이하에서는 나무가 동해(凍害)를 겪을 수 있으므로 과종의 지역별 분포를 제한하는 요인이 된다.

ㄴ 특히 우리나라는 2월에 동해를 입는 경우가 많고 재배 한계온도가 낮아 동해 위험이 있으므로 꽃이 일찍 피는 핵과류(복숭아, 자두, 살구, 매실, 체리 등)는 주의가 필요하다.

ㄷ 겨울에도 잎을 유지하는 상록과수는 내한성이 아주 약하다. 온주밀감의 경우 1월의 평균기온이 5℃ 이상이고, 최저기온이 −5℃ 이상인 지역에서 경제적 재배가 가능하다.

④ 저온요구도(低溫要求度, chilling requirement)

ㄱ 자연 상태에서 낙엽과수의 자발휴면이 타파되고 눈이 발아하기 위해서 겨울에 특정저온 이하에서 일정 기간을 경과해야 하는 것을 말한다.

ㄴ 일반적으로 포도, 감, 무화과, 참다래, 대추 등은 저온요구도가 낮고, 사과, 배, 체리 등은 저온요구도가 높다.

ㄷ 저온요구도가 충족되지 않으면 상록과수 지역에서 낙엽과수를 재배할 수 없기 때문이다.

ㄹ 이상의 연평균 기온, 최저 극기온 및 저온요구도와 같은 온도 조건에 불안전한 지역에서는 시설재배로 불리한 온도를 극복할 수가 있다.

---

**10년간 자주 출제된 문제**

**다음 중 북부온대과수에 속하는 것은?**

① 매실      ② 복숭아
③ 포도      ④ 사과

**|해설|**

**북부온대과수** : 사과, 체리 등

**정답 ④**

---

① 우리나라 강수의 특징

  ㉠ 생육기(4~10월) 강수량의 다소는 과수 재배에 큰 영향을 끼친다.

    • 여름철 강우량이 너무 많으면 햇볕이 부족해져 가지가 웃자라고 꽃눈형성이 불량할 뿐 아니라 병충해 발생도 많아진다.

    • 반대로 강우량이 너무 적으면 나무의 생육과 과실의 발육이 불량하게 된다.

    • 과실 자람과 당도 증가 제한으로 품질이 크게 저하된다.

  ㉡ 우리나라는 과실의 비대기인 6~8월에 강우가 많고, 개화기(4~5월)와 성숙기(9~10월)에는 강수량이 적다.

  ㉢ 지형으로 인해 지역별 편차(남부 지방 > 중부 지방, 서해안 > 동해안)가 크다.

② 과종에 따른 내건성과 내습성

  ㉠ 내건성(耐乾性)

    • 건조한 환경에 잘 견디는 성질

    • 복숭아, 살구 등의 핵과류 > 배, 감, 사과 등

    • 감나무 : 유목기에는 뿌리 발달 불량으로 내건성이 약하나 성목이 되면 토양 내로 뿌리가 깊게 들어가 내건성이 강해진다.

  ㉡ 내습성(耐濕性)

    • 습한 환경에 잘 견디는 성질

    • 포도, 감, 인과류(사과, 배) 등 > 핵과류 및 감귤류

---

### 10년간 자주 출제된 문제

**2-1. 과수에서 수분이 부족하면 어느 부위에서 가장 먼저 수분 결핍 현상이 일어나는가?**

① 과실        ② 잎

③ 가지        ④ 뿌리

**2-2. 작물에 있어서 수분의 역할로 적당하지 않은 것은?**

① 작물체의 온도 상승 촉진

② 각종 효소의 활성 촉진

③ 각종 가수분해와 화학반응의 원료 물질

④ 작물체의 체형 유지

|해설|

2-1

과수의 수분 부족 시 그 영향이 과실에서 제일 먼저 나타난다.

2-2

수분은 증산을 통하여 작물체의 온도를 조절한다(냉각 효과).

정답 2-1 ① 2-2 ①

| 핵심이론 03 | 광 |

① 광도(light intensity)

　㉠ 빛의 세기는 과수 생육에 필수적인 환경 요인이다.

　㉡ 우리나라의 햇빛은 풍부한 편이나 장마철에는 부족할 때가 많다.

　㉢ 햇빛이 부족 시 현상

　　• 과수의 중량 생장이 억제되나 체적 생장은 촉진되어 가지가 웃자라고 잎이 연화되며 병해충에 대한 저항성도 약해진다.

　　• 동화산물 축적이 감소하면 꽃눈형성이 불량해지고, 착과와 과실 발육이 저하되며 심하면 생리적 낙과가 발생한다.

　　• 과실 성숙기에는 과실의 착색 불량, 숙기 지연, 산도 증가, 당도와 풍미 및 비타민 C의 함량 감소를 유발한다.

　　※ 내음성 : 사과나무 < 배나무 < 복숭아나무 < 포도나무 < 감귤류 < 감나무 < 무화과나무

　㉣ 햇볕 드는 양이 많을 경우 과실수량을 비롯한 건물 중, 줄기의 강도, 잎의 두께가 증가되고 새 가지의 자람은 억제되며 꽃이 피고 열매 맺는 것이 빠르다.

　　※ 과수에서 잎은 눈에서 나와서 일정한 기간이 지나야 탄소동화작용을 할 수 있다.

② 일장

　㉠ 일장이 길면 광합성 작용을 더 오래 할 수 있어 생육에 유리하다.

　㉡ 일장이 짧아지면 새 가지의 생장과 과실의 비대가 억제되어 과실의 수량과 품질이 크게 떨어질 뿐만 아니라 수확기도 늦어진다.

　㉢ 경사의 방향은 남 또는 동남일 때는 일조가 양호하므로 과실의 성숙이 촉진되고 품질이 좋아지나 한발의 피해를 받기 쉽다.

---

**10년간 자주 출제된 문제**

**과수에서 잎의 생장과 기능에 관한 설명으로 옳은 것은?**

① 잎은 눈에서 나와서 일정한 기간이 지나야 탄소동화작용을 할 수 있다.

② 잎의 초기생장은 전년도 저장 양분과는 관계가 없다.

③ 잎의 초기생장은 전년도 결실과다 현상과는 관계가 없다.

④ 잎은 눈에서 나오면서부터 곧 탄소동화작용을 할 수 있다.

**정답** ①

① 약한 바람
- ㉠ 증산작용을 촉진시켜 양·수분의 흡수 및 상승을 돕는다.
- ㉡ 이산화탄소의 공급을 원활하게 하여 광합성을 왕성하게 한다.
- ㉢ 비가 온 후 습기를 제거하여 고온다습기에 병충해의 발생을 줄여준다.
- ㉣ 겨울철 냉기가 침체되는 것을 방지하여 동해 및 서리피해 등을 막아준다.
- ㉤ 풍매화(호두나무, 밤나무 등)의 수분을 돕는다.

② 강한 바람(3m/s 이상)
- ㉠ 광합성 작용을 방해하고 건조피해를 불러올 수 있다.
- ㉡ 개화기에는 꽃에 기계적 상해를 입혀 병원균의 침입로가 된다.
- ㉢ 꽃가루(화분)를 묻혀 주는 곤충의 수분·수정 활동을 방해하여 결실 불량 등의 피해를 가져올 수 있다.
- ㉣ 바다로부터의 해풍은 염분을 함유하고 있다.

---

**10년간 자주 출제된 문제**

**과수재배에서 바람의 장점이 아닌 것은?**
① 고온다습한 시기에 병해충의 발생이 많아지게 한다.
② 이산화탄소의 공급을 원활하게 하여 광합성을 왕성하게 한다.
③ 증산작용을 촉진시켜 양분과 수분의 흡수·상승을 돕는다.
④ 상엽을 흔들어 하엽도 햇볕을 쬐게 한다.

|해설|
① 비가 온 후 습기를 제거하여 고온다습기에 병충해의 발생을 줄여준다.

정답 ①

---

① 토양
- ㉠ 토양 깊이
  - 과수는 다른 작물에 비해 비교적 뿌리가 깊게 뻗으므로 토양 깊숙한 곳까지 물과 공기가 잘 통하고 양분을 많이 보유하고 있는 것이 좋다.
  - 일반 사과, 배, 단감은 뿌리가 깊게 뻗는 심근성이고, 포도는 얕게 뻗는 천근성이며, 왜성 사과, 복숭아, 감귤은 그 중간이다.
- ㉡ 토성
  - 과수에서는 사양질(砂壤質, 또는 사질양토)과 미사질식양토를 권장한다.
  - 사과는 양토~사양토, 배는 양토~식양토, 포도와 복숭아는 사양토, 단감은 미사질식양토가 좋다.
- ㉢ 토양 경도
  - 유기물 함량이 적고 건조하면 토양 경도가 높아진다.
  - 경도가 높으면 상대적으로 토양의 통기성과 투수성이 불량하며, 잔뿌리의 발달이 불량하여 과수나무의 생장과 발육이 부진하다.
- ㉣ 토양반응 : 일반적으로 과수원의 적정 토양 pH는 6.0~6.5 정도이다.
  ※ 일반적으로 사과 재배에 가장 알맞은 토양의 산도 : pH 5.5~6.5

② 지형
- ㉠ 평지
  - 토양이 비옥하여 과수의 생장이 잘 이루어지며, 토지 이용률이 높고 작업이 용이하다.
  - 배수가 불량한 경우가 많고, 지형에 따라 동해 또는 서리피해를 받기 쉽다.
- ㉡ 경사지
  - 배수가 양호하며 산기슭을 제외한 경사지는 서리피해를 받을 위험이 적다.

- 경사면의 방향에 따라 햇빛을 받는 조건이 달라져 과실의 품질에 영향을 미친다.
- 작업 노력이 많이 들고, 경사가 심할수록 토양 유실이 많아 토양이 척박한데 이러한 현상은 서향과 남향에서 더 심하다.

ⓒ 표고 : 일반적으로 표고가 100m 높아지면 기온은 0.5℃ 정도 낮아진다. 즉, 개화와 숙기도 늦어지고, 적산온도가 부족하여 당도는 낮고 산도는 높아진다. 또한 과일 모양도 평지에 비하여 약간 길쭉해지는 경향이 있다.

---

### 10년간 자주 출제된 문제

**5-1. 일반적으로 사과 재배에 가장 알맞은 토양의 산도는?**

① pH 5.5~6.5
② pH 4.5~4.7
③ pH 7~8
④ pH 6.5~7

**5-2. 지형을 고려하여 과수원을 조성하는 방법을 설명한 것으로 올바른 것은?**

① 평탄지에 과수원을 조성하고자 할 때는 지하수위와 두둑을 낮추는 것이 유리하다.
② 경사지에 과수원을 조성하고자 할 때는 경사 각도를 낮추고 수평 배수로를 설치하는 것이 유리하다.
③ 논에 과수원을 조성하고자 할 때는 경반층(硬盤層)을 확보하는 것이 유리하다.
④ 경사지에 과수원을 조성하고자 할 때는 재식렬(栽植列) 또는 중간의 작업로를 따라 집수구(集水溝)를 설치하는 것이 유리하다.

|해설|

**5-2**
① 평탄지에서는 배수가 불량하므로 두둑을 높이는 것이 유리하다.
② 뚜렷한 경사지인 경우 경사각을 낮추고 수직 배수구를 설치하는 것이 유리하다.
③ 경반층은 유기물, 규산 등의 물질이 집적하여 굳어진 토층으로 뿌리 신장과 이동을 제한하는 물리적 특징이 있어서 좋지 않다.

정답 5-1 ① 5-2 ④

---

## 2-2. 영양관리

### 핵심이론 01 | 비료의 요소 및 과수의 생육

① 비료의 요소

ⓐ 식물의 필수원소 중 C, H, O는 물, 공기, 이산화탄소에서 얻으며, 그 밖의 원소는 모두 토양에서 얻게 된다.

ⓑ 비료의 3대 요소 : N, P, K는 식물이 다량으로 요구하는 요소로 토양 중에서 부족하기 쉬워 비료로 공급해 주어야 한다.

ⓒ 비료의 4대 요소 : 3대 요소 + 석회(Ca)

ⓓ 비료의 5대 요소 : 4대 요소 + 유기물질

**더 알아보기**

유기물
- 토양의 물리적, 화학적 및 미생물적 성질을 개선하여 토양 비옥도를 증가시키는 역할을 한다.
- 식물의 영분으로 필요한 요소는 아니나 간접적으로 보비력 및 보수력 증진 등을 통해 작물의 생장 및 발육을 돕는 효과가 있다.

② 필수원소와 과수의 생육

ⓐ 질소(N) : 주로 질산이온의 형태로 흡수되는데 블루베리는 암모늄이온을 선호한다.

ⓑ 인산(P)
- 주로 제1인산이온의 형태로 흡수된다.
- 체내에서 이동성이 커서 새 가지나 잔뿌리 등의 새로운 어린 조직에 많이 분포하고 오래된 조직에서는 결핍되기 쉽다.
- 영양생장 중에는 줄기나 잎에 많이 분포하지만 생식생장기에는 종자나 과실로 많이 이동한다.
- 탄수화물 대사에 관여하여 착과와 성숙을 촉진하고 품질을 개선하며 과실의 단맛은 강하게, 신맛은 적게, 저장성은 좋게 한다.

ⓒ 칼륨(K)

- 토양으로부터의 흡수 속도가 빠르며 체내 이동이 쉽고 재분배가 잘된다.
- 광합성이 활발한 잎과 세포분열이 왕성한 생장점이나 형성층에 다량으로 분포되어 있고 과실에도 많이 함유되어 있다.
- 과실의 비대 발육과 성숙을 촉진하며 당도를 높이고 저장성을 좋게 한다.
- 뿌리와 줄기를 강하게 한다.

ⓓ 칼슘(Ca)

- 세포를 견고하게 밀착시켜 주는 역할을 해 과실의 저장성을 좋게 한다.
- 토양에 많이 분포되어 있지만 이동성이 낮아 식물의 흡수율이 낮은 편이다.
- 흡수된 칼슘은 잎에 많이 분포하는데 수체 내 이동성도 낮아 보통 말단부 조직이나 과실에서 함량이 낮은 편이다.

ⓔ 마그네슘(Mg) : 체내의 이동성이 좋아 늙은 잎에서 어린잎으로 쉽게 이동한다.

ⓕ 황(S) : 체내 이동성이 낮아 쉽게 움직이지 않는다.

ⓖ 미량원소

| 철(Fe) | • 여러 효소 작용에 관여하는데 특히 엽록소 생성에 필수적이다.<br>• 철 이온은 흡수가 어렵고 식물체 내에서의 이동도 어려워 재분배가 거의 되지 않는다. |
|---|---|
| 붕소(B) | • 체내에서 이동과 재분배가 어려운 원소이다.<br>• 분열조직(생장점, 형성층)과 어린 과실에 필수적이어서 부족하면 이들 조직이 괴사한다. |
| 망간(Mn) | 체내 이동성은 좋지 않은 편이지만 분열조직으로 먼저 이동한다. |
| 아연(Zn) | • 체내 이동성이 좋지 않은 편이다.<br>• 지상부보다 뿌리에 많이 분포한다. |
| 구리(Cu) | • 체내 이동이 잘되지 않는 편이다. |
| 몰리브덴(Mo) | • 체내 이동성은 중간 정도이고, 기공이 많은 곳에 다량으로 분포한다. |
| 염소(Cl) | • 세포의 삼투압과 pH를 조절한다.<br>• 안토시아닌의 구성성분이다.<br>• 물에 잘 녹으며 흡수 속도가 빠르다. |

① 경험에 의한 방법 : 오랜 농사경험에 의해서 대략적으로 알맞은 시비량을 결정한다.

② 적량시비 시험에 의한 방법 : 농촌진흥청에서 발간하는 '작물별 시비처방기준'을 이용한다.

③ 토양검정에 의한 방법 : 토양의 화학성분을 분석하여 시비량을 결정하는 방법으로 각 시군의 농업기술센터에서 시비처방서를 발급받는다.

④ 양분흡수량에 의한 방법 : 작물체의 화학성분을 분석하고 작물의 양분흡수량을 이용하여 시비량을 결정한다.

### 더 알아보기

**최소율의 법칙(최소양분율, The law of the minimum)**
양분 중에서 필요량에 대해 공급이 가장 적은 양분에 의해 작물 생육이 제한되는데 이 양분을 최소양분이라 하며, 최소양분의 공급량에 의해 작물의 수량이 지배되는 원리이다.

⑤ 엽 분석에 의한 방법

　㉠ 엽시료 채취는 신초생장이 안정된 시기(7월 상순~8월 상순)에 과수원에서 대표적인 나무 5~10주를 선정하여 식물체의 적정부위(수관 외부에 도장성이 없고 과실이 달리지 않은 신초의 중간부위)의 엽 50~100매를 채취하여 사용한다.

　㉡ 엽 분석 시 사과, 배, 복숭아는 잎을 채취하며 포도는 엽병을 채취한다.

⑥ 잎과 꽃눈의 생장 : 잎과 가지와 눈의 상태를 보고 어느 정도 판단할 수 있다.

### 10년간 자주 출제된 문제

**시비량 결정 방법으로 가장 부적절한 것은?**
① 시험장의 추천시비량을 택한다.
② 재배자의 경험을 참고한다.
③ 되도록 많이 주는 방법을 택한다.
④ 엽 분석 결과를 참고한다.

정답 ③

① 시비 시기

　㉠ 밑거름 : 낙엽기부터 다음 해 봄 이전, 즉 뿌리가 활동하기 전까지 질소질 50~70%, 인산 100%, 칼륨 50~60% 정도의 양을 준다.

　㉡ 웃거름(덧거름)

　　• 생육기간 중 부족한 거름을 보충해주고 꽃눈분화와 과실 비대기에 도움을 준다.

　　• 질소는 연간 시비량의 20~30%, 칼륨은 40~50%를 준다.

　　• 웃거름이 너무 많으면 신초생장이 너무 늦게까지 계속되고 과실 품질이 떨어지므로 가급적 웃거름은 적은 양으로 관리를 한다.

　　※ 우리나라의 경우 6월 하순부터 7월 하순까지 장마기이기 때문에 사질토양에서는 질소와 칼륨은 분시횟수를 늘리는 것도 좋은 방법이다.

　㉢ 가을거름 : 질소질 비료(10% 내외) 위주로 과실을 수확하고 소모된 양분을 보충해 주어 다음 해 발육 초기에 이용될 양분을 축적하도록 하는 것으로 예비 또는 감사비료라고도 한다.

② 시비 방법

　㉠ 전면시비 : 밭을 갈고 전체적으로 비료를 섞어 뿌린 다음 경운을 하는 방법으로, 비료의 유실량이 많다. 질소 시비의 경우는 이 방법이 유용하나 인(P), 칼륨(K)과 같은 토양 내로의 이동속도가 느린 양분은 좋지 않다.

　㉡ 무경운시비 : 땅을 갈지 않고 비료를 뿌리는 방법으로 아주 간편하기는 하나 작물이 비료를 효율적으로 이용하는 데는 문제가 있을 수 있고 빗물로 표면에서 씻겨갈 우려도 있다.

　㉢ 도랑시비 : 도랑을 파는 방법에 따라 방사상시비, 윤상시비, 전면시비, 점상시비, 선상시비 등이 있다.

② 엽면시비 : 비료를 물에 타거나 액체비료를 잎에 뿌려주는 방법이다. 어떤 성분이 부족할 경우나 생육이 부진할 경우에 사용한다.

## 핵심이론 04 | 엽면살포

① 엽면시비
- ㉠ 비료를 물에 타거나 액체비료를 잎에 뿌려주는 방법이다.
- ㉡ 일반적으로 어떤 성분이 부족할 경우나 생육이 부진할 경우에 사용한다.
- ㉢ 비료 농도는 비료의 종류와 계절에 따라 다르지만 대개 0.1~2%이다.

② 엽면시비의 이용 효과
- ㉠ 비료 성분의 흡수가 쉽고 빠르다.
- ㉡ 토양 시비가 곤란할 때에도 시비할 수 있다.
- ㉢ 미량원소의 결핍증세가 보일 때 : 사과의 마그네슘 결핍증이나, 감귤류에 아연 결핍증이 나타날 때 한다.
- ㉣ 뿌리의 흡수력이 약해졌을 경우 : 요소·망간 등의 엽면시비
- ㉤ 급속한 영양 회복 : 동상해·풍수해·병충해 등을 입어서 급속한 영양 회복이 요구될 경우
- ㉥ 품질 향상 : 출하 전의 꽃에 엽면시비를 하면 잎이 싱싱해지고, 수확 전의 뽕이나 목초에 엽면시비를 하면 단백질의 함량이 높아진다.
- ㉦ 비료분의 유실 방지 : 포트(pot)에 꽃을 재배할 때 등
- ㉧ 노력 절약 : 농약을 살포할 때에 비료를 섞어서 함께 뿌리면 시비의 노력이 절약된다.
- ㉨ 토양 시비가 곤란할 경우 : 과수원에 초생재배 등을 하였을 때

③ 비료의 엽면 흡수에 영향을 끼치는 요인
- ㉠ 잎의 표면보다 표피가 얇은 이면에서 더 잘 흡수된다.
- ㉡ 잎의 호흡작용이 왕성할 때 잘 흡수되며, 노엽보다 성엽에서, 밤보다 낮에 잘 흡수된다.
- ㉢ 살포액의 pH는 미산성인 것이 흡수가 잘된다.

② 전착제를 가용(0.01~0.02%)하는 것이 흡수를 조장한다.

**4-1. 과수에 엽면시비를 하기 위한 살포제의 농도로 틀린 것은?**

① 붕사 : 0.6~1.2%
② 황산칼륨 : 0.5~1%
③ 요소 : 0.5% 정도
④ 황산아연 : 0.25~0.4%

**4-2. 다음 중 엽면시비의 처리 시 그 효과가 가장 적은 경우는?**

① 지온이 낮을 때
② 뿌리가 손상되었을 때
③ 미량원소의 결핍증세가 보일 때
④ 약광하에서 웃자라고 있을 때

**4-3. 비료의 엽면 흡수에 영향을 끼치는 요인에 대한 설명으로 틀린 것은?**

① 잎의 표면보다 표피가 얇은 이면이 더 잘 흡수된다.
② 잎의 호흡작용이 왕성할 때 흡수가 잘되며, 노엽보다 성엽에서 흡수가 잘된다.
③ 살포액의 pH는 알칼리성인 것이 흡수가 잘된다.
④ 전착제를 가용하는 것이 흡수가 잘된다.

|해설|

4-1
**엽면시비 살포제의 농도**
• 요소 : 생육기간 0.5% 정도, 수확 후 4~5%
• 제1인산칼리 : 0.5~1.0%
• 염화칼슘 또는 질산칼슘 : 0.3~0.5%
• 황산마그네슘 : 2% 정도
• 붕사 : 2~0.3%
• 황산철 : 0.1~0.3%
• 황산아연 : 0.25~0.4%

4-3
③ 살포액의 pH는 미산성인 것이 흡수가 잘된다.

정답 4-1 ① 4-2 ④ 4-3 ③

## 2-3. 과수의 분류 및 품종

**핵심이론 01 | 과수의 특성에 따른 분류**

① 기후 적응성에 따른 분류
  ㉠ 온대 과수 : 사과, 배, 복숭아, 자두, 포도, 감 등
  ㉡ 아열대 과수 : 감귤류, 비파, 올리브 등
  ㉢ 열대 과수 : 바나나, 파인애플, 망고, 아보카도, 파파야, 망고스틴, 패션프루트 등

② 과수의 형태적 특성에 따른 분류
  ㉠ 교목성 과수 : 사과, 배, 감, 복숭아, 자두, 살구, 매실, 대추, 밤, 호두 등
  ㉡ 관목성 과수 : 개암, 나무딸기, 블루베리, 블랙베리, 구즈베리, 커런트, 엘더베리, 크랜베리 등
  ㉢ 덩굴성 과수 : 포도, 머루, 참다래, 으름덩굴 등

③ 과실의 구조에 따른 분류
  ㉠ 인과류
    • 꽃받기의 피층이 발달하여 과육을 형성한다.
    • 사과, 배, 모과 등
    ※ 준인과류 : 감, 레몬, 유자, 감귤류 등
  ㉡ 핵과류
    • 중과피가 과육으로 발달한다.
    • 복숭아, 자두, 양앵두, 대추, 매실, 살구, 블랙베리, 라즈베리, 오디, 무화과 등
  ㉢ 장과류
    • 씨방이 비대하여 과육을 형성한다.
    • 아보카도, 포도, 블루베리, 참다래, 파인애플, 바나나 등
  ㉣ 각과류
    • 과피가 밀착·건조해 단단해져 발달한 두꺼운 껍데기 속에 종자의 떡잎이 비대한 과실이다.
    • 밤, 호두, 은행, 개암, 피칸 등

**1-1.** 재배지의 기후에 의한 분류 시 온대 과수에 속하는 것은?

① 감귤      ② 파인애플
③ 바나나     ④ 복숭아

**1-2.** 다음 중 관목성(灌木性)과수는?

① 포도      ② 나무딸기
③ 감귤      ④ 사과

**1-3.** 과실의 구조에 의한 분류 중 인과류에 해당되는 것들로만 구성된 것은?

① 사과, 배      ② 감, 감귤
③ 복숭아, 자두    ④ 포도, 무화과

**1-4.** 준인과류에 속하는 것은?

① 감      ② 포도
③ 배      ④ 밤

**1-5.** 포도는 다음 중 어느 과실류에 속하는가?

① 준인과류      ② 장과류
③ 핵과류       ④ 인과류

|해설|

1-3
② 감, 감귤류 : 준인과류
③ 복숭아, 자두 : 핵과류
④ 포도, 무화과 : 장과류

정답 1-1 ④　1-2 ②　1-3 ①　1-4 ①　1-5 ②

---

## 핵심이론 02 | 품종의 특성

① 사과 : 사과는 타가수정작물이기 때문에 반드시 서로 다른 품종을 섞어 심어야 결실이 잘되고 과실 내에 종자가 충분히 확보되어 품질이 좋아진다.

| 국내 육성 품종 | • 새나라(스퍼어리브레이즈×골든델리셔스)<br>• 감홍(스퍼어리브레이즈×스퍼골든델리셔스)<br>• 홍로(스퍼어리브레이즈×스퍼골든)<br>• 화홍(후지×세계일)<br>• 추광(후지×모리스델리셔스)<br>• 서광(모리스델리셔스×갈라)<br>• 선홍(홍로×추광) |
|---|---|
| 외국 육성 품종 | • 산사, 홍월, 양광, 홍옥, 갈라<br>• 쓰가루 : 조생종, 꽃가루가 많다.<br>• 조나골드 : 꽃가루가 없다.<br>• 세계일 : 과실의 무게가 가장 크다.<br>• 후지(부사) : 국광×델리셔스 교배종으로 저장성이 높은 우리나라 대표적인 만생종 |
| 최근 도입 품종 | 시나노스위트, 미키라이프, 추영, 핑크레이디, 알프스오또메, 아이카향, 아오리9호 |

② 복숭아

㉠ 내습성(습해)이 약하고, 가뭄에 비교적 잘 견딘다.
㉡ 주요 품종

| 조생종 | 이즈미백도(천중도백도×산근백도) 치요마루, 미홍(유명×치요마루), 창방조생, 월봉조생(창방조생의 조숙성 아조변이지로부터 육성된 것), 일천백봉 |
|---|---|
| 중생종 | 대구보, 천홍(가든스테이트의 자가 수분), 애천중도, 영봉, 용성황도(장호원황도 조숙변이지), 수홍(선광×천홍), 스위트광황, 장택백봉, 마도카, 진미(백봉×포목조생), 선골드, 미백도(장호원백도), 월미(유명계복숭아) |
| 만생종 | 천중도백도(백도×상해수밀), 유명(대화조생×포목조생), 백천(장호원황도의 조숙계 아조변이), 수미(유명×치요마루), 백향용황백도(한일백도의 아조변이), 장호원황도, 서미골드 |

㉢ 국내 육성품종 : 유명백도, 미홍, 월봉조생, 천홍, 용성황도, 수홍, 미백도, 진미, 백천, 수미, 백향, 용황백도, 장호원황도, 홍슬, 수향(감금향×장호원황도), 수황, 금황, 홍백

복숭아 품종의 주요 특징
- 관도 3호 : 과육의 색이 황색
- 대구보 : 꽃가루가 있음
- 미백도, 사자조생, 창방조생 : 꽃가루가 없는 품종
- 백미조생 : 우리나라 육성종으로 숙기는 6월 하순, 반점핵성이며 과실모양은 타원형을 나타낸다.
- 천도계 복숭아 : 암킹, 선광, 천홍, 선프레, 레드골드, 환타지아 등

③ 배

㉠ 주요 품종 : 신고, 장십량, 신수, 수신조생, 행수, 풍수, 금촌추, 만삼길 등

㉡ 국내 육성품종

- 조생종 : 미니배, 감로, 신천, 조생황금, 선황, 원황, 신일, 한아름
- 중생종 : 황금배, 수황배, 화산, 만풍배, 영산배, 수정배, 감천배, 단배
- 만생종 : 미황, 추황배, 만수, 만황, 청실리

④ 포도

㉠ 국내 육성품종 : 청수, 홍단, 탐나라, 홍이슬, 흑구슬, 흑보석, 진옥, 수옥

㉡ 캠벨얼리 : 유럽종과 미국종의 잡종이나 미국계 포도의 성질이 많고 잎이 크고 가지가 굵으며 색깔은 자흑색인 포도로 우리나라에서 제일 많이 재배하는 품종

㉢ 거봉 : 포도알이 가장 큰 포도 품종

㉣ 네오머스캣 : 유럽종 포도 품종

⑤ 자두 : 대석중생, 포모사(후무사), 수박자두, 피자두, 추희, 플럼코트(자두와 살구의 장점을 극대화), 젤리하트(젤리처럼 탱탱한 하트 모양의 자두) 등

**2-1. 후지는 어느 사과에서 얻은 품종인가?**

① 골든델리셔스의 아조변이 품종
② 국광에 델리셔스의 교잡으로 얻은 품종
③ 얼리브레이즈의 아조변이 품종
④ 스타킹에 골든의 교잡으로 얻은 품종

**2-2. 다음 설명하는 사과의 품종은?**

- 꽃가루가 많고 개화시기가 후지와 비슷하다.
- 사과의 후지 품종에 적합한 수분수이다.
- 조생종 사과로 품질이 매우 좋다.
- 수확 전에 낙과가 심하여 착색이 불량한 결점이 많다.

① 축  ② 인도
③ 쓰가루  ④ 무쓰

**2-3. 다음 중 가뭄에 비교적 잘 견디는 과수는?**

① 복숭아  ② 사과
③ 감  ④ 배

**2-4. 우리나라에서 육종한 품종은?**

① 유명백도  ② 홍옥
③ 캠벨얼리  ④ 장십랑

**2-5. 다음 배 품종 중 우리나라에서 육성한 품종이 아닌 것은?**

① 신흥배  ② 단배
③ 추황배  ④ 황금배

**2-6. 다음 중 포도알이 가장 큰 포도 품종은?**

① 거봉  ② 델라웨어
③ 화이트얼리  ④ 캠벨얼리

| 해설 |

2-4
**국내 육성품종** : 유명백도, 미홍, 월봉조생, 천홍, 용성황도, 수홍, 미백도, 진미, 백천, 수미, 백향, 용황백도, 장호원황도, 홍슬, 수향(감금향×장호원황도), 수황, 금황, 홍백

2-5
**일본 품종** : 행수배, 신고배, 풍수배, 이십세기배, 신흥배, 남수배 등

정답 2-1 ② 2-2 ③ 2-3 ① 2-4 ① 2-5 ① 2-6 ①

## 3-1. 수형

### 핵심이론 01 | 수형 종류

① 주간형(主幹形)
  ㉠ 주간선단이 나무의 제일 높은 위치까지 신장하고 있는 수형이다.
  ㉡ 사과 왜화재배의 표준 수형인 세형주간형도 넓은 의미로 주간형에 분류된다.
  ㉢ 주간형의 특징
    • 밀식재배와 반밀식 재배에 적합하다.
    • 수평방향으로 수관 확대가 적게 되도록 억제하기 쉽다.
    • 수관은 사과의 경우 주간에서 2m가 한계이다.
    • 가지를 많이 자르지 않게 되어 꽃눈이 생기기 쉬운 편이다.
    • 나무 중심은 항상 주간이며 모양이 단순하다.
    • 주간을 유지함으로써 결과지 생장을 적당히 유지하기가 쉽다.

② 개심형(開心形)
  ㉠ 주간선단이 수관 정부까지 달하기 전에 잘려지는 수형이다.
  ㉡ 변칙주간형과 배상형도 넓은 의미에서 개심형에 포함된다.
  ㉢ 개심형의 특징
    • 소식재배에 적합하다.
      ※ 소식재배 : 향후 나무의 생장량을 예측하고 나무 사이의 간격을 넓혀 단위면적당 심어지는 나무를 적정하게 유지하여 재배하는 것을 말한다.
    • 기본 뼈대를 이루는 가지의 구조로 수관 확대를 많이 억제시킨다.
    • 유목기에 강하게 가지를 자르므로 꽃눈형성이 늦어져 그만큼 과실이 늦게 착과된다.
    • 개심형은 주간형의 주간에 해당하는 중심적인 것이 없으므로 가지배치나 생장조절이 어렵고 전정기술을 습득하려면 오랜 기간의 경험을 필요로 한다.
    • 상당한 높이와 폭에 이르기까지는 과실이 열리기 어렵다.

③ 그 외 변칙주간형, 개심자연형, 배상형, 세형주간형(細型主幹形, slender, spindle)등이 있다.

---

**더 알아보기**

• 입목형 정지 : 주간형, 변칙주간형, 배상형, 개심자연형
• 울타리형 정지
  – 교목성 과수 : 방추형과 세장방추형, 수직축형, 하이브리드트리콘형, Y자형
  – 덩굴성 과수 : 웨이크만식 수형, 수평코돈식 수형
• 덕형 정지 : X자형(포도나무), Y자형(배나무)

---

**10년간 자주 출제된 문제**

**1-1. 주간형의 특징으로 옳지 않은 것은?**
① 재식거리를 넓게 심어 재배하는 형태에 적당하다.
② 수관은 사과의 경우 주간에서 2m가 한계이다.
③ 주간을 유지함으로써 결과지 생장을 적당히 유지하기가 쉽다.
④ 가지를 많이 자르지 않게 되어 꽃눈이 생기기 쉬운 편이다.

**1-2. 다음 중 밀식재배의 장점은?**
① 경제수령이 길어진다.
② 과실 품질과 착색이 좋아진다.
③ 초기 수량이 많아진다.
④ 꽃눈착생이 좋아진다.

|해설|

1-1
주간형은 재식거리를 넓게 심어 재배하는 형태에 부적당하나 밀식이나 반밀식에 적합한 수형이다.

**정답** 1-1 ①  1-2 ③

① 주간형(원추형)

  ㉠ 수형이 원추상태가 되도록 정지한다.

  ㉡ 수관 확대가 빠르며 수량이 많지만 수고가 높아져 관리가 불편하고 채광에 불리하다.

  ㉢ 풍해를 심하게 받을 수 있고, 과실의 품질도 불량해지기 쉽다.

  ㉣ 왜성 사과나무, 양앵두, 호두, 밤나무 등에 적용한다.

    ※ 사과나무 주간형 수형 구성 시 주간과 주지 간의 알맞은 세력 비율 = 7 : 3

② 변칙주간형(變則主幹形)

  ㉠ 주간형과 배상형의 장점을 취할 목적으로, 초기에는 수년간 주간형으로 재배하다가 이후 주간(원줄기)의 선단을 잘라 주지가 바깥쪽으로 벌어지도록 하는 수형이다.

  ㉡ 주간형의 단점인 높은 수고와 수관 내 광 부족을 개선할 수 있다.

  ㉢ 사과, 감, 밤, 서양배 등에 적용한다.

    ※ 사과나무의 변칙주간형에서 원가지의 수는 3~4개, 원줄기 연장 가지는 40~60cm 남기고 눈은 전년도와 반대 위치에 두고, 원줄기에 대한 원가지의 분지각도는 50~60°이다.

③ 배상형(盃狀形)

  ㉠ 주간을 일찍 잘라 짧은 주간(원줄기)에 3~4개의 주지를 발달시켜 수형이 술잔 모양으로 되도록 하는 수형이다.

  ㉡ 관리가 편하고, 수관 내 통풍과 통광이 좋지만 주지의 부담이 커서 가지가 늘어지기 쉽고, 결과수가 적어지며, 공간의 이용도가 낮다.

  ㉢ 배, 복숭아, 자두 등에 적용한다.

④ 개심자연형(開心自然形)

  ㉠ 배상형의 단점을 개선하기 위해 짧은 원줄기에 2~4개의 원가지를 배치하되 원가지와 다른 원가지 사이에 15cm 정도의 간격을 두어 바퀴살가지가 되는 것을 피하고 결과 부위를 입체적으로 구성하는 수형이다.

  ㉡ 수관 내부가 완전히 열려 있어 투광이 좋고, 수고가 낮아 관리가 편하다.

  ㉢ 복숭아, 배나무, 감귤나무 등에 적용한다.

    ※ 복숭아 개심자연형 수형 구성 시 주간에서 발생된 주지의 분지각도가 동일할 때 가장 왕성하게 자라는 주지는 1단 주지이며, 알맞은 주지수는 3개이다.

⑤ Y자형

  ㉠ 원가지를 2개만 키워 각도를 45° 정도로 하고 수고가 3m 내외가 되도록 하는 수형이다.

  ㉡ 수형 유지를 위해 지주를 세워야 한다.

  ㉢ 우리나라 배나무 재배에서 많이 적용한다.

⑥ 방추형

  ㉠ 왜성 사과나무(M9, M26)의 밀식재배에는 방추형과 세장방추형을 널리 적용하며 원줄기에 여러 개의 원가지를 배치하고 곁가지나 열매어미가지를 원줄기에 달리게 하는 수형이다.

  ㉡ 세장방추형은 방추형에 비해 수폭을 더욱 좁게 유지한 것이다.

  ㉢ 사과나무 방추형 수형 구성 시 원줄기에서 발생된 곁가지(골격지)의 세력이 너무 왕성할 때 골격지의 세력을 약화시키기 위해서는 세력이 강한 원줄기 연장지를 둔다.

  ㉣ 사과나무 방추형의 수형 구성은 4년째 완성시키는 것이 가장 적당하다.

⑦ 덩굴성 과수의 수형

  ㉠ 웨이크만식 : 캠벨얼리(포도)에서 주로 사용하는 수형으로 우리나라에서는 주로 원가지 2개를 양쪽으로 유인하여 V자를 만든다.

  ㉡ 덕식(덕형)

    • 공중 1.8m 정도 높이에 가로, 세로로 철선을 치고, 결과부를 평면으로 만들어 주는 수형이다.

    • 풍해를 적게 받고 과실의 품질이 좋지만, 시설비가 많이 들고 관리가 불편하다.

    • 포도나무, 키위, 배나무 등에 적용한다.

**2-1.** 실생대목을 이용한 사과나무를 소식 재배할 때 가장 적합한 수형은?

① 방추형
② 변칙주간형
③ 원추형
④ 주상형

**2-2.** 사과나무의 변칙주간형 수형을 만들기 위한 과정 중 묘목을 심은 후 2년째 이후 원줄기의 연장 가지를 자르는 방법으로 가장 알맞게 설명된 것은?

① 원줄기 연장 가지의 끝눈만을 잘라 준다.
② 원줄기 연장 가지는 20~30cm 남기고 눈은 전년도와 같은 위치에 둔다.
③ 원줄기 연장 가지는 40~60cm 남기고 눈은 전년도와 반대 위치에 둔다.
④ 원줄기 연장 가지는 60~90cm 남기고 눈은 전년도와 같은 위치에 둔다.

**2-3.** 우산형이나 웨이크만식으로 수형을 만드는 과수는?

① 사과
② 배
③ 포도
④ 복숭아

**2-4.** 바람 피해가 많은 지역에서 적합한 배나무 수형은?

① 덕식
② 배상형
③ 개심자연형
④ 변칙주간형

|해설|

**2-4**
**덕식(덕형)**
• 과실의 수량이 많고 품질도 좋아지지만, 시설비가 많이 들고, 관리가 불편하다.
• 배나무에서는 풍해를 막을 목적으로 적용하기도 한다.

정답 2-1 ② 2-2 ③ 2-3 ③ 2-4 ①

---

**핵심이론 03 | 과종별 결과 습성**

① 사과나무

㉠ 2년생 가지의 곁눈이 짧게 또는 30cm 이상 길게 자라 그 끝눈이 꽃눈으로 발달한다.

㉡ 3년생 가지가 3년생 이상이 되면서 결실이 잘되며 일반적으로 4~5년 동안 결실에 이용할 수 있다.

㉢ 여러 해 동안 결실에 이용한 결과모지에 착생한 꽃눈은 충실하지 못하므로 수관이 완성된 후에는 결과모지를 가급적 자주 교체하여 충실한 꽃눈을 남겨야 한다.

※ 결과모지(열매어미가지) : 결과지가 나오게 하는 가지
※ 결과지(열매가지) : 열매를 맺는 가지

② 배나무

㉠ 2년생 가지에서 꽃눈이 형성되어 3년생 가지에 개화·결실된다.

㉡ 1년생 가지에도 꽃눈이 형성되어 2년생 가지에서 개화·결실되기도 한다.

㉢ 일반적으로 충실한 꽃눈은 가늘고 긴 결과지에 착생되기 쉽다.

③ 복숭아나무

㉠ 꽃눈은 그 해에 자란 새 가지 잎겨드랑이에 형성되어 다음 해에 개화·결실된다.

㉡ 가지의 끝눈은 잎눈이고, 곁눈은 꽃눈과 잎눈이 섞여 보통 2~3개의 눈으로 되어 있다.

㉢ 한 마디에 잎눈의 수는 1개 이하이고 꽃눈은 1~3개이다.

④ 포도나무

㉠ 가지의 마디마다 지난해에 형성된 눈에서 화수가 달린 신초가 자라 꽃이 피고 송이가 결실한다.

㉡ 포도송이가 달릴 수 있는 눈은 2년생 가지에만 형성되고 2년생 이상의 가지에는 형성되지 않는다.

㉢ 2년생 이상의 가지에서 숨은눈 또는 부정아가 발아하는 경우도 있으나 대부분 발아 후 고사하거나 신초로 생장해도 화수는 형성되지 않는다.

⑤ 단감나무

　ⓐ 꽃은 5월 하순부터 6월 상순에 개화하며 새 가지의 중앙부 꽃, 특히 기부로부터 2번째 꽃부터 먼저 피고 다음으로 기부 및 선단부 꽃이 핀다.

　ⓑ 꽃눈은 혼합꽃눈으로 새 가지 선단으로부터 대개 3~4개의 엽액에 형성되어 같은 눈 속에 꽃눈과 가지로 자랄 영양눈이 함께 있다.

---

**더 알아보기**

• 1년생 가지에 결실하는 과수 : 포도, 감, 밤, 무화과, 호두, 감귤 등
• 2년생 가지에 결실하는 과수 : 복숭아, 자두, 살구, 매실, 양앵두 등
• 3년생 가지에 결실하는 과수 : 사과, 배 등

---

**10년간 자주 출제된 문제**

**3-1. 다음 중 결과모지의 설명으로 적합한 것은?**

① 산초가 자라는 가지
② 결과지가 발생하는 가지
③ 개화에 이용되는 가지
④ 원가지에서 발생한 가지

**3-2. 다음 중 결과모지가 곧 열매가지인 것은?**

① 포도　　　　　　② 사과
③ 배　　　　　　　④ 복숭아

**3-3. 다음 중 1년생 가지에서 결실하는 과수는?**

① 사과, 배　　　　② 복숭아, 매실
③ 자두, 살구　　　④ 포도, 감귤

|해설|

3-2
포도는 당년생의 새 가지에 결실하는 과수이다.

3-3
**1년생 가지에 결실하는 과수** : 포도, 감, 밤, 무화과, 호두, 감귤 등

정답 3-1 ② 3-2 ① 3-3 ④

---

## 3-2. 전정

**핵심이론 01 | 전정 원리 및 방법**

① 솎음전정과 절단전정

　ⓐ 솎음전정

　　• 불필요한 가지를 기부에서 잘라 제거한다.
　　• 사과와 같이 측면의 신초가 강하게 신장하면 과실이 착과되기 어려운 과수(서양배, 사과 등)에 대해서 많이 이용된다.

　ⓑ 절단전정

　　• 가지의 중간에서 자르는 전정으로 전년에 자랐던 가지를 남길 부분까지 잘라낸다.
　　• 솎음전정에 비하여 나무에 자극이 훨씬 강한 전정방법이다.
　　• 복숭아처럼 과실생산을 위해 어느 정도 강한 측면의 신초를 필요로 하는 과수에서 많이 이용된다.

② 나무의 세력을 강화시키는 전정

　ⓐ 눈의 수를 감소시키는 전정

　　• 전정한 나무는 눈의 수가 감소하지만 뿌리의 양은 전정을 하지 않은 때와 비슷하다.
　　• 토양에서 흡수된 양수분의 양은 똑같으나, 각각의 눈에 많은 양수분이 공급되므로 세력이 강한 신초가 발생한다.

　ⓑ 잎과 가지 부위의 비율을 변하게 하는 전정 : 목재에 대한 잎의 비율이 많아지고 목재 부분은 적어지게 한다.

　ⓒ 뿌리로부터의 거리에 따른 가지의 생장 : 뿌리에서 가까운 부분일수록 수분과 질소공급량이 많아져 세력이 강한 신초를 발생시킨다.

　ⓓ 가지의 분지가 감소

　　• 가지가 많아질수록 신초의 생장은 급격히 저하되고 가지 선단의 신초가 짧아진다.
　　• 전정은 가지의 분지를 줄이는 형태이므로 신초생장을 왕성하게 하는 원인이 된다.

## 10년간 자주 출제된 문제

**1-1.** 꽃눈을 형성시키기 위해 솎음전정을 주로 하여야 하는 과수는?

① 일본배           ② 서양배

③ 복숭아           ④ 포도

**1-2.** 다음 중 절단(자름)전정을 하는 수종은 어느 것인가?

① 복숭아           ② 사과

③ 배               ④ 감

|해설|

1-1

서양배, 사과, 감, 밤, 호두 등은 보통 솎음전정을 한다.

**정답** 1-1 ② 1-2 ①

---

**핵심이론 02 | 전정 시기 및 효과**

① 전정의 시기

   ㉠ 겨울전정(동계전정) : 낙엽이 진 휴면기에 나무의 수형과 결과지를 조절하기 위한 전정으로 전정 중 가장 중요한 전정이다.

      ※ 혹한기 이전에 전정하면 포도 등은 동해를 받을 우려가 있다.

   ㉡ 여름전정(하계전정) : 나무가 자라는 동안 눈따기, 순집기, 순비틀기, 환상박피 등을 실시한다.

② 전정의 효과

   ㉠ 목적하는 과수의 나무 꼴을 조화롭게 만들 수 있다.

   ㉡ 해거리를 방지하고 적화와 적과의 노력을 줄일 수 있다.

   ㉢ 결과지를 튼튼한 새 가지로 갱신하여 수세를 강건히 할 수 있다.

   ㉣ 적정 가지수를 확보하여 통풍과 수광태세를 좋게 한다.

   ㉤ 웃자란 도장지와 병해충의 피해지를 제거한다.

   ㉥ 비료와 영양분 손실을 막아준다.

   ㉦ 전정은 신초생장을 왕성하게 하며, 대부분 과실비대를 촉진한다.

## 10년간 자주 출제된 문제

**2-1. 다음 중 겨울전정의 알맞은 시기는?**

① 낙엽 후에서 발아 전까지
② 월평균 기온이 가장 낮은 1월
③ 수액이 이동하기 직전
④ 낙엽 후부터 수액 이동 전까지

**2-2. 다음 중 과수의 정지 · 전정의 목적이 아닌 것은?**

① 나무의 뼈대를 조화롭게 만든다.
② 결실량 및 세력을 조절한다.
③ 해거리를 막아준다.
④ 숙기를 조절해 준다.

|해설|

2-1
겨울전정은 보통 낙엽 후부터 수액이 이동하기 전인 이른 봄까지 실시한다.

**정답** 2-1 ④  2-2 ④

---

## 핵심이론 03 | 전정 작업 수행 절차

① 식재 시 주간 절단하기 : 주간의 높이를 결정하고 그 부근의 충실한 잎눈 2눈 위에서 절단한다.

② 식재 1~2년차 가지자르기

　㉠ 재식 1년째 겨울에는 그 해에 신장한 신초에서 주지를 결정하고 지주나 덕시설에 유인 고정한다.

　㉡ 신초를 조금 횡으로 비틀어 찢어지지 않게 끈으로 고정하여 유인하도록 한다.

　㉢ 강한 신초는 넓은 각도로, 약한 신초는 좁은 각도로 하여 신초생장을 조절한다.

　㉣ 재식 2년차 겨울 전정하기

　　• 2년차 겨울에는 전년과 같이 주지가 연장이 잘 되도록 가지 선단부의 충실한 부위가 남도록 잘라 준다.

　　• 그 이외의 신초는 대부분 솎아주고 극히 가늘어서 약한 신초는 남겨 둔다.

③ 식재 3년차 가지자르기

　㉠ 착과는 수형이 완성된 후부터 수행한다. 3년생이 되면 강하지 않은 가지가 남겨져 있기 때문에 주간, 주지, 결과지 등의 가지에서 개화하지만 착과시키지 않는다.

　㉡ 겨울철 전정하기

　　• 3년차의 겨울도 주지관리는 2년차와 동일하게 한다.

　　• 어느 정도 신장한 주지는 덕(철사를 격자로 엮어 만드는 가지 유인 지지대)의 평면에 유인하지만 주지 선단의 1년생 가지부분은 잘 신장되도록 대나무를 대는 등의 방법을 이용한다.

④ 식재 4년차 가지자르기

　㉠ 식재 4년차부터는 결과지로 확보된 가지 중 충분이 생장한 것은 착과를 시킨다.

　㉡ 4년차 생육기에는 신초가 많이 신장하므로 6월에는 강할 것 같은 가지를 중심으로 덕에 유인한다.

ⓒ 덕에 유인하면 신초 생장이 억제되고 주지의 생장
이 잘 되며 동시에 결과지로서 남길 수 있는 가지도
많게 된다.

ⓔ 3년차의 겨울도 주지 관리는 2년차와 동일하게 하
고 결과지로 만들 수 있는 가지는 유인하여 덕시설
에 고정한다.

ⓜ 주지의 생장을 방해하는 가지는 기부까지 잘라 없
애고 신초의 생장량이 적어 결과지로의 활용이 어
려운 가지는 가지의 기부에서부터 1~2개의 눈을
남기고 강하게 잘라주어 다음 해까지 신장시켜 결
과지로 활용할 수 있도록 한다.

⑤ 식재 5년차 이후 가지자르기
ⓐ 수형은 거의 완성단계로 식재 4년차와 같은 방법
으로 수행한다.
ⓑ 주지 선단부의 신장은 주지의 끝이 마주하는 나무
와 겹칠 때까지 진행되도록 유지하여야 한다.

---

### 10년간 자주 출제된 문제

**식재 3년차 가지자르기의 설명으로 맞지 않은 것은?**

① 3년차부터 결과지로 확보된 가지 중 충분이 생장한 것은 착
과를 시킨다.

② 3년차의 겨울도 주지관리는 2년차와 동일하게 한다.

③ 어느 정도 신장한 주지는 덕(철사를 격자로 엮어 만드는 가지
유인 지지대)의 평면에 유인하지만 주지 선단의 1년생 가지부
분은 잘 신장되도록 대나무를 대는 등의 방법을 이용한다.

④ 착과는 수형이 완성되기 전부터 수행한다.

**|해설|**

착과는 수형이 완성된 후부터 수행한다. 3년생이 되면 강하지
않은 가지가 남겨져 있기 때문에 주간, 주지, 결과지 등의 가지에
서 개화하지만 착과시키지 않는다.

**정답** ④

---

### 3-3. 결과지 확보

**핵심이론 01 | 과종별 결과지 확보 및 관리**

① 배나무 결과지 관리
ⓐ 신초 관리
• 주간에 가까운 주지의 하부에서 발생한 가지는
제거한다.
• 주지에서 먼 곳에서 발생한 신초라도 등에서 발
생한 것은 제거한다.
• 신초제거는 주간과 주지 선단부의 중간 길이까
지만 수행한다.
• 주지 선단부에 가까운 곳에서 발생한 신초는 제
거하지 않는다.

ⓑ 결과지 확보
• 재식거리에 따라 결과지가 겹치지 않게 길이를
결정한다.
• 결과지 유인
– 재식거리에 맞게 충분히 결과지가 생장한 경우
생육기나 휴면기에 유인한다.
– 주지에서 발생한 가지의 밑부분에 상처를 주
어 주지보다 낮게 유인한다.
– 유인되는 결과지는 주지와 직각이 되게 끈으로
묶어 고정한다.
– 유인과정에서 가지가 부러진 경우 테이프 등으
로 고정해서 결과지로 활용한다.
※ 주간에서 먼 결과지가 주지보다 낮게 유지되어야 도장
지 발생이 적어진다.

ⓒ 도장지 제거
• 결과지에서 발생한 도장지를 최하위 2엽만 남기
고 자른다.
• 결과지 전체 길이의 절반까지 발생한 도장지만
제거한다.
• 결과지에서 하위 2엽을 남기고 도장지를 제거하
면 신초가 생긴다.

② 사과나무 결과지 관리

　㉠ 결과지 절단전정하기

　　• 결실된 가지를 자르는 절단전정
　　　– 주간형에서 성장한 결과지가 옆 나무의 결과지
　　　　와 부딪치는 부분을 잘라낸다.
　　　– 결실이 이루어진 이후에 자른다.

　　• 결과지 갱신을 위한 예비지 준비
　　　– 매년 절단전정을 행하여 결과지가 굵어지면,
　　　　기부 쪽에서 발생한 젊은 가지로 갱신을 해야
　　　　한다.
　　　– 재식거리가 넓을수록 갱신까지의 연수는 길어
　　　　진다.
　　　– 결과지의 기부 갱신을 위하여 갱신하기 수년
　　　　전부터 갱신하기 위한 가지(예비지)를 양성해
　　　　야 한다.
　　　– 주간형에서 하단 결과지 기부는 나쁘기 때문에
　　　　좋은 예비지를 얻기 위해서는 하단 결과지의
　　　　광조건을 개선해야 한다.
　　　– 결과지의 갱신은 원칙적으로 절단전정하여 위
　　　　로 들어 올리는 전정(위로 자르기)을 해야 한다.
　　　– 내려자르기나 옆 방향으로의 강한 방향 전환은
　　　　도장지를 발생시키므로 피해야 한다.

　㉡ 주간상부의 내려자르기와 유지

　　• 주간형의 수고를 예를 들어 3.5m로 하는 경우에
　　　도 처음에는 4m 넘는 정도로 쭉 신장시킨다.
　　• 상단까지 좋은 결과지를 확보한 후 상단의 결과
　　　지까지 과실이 착과되면 목표 높이까지 주간상
　　　부를 내려자르기 한다.
　　• 주간상부 선단을 계속 내려자르기 하여 새로운
　　　가지를 발생시킨다.

<table>
<tr><td colspan="1">10년간 자주 출제된 문제</td></tr>
</table>

**사과나무의 결과지 확보를 위한 절단전정의 설명으로 옳지 않은 것은?**

① 성장한 결과지가 옆 나무의 결과지와 부딪치는 부분을 잘라낸다.
② 절단전정은 결실이 이루어지기 전에 한다.
③ 갱신하기 수년전부터 갱신하기 위한 가지(예비지)를 양성해야 한다.
④ 결과지의 갱신은 원칙적으로 절단전정하여 위로 들어 올리는 전정(위로 자르기)을 해야 한다.

|해설|

결실이 이루어진 이후에 자른다. 즉 결실이 이루어지기 전에 잘라내면 강한 신초가 발생하여 결실이 어렵게 된다.

정답 ②

① 주간에서 가까운 결과지(가슴아래에서 발생한 결과지 까지)부터 제거한다.

② 주간에서 먼 결과지는 많이 자르는 것이 좋다.

③ 주지의 등에서 발생한 결과지는 반드시 제거한다.

④ 결과지 제거 시 신규 결과지 발생을 위해 윗부분은 남기지 말고 아랫부분은 남도록 자른다.

⑤ 결과지의 분지각을 낮게 하기 위해 상처를 주어 가지를 비틀어매면 꽃눈발생량이 많아지고 도장지 발생이 적어진다.

⑥ 결과지의 끝은 봄철 수분의 이동이 원활하게 유지하기 위해 반드시 자른다.

⑦ 한 곳에 2개의 결과지가 발생한 것은 1개는 결과지로, 1개는 예비결과지로 유지한다.

⑧ 결과지로 쓰기에 가는 결과지는 예비결과지로 짧게 잘라 둔다.

---

**10년간 자주 출제된 문제**

**결과지의 전정 방법으로 옳지 않은 것은?**

① 주간에서 가까운 결과지부터 제거한다.

② 주간에서 먼 결과지는 많이 자르는 것이 좋다.

③ 주지의 등에서 발생한 결과지는 반드시 제거한다.

④ 결과지 제거 시 윗부분은 남기고 아랫부분은 남기지 않고 자른다.

|해설|

결과지 제거 시 신규 결과지 발생을 위해 윗부분은 남기지 말고 아랫부분은 남도록 자른다.

정답 ④

---

① 예비지의 개념

㉠ 전정 시 도장지나 발육지를 짧게 남기고 절단하면 선단에서 발생된 신초는 꽃눈이 잘 형성되는 성질을 가지고 있다. 이 성질을 이용하여 도장지나 발육지를 다소 짧게 남기고 절단하여 두는 가지를 예비지라 한다.

㉡ 예비지 전정에 의해서 얻어지는 가지는 기부까지 겨드랑이꽃눈이 형성되는 경우가 많고, 좋은 결과지(열매가지)가 된다.

② 예비지의 전정 방법

㉠ 부주지(버금가지)의 측면 또는 측지(곁가지)의 기부에서 발생된 웃자란 가지나 발육지를 7~8월에 40° 전후로 유인한다.

㉡ 유인시기가 빠르면 기부에서 꺾어지는 경우가 많고 늦으면 구부러지기 쉽다.

㉢ 절단 정도는 일반적으로 기부 직경이 8mm 이하인 약한 신초는 강하게, 10~12mm는 다소 약하게 절단한다.

③ 예비지 확보 방법

㉠ 예비지의 윗부분에서 2개의 긴 열매가지가 발생했을 경우, 그중 하나는 윗부분을 약하게 절단하여 곁가지로 이용하고 다른 하나는 짧게 절단하여 예비지로 만든다.

• 절단이 강하여 곁가지상에 몇 개의 웃자람가지나 발육 가지가 다소 강하게 발생되나 이러한 가지는 예비지 후보로 이용할 수 있다.

• 곁가지상의 짧은 결과지도 양호하여 큰 과실의 생산이 가능해진다.

㉡ 긴 결과지의 절단을 약하게 하여 곁가지로 이용하는 방법으로 곁가지의 윗부분까지 과실을 결실시키면 꼭대기 부분의 생장이 약해지고 중간 부위에 도장지의 발생이 많아진다.

예비지의 전정 및 확보에 관한 설명으로 맞지 않은 것은?

① 예비지 전정에 의해서 얻어지는 가지는 기부까지 겨드랑이 꽃눈이 형성되는 경우가 많다.
② 예비지의 절단 시 예비지의 기부 직경이 8mm 이하인 약한 신초는 약하게 절단한다.
③ 예비지는 부주지의 측면 또는 측지의 기부에서 발생된 웃자란 가지나 발육지를 7~8월에 유인한다.
④ 예비가지의 윗부분에서 2개의 긴 열매가지가 발생했을 경우, 그중 하나는 짧게 절단하여 예비지로 만든다.

|해설|

예비지의 기부 직경이 8mm 이하인 약한 신초는 강하게, 10~12mm는 다소 약하게 절단한다.

정답 ②

---

제4절 과수 결실 관리

## 4-1. 수분

### 핵심이론 01 │ 과종별 개화와 수분생리

① 과수 종류별 개화
　㉠ 사과, 배 등에서는 발아 및 잎이 나오기 시작하면 얼마 지나지 않아 개화가 시작된다.
　㉡ 복숭아를 비롯한 핵과류 중에는 발아, 전엽(출엽 : 잎이 나오는 것)보다 개화가 더 빠른 작물도 있다.
　㉢ 온주밀감, 포도, 감 등에서는 발아 후 잎이 나온 다음 새 가지가 어느 정도 자란 다음에 개화가 시작된다.

② 개화기에 영향을 주는 요인
　㉠ 개화 전 1~2개월 동안의 기온 : 기온이 높을수록 개화가 빨라진다.
　㉡ 위도나 표고 : 위도가 1도 올라감에 따라 4~5일, 표고는 100m 높아짐에 따라 2~3일 늦어진다.

③ 수분 : 자연 상태에서 과수의 화분은 대부분 곤충이나 바람에 의하여 운반되는데, 중요 과수의 대다수는 곤충에 의하여 화분이 옮겨진다.

④ 과수의 수분수
　㉠ 과수는 자가불결실성이므로 결실을 시키기 위해서는 다른 품종을 혼식해야 하는데, 이때 심는 품종을 수분수라고 한다.
　　※ 불결실성 : 꽃이 피어도 착과가 되지 못하거나 착과가 되어도 성숙되기 전에 과실이 떨어지는 현상
　㉡ 수분수의 구비조건
　　• 다른 품종으로 혼식할 것
　　• 주품종과 화합성, 친화력이 높을 것
　　• 건전한 꽃가루를 많이 가질 것
　　• 개화시기가 주품종과 같거나 1~2일 빠를 것
　　• 결실되는 과실은 시장성이 높고 다수성일 것

- 사과의 신품종 아리수 : 쓰가루, 그린볼, 홍금, 홍월의 수분수로 부적절하다.
- 후지(사과) : 감홍, 알프스오토메와 자가불화합성 유전자형이 같아 수분수로 부적절하다.
- 대구보(복숭아) : 숙기는 8월 상중순이고 이핵성이며 꽃가루가 많아 수분수로 적당한 품종
- 화분이 불완전한 복숭아의 용궁백도, 오수백로, 애천중도, 미백도, 천중도백도, 배나무의 신고, 황금배 및 사과의 3배체인 육오, 조나골드, 와인샙, 무쓰와 같은 품종은 수분수로 이용할 수 없다.

※ 사과나 배에서 수분수의 재식 비율은 대개 25%가 적당하다.

**10년간 자주 출제된 문제**

**1-1. 꽃이 피어도 착과가 되지 못하거나 착과가 되어도 성숙되기 전에 과실이 떨어지는 현상은?**

① 단위결과
② 불결실성
③ 불화합성
④ 자가불화합성

**1-2. 다음 중 사과의 수분수로 심기에 가장 부적당한 품종은?**

① 와인샙
② 델리셔스
③ 후지
④ 홍옥

**1-3. 다음 복숭아 중 수분수로 적합한 품종은?**

① 백도
② 사자조생
③ 창방조생
④ 대구보

**1-4. 배나무 수분수의 구비조건으로 틀린 것은?**

① 같은 품종으로 재식할 것
② 친화력이 높을 것
③ 완전한 꽃가루를 많이 가질 것
④ 개화시기가 주품종과 같거나 1~2일 빠를 것

|해설|

1-2
사과의 3배체인 육오, 조나골드, 와인샙, 무쓰는 화분이 불안정하므로 수분수로 이용할 수 없다.

정답 1-1 ② 1-2 ① 1-3 ④ 1-4 ①

**핵심이론 02 | 자연수분 시기 및 방법**

① 바람에 의한 수분

   ㉠ 수꽃의 화분 알갱이가 작고 가벼워 떨어지는 속도가 느리며 약하게 부는 바람에도 멀리까지 운반된다.

   ㉡ 암술머리는 화분을 효율적으로 받을 수 있도록 크게 이루어져 있다.

   ㉢ 밤, 호두, 피칸, 개암 등의 각과류

② 곤충에 의한 수분

   ㉠ 대부분의 과수는 곤충에 의하여 수분이 이루어진다.

   ㉡ 꿀벌류, 가위벌류, 꽃등에류 등이 있다.

   ㉢ 수분용 곤충의 활동에 영향을 끼치는 요인

- 가장 큰 영향은 온도와 바람이다.
- 꿀벌의 경우 21℃에서 가장 활발하게 활동하고, 14℃ 이하에서는 거의 활동하지 않는다.
- 비와 바람이 불지 않는 상태에서 가장 활발히 활동하며, 풍속이 7m/s가 되면 활동이 미약하고, 11.4m/s에 이르면 활동을 멈춘다.

   ※ 과수에서 개화기에 비가 오는 날이 많으면 결실률이 떨어지는 주된 이유는 꿀벌의 활동이 적어 수분이 잘 안 되었기 때문이다.

   ㉣ 과수원에 필요한 벌통 수

- 벌통의 수는 벌통의 크기, 과수의 종류, 재식밀도, 꽃의 수, 기상 조건 등에 따라 다르나 미국에서는 벌떼의 크기가 중간 정도(15,000~20,000마리)일 때 1ha당 2통이 표준이 된다.
- 과수원이 넓을 경우에는 벌통을 한곳에 모아 두지 않도록 한다.
- 벌통의 도입 시기는 주품종의 개화가 약 20%일 때가 좋다.

**2-1.** 과수에서 개화기에 비가 오는 날이 많으면 결실률이 떨어지는 주된 이유는?

① 습도가 높아 수정이 잘 안 되었기 때문에
② 꿀벌의 활동이 적어 수분이 잘 안 되었기 때문에
③ 일조가 부족하여 낙화되었기 때문에
④ C/N율이 낮아졌기 때문에

**2-2.** 사과원 20ha, 복숭아원 30ha, 배과수원이 30ha인 과수원 단지에는 개화기에 벌통이 몇 통 필요한가?(단, 화분매개곤충이 없는 경우)

① 80통      ② 120통
③ 160통     ④ 200통

|해설|

2-2
20 + 30 + 30 = 80ha
1ha당 2통이 기준이므로 80 × 2 = 160통

정답 2-1 ②   2-2 ③

---

**핵심이론 03 │ 인공수분 시기 및 방법**

① 인공수분의 필요성
　㉠ 방화곤충의 비래가 문제되는 지역
　㉡ 개화기의 저온, 강풍, 강우 등으로 방화곤충의 활동이 어려울 때
　㉢ 서리 피해에 의해 결실 확보가 어려울 때
　㉣ 수분수가 없거나 불합리하게 재식되어 있을 때
　※ 인공수분은 결실률을 높여 생산을 안정시키는 동시에 과실 크기와 정형과 생산 비율을 높이기 위해 실시한다.

② 화분의 준비
　㉠ 꽃의 채취 : 풍선 모양으로 부풀어 오른 꽃봉오리나 개화 직후의 꽃을 채취하여 이용한다.
　㉡ 화분 : 주품종보다 개화가 다소 빠른 품종을 선택하거나 가온으로 개화기를 앞당겨 채취하는 것이 좋다.
　㉢ 화분의 조제 : 꽃밥을 채취하여 종이 위에 얇게 편 후 20~25℃에 두면 1~2일 후에 꽃밥이 터져 화분이 나오게 된다.

③ 수분의 시기와 방법
　㉠ 개화 1~2일 전부터 수분해도 수정이 가능하나, 개화 당일부터 그 후 2~3일까지가 가장 좋다.
　㉡ 면봉이나 붓으로 수분하는 경우
　　• 꽃밥의 껍질과 함께 있는 화분을 그대로 사용하거나 석송자를 3~5배 정도 희석하여 사용한다.
　　• 사과나무는 중심화에, 배나무는 2~3번째 피는 측화에 수분한다.
　㉢ 분사식 수분기를 사용하는 경우 0.2mm의 눈금을 가진 체로 쳐 순수 화분과 꽃밥의 껍질을 분리한 다음 순수 화분에 석송자를 20배 정도 희석하여 사용한다.
　㉣ 수분 시기는 낮 시간 어느 때나 가능하지만, 오전에 하는 것이 가장 좋다.

## 4-2. 결실 조절

| 핵심이론 01 | 과종별 결실생리 |

① 사과

 ㉠ 사과나무의 꽃은 충매화이므로 친화성이 있는 주품종과 수분수를 혼식하면 방화곤충들이 날아와서 수분시킨다.

 ㉡ 방화곤충의 수가 크게 감소하거나 활동이 중지되는 경우
  • 기온 17℃ 이하, 풍속 9m/s 이상일 때
  • 개화 직전 또는 개화기 중에 살충제를 뿌렸거나 공기의 오염으로 공해가 심한 곳
  • 개화기에 사과원 근처에 유채꽃이나 다른 꽃이 만발하였을 때

 ㉢ 개화기에 방화곤충의 수가 부족하면 꿀벌이나 머리뿔가위벌을 이용하여 착과를 증진시킨다.

 ㉣ 개화기의 기온이 낮으면 수분이 되더라도 수정에 이르지 못하는 경우가 생긴다.

② 배

 ㉠ 배나무는 타화수분을 하며, 방화곤충에 의하여 수분된다.

 ㉡ 친화성이 있는 수분수와 방화곤충이 없거나, 개화기에 심한 강우로 화분이 유실되거나, 12℃ 이하의 저온이 지속되면 수정 작용이 이루어지지 않아 결실이 안 된다.

③ 포도

 ㉠ 대부분의 포도나무 품종들은 꽃부리와 수술 및 암술을 함께 갖춘 양성화이다.

 ㉡ 양성화가 아닌 것들은 대부분 낙과하지만, 그중 무핵과를 착생하는 것도 있다.

 ㉢ 재배 품종들은 대부분 자가수정을 한다.

 ㉣ 암술머리 위의 화분관은 기온이 27~32℃인 경우 수 시간 내에 배주에 도달한다.

ⓜ 개화기에 저온이 지속되거나 강우가 내리면 화분의 발아와 수정이 잘 되지 못하게 하여 꽃떨이현상을 일으킬 수 있다.

ⓗ 단위결과와 위단위결과
- 무핵과 품종인 화이트코린스와 블랙코린스 등은 수분이나 어떠한 자극을 받지 않아도 자동적으로 단위결과 한다.
- 톰슨시들레스 등은 수분과 수정 후 배가 퇴화하여 위단위결과를 불러온다.

④ 복숭아
ⓖ 복숭아나무는 자가불친화성이나 교배불친화성을 나타내지 않는 과수로서 불완전한 화분이 아니면 50% 이상의 자가결실률을 나타낸다.

ⓛ 화분이 적거나 없는 경우에는 안전한 결실을 위하여 화분이 많은 품종을 반드시 혼식해야 하고, 수분수를 혼식해도 개화기에 일기가 불순하거나 방화곤충이 없을 때에는 인공수분을 해 주어야 한다.

ⓒ 품종별 화분 유무
- 화분이 있는 품종 : 수황, 찌요마루, 금황, 홍백, 천홍, 아까쯔끼, 유명, 장택백봉, 대명, 봉, 호원황도, 애지백도, 선골드 등
- 화분이 없거나 적은 품종 : 오수백도, 용궁백도, 대화조생, 백천, 애천중도, 미백도, 오도로끼, 천중도백도, 홍금향 등

ⓔ 암술 수정 능력은 백도의 경우 개화 전 2~3일부터 개화 후 4일까지이다.

ⓜ 화분의 수명은 실온에서 5일 이상이며, 수분 3시간 후에 비가 오면 결실에 지장이 없다.

ⓗ 수정
- 개화와 더불어 암술머리 위에 화분이 수분되면 화분관이 자라서 수정이 이루어진다.
- 배낭과 난핵 등의 자성 기관이 완성되는데 개화 후 5일 정도 걸리는 것이 특징이다.

- 개화부터 수정에 도달하는 일수가 12~14일이나 되어 다른 과수와 조금 차이가 난다.
- 수분 이후의 화분관의 신장에 적당한 온도는 20℃ 전후이다.

① 적과(열매솎기)

　㉠ 적과의 목적

　　• 과실의 품질(착색, 크기, 맛 등) 향상

　　• 해거리(격년 결실) 방지

　　• 성과기의 과수에서는 과잉 착과에 의한 무게 부담을 경감

　　• 과다 결실로 인한 수세의 쇠약을 막아 수관의 확대를 도모

　㉡ 적과의 효과

　　• 꽃눈의 분화 발달을 좋게 하고 해거리(격년 결실)를 예방한다.

　　• 나무의 잎, 가지, 뿌리 등의 영양체 생장을 돕는다.

　　• 과실의 크기를 크고 고르게 해 준다.

　　• 과실의 착색을 돕고 품질을 높여 준다.

　　• 병충해를 입은 과실이나 모양이 나쁜 것을 제거한다.

　　• 적기에 적과를 실시하면 과실의 무게를 증가시킨다.

　㉢ 적과의 시기 : 생리적 낙과 후 착과가 안정되고 양분의 소모가 적을 때 실시하는 것이 좋다.

② 과종별 결실 및 숙기 조절

　㉠ 사과 적과

　　• 적과 시기 : 개화 후 2주일부터 시작하여 지베렐린 생성이 급증하기 전인 개화 후 5주일 전에 실시하는 것이 좋다.

　　• 적과 정도 : 소과는 3정아에 과실 한 개, 대과는 4~5과총에 과실 한 개를 착과시키면 필요한 엽수를 확보할 수 있다.

　㉡ 배 적뢰 및 적과

　　• 적뢰 : 개화 전에 꽃봉오리를 제거하는데, 인포로부터 뢰가 나온 후 개화기까지가 적기이다.

　　• 적과 : 생리적 낙과 후 착과가 안정되고 양분 소모가 적을 때 시행한다.

　㉢ 복숭아 적뢰 및 적과

　　• 적뢰 : 꽃봉오리 윗부분이 붉은색을 조금 띠고 크기가 콩알 정도 되었을 때 시행한다.

　　• 적과 : 조생종에서는 잎 20매당 1과, 중생종은 25매당 1과, 만생종은 30매당 1과 정도를 두고 적과하는 것이 적당하다.

③ 적과의 방법

　㉠ 인력에 의한 적과 : 사람의 손으로 하는 적과로서 가장 확실한 방법이다.

　㉡ 약제에 의한 적과

　　• 적화제 : 주로 꽃봉오리나 꽃의 화기에 장해를 주는 약제로서 석회유황합제, 질산암모늄, 질소 계면활성제 등이 있다.

　　• 적과제 : 주로 과실 사이에 존재하는 약제에 대한 감수성 차이를 이용하는 약제로서 나프탈렌초산(NAA), 카바릴(cabaryl), 에테폰(ethephon), 에틸클로제트, 아브시스산(ABA), 벤질아데닌(BA) 등이 있다.

　　※ 국내 사과 적화제로는 석회유황합제와 카바릴 수화제가 등록되어 있다.

## 10년간 자주 출제된 문제

**2-1. 과수의 적과 시기로 가장 적당한 것은?**

① 개화 직전
② 개화 직후
③ 생리적 낙과 후
④ 후기 낙과 후

**2-2. 사과 열매솎기 시 남겨두어야 가장 좋은 것은?**

① 맨 가장자리 과실
② 맨 가장자리 다음 과실
③ 중심과
④ 아무것이나 모두 같다.

**2-3. 사과나무의 열매솎기(적과)를 실시하여도 해거리 방지 효과를 기대할 수 없는 시기는?**

① 만개 후 10일
② 만개 후 15일
③ 만개 후 30일
④ 만개 후 75일

**2-4. 다음 중 사과의 적과제로 쓰이고 있는 것은?**

① 석회보르도액
② 카바릴(cabaryl)
③ 메타 유제
④ 이미단

**정답** 2-1 ③ 2-2 ③ 2-3 ④ 2-4 ②

---

## 핵심이론 03 | 결실 저해 요인 및 향상 방법

① 결실 저해 요인

ㄱ 저장양분이 부족할 때
- 꽃눈분화기의 과다한 강우와 일조 부족에 의한 새 가지의 지나친 생장 시
- 여름철 야간의 고온에 의한 호흡량이 과다할 때
- 탄수화물이 생성하는 것보다 소비되는 것이 많을 때

ㄴ 수분수가 부족할 때

ㄷ 개화기 전후 기상 악화 때
- 기온이 낮으면 개약, 화분 발아, 화분관 신장 등이 지연된다.
- 저온, 서리 등에 의해 화기의 동사나 발육 이상이 초래된다.
- 저온이나 강풍, 강우로 방화곤충의 활동이 저해되어 결실을 저해한다.

② 결실 향상 방법

ㄱ 저장양분이 부족할 때는 과다 결실, 적과 지연, 강전정, 병해충 피해에 의한 조기 낙엽 등을 피해야 한다.

ㄴ 수분수를 혼식한다.
- 다른 품종을 같이 심어 수정률을 향상시켜 주어야 한다.
- 수분수 선정은 주품종과 개화기가 비슷하고 화분이 많은 품종을 선택한다.

ㄷ 방화곤충 부족 시 머리뿔가위벌 등의 방화곤충을 배치한다.

※ 머리뿔가위벌은 자연 상태에서는 4월 상순~6월 중순에 활동한다.

ㄹ 인공수분을 한다.

**10년간 자주 출제된 문제**

다음 중 결실 저해 요인과 거리가 먼 것은?

① 탄수화물이 생성하는 것보다 소비되는 것이 적을 때
② 수분수가 부족할 때
③ 개화기의 저온이나 강풍, 강우 등이 있을 때
④ 여름철 야간의 고온에 의한 호흡량이 과다할 때

|해설|

① 탄수화물이 생성하는 것보다 소비되는 것이 많을 때

정답 ①

## 핵심이론 04 | 휴면과 발아

① 휴면(休眠, dormancy) : 성숙한 종자 또는 식물체가 발육할 준비를 하면서 정체되어 있는 상태를 말한다.
   ㉠ 자발적 휴면 : 생장하는 데 적절한 외부의 환경조건을 주더라도 계속 휴면하는 것
   ㉡ 타발적 휴면 : 외부의 환경조건이 부적합하여 생장을 하지 않는 것

② 휴면의 원인
   ㉠ 발아억제물질의 존재
   ㉡ 씨눈(胚)의 미성숙(未成熟)
   ㉢ 종피의 기계적 저항
   ㉣ 수분과 산소에 대한 종피의 불투과성
   ㉤ 식물호르몬의 불균형적 분포
   ※ 포도 휴면병의 효과적인 예방 대책
      • 겨울철에 건조하지 않게 부초(敷草)하여 주며 내한성이 약한 품종은 묻어준다.
      • 신초등숙 양호, 질소과용 및 강전정 금지, 조기낙엽 유발 병해 예방, 수세를 강하게 하고 결실을 조절한다.

③ 휴면타파와 발아 촉진 방법
   ㉠ 종피 파상법
   ㉡ 진한황산 처리
   ㉢ 저온 처리
   ㉣ 진탕 처리
   ㉤ 질산 처리법
   ㉥ 건열 처리
   ㉦ 습열 처리 등
   ※ 배(胚)의 휴면타파 방법으로 흔히 사용하는 방법 : 층적법

④ 발아 촉진과 억제물질
   ㉠ 발아 촉진 : 지베렐린, 에스렐, 질산염, 시토키닌
   ㉡ 발아 억제 : 온도조절, 건조, MH-30 처리(감자), 감마선 조사

| 10년간 자주 출제된 문제 |
|---|

**4-1.** 성숙한 종자 또는 식물체에 적당한 환경조건을 주어도 일정기간 발아, 발육, 성장이 일시적으로 정지해 있는 상태는?

① 로제트　　　　　　② 휴면
③ 콜로이드　　　　　④ 명반응

**4-2.** 종자의 휴면 원인이 아닌 것은?

① 종자의 불투과성
② 배의 미성숙
③ 식물호르몬의 불균형 분포
④ 영양분의 부족

**4-3.** 과수종자 발아를 위한 휴면타파에 도움이 되지 못하는 것은?

① 저온 처리
② 아브시스산(abscisic acid) 처리
③ 종피 제거
④ 강산 처리

**4-4.** 다음 중 포도 휴면병의 효과적인 예방대책으로 가장 적당한 것은?

① 결실을 과다하게 한다.
② 질소질 비료를 충분히 공급하여 나무의 세력을 왕성하게 한다.
③ 조기낙엽이 되지 않도록 하면 겨울철에 묻어주지 않아도 된다.
④ 겨울철에 건조하지 않게 부초(敷草)하여 주며 내한성이 약한 품종은 묻어준다.

**정답** 4-1 ②　4-2 ④　4-3 ②　4-4 ④

---

**핵심이론 05 | 낙과의 원인과 대책**

① 낙과의 원인

　㉠ 기계적 낙과 : 병해충이나 강풍 등에 의한 낙과

　㉡ 생리적 낙과

　　• 제1기 낙과

　　　– 암술(전년도 저장 양분의 부족이 원인)이나 배주가 불완전하여 수정 능력이 없거나 동상해(凍霜害)로 고사함으로써 낙과된다.

　　　– 개화 직후의 1~2주 사이에 일어난다.

　　• 제2기 낙과

　　　– 암술이 완전함에도 수분 수정이 되지 않거나, 수정되었다 해도 양분 경합에 의하여 낙과한다.

　　　– 개화 후 3~4주 사이에 일어난다.

　　• 제3기 낙과

　　　– 수정에 의하여 배가 형성된 후 어떠한 원인에 의해서 배가 발육을 정지함으로써 낙과가 유발된다.

　　　– 보통 6월 낙과(june drop, 조기낙과)라고 한다.

　　※ 일반적으로 생리적 낙과가 문제시되는 것은 이 시기의 낙과에 의한다.

**더 알아보기**

낙과 유발
• 수정이 완료됨과 동시에 배의 발육이 급격해지면서 배의 주성분이 되는 단백질 합성에 필요한 질소와 탄수화물이 새 가지의 왕성한 발육에 소비되고, 이때의 양분 경합은 배의 발육 정지나 고사의 원인이 됨
• 질소가 과다한 경우라도 새 가지의 지나친 생장으로 탄수화물과 수분의 공급이 감소될 때
• 비가 많이 내려 토양이 과습하거나 일조 부족 상태가 될 때

② 낙과 대책

　㉠ 수분의 매개(수분하면 낙과 방지)

　㉡ 합리적인 균형시비

　㉢ 동해 방지 대책 강구

　㉣ 과습 및 건조방지

ⓜ 재식밀도, 정지·전정에 의한 수광태세 조절

ⓗ 병해충의 철저한 방제

ⓢ 생장조절제 살포

  ※ 옥신 등의 생장조절제는 이층 형성을 억제하여 낙과 예방
  효과가 크다.

<table>
<tr><td colspan="2" align="center">10년간 자주 출제된 문제</td></tr>
</table>

**5-1. 다음 과수의 낙과 중 june drop에 해당되는 것은?**

① 생리적 낙과
② 기계적 낙과
③ 조기낙과
④ 후기낙과

**5-2. 과수에서 조기낙과(june drop)의 원인이 아닌 것은?**

① 암술의 발육 불완전
② 질소의 과다
③ 토양 건조
④ 해거리

|해설|

5-2
**조기낙과의 원인**
• 불완전한 생식기관의 발달(암술의 발육 불완전)
• 단위결과성인 품종일 경우
• 탄수화물 부족, 질소 과다, 토양 건조, C/N율이 불합리할 경우

**정답** 5-1 ③  5-2 ④

## 4-3. 봉지 씌우기

**핵심이론 01 | 봉지 씌우기 효과**

① 봉지 씌우기의 목적
  ㉠ 과실의 충해 방지(삼식충 방제)
  ㉡ 과실의 외관 품질의 향상
  ㉢ 일소 현상, 열과 방지
  ㉣ 노지재배 과수 작물의 생산성 안정 및 과실의 상품
    성 증진
  ㉤ 과종과 품종에 따른 출하 시기 조절, 저장성 향
    상 등
    ※ 당 농도의 증가, 저장력 증진, 저장성 향상 등은 아니다.
② 봉지 씌우기의 단점
  ㉠ 풍미 저하 : 당도나 비타민 함량 저하
  ㉡ 생산비 가중

<table>
<tr><td colspan="2" align="center">10년간 자주 출제된 문제</td></tr>
</table>

**1-1. 사과 봉지 씌우기 재배에서 적합하지 않은 효과는?**

① 착색 증진
② 삼식충 방제
③ 동녹 방지
④ 당 농도의 증가

**1-2. 봉지재배 시 이점이 아닌 것은?**

① 착색이 증진된다.
② 착색이 떨어진다.
③ 약제살포 비용이 절감된다.
④ 과실에 병해충 발생이 거의 없다.

|해설|

1-1
봉지 씌우기 재배 시 당도나 비타민 함량이 저하되는 단점이 있다.

**정답** 1-1 ④  1-2 ②

① 사과

　㉠ 빛깔을 좋게 만들기 위한 착색 봉지를 사용한다.

　　• 2중으로 겉봉지는 바깥쪽 면이 흰색이고 안쪽 면이 검은색으로 차광률이 매우 높다.

　　• 속봉지는 적색 또는 녹색의 파라핀지로 되어 있다.

　　※ 조생과 중생종의 속봉지는 적색, 만생종은 흑청색으로 하면 일소피해를 줄일 수 있다.

　㉡ 차광률이 높을수록 착색이 선명해진다.

　　• 델리셔스계 품종 등 : 착색이 잘되므로 차광성이 약한 봉지를 씌운다.

　　• 후지 등 : 착색이 잘되지 않아 차광률이 높은 봉지를 씌워야 한다.

　　※ 사과는 봉지를 씌움으로써 상대적으로 과실의 성숙이 지연되는 단점이 있다.

② 배

　㉠ 봉지가 찢어지지 않아야 하고, 방균과 방충 작용을 할 수 있고, 과실 표면을 오염시키지 않는 것이어야 한다.

　㉡ 청배의 경우 일부 품종(이십세기 등)들을 제외하고 적과 후 작은 봉지를 씌웠다가 큰 봉지를 덧씌운다.

③ 포도

　㉠ 기능성 봉지

　　• 봉지 내부가 보이도록 비닐 창이 들어간 봉지

　　• 산광을 투과시키고 빗물을 차단하는 합성수지(부직포) 봉지

　　• 서로 다른 색이 겹친 이중 봉지

　　• 흰색 봉지에 특수 물질을 얇게 입힌 코팅 봉지

　　• 봉지 끝에 얇은 철사가 삽입된 노동력 절감 봉지 등

　㉡ 폴리에틸렌 봉지 : 빛 투과율이 좋으나 봉지 안의 온도와 습도가 높아지고, 일소, 착색 지연 등을 불러일으키는 문제점이 있다.

　㉢ 합성수지 봉지 : 수확한 후 썩지 않는 단점이 있으나 재활용이 가능하다.

　㉣ 거봉의 착색에는 백색 봉지가 가장 좋고, 당도는 녹색 봉지, 적색 봉지 순으로 좋다.

　㉤ 거봉, 델라웨어, 캠벨얼리 등은 내습성의 순백롤지나 모조지로 만든 봉지를 이용한다.

　㉥ 네오머스캣과 같은 청포도 계통은 크라프트지로 만든 봉지를 이용한다.

④ 복숭아

　㉠ 햇빛 투과량이 적은 봉지는 광합성 작용이 억제되어 생리적 낙과가 증가한다.

　㉡ 복숭아 과면의 광택은 햇빛 투과량이 적은 봉지를 씌울 경우에 향상된다.

　㉢ 착색과 생산을 위해서는 백색부터 크림색까지의 봉지를 이용한다.

　㉣ 광택이 좋은 과실을 생산하기 위해서는 오렌지색 봉지를 사용한다.

　㉤ 흡즙나방류의 피해 방지를 위해서는 약간 큰 것이 좋다.

　㉥ 조생종은 진하게 착색시켜 판매하므로 백색 계통의 봉지 또는 밑이 없고 길이가 짧은 오렌지색 계통의 봉지를 이용한다.

　㉦ 만생종은 착색이 억제되는 밑이 있는 오렌지색 계통의 봉지를 사용한다.

　㉧ 극만생종은 밑이 두꺼운 봉지를 이용한다.

　※ 햇빛이 잘 투과하는 봉지는 생리적 낙과가 적고, 과즙의 당도가 높아지며, 착색이 진하게 된다.

**복숭아 봉지의 특징으로 맞지 않은 것은?**

① 생리적 낙과가 쉬운 품종은 되도록 햇빛 투과량이 많은 봉지를 사용한다.

② 복숭아 과면의 광택은 햇빛 투과량이 적은 봉지를 씌울 경우에 향상된다.

③ 착색과 생산을 위해서는 백색부터 크림색까지의 봉지를 이용한다.

④ 광택이 좋은 과실을 생산하기 위해서는 백색 봉지를 사용한다.

|해설|

④ 광택이 좋은 과실을 생산하기 위해서는 오렌지색 봉지를 사용한다.

**정답** ④

## 핵심이론 03 | 봉지 씌우는 시기 및 방법

① 과종별 봉지 씌우는 시기

ⓐ 사과 : 낙화 후 20~30일 전후

• 골든델리셔스 : 낙화 후 10일 이내

• 후지 : 이중 봉지를 6월 하순까지 씌운다.

• 육오 : 초기에는 작은 봉지를 씌우고 후기에 큰 이중 봉지로 바꾼다.

※ 동녹 발생이 심한 품종(감홍, 양광) : 낙화 후 10일 이내

※ 봉지 씌우기는 시기가 빨라짐에 따라 동녹 발생이 적어지고, 과피 엽록소의 함량이 적어져 착색은 증진된다.

ⓑ 배

• 대체로 생리적 낙과가 끝나고 30~40일경부터 시작해 6월 상순까지는 마쳐야 한다.

• 청배 : 낙화 후 10~20일 경까지 작은 봉지를 씌운다.

• 갈색 배 : 꽃이 만개한 뒤 40일경에 실시하며 작은 봉지를 씌우지 않고 곧바로 이중 봉지를 씌운다.

ⓒ 포도

• 시기는 이를수록 효과가 높고, 될 수 있는 대로 일찍 단기간에 실시해야 한다.

• 낙화 후 10~30일경부터 시작해서 늦어도 7월 상순까지는 작업을 마쳐야 한다.

ⓓ 복숭아 : 생리적 낙과가 끝난 다음에 봉지를 씌워야 하므로 조생종은 5월 하순경, 중만생종은 6월 상순까지 봉지를 씌운다.

② 봉지 씌우는 방법

ⓐ 봉지를 씌우기 전 병충해 방제를 실시한다.

예 사과 점무늬낙엽병, 부패병, 그을음병, 포도 노균병, 잿빛곰팡이병 등

ⓑ 과실 표면에 물방울 등의 습기가 없는 상태에서 작업을 실시한다.

ⓒ 봉지 밑 중앙부를 손으로 받쳐 과실이 봉지에 직접 닿지 않게 작업한다. 이때, 배와 같이 열매의 자루가 긴 과수류는 봉지를 직접 열매 자루에 겹쳐지도록 한다.

ⓓ 과실을 중앙에 위치하도록 하여 봉지를 씌운 후 봉지 입구를 주름이 지게 하여 지침 등을 이용해서 잘 결속시킨다.

ⓔ 봉지를 씌울 때 잎이 봉지에 들어가지 않도록 주의한다.

※ 잎이 빛을 가려 과면의 착색에 영향을 준다.

ⓕ 봉지를 씌우는 도중에 비가 오면 다시 농약을 살포한 뒤 씌워야 한다.

---

### 10년간 자주 출제된 문제

**3-1. 사과의 골든델리셔스 품종에서 동녹을 방지하기 위하여 봉지를 씌우는 가장 효과적인 시기는?**

① 낙화 후 10일경
② 낙화 후 20일경
③ 낙화 후 30일경
④ 낙화 후 40일경

**3-2. 다음 중 과실에 봉지를 씌우는 시기로 알맞은 것은?**

① 꽃피기 직전
② 꽃핀 직후
③ 수확 전 낙과 후
④ 조기낙과 후

|해설|

**3-2**
일반적으로 조기낙과 후 열매솎기가 모두 끝난 후 봉지를 씌우지만, 동녹을 방지하기 위해서는 낙과 후 10일 이내에 봉지를 씌워야 동녹 발생을 효과적으로 막을 수 있다.

**정답 3-1 ① 3-2 ④**

---

### 핵심이론 04 │ 봉지 벗기는 시기 및 방법

① 사과
  ㉠ 황색종(골든딜리셔스) : 봉지째 수확
  ㉡ 후지, 육오 : 겉봉지는 수확 20~40일 전, 속봉지는 겉봉지를 벗긴 후 3~5일경
  ㉢ 쓰가루 : 수확 전 15일경
  ㉣ 조생종 : 수확 전 20일경
  ㉤ 이중 봉지의 경우 겉봉지를 수관 상부만 먼저 벗긴 후 나중에 수관 하부의 겉봉지를 벗긴 다음 적절한 시기에 속봉지를 벗긴다.
  ㉥ 착색 증진을 위하여 수확하기 전에 반드시 봉지를 벗기는 것이 좋다.

#### 더 알아보기

일소 피해를 줄이기 위한 방법
• 일기가 좋을 때 봉지 밑을 열어 두었다가 구름이 낀 날 벗겨 준다.
• 일소 피해는 과실의 온도가 낮은 상태이거나 수분이 많은 조건에서 더 심하다.
• 봉지를 벗길 때는 이른 아침이나 늦은 오후를 피한다.
• 과실의 온도가 기온과 비슷해지는 12~14시 사이에 작업하는 것이 좋다.
• 비가 온 직후나 햇볕이 강할 때는 일소 피해를 받기 쉬우므로 피하도록 한다.

② 배
  ㉠ 수확할 때 봉지째 수확하는 경우가 많다.
  ㉡ 과면에 손상이 가지 않도록 조심스럽게 봉지를 벗겨야 한다.

③ 포도
  ㉠ 거봉, 피오네 : 7월 하순~8월 상순경
    ※ 봉지 벗기기가 빠르면 병해충에 대한 위험성이 높아지고, 늦으면 봉지 내부의 온도가 높아져 착색이 지연된다.
  ㉡ 늦게 출하되는 지역이나 산지에서는 봉지를 벗기면 야간에 나방이나 벌의 피해가 많기 때문에 봉지를 씌운 그대로 수확한다.

④ 복숭아

　ⓐ 적기는 봉합선과 열매자루 부위 이외의 과실 표면에 모두 바탕색이 빠져서 담황백색으로 변하는 무렵이다.

　ⓑ 이중 봉지는 겉봉지만을 수확 개시 12~15일 전에 수관의 상부만 벗기고, 수관의 하부는 10~13일 전에 먼저 벗겨 준다.

　　• 홍백, 오도로끼, 천중도백도, 천홍 : 수확 4~7일 전

　　• 백봉, 천간백봉도, 홍진, 유명 : 수확 7~10일 전

　　• 애지백도, 고양백도, 백도, 중진백도, 지하백도 : 수확 10~14일 전

---

### 10년간 자주 출제된 문제

**봉지 벗기기의 주의사항과 거리가 먼 것은?**

① 사과 조생종의 봉지 벗기기 적기는 수확 전 10~15일이다.
② 골든딜리셔스와 같은 황색종은 벗기지 않고 수확한다.
③ 봉지를 벗길 때 미리 터 놓아 산광(散光)을 쬐게 한 다음 실시한다.
④ 봉지를 벗길 때에는 햇빛이 강하게 비치는 날을 선택하여 행한다.

**|해설|**

④ 햇빛이 강할 때는 일소 피해를 받기 쉬우므로 피하도록 한다.

**정답** ④

---

## 4-4. 착색 관리

**핵심이론 01 | 착색생리**

① 착색원리

　ⓐ 과실의 착색에 영향을 미치는 주요 물질로는 안토시아닌(적색), 카로티노이드(황색), 클로로필(녹색) 등이 있다.

　ⓑ 착색에 영향을 미치는 외적 요소

　　• 안토시아닌의 합성을 촉진시키는 외적인 요인으로 빛과 온도가 크게 작용한다.

　　• 수확기 전에는 저온에서 빛을 쬐는 것이 착색에 좋다.

　ⓒ 착색에 영향을 미치는 내적 요소

　　• 당분과 질소 영양분의 함량이 매우 중요하다.

　　• 당은 안토시아닌의 구성성분이 되는 물질이다.

　　• 착색을 위해서는 과실의 당 함유량이 일정 수준 이상 증가해야 한다.

　　• 질소 영양분은 적당한 범위 내에서 정제되어 있어야 한다.

② 착색생리

　ⓐ 클로로필(녹색 색소)

　　• 광합성의 주역으로, 고온이나 빛이 많으면 형성된다.

　　• 마그네슘, 질소, 철, 망간, 구리 등이 결핍되면 녹색이 소실된다.

　　• 가을이 되어 저온이 되면, 점차 분해·소실되고 황색 색소가 발현된다.

　ⓑ 카로티노이드계(황색 색소)

　　• 숙기가 되면 나타난다.

　　• 미숙과에도 포함되어 있지만, 녹색 색소인 클로로필에 감추어져 있다가 가을이 되어 클로로필이 없어지고 나면 눈에 보이게 된다.

ⓒ 안토시아닌(적색 색소)
- 과피나 과육에도 포함되어 있는데, 당의 축적, 빛, 저온에서 발현된다.
- 산성에서는 적색으로, 알칼리성에서는 청색으로 발현된다.

### 10년간 자주 출제된 문제

**1-1. 사과 재배 시 질소 흡수량이 과다한 경우 과실 착색이 지연되는데, 그 원인으로 틀린 것은?**
① 나무의 영양생장 촉진으로 광의 투과를 방해하기 때문이다.
② 과실의 비대기를 지연시켜 성숙이 늦기 때문이다.
③ 리코펜(lycopene) 색소의 발현이 늦기 때문이다.
④ 과피의 엽록소 함량이 증가되기 때문이다.

**1-2. 다음 중 일조가 부족할 때 일어나는 현상 설명으로 가장 적합한 것은?**
① 가지는 웃자라고 과실 크기는 작아지지 않는다.
② 과실 착색이 불량해지고 단맛이 떨어진다.
③ 단맛은 떨어지나 과실은 더 커지는 경향이 있다.
④ 과실 착색은 불량해지나 가지가 웃자라지는 않는다.

|해설|

1-1
③ 과실의 착색에 영향을 미치는 주요 물질로는 안토시아닌(적색), 카로티노이드(황색), 클로로필(녹색) 등이 있다.

정답 1-1 ③  1-2 ②

---

**핵심이론 02 │ 착색 관리 방법**

① 도장지 제거
ㄱ 도장지는 꽃눈 발달 및 착색에 방해가 되므로 제거한다.
ㄴ 사과의 경우 과실 재배 후기에 햇빛이 수관 내부에 있는 과실까지 고르게 도달하기 위해서는 과실 주변이나 상부에서 그늘을 만드는 직립 도장지나 너무 번창한 가지를 제거한다. 이 작업은 9~10월에 실시한다.
※ 6월 하순이나 7월 상순부터 분화한 꽃눈이 계속해서 성숙하므로 도장지를 너무 많이 제거하거나 너무 일찍 제거하면 꽃눈의 성숙 및 과실의 비대에 방해가 된다.

② 봉지 벗기기
ㄱ 조생종 사과는 수확하기 20일 전에 벗긴다.
ㄴ 만생종 품종에 이중 봉지를 씌운 경우 수확하기 35~40일 전에 겉봉지를 벗겨 주고 나서 5~7일 후에 속봉지를 벗긴다.
ㄷ 이른 새벽이나 늦은 오후는 피하고, 과실의 온도가 기온과 비슷해지는 시기가 좋다.

③ 잎 따기
ㄱ 조생종 사과는 수확 15~20일 전, 중생종은 25~30일 전, 만생종은 35~40일 전에 1차로 9월 하순경 과대지의 기부엽을, 2차로 과실에 그늘이 되는 잎을 제거한다.
ㄴ 잎을 따 주는 시기가 너무 빠르거나 많은 양을 따 주면 과실 비대와 꽃눈 충실도에 나쁜 영향을 주므로 주의해야 한다.

④ 과실 돌리기 : 과실을 돌려주는 작업은 햇빛을 받는 면이 충분히 착색된 이후에 실시해야 한다.

⑤ 반사필름 피복
ㄱ 마지막 병해충 방제 약제 살포 후 잎 따기와 도장지 제거를 마무리한 후에 실시한다.
ㄴ 수관 내부의 빛 환경이 불리한 경우에는 수관 하부에 피복한다.

ⓒ 수관이 복잡할 경우 작업에 지장을 주더라도 열
간에 피복한다.

**10년간 자주 출제된 문제**

다음 착색 관리의 방법으로 틀린 것은?
① 도장지는 꽃눈 발달 및 착색에 방해가 되므로 제거한다.
② 조생종 사과는 수확하기 20일 전에 봉지를 벗긴다.
③ 봉지 벗기기는 이른 새벽이나 늦은 오후에 한다.
④ 착색을 위한 잎 제거 및 과실 돌리기를 실시한다.

|해설|
③ 이른 새벽이나 늦은 오후는 피하고, 과실의 온도가 기온과
비슷해지는 시기가 좋다.

정답 ③

---

**제5절** **과수 수확 후 관리**

## 5-1. 수확

**핵심이론 01** | **과종별 성숙 특성**

① 사과
  ㉠ 성숙함에 따라 당도가 증가하고 방향성분 등이 합
  성되어 사과 고유의 맛을 나타낸다.

| 구분 | 품종(성숙일수) |
|------|------|
| 조생종 | 축, 산사(110~120일), 쓰가루(115~125일) |
| 중생종 | 홍로(125~140일), 양광, 홍옥(155~165일), 감홍(160~170일) |
| 만생종 | 화홍(165~175일), 후지(170~185일) |

  ㉡ 너무 일찍 수확하면 저장성은 좋으나 생산성과 품
  질이 떨어진다.
  ㉢ 수확이 지나치게 지연되면 완숙되어 각종 생리장
  해 발생이 많아진다.

② 배
  ㉠ 과실의 주된 가용성 당분은 포도당, 과당, 자당,
  솔비톨이다.
  ㉡ 솔비톨은 세포분열기, 세포비대기에 80% 이상을
  차지하고 있고 과당, 자당은 세포비대기 후기부터
  증가하기 시작하여 성숙기에 급격히 증가한다.
  ㉢ 전분 함량은 세포 비대기부터 증가하여 최대에 도
  달하였다가 과실이 성숙하는 시기에 급격히 소실
  된다.
  ㉣ 배 신고 품종의 만개 후 성숙일수는 160일이 과실
  품질 및 저장력이 가장 좋다.

③ 포도
  ㉠ 대표적인 비호흡급등형 과실로서 수확 후 성숙이
  거의 없다.
  ㉡ 착색기에 들면 당 함량이 급격히 증가하고 산 함량
  은 감소한다.
  ㉢ 성숙은 같은 기상 조건이라도 나무의 결실량, 시비
  량, 토성 및 재배관리에 따라 차이가 있다.

② 품종별 만개 후 성숙일수를 기준으로 수확한다.

| 품종 | 성숙일수 |
|------|----------|
| 캠벨얼리 | 70~80일 |
| 델라웨어, 힘로드씨드레스 | 60~65일 |
| 네오머스캣, 거봉 등 4배체 | 90~95일 |
| 다노레드 | 100~105일 |
| 새단, MBA(머스캣베일리에이) | 110~120일 |

④ 복숭아

　㉠ 만개기에서 수확 시까지의 성숙일수는 품종에 따라 일정하다.

　㉡ 성숙일수는 수세, 입지 및 해에 따라 1주 전후 차이가 있다.

　㉢ 성숙일수는 개화 결실기의 기온이 낮거나 적과 시기가 늦어지면 어린 과실의 발육이 늦어져 길어진다.

**핵심이론 02 │ 과실 수확 시기 및 방법**

① 주요 과실의 수확 시기 판단지표

| 과종 | 판단지표 | 품질특성 |
|------|----------|----------|
| 사과 | 만개 후 경과 일수, 요오드 반응지수 | 경도, 당도 |
| 배, 복숭아 | 만개 후 경과 일수, 과피 착색도 | 당도 |
| 단감, 포도, 대추 | 만개 후 경과 일수, 과피 착색도 | 경도, 당도, 산함량 |
| 감귤 | 과피 착색도 | 당도, 산함량, 당산비 |

② 수확 시기 결정 방법

　㉠ 과실의 호흡량 또는 에틸렌 발생에 의한 결정

| 급등형 과실 | 비급등형 과실 |
|-------------|---------------|
| 사과, 배, 감, 복숭아, 살구, 키위, 무화과, 바나나, 파파야, 아보카도 | 오렌지, 포도, 밀감, 체리, 올리브, 레몬, 파인애플 |

　㉡ 만개 후 성숙기까지의 일수에 의한 결정

　㉢ 착색에 의한 수확적기 결정

　　• 사과는 나무 전체에 착색된 과실이 80% 이상 골고루 분포하였을 때 수확한다.

　　• 배는 봉지를 씌우므로 빛깔뿐만 아니라 광택, 열매자루의 분리 정도 등으로 수확 적기를 결정한다.

　　• 복숭아는 껍질의 빛깔이 담황색 또는 유백색이 된 후, 붉게 물들면 시장 출하용으로 수확하기에 알맞다.

　㉣ 당도 및 맛(신맛, 떫은맛, 전분맛 등)에 의한 결정

　　• 사과는 품종별로 최대 성숙상태가 되면 당도가 최대가 된다.

　　• 미숙과의 경우는 신맛이 많고 다소 떫은맛을 내며 간혹 전분 냄새가 난다.

　㉤ 밀 증상에 의한 적기 판단

　㉥ 종자색(백색에서 갈색으로 변화)에 의한 예측

　㉦ 전분의 아이오딘(요오드) 반응에 의한 적기 결정

　　• 사과 과실 내 전분이 아이오딘(요오드) 용액과 반응하여 청색으로 변한다.

　　• 성숙이 진행될수록 전분 함량이 줄어 착색 면적이 줄어든다.

③ 과실 수확 방법

　㉠ 과실을 손바닥 전체로 잡고 위로 들어서 꼭지가 빠지지 않게 수확한다.

　㉡ 기온이 낮을 때 수확하고 기온이 높을 때는 수확하지 않는 것이 좋다.

　㉢ 여름에는 오전에 수확한다.

　㉣ 비가 그친 2~3일 후에 수확한다.

　㉤ 이슬이나 서리가 내린 날에는 물기가 마른 늦은 오전 시간에 수확한다.

　㉥ 감귤은 과실 표면의 수분이 어느 정도 마른 후에 수확하고, 기온이 낮은 늦가을에는 오후까지 수확해도 무방하다.

　　※ 감귤의 조생종(온주밀감, 궁천조생, 유택조생, 흥진조생 등)의 수확기 : 10월 중순~11월 상순

　㉦ 체리의 수확은 이른 아침부터 시작하고 수확한 과실은 한랭사 등으로 그늘지게 하여 품온이 상승하는 것을 최대한 억제한다.

**10년간 자주 출제된 문제**

**2-1. 다음 중 사과 수확 시기 결정 요인이 아닌 것은?**

① 전분의 아이오딘 반응에 의한 결정
② 당 및 산 함량 비율에 의한 판정
③ 과육의 황록색 변색 정도를 보고 결정
④ 만개 후부터 성숙기까지의 일수에 의한 판정

**2-2. 양앵두 수확 시 유의점으로 옳지 않은 것은?**

① 수확은 될 수 있는 한 이른 아침부터 10시경은 피하여 작업한다.
② 단과지를 꺾지 않도록 주의하며 과경을 쥐고 수확한다.
③ 품종, 수령, 결실량에 따라 과실품질에 영향을 미친다.
④ 수확 시에는 잎과 눈을 손상시키지 않도록 한다.

|정답| 2-1 ③　2-2 ①

---

## 5-2. 예랭 관리

**핵심이론 01 | 예랭 효과**

① 예랭은 수확한 생산물의 품온을 빠른 시간에 원하는 온도까지 떨어뜨리는 급속 냉각 기술이다.

② 예랭 효과

　㉠ 수분 손실을 줄임으로써 과실이 신선하게 유지되고 맛과 영양도 유지시킬 수 있다.

　㉡ 유통 중 중량 감소, 변색, 부패, 변질이 억제되어 신선도가 유지된다.

　㉢ 작물의 온도를 낮추어 호흡 등의 대사작용속도를 지연시킨다.

③ 예랭 적용 품목

　㉠ 호흡작용이 격심한 품목

　㉡ 기온이 높은 여름철에 주로 수확되는 품목

　㉢ 인공적으로 높은 온도에서 수확된 품목

　㉣ 선도 저하가 빠르면서 부피에 비하여 가격이 비싼 품목

　㉤ 에틸렌 발생량이 많은 품목

　㉥ 증산량이 많은 품목

　㉦ 세균, 미생물 및 곰팡이 발생률이 높은 품목과 부패율이 높은 품목

**10년간 자주 출제된 문제**

**다음 원예산물 중 예랭 효과가 가장 적은 품목은?**

① 에틸렌 발생이 많은 품목
② 호흡활성이 높은 품목
③ 한낮 또는 여름철에 수확한 품목
④ 수분 증산이 비교적 적은 품목

|해설|

④ 증산량이 많은 품목에 예랭 효과가 있다.

|정답| ④

① 자연 예랭

　㉠ 자연적으로 과실의 온도를 낮추는 방법이다.

　㉡ 수확 직후 과실을 건물의 북쪽이나 나무 그늘 등 통풍이 잘되고 직사광선이 닿지 않는 곳에 잠시 놓아둔다.

② 강제통풍 냉각

　㉠ 예랭고 내에 찬공기를 강제적으로 불어넣어 냉각하는 방식으로 우리나라 대부분의 저온저장고 형태이다.

　㉡ 비교적 시설이 간단하고, 시설비가 저렴하다.

　㉢ 예랭실의 위치별 온도가 비교적 균일하게 유지된다.

　㉣ 예랭 후 저장고로의 사용이 가능하다.

　㉤ 차압통풍식에 비하여 예랭속도가 느리다.

　㉥ 가습장치가 없을 경우 과실의 수분 손실을 가져올 수 있다.

　㉦ 냉풍온도가 동결온도보다 낮으면 동해를 입을 수 있으므로 산물의 빙결점보다 1℃ 정도 높은 온도로 해야 한다.

　※ 포도에서 강제통풍 방식으로 3~5시간 정도 예랭을 실시하면 과실 호흡 저하에 의한 품질의 저하를 막을 수 있다.

③ 차압통풍 냉각

　㉠ 예랭실의 냉기를 적재된 과실상자와 유압식 시트를 조합시켜 공기의 압력차를 이용하여 순환시키는 방법이다.

　㉡ 상자의 적재에 시간이 많이 걸리고, 공기통로가 필요하므로 적재효율이 낮다.

　㉢ 냉기와 과실의 열 교환 속도가 빠르다.

　㉣ 강제 통풍냉각보다 예랭 효과가 좋다.

　㉤ 적재량이 많거나 냉기의 관통거리가 길어지면 상류와 하류의 온도가 균일하지 않을 수 있다.

　※ 포도의 경우에 30분~1시간 정도 차압예랭을 실시하며 예랭 후 곧바로 저온저장을 하는 것이 바람직하다.

④ 진공 예랭

　㉠ 예랭실 내의 압력을 낮춰 과실표면의 수분을 증발시켜 물의 증발 잠열을 빼앗아 단시간에 냉각하는 방식이다.

　㉡ 냉각속도가 빠르고, 적재된 과실을 균일하게 냉각시킬 수 있다.

　㉢ 출하용기에 포장상태로 예랭이 가능하다.

　㉣ 시설비와 운영경비가 많이 든다.

　㉤ 품목에 따라서는 냉각이 잘되지 않는 품목도 있다.

　※ 예랭 온도는 4~5℃이며, 복숭아의 예랭 온도는 7~8℃ 정도 낮춘 후 선별 포장 후 상온 유통시켜야 한다.

---

### 10년간 자주 출제된 문제

**2-1. 차압식 예랭 방법의 설명으로 거리가 먼 것은?**

① 작물의 증발잠열을 이용하여 예랭하는 방법이다.
② 예랭의 효과를 높이기 위하여 작물에 알맞은 예랭상자를 이용하는 것이 바람직하다.
③ 예랭 시 냉기유속을 조절하기 위한 차압시트가 필요하다.
④ 강제통풍식 예랭과 비교하여 예랭시간을 단축시키는 장점이 있다.

**2-2. 예랭 기술 중 생산물과 냉각 매체의 직접적인 접촉에 의한 감열적 예랭방식이 아닌 것은?**

① 차압통풍식 예랭　　② 수냉각식 예랭
③ 진공식 예랭　　　　④ 쇄빙식 예랭

|해설|

2-1
증발잠열을 이용하는 예랭 방식은 진공식 예랭이다.

2-2
**예랭 방식**
• 감열예랭 방식 : 찬 공기, 찬물, 얼음 등의 저온 매체를 생산물체에 접촉시켜 표면으로부터 열을 빼앗아가는 원리 이용, 쇄빙식, 수냉각식, 통풍식(강제송풍식과 차압통풍식)
• 진공예랭 방식 : 생산물에서 수분이 증발하면서 열을 빼앗아가는 원리를 이용

정답 2-1 ① 2-2 ③

## 5-3. 저장 관리

### 핵심이론 01 | 과실 저장 방법

① 상온단기저장
- ㉠ 냉동설비를 갖추지 않고 외기에 의해서 저장고 내의 온도를 조절하는 방법이다.
- ㉡ 투자비용이 적은 장점은 있으나 정확한 온도조절이 불가능하다.

② 저온저장(냉장)
- ㉠ 냉장기기를 설치하여 냉각을 통해 일정한 온도까지 원예산물의 온도를 내린 후(동결점 이상) 일정한 저온에서 저장하는 방법이다.
- ㉡ 과실의 온도가 낮아지면 내부의 수증기압이 낮아져 중량 감소도 적어지며 에틸렌 생성도 억제하여 숙성을 지연시킬 수 있고, 미생물의 활성도 낮추어 부패발생률이 낮아진다.

③ CA 저장(Controlled Atmosphere storage)
- ㉠ 인위적 대기환경 조절을 통한 저장기술로 장기저장을 위한 가장 이상적인 방법이다.
- ㉡ 공기 중 산소를 낮추고 이산화탄소를 높여서 저온을 유지하는 것이 저장성을 높이는 방법이다.
  - ※ 조성조건 : 산소(3%), 이산화탄소(2~5%), 습도(85~90%), 온도(0~3℃)이다.
- ㉢ 지나치게 낮은 산소농도에서는 혐기적 호흡의 결과 이취발생을 유발할 수 있다.
- ㉣ 과실이 시들거나 썩지 않고 신선도가 오랫동안 유지되며, 저장 후의 품질 또한 저온저장보다 우수하다.
- ㉤ 호흡, 에틸렌 발생, 연화, 성분 변화와 같은 생화학적·생리적 변화와 연관된 작물의 노화를 방지한다.

④ MA 저장
- ㉠ 플라스틱 필름 포장으로 기체 환경 변화(기체투과성)를 이용하는 저장기술이다.
- ㉡ 판매단위의 소포장 또는 적재상자 단위의 대포장 방식이 가능하여 단감의 장기저장 기술로 상용화되고 있다.
- ㉢ 고가의 시설이 불필요하고 현장에서 적용하기 간편한 장점이 있다.
- ㉣ 과실의 호흡과 필름의 가스투과 억제 정도에 따라 기체조성이 변하므로 정밀한 조절은 어려운 단점이 있다.

⑤ 피막제에 의한 저장
- ㉠ 각종 왁스제, 증산억제제, 칼슘제 등을 이용한 과실의 저장방법이다.
- ㉡ 수확 직후 이를 처리한 과실은 중량 감소가 현저히 줄어들고 부패율이 낮으며 당, 산, 비타민C 등의 함량이 더 높다.

⑥ 감압저장 : 대기압을 낮추면 산소분압이 저하되어 CA와 비슷한 산소 상태가 되는 물리적 원리를 이용한 저장법이다.

⑦ 1-MCP를 이용한 장기저장 : 에틸렌에 의해 유기되는 과실의 숙성현상 및 장해 발생을 제어하여 장기저장이 가능한 가스를 처리하는 방법이 있다.

---

**10년간 자주 출제된 문제**

**1-1. 다음 과실 저장 방법 중 가장 이상적인 호흡을 하도록 저장고 내의 온도·습도 공기조성 등을 인위적으로 자동통제해 주는 저장 방식은?**
① 상온저장
② 저온저장
③ CA 저장
④ 폴리에틸렌 포장저장

**1-2. 다음 저장 방법 중 공기 성분의 변화를 통해 저장기간을 늘릴 수 있는 방법은?**
① 보온저장
② 냉온저장
③ 환경조절저장
④ 콜드체인시스템

**1-3. CA 저장에 대한 설명 중 옳은 것은?**
① CA 저장을 하면 작물체 내 에틸렌 발생이 증가하게 된다.
② 지나치게 낮은 산소농도에서는 혐기적 호흡의 결과 이취발생을 유발할 수 있다.
③ 고농도 산소와 저농도 이산화탄소로 대기를 조성하여 작물의 호흡을 억제시키는 저장 방법이다.
④ 작물의 호흡에 의한 산소 소비와 이산화탄소 방출로써 적절한 대기가 조성되도록 하는 저장 방법이다.

**정답** 1-1 ③ 1-2 ③ 1-3 ②

① 저장온도

  ㉠ 사과 : -2℃ 이하에서는 조직이 결빙되어 동해를 받기 쉬우므로 저장온도는 -1~0℃로 관리한다.

  ㉡ 복숭아 : 2~4℃에서 가장 심한 저온 장해현상을 보이므로 장기저장을 목표로 할 때에는 0℃로 낮게 유지하거나 5℃ 이상을 유지해야 한다.

  ㉢ 온대과실 : 0.0±0.5℃에서 장기저장이 가능하다.

  ㉣ 감귤류(아열대 과실) : 저장기간에 따라 4~7℃ 범위에서 선택적으로 결정한다.

② 저장습도

  ㉠ 저장고 내 습도는 85~95%로 유지하는 것이 바람직하다.

  ㉡ 습도가 낮아지면 산물의 증산량이 많아져 신선도 저하와 중량 감소가 일어난다.

③ 에틸렌 및 유해가스 제거

  ㉠ 여러 종류의 과실을 동시에 저장하면 에틸렌 발생이 적은 품목은 피해를 받게 되므로 혼합저장을 피해야 한다.

  ㉡ 저장고 내 환기창을 주기적으로 열어 주어야 하며, 환기창이 없고, 외기온이 낮은 때에는 저장고 문을 열어 환기를 시켜야 한다.

④ 부패과 제거 : 저장고는 밀폐 공간이기 때문에 병원균이 번식하게 되면 저장하고 있는 과실의 상품성을 크게 저하시키므로 수시로 점검하여 부패과는 미리 제거하여야 한다.

⑤ 기타 저장 시 주요 사항

  ㉠ 입고 전에 저장력이 약한 지베렐린 처리과, 과숙과, 물리적 장해과, 병과 등이 저장상자 내에 섞이지 않도록 한다.

  ㉡ 신고, 추황배, 금촌추 등과 같이 저온저장 중 과피 흑변 발생의 우려가 있는 품종은 고온기에 수확하므로 예건을 한 후 저온저장고에 입고한다.

  ㉢ 저장상자 및 저장고 내부를 소독제로 철저히 소독한다.

  ㉣ 과실을 예건을 통하여 습기를 제거한 후 저장고에 입고시켜 온도 0~1℃, 습도는 85~95%로 한다.

  ㉤ 저온저장고는 습도 조절이 불가능한 단점이 있으므로 건조 피해를 막기 위해 주기적으로 물을 뿌리거나 가습기를 이용한다.

  ㉥ 저장상자와 벽면 사이는 약 50cm, 천장 사이는 최소한 1m 이상의 공간을 두고 상자를 배치하여야 하며 과실 상자는 통풍이 좋은 상자를 이용하는 것이 좋다.

---

### 10년간 자주 출제된 문제

**2-1. 다음 과일 중 저장온도가 가장 높은 것은?**

① 사과              ② 포도
③ 감귤              ④ 복숭아

**2-2. 일반적으로 과실 저장에 알맞은 상대습도는?**

① 30~40%           ② 45~55%
③ 70~75%           ④ 85~95%

**2-3. 과실 저장고에서 환기하는 이유는?**

① 유해가스의 방출    ② 호흡 촉진
③ 착색 촉진          ④ 후숙 촉진

**2-4. 다음 중 수확 후 과실 취급으로 부적합한 것은?**

① 예랭 작업을 한다.
② 에어쿨링(air cooling)을 시킨다.
③ 수확 후 과온이 높은 과실을 바로 저장고에 넣는다.
④ CA 저장에 넣는다.

|해설|

2-4
③ 과온이 높은 과실을 바로 저장고에 넣으면 저장성이 떨어지므로 저장 전 예건하여 저장고에 입고시켜야 한다.

정답 2-1 ③  2-2 ④  2-3 ①  2-4 ③

① **저장 중 병해** : 물리적 손상이 주된 원인으로 탄저병, 회색곰팡이병, 푸른곰팡이병 등이 있다.

㉠ 사과 탄저병
- 감염 : 고온다습한 기상조건에서 감염된다.
- 증상 : 감염 초기에는 과실 표면에 둥글고 작은 반점이 나타나 점차 확대하여 병반이 함몰되고 부패한다.
- 방제 : 저장 전 감염과실 제거, 물리적 상처 방지, 신속한 저온저장

㉡ 사과 회색곰팡이병(잿빛곰팡이병)
- 감염 : 수확 전 과수원 유기물에 감염, 수확 후 감염 과실의 접촉
- 증상 : 과실 표면에 연갈색의 반점이 나타나 과실 전체가 썩어 들어가는데 과실 표면에 잿빛 분말 형태의 균사체가 나타난다.
- 방제 : 수확 후 저장 공간 살균, −1~0℃에서 저장, 과실을 물이나 염화칼슘 용액으로 세척

※ 복숭아의 회색곰팡이병 친환경 처리방법 : 60% 이상의 고농도 이산화탄소 처리가 효과를 보이지만 이취가 발생할 우려가 있다.

㉢ 사과, 배 푸른곰팡이병
- 감염 : 수확 후 과피의 상처
- 증상 : 처음에는 옅은 색의 반점이 나타나고 고온이 유지되면 반점이 급속히 확대된다.
- 방제 : 재배지에서 감염원 회피, 물리적 상처 방지, 수확 후 신속한 냉장, 저장용기 및 저장고 소독
- 친환경 처리방법 : 38℃에서 4일간 열 처리

※ 중탄산나트륨 용액 처리 : 수확 후 부패증상을 억제하는 효과가 있다. 값도 저렴하고 쉽게 구할 수 있을 뿐만 아니라 1.4%에서 식물 독성이 거의 없는 장점을 가지고 있다.

② **저장 중 생리장해** : 저장 중 병원균의 침입 이외의 요인으로 발생되어 조직에 손상을 주는 장해를 말한다.

㉠ 사과 고두병
- 원인 : Ca 부족이 원인으로 질소시비 과다, 수체 및 착과량 조절 실패 등이 2차 요인이다.
- 증상 : 과실 표면에 오목한 반점이 나타나 외관을 손상시킨다.
- 예방 : 석회 사용, 질소비료 과용 방지

※ 배 바람들이 현상 : 생육기간 동안 Ca가 부족한 과실을 저장할 경우 발생한다.

㉡ 사과, 배 밀 증상
- 증상 : 솔비톨이 과육의 특정부위에 비정상적으로 축적되어 과심부에 꿀이 들어 있는 모양으로 나타난다.
- 장기저장 시 과육 내부갈변의 원인이 된다.

㉢ 사과, 배 내부갈변 현상
- 원인 : 수확 전후에 얼었던 과실을 저장하거나 저장고의 환기 불량으로 저장고 내 이산화탄소가 5% 이상 축적될 경우 나타난다.
- 밀 증상이 심한 과실일수록 갈변이 촉진된다.
- 예방 : 저장고 내의 이산화탄소가 5% 이상 축적되지 않도록 환기를 주기적으로 실시한다.

※ 부적합한 산소와 이산화탄소 농도에 따른 CA 또는 MA 장해로는 후지 사과의 내부 갈변과, 단감의 과정부 갈변이 있다.

㉣ 저온장해 : 저온 저장을 한 복숭아의 유통과정에서 발생하는 과육의 스펀지 현상, 감귤의 조직 붕괴

㉤ 배 얼룩 현상은 과실의 노화와 곰팡이균 번식에 의하여 나타나고, 탈피 현상은 온도변화가 심한 저장고에서 나타난다.

㉥ 생리 대사의 이상으로 인한 장해로는 사과와 배의 껍질덴병, 배의 과피흑변 현상 등이 있다.
- 사과의 껍질덴병은 표피조직의 알파−파네신의 산화작용이 원인이다.
- 금촌추, 신고와 추황배의 과피흑변현상은 폴리페놀 물질의 산화 작용에 의해 나타나며 봉지를 씌운 과실을 수확 후 바로 저온저장할 때 심하게 발생한다.

**3-1. 사과 저장 중 발생하는 고두병은 다음 중 어떤 성분이 결핍될 때 발생하는가?**

① 붕소        ② 철분
③ 칼슘        ④ 마그네슘

**3-2. 과육의 특정 부위에 솔비톨(sorbitol)이 비정상적으로 축적되어 나타나는 과실의 증상은?**

① 밀 증상(water sore)
② 내부갈변(flesh browning)
③ 과피흑변(skin blackening)
④ 일소병(sun scald)

|해설|

3-2
**밀 증상** : 사과의 유관 속 주변이 투명해지는 수침 현상을 말하며, 솔비톨이 과육의 특정 부위에 비정상적으로 축적되어 나타나는 현상이다.

정답 3-1 ③　3-2 ①

---

## 핵심이론 04 | 수송 및 유통

① 수송
　㉠ 표준팰릿(1,100 × 1,100mm)을 사용하여 적재한 채로 수송한다.
　㉠ 냉동기가 부착된 냉장차나 냉장트레일러 및 컨테이너를 이용하여 수송한다.

② 유통경로
　㉠ 직거래 방법
　　• 장외거래 : 도매시장을 거치지 않고 생산자와 소매상 또는 소비자와 거래하는 직거래
　　• 생산자 조합과 소비자 조합 또는 생산자와 소비자가 결합하여 소매상도 경유하지 않는 직거래 방법
　㉡ 간접거래유형
　　• 생산자 → 소비자
　　• 생산자 → 소매상 → 소비자
　　• 생산자 → 도매상 → 소매상 → 소비자
　　• 생산자 → 대리상 → 소매상 → 소비자
　　※ 도매시장의 기능 : 수급조절, 가격형성, 분배기능, 유통경비 절약, 위생적인 거래
　㉢ 농민조직을 통하는 경우
　　• 생산농가 → 단위조합 → 공판장 → 지정거래인 → 소매상 → 소비자
　　• 생산농가 → 단위조합 → 수출업자(가공업자)
　　• 농산물 소매방법 : 소매점을 통해 판매, 통신판매(전자상거래), 방문판매, 자동판매기판매

③ 산지유통센터(APC)
　㉠ APC(Agricultural Product Processing Center)의 기능
　　• 산지에서 수확한 농산물을 수집
　　• 품목에 적합한 품질 관리 기술로 신선도 유지, 부패 등 손실 억제
　　• 일정 규격으로 선별, 포장, 상품화
　　• 수립된 판매 계획에 기초하여 각 시장으로 출하하는 기능을 수행하는 장소

ⓛ 효과
- 시장에서 유리한 가격 형성
- 산지명과 상품명 인지, 홍보 효과
- 생산 농가에서 선별, 포장 등 출하에 요구되는 노력 절감
- 절감된 노력을 재배 규모의 확대 또는 집약 관리에 의한 고품질 생산에 투입

④ 저온유통체계(cold-chain system)
  ⊙ 수확 후 예랭 → 저온 저장 → 저온 수송 → 저온 진열(판매)로 이루어짐
  ⓛ 효과
- 수확 후 농산물의 급격한 변화로 인한 가격의 불안으로부터 벗어남
- 중간 소매상과 도매상들은 농산물 품질이 일정하게 유지되어 적정 이윤 보장
- 농산물의 높은 품질을 최대한 유지한 상태에서 소비자에게 공급
- 수요가 늘고 있는 신선편이 농산물을 보다 안전하고 신선한 상태로 공급

---

**10년간 자주 출제된 문제**

**4-1. 저온유통(cold chain) 단계를 순서대로 나열한 것은?**

① 예랭 - 저장 - 수송 - 판매
② 예랭 - 수송 - 저장 - 판매
③ 저장 - 수송 - 예랭 - 판매
④ 저장 - 예랭 - 수송 - 판매

**4-2. 원예산물의 저온유통시스템의 장점은?**

① 연화촉진          ② 호흡촉진
③ 착색촉진          ④ 미생물 번식억제

|해설|

4-1
① 예랭 - 저장 - 수송 - 판매

4-2
**저온유통체계의 장점** : 호흡 억제, 숙성 및 노화 억제, 연화 억제, 증산량 감소, 미생물 증식 억제, 부패 억제 등

정답 4-1 ①  4-2 ④

---

제6절 과수 기상재해 관리

## 6-1. 서리피해 방지

**핵심이론 01** | 서리피해 특성

① 서리의 발생 요인
  ⊙ 서리 내리기 2~3일 전 비가 오거나 전날 차가운 북풍이 불어 하루 중 기온이 오르지 못할 때 서리가 내리기 쉽다.
  ⓛ 밤에 청명하면 서리가 내리지만, 바람이 불거나 구름이 끼면 서리가 내리지 않는다.
  ⓒ 지형적 특성
- 기온의 일변화가 심한 곳
- 강변, 긴 언덕, 산으로 둘러싸인 곳
- 산기슭의 분지나 곡간지
- 산간지로 표고가 250m 이상 되는 곡간 평지 등

② 서리피해 발생 양상
  ⊙ 생육 단계 중 서리에 가장 약한 시기는 개화기이다.
  ⓛ 개화기가 빠를수록 늦서리 피해를 심하게 받는다.
  ⓒ 개화기 전후에 늦서리 피해가 발생하면 암술머리와 배주(胚珠)가 검은색으로 변한다.
  ⓔ 화경이 짧아지고, 과병이 굴곡되거나 기형과가 되어 낙과한다.
  ⓜ 개화 후 꽃잎은 암술보다 약해서 서리가 내리면 바로 갈변한다.
  ⓗ 과실 표면에 혀 모양이나 띠 모양의 동녹이 발생하고, 과형을 나쁘게 하여 상품 가치를 떨어뜨린다.
  ⓢ 어린잎이 상해를 받으면 물에 삶은 것처럼 되어 검게 말라 죽는다.

## 10년간 자주 출제된 문제

**서리피해의 특징으로 옳지 않은 것은?**

① 밤에 청명하고 바람이 불거나, 구름이 끼면 서리가 내린다.
② 생육 단계 중 서리에 가장 약한 때는 개화기다.
③ 병해충 피해가 심하거나 불량한 나무는 피해가 심하다.
④ 개화 후 꽃잎은 암술보다 약해서 서리가 내리면 바로 갈변한다.

|해설|

서리는 대륙에서 발생한 비교적 온도가 낮고 건조한 이동성 고기압이 한반도를 통과하는 시기에, 바람이 없고 맑으며 야간에 기온이 빙점(氷點) 이하로 떨어지는 날에 주로 발생한다.

정답 ①

---

**핵심이론 02 │ 서리피해 예방**

① **재식 전 피해 예방**

ㄱ 과수원을 조성할 때 분지를 피하고, 상해가 심하게 나타나는 지역은 피한다.

ㄴ 방상팬, 미세 살수장치, 연소기 등 경감 시설물을 설치한다.

ㄷ 폭 2m 정도의 방상림을 설치한다.

ㄹ 경사지에는 경사 방향과 같이 상하로 재식한다.

② **재식 후 피해 대책 수립**

ㄱ 개화기가 늦고, 저온 내성이 큰 품종을 선택한다.

ㄴ 수세 안정화(균형시비, 적정 착과 등)로 저온 내성을 증대한다.

ㄷ 개화 전에 아미노산이나 요소(0.1~0.2%) 등 수체 살포로 저온 내성을 증대한다.

ㄹ 생장조절제를 살포하여 개화를 지연시킨다.

③ **송풍법 이용**

ㄱ 상층의 더운 공기를 아래로 내려보내 과수원의 기온 저하를 막는 방법이다.

ㄴ 일시에 많은 자본이 소요되나, 노력이 적게 들고, 효과도 안정적이다.

ㄷ 저온이 심한 경우나 바람이 심한 날에는 효과를 기대하기가 어렵다.

④ **살수법 이용**

ㄱ 스프링클러나 미세 살수장치 등으로 물을 흩뿌려 나무 조직의 온도가 내려가는 것을 막는 방법이다.

ㄴ 과수원의 과습을 막아주고, 효과가 높다.

⑤ **연소법 이용**

ㄱ 메탄올 젤, 목탄, 파라핀 등을 태워 과수원의 찬 공기를 따뜻한 공기로 바꿔 주는 방법이다.

ㄴ 10a당 점화 수는 석유등 20개 정도로 하며, 과원 주위에는 다량 설치하고 안쪽에는 드물게 설치하여 내부 온도가 고르게 올라가도록 한다.

© -1℃가 될 때 실시한다.

② 작업이 번거롭고 노력이 많이 소요되며, 화재 위험이 따른다.

⑥ 농작물 재해 보험에 가입

**10년간 자주 출제된 문제**

**2-1. 서리피해의 방지책이 아닌 것은?**

① 스프링클러로 살수하여 식물체의 표면을 동결시킨다.
② 개화기가 늦은 품종을 심는다.
③ 강전정을 하며 질소시비를 늘린다.
④ 생장조절제를 살포하여 개화를 지연시킨다.

**2-2. 다음 중 서리피해의 예방 대책이 아닌 것은?**

① 개원 시 냉기류가 정체하는 분지를 피한다.
② 서리의 위험이 있을 때 왕겨 등을 태운다.
③ 강전정을 하거나 질소비료를 많이 준다.
④ 스프링클러로 수관 전체에 살수하여 준다.

**2-3. 다음 중 늦서리에 대한 회피 대책으로 틀린 것은?**

① 과수원을 조성할 때 분지를 피한다.
② 경사면 아래쪽에 방상림(防霜林)을 설치한다.
③ 대형 선풍기를 가동하거나 기름을 연소시킨다.
④ 나무에 물을 뿌려 수체온도를 0~1℃로 유지시키는 방법도 있다.

**정답** 2-1 ③ 2-2 ③ 2-3 ②

① 결실량 유지를 위한 결실 관리

　⊙ 개화기에는 수정 능력이 저하되므로 사전에 일정량의 꽃가루를 확보하여 피해가 없는 온전한 꽃에 인공수분을 해주어야 한다.

　© 비교적 피해가 적은 나무의 윗부분에 중점적으로 인공수분을 해준다.

② 적과를 약하게 실시

　⊙ 적과 작업을 늦추어 피해과를 대상으로 적과를 실시한다.

　© 피해가 심할 경우 적과 대상 과실이라도 수세를 유지하기 위하여 일정량의 과실은 남겨 둔다.

　© 피해 상습지에서는 유과기 피해에 대비하여 1, 2차 적과를 약하게 하고, 마무리할 때에는 확실한 과실을 남겨 둔다.

③ 수세 관리

　⊙ 병해충 방제를 철저히 하여 잎을 보호한다.

　© 결실량이 확보되지 않았을 때는 질소 사용량을 줄인다.

　© 잎까지 피해를 입었을 때는 착과량을 줄이고, 낙화 후 10일경에 종합영양제(4종 복비)를 엽면에 살포하여 수세 회복을 꾀한다.

**10년간 자주 출제된 문제**

**다음 중 서리피해의 사후 관리 대책으로 틀린 것은?**

① 피해가 없는 온전한 꽃에 인공수분을 해주어야 한다.
② 피해과를 대상으로 적과를 가능한 한 빨리 실시한다.
③ 결실량이 확보되지 않았을 때는 질소 사용량을 줄인다.
④ 잎까지 피해를 입었을 때는 착과량을 줄이고, 종합영양제를 엽면살포한다.

|해설|

② 적과 작업을 늦추어 피해과를 대상으로 적과를 실시한다.

**정답** ②

## 6-2. 우박피해 방지

### 핵심이론 01 | 우박피해 특성

① 우박의 발생 요인

ㄱ 상승 기류를 타고 발달한 적란운에서 발생한다.

※ 적란운 : 수직으로 크게 발달한 구름 덩어리(꼭대기 온도 -10∼-5℃ 정도)이다.

ㄴ 상승과 하강을 반복하면서 물방울이 더해지고 빙결되는 과정을 반복하며 형성된다.

ㄷ 상승 기류가 약해지면 무게를 지탱할 수 없게 되어 지면으로 떨어진다.

② 우박의 특성

ㄱ 우박이 내리는 시기는 5∼6월, 9∼10월이다.

ㄴ 크기는 지름 20∼30mm 정도이나 50mm 이상인 것도 있다.

ㄷ 범위는 너비가 수 km에 불과하며, 보통 번개의 경로와 일치하거나 평행하다.

ㄹ 대체로 큰 강의 상류에 그 빈도가 높다.

③ 우박피해 발생 양상

ㄱ 피해를 입은 잎은 마찰에 의해 상처가 나며 심한 경우 낙엽이 되고, 광합성을 감소시켜 소과와 꽃눈 불량의 원인이 되기도 한다.

ㄴ 꽃눈이나 잎눈이 피해를 입으면 다음 해 결실에도 나쁜 영향을 준다.

ㄷ 우박과 충돌한 과실의 부위는 깊게 구멍이 생기고 심하면 낙과된다.

ㄹ 큰 과실이 피해를 받으면 봉지가 찢어지고 과실에 상처가 생기며, 상품성 저하와 수량 감소로 직결된다.

※ 과실 크기가 작은 시기에는 피해가 비교적 적고, 성숙기에 가까울수록 피해가 커진다.

ㅁ 우박피해를 입은 나뭇가지는 껍질에 상처가 나거나 가지가 찢어진다.

ㅂ 비교적 좁은 범위에서 돌발적이고, 짧은 시간에 큰 피해가 발생한다.

---

### 10년간 자주 출제된 문제

우박피해의 특성으로 옳지 않은 것은?

① 우박이 내리는 시기는 3∼4월이다.

② 피해를 입은 잎은 마찰에 의해 상처가 나며 심한 경우 낙엽이 된다.

③ 꽃눈이나 잎눈이 피해를 입으면 다음 해 결실에도 나쁜 영향을 준다.

④ 우박의 특징은 비교적 좁은 범위에서 돌발적이고, 짧은 시간에 큰 피해가 발생한다.

|해설|

① 5∼6월, 9∼10월에 5∼25℃ 사이가 될 경우 많이 발생한다.

정답 ①

## 핵심이론 02 | 우박피해 예방

① 부적합한 지형의 재배를 피한다.
② 우박이 자주 올 수 있는 지형에서는 피해 경감 시설을 설치한다.
③ 피해 예방을 위해 망을 피복한다.
　　㉠ 피해 예방을 위해 수관 상부에 그물을 씌워 준다.
　　㉡ 겨울철 눈이 내리기 전에 반드시 망을 걷어야 한다.
　　㉢ 그물망으로 인해 10% 정도만 차광되더라도 꽃눈 형성은 영향을 받을 수 있다.
　　㉣ 망을 씌우면 응애와 진딧물 등이 많이 발생할 수 있다.
④ 농작물 재해 보험에 가입한다.

## 핵심이론 03 | 우박피해 사후 관리

① 결실과 수세를 관리한다.
　　㉠ 피해를 입은 과실을 제거한다.
　　㉡ 수세 안정을 위하여 과수의 생육 시기와 피해 정도에 따라 적과량을 달리하여 과실을 남겨 둔다.
　　㉢ 개화기로부터 유과기까지의 피해로 신초가 많이 발생된 경우, 수차례의 하계전정과 우량 신초 유인으로 광 환경을 개선하고 신초의 꽃눈형성을 향상시킨다.
　　㉣ 살균제를 충분히 살포하여 상처 부위에 2차 감염이 일어나지 않도록 하여야 한다.
② 기형과를 가공용으로 이용한다.
　　㉠ 과실에 상처가 깊고 비대하게 성숙한 과실은 기형과로 가치가 떨어진다.
　　㉡ 맛에는 변화가 없으나 모양이 기형인 과실은 가공용으로 이용하여 부가가치를 향상시킨다.

# 6-3. 태풍피해 방지

## 핵심이론 01 | 태풍피해 특성

① 태풍의 특성

    ㉠ 열대저기압 중 중심 부근의 최대 풍속이 17m/s 이상이면 태풍이고, 30m/s 이상이면 초태풍이다.

    ㉡ 태풍이 우리나라에 영향을 주는 달은 8월, 7월, 9월 순이다.

    ㉢ 피해 정도는 풍속의 제곱에 비례한다.

    ㉣ 낙과의 정도는 과실 무게에 비례하며 가지 길이의 제곱에 비례한다.

    ㉤ 과실이 큰 과종이나 수확기에 가까울수록 강한 바람에 의한 피해를 받기 쉽다.

    ㉥ 태풍은 낙과 및 과실의 상처에 의한 병해 발생으로 수량 감소가 초래되기 쉽다.

    ※ 조풍해 : 바닷바람에 의한 염분의 피해

② 태풍피해 발생 양상

    ㉠ 전엽 시기의 강풍은 어린잎이 상처를 받거나 잘 떨어지고 농약 살포 때 약하여 병해 발생의 원인이 된다.

    ㉡ 개화기의 강풍은 결실을 나쁘게 한다.

    ㉢ 생육기의 강풍은 잎의 증산이 커져 건조해와 바람과의 마찰에 의해 상처를 입히고, 낙엽을 유발한다.

    ㉣ 잎의 피해는 과실 비대, 수체 저장양분 및 꽃눈 발달에 나쁜 영향을 미친다.

    ㉤ 과수는 가지가 찢어지거나 부러지고 낙과 등이 발생한다.

    ㉥ 수고가 높거나 뿌리의 발달이 불량하면 피해가 커지며, 골짜기나 하천을 끼고 있는 곳은 풍속이 강해 그 피해가 더 크다.

**1-1. 태풍의 피해에 대한 설명으로 옳지 않은 것은?**

① 최대 풍속이 30m/s 이상이면 태풍이라 한다.

② 태풍이 우리나라에 영향을 주는 달은 8월, 7월, 9월 순이다.

③ 잎의 피해는 과실 비대, 수체 저장양분 및 꽃눈 발달에 나쁜 영향을 미친다.

④ 개화기의 강풍은 결실을 나쁘게 한다.

**1-2. 과수원에 비가 지나치게 많이 올 때의 장해에 해당되지 않는 것은?**

① 당도가 높아진다.

② 웃자라기 쉽고 병해가 많이 발생한다.

③ 꽃눈분화기에 꽃눈형성을 방해한다.

④ 경사진 과수원에서는 토양 침식이 있다.

|해설|

1-1

① 열대저기압 중 중심 부근의 최대 풍속이 17m/s 이상이면 태풍이고, 30m/s 이상이면 초태풍이다.

정답 1-1 ① 1-2 ①

① 방풍림·방풍울타리를 설치한다.

  ㉠ 방풍림의 방풍효과는 그 높이의 10~15배이다.

  ㉡ 바람의 반대 방향으로는 방풍림 높이의 5배 정도 효과가 있다.

  ㉢ 20~30%의 바람은 통과할 수 있도록 나무를 배치한다.

  ㉣ 방풍림으로는 포플러, 오리나무, 낙엽송, 삼나무, 화백나무, 측백나무 등이 좋다.

  ㉤ 관목을 혼합하여 아래쪽으로 바람이 새는 것을 막아준다.

  ㉥ 0.5~1.0m 간격으로 1줄 또는 2줄로 심고, 높이는 전정 시 5m로 한다.

  ㉦ 방풍림과 인접하는 사과나무는 조생종 또는 녹황색 계통으로 한다.

② 방풍망을 설치한다.

  ㉠ 방풍망은 15~30%까지 바람을 감속시키며, 높이의 18배 정도까지 효과가 있다.

  ㉡ 재료는 한랭사(1.8mm 메시)가 가장 효과적이다.

  ㉢ 높이는 5~5.5m로 하고, 최대 순간 풍속 30m/s 이상에 견디도록 한다.

  ㉣ 한랭사의 그물눈은 4mm 정도로 하여 과수의 윗면 전체에 수평으로 치는 것이 좋다.

③ 덕을 설치하고 가지를 묶어준다.

  ㉠ 진동에 의한 낙과를 예방하기 위해 덕을 설치한다.

  ㉡ 가지를 유인하여 결과지가 바람에 흔들리지 않도록 한다.

  ㉢ 줄기와 주지 등에 공동이 생기면 찢어지기 쉬우므로 지주로 받친 뒤 밧줄 등을 이용하여 묶는다.

④ 농작물 재해 보험에 가입한다.

**태풍피해의 예방에 대한 설명으로 옳지 않은 것은?**

① 방풍림으로는 관목이 좋다.

② 방풍림·방풍울타리를 설치한다.

③ 진동에 의한 낙과를 예방하기 위해 덕을 설치한다.

④ 방풍망을 설치한다.

| 해설 |

① 방풍림으로는 키가 크고 바람을 이기는 힘이 큰 수종이 좋다.

정답 ①

① 피해복구

　㉠ 도복된 나무를 세워 준다.

　㉡ 가지가 찢어진 경우는 결과모지를 줄이고, 찢어진 부위는 끈으로 감거나 걸림쇠를 넣어 단단하게 고정한다.

　㉢ 회복이 어려운 가지는 빨리 잘라 내고 절단면에 도포제(톱신 페스트 등)를 칠한다.

　㉣ 상처 보호 및 수세를 관리한다.

　　• 상처 부위의 피해를 줄이기 위해 병해충을 방제한다.

　　• 풍해를 입어 뿌리가 상한 나무는 부란병 예방을 위해 낙화 후 20일 쯤에 톱신엠 수화제나 벤레이트 수화제를 사용한다.

　　• 조기에 생산력 회복을 위하여 수세를 진단하고 수세별로 차등 관리한다.

　　• 낙엽피해가 심한 나무는 착과량을 억제하고 추비 및 엽면의 질소시비(요소 0.3~0.4%)를 한다.

　　• 피해가 아주 심한 나무는 그 해에 착과된 과실을 제거하여 수세 회복에 힘쓴다.

② 풍수해 대비

　㉠ 하천 유역의 침수 복구

　　• 과수원에 남아있는 물은 가능한 빨리 배수한다.

　　• 과실의 봉지를 제거하고, 흙 앙금은 물로 씻어 낸 후 살균제를 살포한다.

　　• 쌓인 토사는 제거하고 건조한 토양은 경운하여 통기성을 유지한다.

　　• 퇴적토가 쌓였던 토양은 이듬해에 시비를 약간 적게 한다.

　㉡ 경사지 토양 침식 및 토사 매몰 복구

　　• SS기 운행 통로 등 농로를 복구한다.

　　• 방제 용수를 확보하고, 나무에 상처가 났을 경우에는 톱신 페스트나 베푸란 도포제를 도포한다.

---

### 10년간 자주 출제된 문제

다음 중 태풍피해의 사후 관리를 설명한 것으로 옳지 않은 것은?

① 뿌리가 상한 나무는 부란병 예방을 위해 낙화 후 20일 즈음에 톱신엠 수화제나 벤레이트 수화제를 사용한다.

② 낙엽피해가 심한 나무는 질소 시비를 억제한다.

③ 낙엽피해가 심한 나무는 착과량을 억제한다.

④ 경사지에서 토양 침식 등으로 나무에 상처가 났을 경우에는 톱신 페스트나 베푸란 도포제를 도포한다.

|해설|

② 낙엽피해가 심한 나무는 착과량을 억제하고 추비 및 엽면의 질소시비(요소 0.3~0.4%)를 한다.

**정답** ②

## 6-4. 동해피해 방지

**핵심이론 01** 동해피해 특성

① 동해의 발생 요인
- ㉠ 여름작물이 생육기간 중 저온으로 인하여 생육이 지연되거나 생식세포에 이상을 주어 장해를 받는 것을 냉해라 한다.
- ㉡ 세포조직 내에 결빙이 생겨 장해를 받는 경우는 동해(凍害)라 한다.
  - ※ 온대과수의 동해 한계온도 : 사과는 $-35 \sim -30$℃, 배는 $-25 \sim -18$℃, 복숭아는 $-25 \sim -15$℃ 정도이다.
- ㉢ 지형적 특성
  - • 경사지는 냉기가 정체하지 않고 흘러 내려가므로 평지보다 동해피해를 적게 받는다.
  - • 사방이 산지로 둘러싸인 분지 형태는 피해가 크고, 일출 이후에 기온이 급상승하면서 피해를 더 키운다.
  - • 표고가 250m 이상 되는 평지는 과냉각 현상이 심하여 피해가 크다.
  - • 경사지보다 평지, 강가, 호수 주변에서 동해가 심하게 나타난다.
  - • 주위가 산으로 둘러싸여 있어 찬 공기가 흐르지 못하는 곳, 강변의 찬 공기가 쌓이는 곳, 산기슭의 평지 또는 산기슭 낮은 곳이 동해를 받기 쉽다.

② 부위별 동해
- ㉠ 목질부 동해 : 묘목이나 어린 유목에서 심부가 흑변하고, 목부가 암색으로 되는 것이 보통이며, 복숭아, 매실, 양앵두 등에서 볼 수 있다.
- ㉡ 원줄기 동해 : 온도가 급격히 하강하여 가지 내부의 수분이 급격히 얼지만 온도가 상승하면 회복된다.
- ㉢ 겨울철 일소 : 낮 동안 온도가 상승했다가 밤에 갑자기 온도가 하강하여 수피가 동결되는 것이 보통인데, 유목은 껍질이 세로로 갈라지고 목질부가 분리되는 경우가 많으며, 원줄기 남서면(南西面)과 굽은 가지 위쪽에 피해가 많다.
- ㉣ 가지의 고사 : 초봄 복숭아를 비롯하여 작은 가지 끝에서 발생한다.
- ㉤ 눈의 동해 : 잎눈보다 꽃눈이 약하고, 겨드랑이 눈보다 끝 눈에서 피해가 심하다.

③ 동해피해 발생 양상
- ㉠ 만개 시기에는 $-2 \sim -1$℃의 저온에서도 쉽게 동해를 입는다.
- ㉡ 저온 강하 속도나 동결된 후 해빙되는 속도가 빠를수록 동해가 심하다.
- ㉢ 전년도에 과다 결실된 과원 또는 병해충 관리가 불량한 과원에서 많이 발생된다.
- ㉣ 대부분 유목이 성목에 비하여 동해에 약한 편이다.
- ㉤ 가을 늦게까지 영양생장이 계속된 경우 동해를 받기 쉽다.
- ㉥ 수체에서는 눈, 특히 꽃눈이고 그다음이 잎눈, 1년생 가지가 피해를 받기 쉽다.
- ㉦ 큰 가지에서도 분지각도가 좁은 부위가 피해가 많으며, 주간의 경우 지표 가까운 지제부에서 피해가 많다.
- ㉧ 피해를 받은 부분은 수피가 갈라지고 피해부위는 부란병, 동고병 등 병원균의 침입이 쉽다.
- ㉨ 만생종보다 조생종 품종에서 피해가 심하다.

---

### 10년간 자주 출제된 문제

다음 중 동해에 대한 설명으로 옳지 않은 것은?
① 만생종보다 조생종 품종에서 피해가 심하다.
② 동해를 입은 작물은 병원균에 쉽게 감염되어 부패하기 쉽다.
③ 동해의 증상은 해동 후보다는 결빙 중에 많이 나타난다.
④ 식물세포는 많은 영양물질을 함유하므로 물의 빙점보다는 약간 낮은 온도에서 결빙된다.

|해설|
③ 동해의 증상은 결빙 중인 때보다는 해동 후에 나타난다.

**정답** ③

## 핵심이론 02 | 동해피해 예방

① 부적합한 지형의 재배를 피하기

   ㉠ 주위가 산으로 둘러싸여 있어서 찬 공기가 정체하는 곳

   ㉡ 물이 흐르는 강변, 산기슭의 평지 또는 산기슭의 낮은 곳

   ㉢ 경사지보다 평지, 강가, 호수 주변

   ※ 찬 기류가 산기슭에서 내려와 낮은 곳에 머물기 때문에 동해피해를 더 받기 쉽다.

② 부적합한 품종의 재배를 피하기

   ㉠ 사과 후지와 스펄리브레이즈가 동해에 강하고 쓰가루, 골든델리셔스 등은 동해에 약하다.

   ㉡ 만생종보다 조생종 품종에서 피해가 심하다.

   ㉢ 극기온이 $-30\sim-25℃$ 이하가 되는 지역에서는 배나무 재배를 피한다.

   ㉣ 경사지의 경우 추위에 강한 품종은 낮은 쪽에, 약한 품종은 경사지 위쪽에 심는다.

③ 주간부 피복 및 재배 관리

   ㉠ 동해를 받기 쉬운 주간 또는 주지에 백색 페인트나 짚 등으로 피복해 준다.

   ㉡ 지면에서 60~90cm 부위를 짚 등의 보온재로 보호하여 예방한다.

   ㉢ 적절한 결실과 충분한 배수 및 철저한 병해충 방제로 잎을 늦게까지 잘 보존함으로써 수체 안에 양분이 축적되도록 한다.

   ㉣ 적절한 질소비료의 시용으로 나무의 저장 양분을 많게 하여 내동성을 높여 준다.

④ 농작물 재해 보험에 가입하기

---

### 10년간 자주 출제된 문제

**다음 중 동해피해의 예방에 관한 설명으로 옳지 않은 것은?**

① 평지, 강가, 호수보다 경사지 주변지형의 재배를 피한다.

② 극기온이 $-30\sim-25℃$ 이하가 되는 지역에서는 배나무 재배를 피한다.

③ 물이 흐르는 강변, 산기슭의 평지 또는 산기슭의 낮은 곳은 재배를 피한다.

④ 경사지의 경우 추위에 강한 품종은 낮은 쪽에, 약한 품종은 경사지 위쪽에 심는다.

|해설|

① 경사지보다 평지, 강가, 호수 주변지형의 재배를 피한다.

**정답** ①

① 전정 시기 늦추기
  ㉠ 동해피해 시 전정 시기를 늦추고(4월 초순), 피해를 받은 나무는 도장지 등을 이용하여 수관을 형성한다.
  ㉡ 화아의 피해 정도가 50% 이상이면 겨울 전정 때보다 2배 정도, 50% 이하일 때는 20% 정도 더 가지를 남긴다.
  ㉢ 수세가 약한 나무는 눈이 발아하는 것을 확인한 후 건전한 부위에서 피해 가지를 잘라 내고, 상처 부위는 보호 살균제를 도포한다.

② 수세 관리
  ㉠ 동해로 인하여 결실이 되지 않아 수세가 강한 나무는 질소 비료의 사용을 30~50% 정도 줄이고, 수세가 쇠약해진 나무는 요소 등의 엽면시비로 수세 회복을 꾀한다.
  ㉡ 기비는 가능한 일찍 주고 새순이 발아한 후에는 속효성 질소 비료를 위주로(수세 정도에 따라) 분시한다.
  ㉢ 꽃눈의 피해로 결실이 되지 않거나 결실량이 적을 때는 질소 비료 사용량을 줄여서 웃자람을 예방하고, 병해충 방제를 철저히 하여 잎을 보존한다.

③ 병해충 방제
  ㉠ 파열이나 열상 등의 피해는 도포제 등을 도포하여 병해충의 피해를 최소화한다.
  ㉡ 지면과 접한 부위나 가지의 분지점에 동상이 생긴 경우에는 석회유황합제나 외벽용 페인트를 발라 동고병 감염을 예방한다.

# 화훼

CHAPTER

03

## 제1절 화훼 번식

### 1-1. 화훼의 분류

| 핵심이론 01 | 한두해살이 화초

① 1년생 초화류 : 씨를 뿌린 후 1년 이내에 꽃이 피고 씨를 맺은 후 일생을 마치는 화초로, 한해살이식물(annuals)이라고도 한다.

　㉠ 춘파 1년초

　　• 봄에 씨를 뿌려 가을이나 그 이전에 꽃을 피우고 열매를 맺는다.

　　• 종류 : 분꽃, 맨드라미, 채송화, 과꽃, 색비름, 샐비어, 메리골드, 달리아, 백일초, 코스모스, 해바라기, 일일초, 금어초, 봉선화, 나팔꽃, 미모사, 아게라텀 등

　　※ 메리골드 : 채종 시기가 다소 늦어도 종자가 탈락, 비산하지 않는다.

　㉡ 추파 1년초

　　• 가을에 씨를 뿌려 이듬해 봄에 꽃을 피운다.

　　• 종류 : 데이지, 팬지, 프리뮬러, 시네라리아, 칼세올라리아, 스타티스, 피튜니아, 금잔화, 양귀비, 튤립 등

② 2년생 초화류

　㉠ 씨를 뿌린 후 2년 이내에 꽃이 피고 씨를 맺은 후 일생을 마치는 화초로, 두해살이식물(biennials)이라고도 한다.

　㉡ 종류 : 패랭이꽃, 접시꽃, 디기탈리스, 석죽, 스토크, 루나리아, 당아욱, 캄파눌라 등

---

### 10년간 자주 출제된 문제

**1-1. 다음 중 봄뿌림 한해살이 화초에 속하지 않는 것은?**

① 백일초　　　　　　② 프리뮬러
③ 샐비어　　　　　　④ 메리골드

**1-2. 가을뿌림 한두해살이 화초에 해당되는 것은?**

① 메리골드　　　　　② 채송화
③ 아게라텀　　　　　④ 시네라리아

**1-3. 다음 중 2년생 초화류로 분류하기 어려운 것은?**

① 디기탈리스　　　　② 석죽
③ 스토크　　　　　　④ 양귀비

| 해설 |

1-1
프리뮬러는 가을에 파종하는 추파 1년초에 속한다.

1-3
④ 양귀비 : 추파 1년초

정답 1-1 ②　1-2 ④　1-3 ④

## 핵심이론 02 | 여러해살이 화초

① 여러해살이 화초는 한번 씨를 뿌려 가꾸면서 여러 해 동안 식물체의 전부 또는 일부가 살아남아 꽃이 피고 씨앗을 맺는 화초로 숙근초라고도 한다.

② 노지숙근초
   ㉠ 온대 및 아한대 지역의 자생식물이 개량되어 화훼가 된 것이다.
   ㉡ 화아분화 및 개화에 온도와 일장이 중요한 요인으로 작용한다.
   ㉢ 봄부터 여름에 개화하는 것은 일반적으로 단일조건에서 화아분화가 잘되고, 장일조건에서 개화가 잘되는 단·장일성 식물이다.

   ※ 가을에 개화하는 국화는 봄부터 줄기가 신장하고, 가을에 단일조건에서 화아분화하여 개화하는 단일성 식물이다.

   ㉣ 종류 : 구절초, 아퀼레기아, 벌개미취, 작약, 샤스타데이지, 국화, 꽃창포, 루드베키아, 매발톱꽃, 꽃잔디, 숙근플록스, 옥잠화, 비비추, 원추리 등

③ 온실숙근초(비내한성 여러해살이 화초)
   ㉠ 열대 및 아열대 지방의 원산식물로, 내한성이 약하여 우리나라에서는 온실에서 재배한다.
   ㉡ 카네이션, 거베라, 숙근안개초 같은 절화작물로 유명하지만, 관엽식물로 취급되는 것도 많다.
   ㉢ 난과 식물과 선인장류 등도 포함된다.
   ㉣ 종류 : 군자란, 칼랑코에, 피소스테기아, 마가렛, 제라늄, 극락조화, 안스리움, 아스파라거스, 거베라, 카네이션 등

① 알뿌리 화초는 식물체의 잎, 줄기, 뿌리 등 기관 일부에 양분이 저장되어 원형, 편평한 원형 등 여러 형태로 비대하여 알뿌리를 형성하는 화초이다.

② 심는 시기에 따른 분류

  ㉠ 춘식(봄심기)구근

   • 봄철에 심어 가을에 꽃이 피고, 서리가 내리기 전에 수확하였다가 다시 봄에 심는 구근류이다.

   • 종류 : 글라디올러스, 칸나, 달리아, 글로리오사, 아마릴리스, 진저, 수련 등

  ㉡ 추식(가을심기)구근

   • 9~10월 사이의 가을철에 심어 겨울에 싹이 돋고 봄에 꽃이 피며, 여름에 잎과 줄기는 시들고 땅속의 뿌리는 휴면에 들어간다.

   • 겨울 동안 저온이 지난 후에 휴면이 타파되어 꽃을 피우는 구근류이다.

   • 종류 : 나리류, 무스카리, 라넌큘러스, 백합, 수선화, 아네모네, 구근아이리스, 알리움, 크로커스, 튤립, 프리지어, 히아신스, 스노드롭, 콜키쿰, 시클라멘 등

   ※ 종자 번식을 주로 하는 구근식물 : 글록시니아, 시클라멘, 달리아, 프리지어, 라넌큘러스, 아네모네, 글로리오사, 하늘나리 등

   > **더 알아보기**
   >
   > • 시클라멘 : 굳은 종자로 따뜻한 물에 24시간 담갔다가 뿌리면 발아가 촉진된다.
   > • 달리아 : 알뿌리 화초 중 양분을 저장하고 있는 부분에는 눈이 없고 그 윗부분인 관부(크라운)에 눈이 있다.

③ 알뿌리의 형태에 따른 분류

  ㉠ 비늘줄기(인경) : 줄기의 일부가 변형된 잎의 일부가 양분의 저장기관으로 발달된 것이다.

   • 유피인경 : 튤립, 아마릴리스, 히아신스, 스노드롭, 사프란, 로도히폭시스, 상사화, 수선화, 실라, 히메노칼리스, 알리움, 오니소갈럼, 튜베로즈, 무스카리 등

   • 무피인경 : 백합, 프리틸라리아, 나리 등

  ㉡ 구슬줄기(구경) : 줄기가 비대해져 알뿌리 모양으로 된 것이다.

   • 춘식구경류 : 글라디올러스, 아시단데라 등

   • 추식구경류 : 구근아이리스, 바비아나, 스파락시스, 왓소니아, 익시아, 콜키쿰, 크로커스, 트리토니아, 프리지어 등

  ㉢ 덩이뿌리(괴근)

   • 뿌리가 비대해져 양분의 저장기관으로 발달된 것이다.

   • 종류 : 달리아, 라넌큘러스, 작약, 도라지 등

  ㉣ 덩이줄기(괴경) : 땅속에 있는 줄기가 비대하여 양분의 저장기관으로 발달된 것으로, 대부분 부정형이며 구조에는 껍질이 없다.

   • 춘식구근 : 구근베고니아, 글록시니아, 칼라, 칼라디움 등

   • 추식구근 : 시클라멘, 아네모네 등

  ㉤ 뿌리줄기(근경)

   • 땅속에 있는 줄기가 비대해져 양분의 저장기관으로 발달된 것으로, 땅속을 얕게 수평으로 뻗어 나가는 것이 특징이다.

   • 종류 : 수련, 진저, 칸나, 붓꽃, 아이리스 등

**3-1. 가을에 심는 구근은?**

① 달리아　　　　　　② 아마릴리스
③ 수선화　　　　　　④ 글라디올러스

**3-2. 다음 중 종자 번식을 주로 하는 구근식물은?**

① 크로커스　　　　　② 글록시니아
③ 튤립　　　　　　　④ 프리지어

**3-3. 열대기후형 화훼인 것은?**

① 튤립　　　　　　　② 팬지
③ 필로덴드론　　　　④ 클레마티스

**3-4. 구슬줄기인 알뿌리 화초는?**

① 아마릴리스　　　　② 알리움
③ 프리지어　　　　　④ 다알리아

**3-5. 덩이줄기(傀莖)에 속하는 화훼는?**

① 히아신스　　　　　② 크로커스
③ 아네모네　　　　　④ 프리지어

**3-6. 아이리스(Iris)는 구근의 유형 중 어느 것에 속하는가?**

① 덩이뿌리(괴근)　　② 뿌리줄기(근경)
③ 알줄기(구경)　　　④ 비늘줄기(인경)

**정답** 3-1 ③　3-2 ②　3-3 ③　3-4 ③　3-5 ③　3-6 ②

---

## 핵심이론 04 │ 관엽식물

① 관엽식물은 주로 잎의 모양, 색, 무늬 등의 아름다움을 관상하는 식물이다.

② 대부분 열대 및 아열대 지역이 원산지이며, 추위에 약하고 그늘에서 잘 자란다.

③ 잎이 넓고 연중 푸른 잎을 감상할 수 있으며, 실내 공기 정화 능력이 탁월해 실내장식용으로 많이 쓰인다.

④ 수분을 많이 필요로 하고, 건조에 약하기 때문에 고온 다습한 환경이 필요하다.

⑤ 주로 포기나누기나 꺾꽂이로 번식시킨다.

⑥ 종류

　㉠ 천남성과 : 디펜바키아, 싱고니움, 스킨답서스, 스파티필룸 등

　㉡ 수선화과 : 군자란, 문주란, 석산·상사화 등

　㉢ 야자과 : 아레카야자, 관음죽, 테이블야자, 켄차야자 등

　㉣ 고사릿과 : 보스턴고사리, 아디안툼, 프테리스, 박쥐란 등

⑦ 생태적 분류

　㉠ 온실관엽 : 피토니아, 베고니아, 칼라디움, 드라세나류, 크로톤, 피닉스, 켄차야자 등

　㉡ 노지관엽 : 남천, 식나무, 가시나무류, 홍가시나무, 목서, 호랑가시나무, 후피향나무, 사철나무, 주목, 개비자나무 등

※ 잎꽂이로 번식하는 화훼 : 산세비에리아, 렉스베고니아, 글록시니아, 세인트포올리아, 아프리칸바이올렛

**4-1. 다음의 관엽식물 중에서 주로 노지재배를 하는 종류는?**

① 코키아
② 몬스테라
③ 피롤덴드론셀로움
④ 아스파라거스

**4-2. 다음 관엽식물 중에서 천남성과에 속하는 것은?**

① 디펜바키아
② 종려죽
③ 아스파라거스
④ 구즈마니아

**4-3. 다음 중 수선화과에 속하는 관엽식물은?**

① 크로톤　　　　　② 군자란
③ 심비디움　　　　④ 칼라디움

|해설|

4-2
**천남성과** : 디펜바키아, 싱고니움, 스킨답서스, 스파티필룸 등

정답 4-1 ①　4-2 ①　4-3 ②

---

## 핵심이론 05 │ 난류

① 난(蘭, Orchids)은 단자엽식물 중에서 난과에 속하는 다년생 초본식물을 총칭한다.

② 자생지는 열대를 중심으로 온대, 고산(高山) 기후까지 널리 분포되어 있는데, 아시아의 열대에 가장 많다.

③ 근모(根毛)가 없는 것으로 알려져 있고, 근균(Mycor-rhiza)과 공생하며, 그 성상과 형태가 다양하다.

④ 난류는 무배유 종자 즉, 배는 있어도 배유(씨젖)이 없다.

⑤ 원산지에 따른 분류

　㉠ 동양란(온대성) : 한란, 춘란, 건란, 석곡(장생란), 풍란 등

　㉡ 서양란(열대성) : 카틀레야, 덴드로비움, 심비디움, 팔레놉시스, 온시디움, 밀토니아, 소브라리아, 반다, 에피덴드룸 등

⑥ 생태적 분류(뿌리의 상태)

　㉠ 지생란

　　• 뿌리를 주로 땅속으로 뻗는 난으로 난석을 이용하여 심는다.

　　• 종류 : 심비디움, 춘란, 건란, 한란, 소심란, 자란 등

　㉡ 착생란

　　• 뿌리가 나무의 줄기나 바위 등에 붙어서 뻗는 난으로 수태, 바크 등을 이용하여 심는다.

　　• 종류 : 카틀레야, 덴드로비움, 밀토니아, 온시디움, 오돈토글로섬, 팔레놉시스 등

## 10년간 자주 출제된 문제

**5-1. 다음 중 열대성 난(蘭)은?**

① 팔레놉시스      ② 춘란

③ 보세란      ④ 풍란

**5-2. 다음 중 무배유(無胚乳) 종자는?**

① 야자류      ② 선인장류

③ 난류      ④ 토란류

|해설|

5-2

난류는 배는 있어도 배젖이 없는 종자가 맺힌다.

정답 5-1 ①   5-2 ③

---

## 핵심이론 06 | 선인장 및 다육식물

① 선인장

    ㉠ 사막이나 건조한 지방에서 잘 자라며 잎이 가시로 변한 식물이다.

    ㉡ 대부분 줄기가 커져서 구형 또는 기둥 모양으로 변하여 수분과 양분을 저장하며, 꽃이 아름다운 종류가 많다.

    ㉢ 종류 : 공작선인장(월하미인), 게발선인장, 비모란, 기둥선인장(귀면각, 금사자, 백단, 삼각주), 산취, 가재발선인장 등

> **더 알아보기**
>
> 선인장과(*Cactaceae*)
> 선인장과 식물은 대부분이 북미 서남부, 멕시코, 남아프리카 서부에 분포되어 있으며, 분류학적으로 파이레스키아(*Peireskioideae*), 오푼티아(*Opuntioideae*), 세레우스(*Cereoideae*)의 3아과(亞科)로 구분된다.
> ※ 게발선인장과 가재발선인장은 남미 브라질이 원산지이다.

② 다육식물

    ㉠ 선인장과 같이 잎이나 줄기가 비대하여 건조에 견딜 수 있도록 물과 양분을 저장하고 있어 사막이나 건조한 지방에서 잘 자란다.

    ㉡ 가시가 없고 모양이 진귀한 것이 많다.

    ㉢ 주로 분화용으로 많이 이용하며 분주, 삽목 등의 영양 번식을 주로 한다.

    ㉣ 다습하면 썩기 쉽다.

    ㉤ 종류 : 산세비에리아, 알로에, 유카, 용설란, 칼랑코에, 칠보수, 채송화, 은행목, 바위솔, 돌나물, 꽃기린, 스타펠리아 등이 있다.

※ 꽃기린은 쥐손이풀목 대극과 대극속에 속한다.

---

**10년간 자주 출제된 문제**

척박하고 건조한 날씨의 지역에서 자생하고, 자생지의 혹독한 환경에 견딜 수 있도록 줄기나 잎이 가시처럼 변한 식물이 아닌 것은?

① 산세비에리아  ② 알로에
③ 선인장  ④ 카틀레야

|해설|

④ 카틀레야는 난과 식물에 속한다.

정답 ④

---

**핵심이론 07 | 야자류**

① 야자류는 부름켜로 2차 비대생장을 하는 것이 아니라 줄기 꼭대기의 생장점 바로 아랫부분에서 세포가 왕성하게 증식하여, 그 결과 줄기 속에 여러 개의 산재된 관다발이 생긴다.

② 주로 키만 커질 뿐 줄기는 더 이상 굵어지지 않는다.

③ 줄기는 가지로 나뉘어 있지 않고, 잎은 줄기 꼭대기에 모여 난다.

④ 당종려

　㉠ 높이는 5m 내외까지 자라고 가지를 치지 않고 맨 꼭대기에서 부챗살 모양으로 잎이 펼쳐진다.

　㉡ 내한성이 강해서 제주도와 남부지방은 물론 중부지방에서도 식재가 가능하다.

　㉢ 종려털은 수세미와 빗자루로 사용할 수 있고 새끼를 꼬아 방석을 만들기도 한다.

⑤ 관음죽

　㉠ 키가 작고 촘촘하며 다발을 이뤄 자라는 야자이다.

　㉡ 아열대성의 상록수림에서 지피식물로 자란다.

　㉢ 온도변화에도 매우 잘 견디는 편이고, 습한 환경에서도 잘 자라서 습도가 낮은 기후 환경에 잘 적응한다.

　㉣ NASA에서 발표한 공기정화 식물로, 휘발성 화학물질 제거력이 강하다.

⑥ 아레카 야자

　㉠ 줄기에 대나무 같은 마디가 있고 가늘고 황록색이다.

　㉡ 관상적으로도 아름답고 생육이 빠른 실내 공기정화 식물이다.

　㉢ 내한성은 약하지만 10℃ 이상이면 월동이 가능하고 더디게 자라는 편이다.

⑦ 켄차 야자

　㉠ 일반적으로 모래땅에서 자라므로 바람이나 기온변화에 견디는 힘이 강하며, 거칠게 취급해도 잘 견딘다.

ⓛ 서늘한 기후에서 잘 자라지만 16℃ 이하가 되면 자라는 속도가 느리고 서리에 견디는 힘은 약하다.

ⓒ 경사진 자생지에서 서식하므로 물이 고인 곳은 좋아하지 않는다.

⑧ 테이블 야자

　㉠ 실내조건에서도 잘 견디는 식물로 널리 애용되고 있다.

　ⓛ 열대우림의 큰 식물들 아래에 그늘지고 수분이 많은 축축한 정글에서 자란다.

　ⓒ 낮은 광도에서 잘 자라며 뿌리 발달이 약한 편이다.

⑨ 피닉스 야자

　㉠ 가시가 있으며, 증산작용 억제, 새동물 등으로부터의 보호 등의 목적이 있다.

　ⓛ 새집증후군 제거에 효율적이며 공기 중 오염물질을 제거할 수 있다.

　ⓒ 재배할 때는 습한 조건에서 잘 자라고 다양한 광도에 잘 적응하는 편이다.

　ⓔ 고온에서도 잘 견디고 의외로 추운 계절에도 역시 잘 견디는 편이다.

---

**10년간 자주 출제된 문제**

**7-1. 다음 중 야자과에 속하는 식물은?**

① 소철　　　　　② 아레카
③ 코르딜리네　　④ 유카

**7-2. 다음 야자류 중 내한성이 가장 강한 것은?**

① 당종려　　　　② 관음죽
③ 아레카　　　　④ 켄차

|해설|

**야자과** : 당종려, 관음죽, 아레카 야자, 켄차 야자, 피닉스 야자, 테이블 야자, 워싱턴 야자 등

정답 7-1 ② 7-2 ①

---

**핵심이론 08 | 화목류**

① 주로 꽃을 감상하고 꽃 이외에 잎, 줄기, 열매를 감상하기 위해 가꾸는 나무를 말한다.

② 다른 식물에 비해 관상가치가 크다.

③ 내한성에 따른 분류(생태적 분류)

　㉠ 온실화목

　　• 대부분 아열대・열대 지역이 원산으로, 추운 겨울에 적응하지 못하기 때문에 온실이나 실내에서 키워야 한다.

　　• 종류 : 동백, 포인세티아, 재스민, 꽃기린, 병솔나무, 부겐빌레아 등

　ⓛ 노지화목

　　• 온대 지역이 원산으로, 겨울을 날 수 있는 내한성이 있고, 우리나라에서 관상수로 많이 이용되고 있다.

　　• 종류 : 왕벚나무, 진달래, 개나리, 철쭉, 목련, 라일라, 조팝나무 등

④ 크기에 따른 분류(형태적 분류)

　㉠ 교목

　　• 한 줄기로 높게 자라면서 위에서 가지를 뻗어 꽃을 피우는 화목이다.

　　• 종류 : 이팝나무, 쪽동백나무, 목련, 왕벚나무, 겹벚나무, 팥배나무, 꽃사과나무, 산사나무, 배롱나무, 매실나무, 산딸나무 등

　ⓛ 관목

　　• 목본성 다년생으로, 꽃 또는 열매가 색채와 형태적인 미감, 경우에 따라 꽃향기를 제공하며, 성목(成木)의 경우 키가 5m 내외이다.

　　• 종류 : 개나리, 진달래, 장미, 무궁화, 산철쭉, 쥐똥나무, 회양목 등

ⓒ 덩굴식물(만경류)
- 줄기나 덩굴손 따위가 다른 물체에 붙어서 올라가는 식물이다.
- 종류 : 덩굴장미, 능소화, 클레마티스류, 인동덩굴, 재스민 등

⑤ 관상 부위에 따른 분류

| | | | |
|---|---|---|---|
| 꽃 | 교목 | 목련, 이팝나무, 쪽동백나무, 자귀나무, 산사나무 등 | |
| | 관목 | 개나리, 진달래, 산철쭉, 무궁화, 명자나무, 장미 등 | |
| | 상록성 | 후박나무, 식나무, 초령목, 동백나무, 대나무 등 | |
| | 낙엽성 | 장미, 백목련, 자목련, 산수유, 배롱나무 등 | |
| 잎 (단풍) | 교목 | 향나무, 은행나무, 단풍나무, 소나무, 구상나무 등 | |
| | 관목 | 주목, 사철나무, 회양목, 쥐똥나무, 돈나무 등 | |
| 열매 | 교목 | 모과나무, 먼나무, 멀구슬나무, 꽃아그배나무 등 | |
| | 관목 | 남천, 죽절초, 백량금, 파라칸타 등 | |

**핵심이론 09 | 기타**

① 고산식물(alpine plant)
ⓐ 한대 또는 고산 지방에서 자생하는 식물로, 그 수는 많지 않지만 암석정원에 이용되는 경우가 있다.
ⓑ 생육이 강건하고, 화색이 진하며, 키가 작고, 바위 등에 잘 붙어 산다.
ⓒ 종류 : 에델바이스, 망아지풀, 송다리, 새우난초, 암매, 시로미, 설앵초, 누운향나무, 누운주목, 금강초롱, 연영초 등

② 방향식물(aromatic plant)
ⓐ 잎이나 꽃의 관상가치는 적지만, 잎에서 특이한 향기를 방출한다.
ⓑ 종류 : 구문초, 라벤더, 란타나, 레몬밤, 로즈마리, 로즈제라늄, 메리골드, 바질, 세이지, 스피아민트, 오데코롱민트, 율마, 제라늄, 캔들플랜트, 타임, 파인애플민트, 페니로열, 페퍼민트, 우리나라 울릉도에서 자생하는 섬백리향 등

③ 반입식물
ⓐ 잎에 무늬가 있어 색깔이 두 가지 이상인 아름다운 잎을 관상할 수 있다.
ⓑ 종류 : 색비름, 꽃양배추, 베고니아, 동백, 백량금, 죽절초, 자금우, 아펠란드라, 페페로미아, 만년청, 엽란, 석창포, 식나무 및 동양란의 풍란, 한란, 석곡 등
※ 우리나라 남해안이 자생지인 화훼 : 석곡, 문주란, 나도풍란

④ 식충식물
ⓐ 벌레를 잡아 영양을 섭취하는 식물로, 이색을 띤 용모가 관상가치가 있어 절화용으로 이용된다.
ⓑ 곤충을 잡는 방법에 따른 분류
- 주머니 형태의 포충낭을 가진 것 : 사라세니아, 네펜데스, 세팔로투스, 통발 등
- 개폐기구인 포충엽을 갖는 것 : 비너스 파리잡이풀(파리지옥), 벌레먹이말 등
- 선모(끈끈이점액 분비)를 가진 것 : 끈끈이주걱, 끈끈이귀개, 벌레잡이제비꽃 등

**9-1. 고산성 식물의 설명으로 가장 거리가 먼 것은?**

① 생육이 강건하다.
② 화색이 진하다.
③ 키가 작고, 바위 등에 잘 붙어 산다.
④ 크레오메(풍접초)는 전형적인 고산성 식물이다.

**9-2. 라벤더, 로즈마리, 레몬밤 등의 식물에 관한 설명으로 옳은 것은?**

① 꽃이 아름다운 꽃나무 종류이다.
② 잎을 주로 감상하는 초본성 화훼이다.
③ 향기가 좋은 방향성 식물이다.
④ 벌레잡이를 하는 식충식물이다.

**9-3. 다음 식물 중 식충식물들로만 짝지어진 것은?**

① 기누라, 시서스
② 네펜데스, 사라세니아
③ 파초일엽, 극락조화
④ 알피니아, 틸란드시아

**9-4. 식충식물에 속하지 않은 것은?**

① 네펜데스                    ② 끈끈이주걱
③ 파리지옥                    ④ 마란타

|해설|

9-1
크레오메는 키에 따른 분류 중 키가 커서 화단 뒤쪽에 심는 고생종(高生種) 식물에 해당한다.

정답 9-1 ④  9-2 ③  9-3 ②  9-4 ④

## 1-2. 종자 번식

### 핵심이론 01 │ 종자 번식의 특성

① 종자 번식이란 꽃이 피고 난 뒤 열매 속에 결실되는 종자를 이용하여 번식하는 것으로 유성번식, 실생 번식이라고도 한다.

② 종자 번식의 장점
  ㉠ 번식 방법이 쉽고, 대량 번식이 가능하다.
  ㉡ 영양 번식에 비해 발육이 왕성하고, 수명이 길다.
  ㉢ 교잡에 의한 품종 개량이 가능하다.
  ㉣ 수송과 저장에서 취급이 용이하다.

③ 종자 번식의 단점
  ㉠ 교잡에 의해 원하지 않는 변이가 나타날 수 있다.
  ㉡ 목본 화훼류의 경우 개화와 결실에 이르는 기간이 오래 소요된다.
  ㉢ 휴면 종자의 경우 별도 처리가 선행되어야 한다.
  ㉣ 불임과 단위결과성 식물의 번식이 어렵다.

④ 좋은 종자가 갖추어야 할 조건
  ㉠ 좋은 품종의 구비조건을 갖춘 종자
    • 작물의 품질이 고른 것
    • 다른 품종에 비하여 특성이 뛰어난 것
    • 작물의 우수한 특성이 계속 유지되는 것
  ㉡ 다른 종자 및 이물질이 섞이지 않은 종자
  ㉢ 종자가 충분히 발달하여 발아력(발아율, 발아세)이 우수한 종자
  ㉣ 병충해에 감염되지 않은 종자

## 10년간 자주 출제된 문제

**1-1. 다음 중 영양 번식에 비해 종자 번식이 갖는 장점이라고 볼 수 없는 것은?**

① 취급이 간편하다.
② 수송과 저장이 용이하다.
③ 양친의 형질이 그대로 전달된다.
④ 대량채종과 대량번식이 가능하다.

**1-2. 우량 종자의 선택 기준을 옳게 말한 것은?**

① 발아율이 높고 발아세는 낮을 것
② 발아율이 높고 발아세도 높을 것
③ 발아율이 낮고 유전순도는 높을 것
④ 발아율이 높고 유전순도는 낮을 것

정답 **1-1** ③ **1-2** ②

## 핵심이론 02 | 종자 발아 조건

① 수분

　㉠ 종자는 대부분 내부에 10% 내외의 수분을 함유하고 있으며, 종자 내부의 수분함유량이 70% 이상이 되면 발아가 시작된다.

　㉡ 발아에 알맞은 토양수분 함량은 60~70% 정도이다.

② 온도

　㉠ 일반적으로 온대 식물의 발아에 필요한 온도는 10~20℃ 정도로 낮고, 열대 및 아열대 식물은 25~30℃ 정도로 높다.

　㉡ 최저온도는 0~10℃, 최적온도는 20~30℃, 최고온도는 35~50℃ 범위이다.

　㉢ 발아적온은 생육적온보다 3~5℃ 높게 유지하는 것이 좋다.

③ 산소

　㉠ 호흡을 원활하게 하기 위해서는 산소를 충분히 공급해 주고 이산화탄소가 축적되지 않도록 해야 한다.

　㉡ 파종 후 복토를 얕게 하며, 과습하지 않게 관리한다.

　※ 환경 조건의 공통적인 요인은 수분, 온도, 산소이고 종류에 따라서는 광선도 크게 작용한다.

④ 광선

　㉠ 광발아 종자(호광성 종자) : 금어초, 베고니아, 피튜니아, 진달래, 아게라텀, 칼세올라리아, 글록시니아, 베고니아, 프리뮬러 등

　㉡ 암발아 종자(혐광성 종자) : 맨드라미, 팬지, 일일초, 고데치아, 스타티스, 백일홍, 시클라멘 등

　㉢ 광과 관계없는 종자 : 패랭이꽃, 국화, 메리골드, 채송화, 안개초, 색비름 등

발아 일수
- 3일 내외 : 봉선화, 코스모스, 과꽃, 메리골드, 금잔화, 해바라기 등
- 7일 내외 : 맨드라미, 색비름, 금어초, 버베나, 프리뮬러, 천일홍, 백일홍 등
- 15일 내외 : 팬지, 분꽃, 백합류, 군자란, 국화, 스타티스, 풍접초(Cleome), 제라늄, 글록시니아 등
- 1개월 내외 : 남천, 아스파라거스, 야자류, 시클라멘, 아이리스 등

## 10년간 자주 출제된 문제

**2-1. 종자의 발아에 관여하는 다음 조건 중 필수적인 요소가 아닌 것은?**

① 수분
② 온도
③ 광
④ 산소

**2-2. 다음 중 호광성 종자가 아닌 것은?**

① 베고니아
② 금어초
③ 스타티스
④ 피튜니아

**2-3. 동일한 조건에서 종자의 발아일수가 가장 긴 화훼는?**

① 금잔화
② 스타티스
③ 아스파라거스
④ 코스모스

|해설|

2-2
**광발아 종자(호광성 종자)** : 금어초, 베고니아, 피튜니아, 진달래, 아게라텀, 칼세올라리아, 글록시니아, 베고니아, 프리뮬러 등

**정답** 2-1 ③  2-2 ③  2-3 ③

---

## 핵심이론 03 | 종자 발아 전 처리 방법

① 종자의 코팅
  ㉠ 종자의 겉에 살충제, 살균제 및 발아 촉진제에 색소를 첨가하여 얇게 발라주는 것이다.
  ㉡ 코팅의 목적은 종자 겉면에 묻어 있는 병원균 소독, 발아 시기에 발생되기 쉬운 모잘록병 방제에 효과가 있다.

② 종자의 펠릿팅
  ㉠ 모양이 다양한 종자에 규조토나 탄산칼슘 같은 무기물질과 특수 접착물질을 혼합한 물질을 부착하여 원형으로 만드는 것이다.
  ㉡ 원형이 아닌 종자는 기계 파종이 어려우나 펠릿팅 종자로 만들면 가능하고, 이때 약제나 발아촉진제를 첨가하여 발아율을 높인다.

③ 종자 프라이밍(priming)
  ㉠ 종자에 일시적으로 약간의 수분을 흡수하게 한 후 다시 건조시켜 보관하는 방법이다.
  ㉡ 종자에 프라이밍 처리를 하면 발아율과 발아 속도가 향상되며 균일하게 발아된다.

④ 멀티 종자(multi-seed)
  ㉠ 유전적으로 발아력이 좋지 않은 종자 여러 개(3~10개)를 한 덩어리로 만들어 기계 파종이 가능하도록 가공 처리한 것이다.
  ㉡ 멀티 종자를 이용하면 파종에 소요되는 시간과 노동력을 절감할 수 있다.
  ㉢ 종자 크기가 작은 채송화와 알릿섬 등의 멀티 종자 형태로 시판되고 있다.

## 10년간 자주 출제된 문제

**종자 프라이밍 처리의 주된 목적은?**

① 병해충 방제
② 발아 균일성
③ 저장력 향상
④ 기계화 파종

**정답** ②

## 1-3. 영양 번식

### 핵심이론 01 | 영양 번식의 특성

① 영양 번식은 영양기관을 번식에 직접 이용하는 방법으로 접목, 취목, 꺾꽂이, 포기나누기 등이 있다.
- ㉠ 자연영양 번식 : 괴경이나 괴근의 모체에서 자연적으로 생성·분리된 영양기관을 이용하는 방법
- ㉡ 인공영양 번식 : 아스파라거스, 장미 등과 같이 영양체의 재생·분생기능을 이용하여 인공적으로 영양체를 분할하여 번식시키는 방법

② 영양 번식의 장점
- ㉠ 보통 재배로는 채종이 곤란하여 종자 번식이 어려운 작물에 이용된다.
- ㉡ 우량한 유전질을 쉽게 영속적으로 유지시킬 수 있다.
- ㉢ 종자 번식보다 생육이 왕성해 조기수확이 가능하며 수량도 증가한다.
- ㉣ 암수를 구분하여 번식할 수 있다.
- ㉤ 접목은 풍토적응성 증대, 병충해 저항성 증진, 개화·결실 촉진, 품질 향상, 수세 회복 등을 기대할 수 있다.

---

#### 10년간 자주 출제된 문제

**1-1. 영양 번식의 특징을 잘못 설명한 것은?**
① 어버이의 형질이 그대로 보존된다.
② 동일 품종의 대량 증식이 가능하다.
③ 개화, 결과기가 연장된다.
④ 접목, 꺾꽂이, 포기나누기 방법 등이 있다.

**1-2. 다음 중 영양 번식의 장점이 아닌 것은?**
① 암수를 구분하여 번식할 수 있다.
② 퇴화의 위험성이 적다.
③ 개화 결실기가 빠르다.
④ 바이러스의 감염개체는 증식개체도 감염된다.

|해설|

1-1
③ 개화·결실이 촉진된다.

정답 1-1 ③  1-2 ④

---

### 핵심이론 02 | 발근 및 활착

① 황화 : 새로운 가지 일부를 일광의 차단을 통해 엽록소 형성을 억제하여 황화시키면 이 부분에서 발근이 촉진된다.

② 생장호르몬 처리 : 발근 촉진 물질에는 옥신 계통의 호르몬 IBA(인돌부틸산), NAA(나프탈렌아세트산), IAA(인돌아세트산) 등이 있고, 이들을 혼합한 물에 꺾꽂이순의 하단부를 담근 후에 꺾꽂이하면 뿌리내림이 잘된다.

③ 자당(sucrose)액 침지 : 포도 단아삽 시 6% 자당액에 60시간 정도 침지하면 발근이 크게 촉진된다.

④ 과망간산칼륨($KMnO_4$) 용액 처리 : 0.1~1.0% $KMnO_4$ 용액에 삽수의 기부를 24시간 정도 침지하면 소독의 효과와 함께 발근이 촉진된다.

⑤ 환상박피 : 취목 시 발근시킬 부위에 환상박피, 절상, 연곡 등의 처리를 하면 탄수화물이 축적되고, 상처호르몬이 생성되어 발근이 촉진된다.

⑥ 증산경감제 처리 : 접목 시 대목 절단면에 라놀린(lanolin)을 바르거나, 호두나무의 경우 접목 후 대목과 접수에 석회를 바르면 증산이 경감되어 활착이 좋아진다.

---

#### 10년간 자주 출제된 문제

**2-1. 다음 중 꺾꽂이용 삽수의 발근촉진제로 이용되는 식물호르몬은?**
① 에테폰　　　　　② 아브시스산
③ 인돌부틸산　　　④ 벤질아데닌

**2-2. 다음 중 꺾꽂이에 많이 쓰이는 호르몬이 아닌 것은?**
① 나프탈렌아세트산(NAA)
② 인돌부틸산(IBA)
③ 인돌초산(IAA)
④ 아브시스산(ABA)

정답 2-1 ③  2-2 ④

① 꺾꽂이란 식물의 영양기관(잎, 줄기, 뿌리 등)의 일부분을 잘라 적당한 상토에 꽂아 뿌리를 내리고 새싹을 돋게 하여 새로운 개체를 만드는 번식 방법이다.

② 꺾꽂이가 가장 잘되는 식물류 : 쌍떡잎(쌍자엽) 식물

③ 꺾꽂이의 장단점

　㉠ 꺾꽂이의 장점

　　• 같은 형질의 개체를 단기간에 번식시킬 수 있다.

　　• 우수한 특성을 지닌 개체를 골라서 번식하는 것이 가능하다.

　　• 겹꽃으로 결실하지 못하는 종류도 쉽게 번식시킬 수 있다.

　　• 종자 번식에 비하여 개화와 결실이 빠르다.

　　• 다른 영양 번식보다 비교적 쉽게 번식시킬 수 있다.

　㉡ 꺾꽂이의 단점

　　• 온도와 습도 등의 환경을 적절히 조절해 주어야 한다.

　　• 일반적으로 종자 번식보다 뿌리 및 줄기 등의 생장이 약해진다.

④ 꺾꽂이순(삽수)의 선택 및 조제

　㉠ 꺾꽂이순 : 꺾꽂이에 이용되는 가지, 줄기, 뿌리 등을 말하며, 꺾꽂이순은 생장이 양호하고 병에 감염되지 않은 건전한 식물체에서 채취해야 한다.

　㉡ 꺾꽂이순의 길이 : 보통 10cm 정도이고, 줄기 밑부분의 잎은 제거하고 꽂는다.

⑤ 꺾꽂이의 종류 : 꺾꽂이순을 채취하는 식물체의 부위에 따라 잎꽂이(엽삽), 줄기꽂이(지삽), 뿌리꽂이(근삽)로 분류한다.

| 잎꽂이(엽삽) | | 산세비에리아, 렉스베고니아, 아프리칸 바이올렛, 에케베리아 등 |
|---|---|---|
| 줄기꽂이 (지삽) | 풋가지꽂이(녹지삽) | 국화, 카네이션, 제라늄, 동백나무, 철쭉, 포인세티아 등 |
| | 굳가지꽂이(숙지삽) | 장미, 개나리, 무궁화, 매화 등 |
| 뿌리꽂이(근삽) | | 라일락, 무궁화, 등나무, 개나리, 황매화, 플록스 등 |

⑥ 꺾꽂이의 시기

　㉠ 가을에 잎이 시들어 떨어지는 낙엽수는 이른봄과 가을이 좋다.

　㉡ 일 년 내내 푸르고 넓은 잎을 가진 상록활엽수는 늦은 봄에 하는 것이 좋다.

　㉢ 초본류는 봄과 가을이 적절한 시기이며, 온도와 습도의 조절이 가능한 분무시설에서는 연중 실시할 수 있다.

---

**10년간 자주 출제된 문제**

**3-1. 다음 중 꺾꽂이(삽목)가 가장 잘되는 식물류는?**

① 고사리류(양치식물)
② 쌍떡잎식물(쌍자엽식물)
③ 외떡잎식물(단자엽식물)
④ 물에 사는 식물(수생식물)

**3-2. 꺾꽂이 번식의 장점이 아닌 것은?**

① 같은 형질의 개체를 단기간에 번식시킬 수 있다.
② 종자 번식에 비해 개화기까지의 기간이 단축된다.
③ 겹꽃으로 결실하지 못하는 종류도 쉽게 번식시킬 수 있다.
④ 종자 번식에 비교하여 일반적으로 발육이 왕성하고 수명이 길다.

**3-3. 잎맥의 교차점을 잘라 꽂거나 교차점에 상처를 내어 잎꽂이(葉揷)하는 화훼는?**

① 산세비에리아
② 렉스베고니아
③ 동백
④ 페페로미아

**3-4. 절화용 카네이션의 번식 방법으로 가장 적당한 것은?**

① 꺾꽂이　　　　　② 깎기접
③ 포기나누기　　　④ 휘묻이

|해설|

3-2
④ 생장력이 떨어지고, 뿌리의 상태가 나쁘다.

**정답** 3-1 ②　3-2 ④　3-3 ②　3-4 ①

① 접붙이기는 번식시키려는 식물의 가지나 눈을 채취하여 다른 나무와 형성층(부름켜)이 서로 맞물리도록 붙여서 키우는 번식 방법이다.

ㄱ 번식시키려는 접수와 아랫부분인 대목 사이에 친화성이 있어야 한다.

ㄴ 접수와 대목의 형성층을 맞춰서 밀착시킨 후 유합조직이 형성되어 양분과 수분이 이동할 수 있도록 한다.

② 접목의 장점

ㄱ 대목은 병에 강하고 생장이 강하다.

ㄴ 접수는 빠르고 건전한 생장이 된다.

ㄷ 새 품종을 증식시킨다.

ㄹ 병충해 저항성 및 토양과 환경의 적응성이 향상된다.

ㅁ 종자 번식에 비해 개화 및 결실에 소요되는 기간을 단축시킬 수 있다.

③ 접붙이기의 종류

ㄱ 깎기접(절접)

• 굵은 대목에 가는 접수를 이용할 때 대목을 쪼개고 상호 형성층을 결합하여 활착시키는 가장 일반적인 접목법이다.

• 장미, 모란, 목련, 벚꽃, 라일락, 단풍, 탱자나무 등

ㄴ 맞춤법(합접)

• 줄기굵기가 같을 때 접수를 비스듬하게 깎아 접한다.

• 장미 등

ㄷ 쪼개접(할접)

• 굵은 대목과 가는 소목을 접목할 때 대목 중간을 쪼개 그 사이에 접수를 넣는 방법이다.

• 다알리아, 가짓과, 숙근안개초, 금송, 오엽송 등

ㄹ 눈접(아접)

• 8월 상순~9월 상순경이 접목시기이다.

• 그해 자란 수목의 가지에서 1개의 눈을 채취하여 대목에 접목하는 방법이다.

• 장미, 벚나무 등

ㅁ 안장접(안접)

• 대목을 쐐기모양으로 깎고 접수는 대목모양으로 잘라 접한다.

• 선인장 등

※ 깎기접(절접)이 눈접(아접)보다 유리한 점은 생육, 개화가 빠르다.

④ 접붙이기의 시기

ㄱ 대부분 목본류의 접붙이기는 싹트기 2~3주일인 이른 봄이 적당하다.

ㄴ 이때 대목은 수액이 움직이기 시작하고 눈이 활동할 때이며, 접수는 휴면 상태이다.

---

**10년간 자주 출제된 문제**

**4-1. 접붙이기(접목)에서 접수와 대목을 맞춰야 하는 부위는?**

① 체관부(사부)  ② 부름켜(형성층)
③ 피층  ④ 물관부(목부)

**4-2. 접붙이기에서 대목과 접수의 친화성이 높은 것은?**

① 크기가 서로 같은 것이 친화성이 높다.
② 굵기가 같을수록 친화성이 높다.
③ 분류학상 과나 속이 가까울수록 친화성이 높다.
④ 형태적으로 비슷하면 친화성이 높다.

**4-3. 장미 눈접하는 시기가 가장 좋은 것은?**

① 3월 상·중순
② 4월 하순~5월 상순
③ 8월 중순~9월 상순
④ 10월 상순~11월 중순

**정답** 4-1 ② 4-2 ③ 4-3 ③

## 핵심이론 05 | 영양 번식의 종류(3) 휘묻이, 묻어떼기 (취목)

① 휘묻이는 꺾꽂이로 발근이 잘 안 되는 나무의 줄기나 가지에 부정근을 발생시켜서 따로 분리하거나, 줄기를 흙에 묻어두었다가 발근이 되면 분리하여 독립적인 개체로 만드는 번식 방법이다.

② 취목의 종류

　㉠ 휘묻이법 : 가지를 휘어 일부를 흙에 묻는 방법이다.

　　• 단순취목법

　　　– 가지를 휘어 땅에 묻고 선단 일부가 지상에 나오도록 하는 방법이다.

　　　– 시기 : 낙엽 후 늦가을~다음 해 봄 싹트기 전

　　　– 포도, 무화과 구스베리, 목련 등에 이용한다.

　　• 끝휘묻이(선단취목)법

　　　– 가지를 굽혀 끝을 땅에 묻고 새 가지가 자라고 뿌리가 생기면 다음 해 봄에 모본에서 분리하는 방법이다.

　　　– 시기 : 봄~여름

　　　– 헤이즐넛, 덩굴장미, 개나리, 수국류에 이용된다.

　　• 망취묻이법(빗살묻이)

　　　– 가지를 수평으로 묻고 각 마디에서 새 가지를 발생시켜 하나의 가지에서 여러 개의 개체를 발생시키는 방법, 즉 새로운 개체를 가장 많이 얻을 수 있는 방법이다.

　　　– 등나무, 포도, 스킨답서스 등에 이용된다.

　　　– 시기 : 낙엽 후 늦가을~다음 해 봄 싹트기 전

　　• 물결묻이(파상취목)

　　　– 긴 가지를 파상으로 휘어서 지곡부마다 흙을 덮고 하나의 가지에서 여러 개의 개체를 발생시키는 방법이다.

　　　– 능소화, 등나무, 포도, 클레마티스, 필로덴드론 등 초본·목본성 덩굴식물 등에 이용된다.

　　　– 시기 : 낙엽 후 늦가을~다음 해 봄 싹트기 전

　㉡ 높이떼기(고취법)

　　• 줄기나 가지를 땅속에 묻을 수 없을 때 높은 곳에서 발근시켜 취목하는 방법이다.

　　• 발근시키고자 하는 부분에 미리 절상이나 환상박피 등을 하면 효과적이다.

　　• 고무나무, 크로톤, 감귤류, 드라세나 등 열대식물에 쓰인다.

　㉢ 묻어떼기(성토법)

　　• 모체의 기부에 새로운 측지가 나오게 한 다음 측지의 끝이 보일 정도로 흙을 덮어 발근시킨 후 잘라서 번식시키는 방법이다.

　　• 사과, 자두, 체리, 양앵두, 뽕나무, 피칸 등에 이용된다.

③ 발근촉진 처리 : 환상박피, 절상, 철사감기 등

---

### 10년간 자주 출제된 문제

**5-1. 다음 휘묻이 방법 중 새로운 개체를 가장 많이 얻을 수 있는 방법은?**

① 보통법
② 망치묻이(빗살묻이)
③ 높이떼기
④ 끝묻이법

**5-2. 다음 중 높이떼기(高取法)가 가장 안 되는 화훼는?**

① 고무나무
② 크로톤
③ 드라세나
④ 소철

**5-3. 고무나무와 같은 관상수목을 높은 곳에서 발근시켜 취목하는 영양 번식 방법은?**

① 삽목
② 분주
③ 고취법
④ 성토법

**5-4. 높이떼기(고취법) 설명에 맞지 않은 것은?**

① 인도고무나무, 크로톤 등에 쓰인다.
② 목질부가 보이도록 껍질을 도려낸다.
③ 수태나 진흙을 감아둔다.
④ 높이 뗀 부분을 흙에 묻어둔다.

정답 5-1 ② 　5-2 ④ 　5-3 ③ 　5-4 ④

① 비늘줄기(인경) 번식

　　㉠ 잎의 일부가 저장기관으로 변한 것으로, 알뿌리에서 형성되는 인편, 자구, 주아 등을 바로 떼어 심으면 새로운 식물을 만들 수 있다.

　　㉡ 나리(백합), 수선, 히아신스, 아마릴리스 등이 있다.

　　㉢ 외피가 있는 히아신스의 경우 구근 하단부를 스쿠핑(scooping) 또는 스코어링(scoring) 처리로 상처를 내어 새로운 소인경을 생성할 수 있다.

　　　　※ 스쿠핑(scooping) : 구근의 비대 성장기에 수확한 구(球)를 거구로 하여 가운데가 움푹 들어가도록 인경의 밑쪽에 있는 단축경을 잘라내는 방법

② 알줄기(구경) 번식

　　㉠ 줄기의 아랫부분이 비대한 것으로 개화가 끝나면 묵은 구근 위에 여러 개의 작은 알줄기(목자)가 형성되어 이를 번식시킨다.

　　㉡ 글라디올러스, 크로커스, 프리지어 등이 있다.

　　　　※ 글라디올러스는 목자번식이 잘된다.

③ 뿌리줄기(근경) 번식

　　㉠ 땅속이나 지표면에 자라는 줄기가 커진 것으로, 근경을 잘라 심으면 바로 번식된다.

　　㉡ 아이리스, 칸나 등이 대표적이다.

④ 덩이줄기(괴경)와 덩이뿌리(괴근) 번식

　　㉠ 덩이줄기 : 땅속 줄기의 아랫부분이 커진 것으로 칼라, 구근베고니아 등이 있다.

　　㉡ 덩이뿌리 : 지표면 가까이에 있는 뿌리가 커진 것으로 다알리아, 작약 등이 있다.

　　㉢ 커진 저장기관이 여러 개의 눈을 가지고 있어 저장기관을 그대로 심거나, 눈을 붙여 잘라내서 심으면 번식이 가능하다.

---

**6-1. 인편(鱗片)번식을 주로 하는 구근은?**

① 칸나　　　　　　　② 백합
③ 아네모네　　　　　④ 글라디올러스

**6-2. 히아신스의 인공분구법으로 맞는 것은?**

① 스케일링(scaling)
② 노칭(notching)
③ 커팅(cutting)
④ 그라프팅(grafting)

**6-3. 다음과 같은 특징을 갖는 화훼는?**

- 종자나 구근으로 번식을 하는데 보통 실생 1년구를 쓴다. 추식구근 가운데서도 특별한 모양을 하고 있어 구근 상하의 구별이 없다.
- 모래나 나뭇재에 섞어 비벼서 잔털을 제거한 후 파종하여야 발아가 잘된다.

① 극락조화　　　　　② 꽃베고니아
③ 시클라멘　　　　　④ 아네모네

|해설|

6-2
히아신스는 스쿠핑, 노칭 등의 방법으로 인공분구하여 번식시키는 구근이다.

정답 6-1 ②　6-2 ②　6-3 ④

## 1-4. 육묘 관리

### 핵심이론 01 | 육묘의 개념 및 원리

① 육묘의 개념
- ㉠ 육묘는 종자나 영양 번식으로 증식된 어린 개체를 성숙한 모종으로 건전하게 기르는 과정, 즉 모종을 아주심기(정식) 전까지 작물을 관리하는 것을 말한다.
- ㉡ 모종의 질은 작물의 생산량과 품질에 많은 영향을 미치므로 모종을 잘 기르는 것은 매우 중요하다.

② 육묘의 목적
- ㉠ 조기 수확 및 증수 효과가 있다.
- ㉡ 출하기를 앞당길 수 있다.
- ㉢ 양질의 균일한 묘를 생산할 수 있다.
- ㉣ 저온감응성 채소의 추대를 방지한다.
- ㉤ 집약적인 관리와 보호가 가능하다.
- ㉥ 종자가 절약되며 토지 활용도를 높일 수 있다.
- ㉦ 본밭의 적응력을 향상시킬 수 있다.
- ㉧ 최적의 생육 환경 조건으로 작물의 병해충 보호가 가능하다.

③ 묘상의 설치장소
- ㉠ 본포에서 멀지 않은 가까운 곳이 좋다.
- ㉡ 집에서 멀지 않아 관리가 편리한 곳이 좋다.
- ㉢ 관개용수의 수원이 가까워 관개수를 얻기 쉬운 곳이 좋다.
- ㉣ 저온기 육묘는 양지바르고 따뜻하며, 방풍이 되어 강한 바람을 막아주는 곳이 좋다.
- ㉤ 지하수위가 낮고, 배수가 잘되며, 오수와 냉수가 침입하지 않는 곳이 좋다.
- ㉥ 인축, 동물, 병충 등의 피해가 없는 곳이 좋다.
- ㉦ 지력이 너무 비옥하거나 척박하지 않은 곳이 좋다.

① 광

  ⊙ 겨울철에는 연약한 묘와 도장 예방을 위해 최대한 광을 많이 받을 수 있도록 커튼, 보온덮개 등을 일찍 열어 주고, 인공광원을 이용하여 보광을 실시한다.

  ⓛ 여름철에는 식물체의 시들음과 팁번 현상의 예방을 위해 차광막을 이용하여 광을 조절한다.

② 온도

  ⊙ 고온기에는 묘의 도장을, 저온기에는 측지 발생과 생장 억제에 대비하여 주야간 온도 관리에 주의해야 한다.

  ⓛ 낮에는 온도를 높게 관리하고, 밤에는 가급적 낮게 관리한다.

---

**더 알아보기**

**주야간 온도차(DIF)**

- 많은 공정묘의 초장은 주야간의 온도차에 따라 조절될 수 있다.
- 낮과 밤의 온도차는 낮에 형성된 동화산물의 체내 축적과 이동에 영향을 준다.
- 호흡작용은 저온에서 적게 되어 낮 동안에 생성한 동화산물을 밤에 적게 소모시키므로 생육이 왕성해진다.
- 밤에는 동화작용이 없기 때문에 동화 양분 전류와 호흡과의 비중에 따라서 변온 관리하면 양분축적이 많아진다.

---

③ 이산화탄소 : 육묘상은 재식밀도가 높고 밀폐된 상태이고 일출 후에는 활발한 광합성 작용으로 이산화탄소 농도가 급격히 낮아지므로 오전 중에 2~3시간 이산화탄소 시비를 한다.

  ※ 식물생장에 대한 주요 환경요인 중 지하부에 주요한 영향을 미치는 것 : 용존산소량

---

**2-1. 낮과 밤의 온도차가 작물생육에 끼치는 영향을 가장 잘 설명한 것은?**

① 낮의 고온은 광합성을 촉진하고 밤의 저온은 호흡작용을 증가시킨다.

② 낮과 밤의 온도차는 낮에 형성된 동화산물의 체내 축적과 이동에 영향을 준다.

③ 낮과 밤의 온도차는 증산 속도를 지배한다.

④ 낮과 밤의 온도차는 양분 흡수를 저해한다.

**2-2. 식물생장에 대한 주요 환경요인 중 지하부에 주요한 영향을 미치는 것은?**

① 광

② 원적외선

③ 용존산소량

④ 질소가스의 농도

|해설|

2-1
밤과 낮의 온도차는 광합성 산물인 녹말의 체내 축적과 저장기관으로의 이동에 영향을 준다.

**정답** 2-1 ② 2-2 ③

① 공정육묘에 사용되는 기기 및 시설 : 접목 활착 촉진실, 경화실, 상토혼합기, 자동파종기

※ 경화실 : 육묘 때의 환경과 정식 후의 환경이 달라지므로 모종을 적응하게 하기 위한 시설

② 육묘온실의 시설 : 전열온상, 온수온상, 벤치시설, 관수시설, 난방시설

ㄱ 전열온상 : 열을 균일하게 조절할 수 있으나, 건조하기가 쉽다.

ㄴ 온수온상 : 열이용 효율이 낮다.

ㄷ 지중 온수 난방 온상
  • 지중 배관에 온수 수온은 40~50℃가 적당하다.
  • 지온 상승이 빠르고 균일하며 대규모 면적에 적당하나 설치비가 많이 든다.

③ 육묘용 배양토의 종류

ㄱ 버미큘라이트(질석) : 비료분이 적고, 보비성, 보수성, 통기성이 우수하여 원예용 배지로 많이 이용한다.

ㄴ 펄라이트
  • 흑요석, 진주암 등을 고열(760℃)로 처리하여 용적을 원석의 10배 이상으로 만든 배지
  • 통기성과 보수성은 양호하나, 보비력이 없다.

ㄷ 피트모스(이탄토) : 늪, 식물, 낙엽 등이 퇴적한 것으로 보수력과 흡비력이 크다.

ㄹ 코코피트
  • 코코넛의 섬유질로 된 껍질을 분쇄한 배지이다.
  • 염류를 최소화한 것으로 보수성이 충분하고 보비력, 배수성이 우수하다.

ㅁ 수태
  • 습생식물을 건조시킨 것으로, 통기성, 배수성 및 보수력이 우수하다.
  • 식물 번식과 조직배양 순화묘에 많이 이용되고 있다.

④ 육묘용 비료

ㄱ 비료는 필수 영양성분을 골고루 가지고 있으며 농도가 적당해야 한다.

ㄴ 차가운 물에서도 쉽게 녹고 다른 제품과 섞였을 때 가라앉거나 화학반응이 일어나지 않아야 한다.

⑤ 육묘용 용기

ㄱ 비닐포트
  • 폴리에틸렌이 주원료로 깨지지 않고, 재질이 부드러워 작업이 편리하다.
  • 관행육묘에 많이 이용되고 본밭에 옮겨심기할 때 뿌리의 활착이 빠르고 몸살이 적다.

ㄴ 연결포트 : 폴리에틸렌이 주원료로 규격이 다양하고, 운반 및 관리가 편하다.

ㄷ 트레이
  • 공정육묘에서 많이 이용되며 셀의 수 및 모양이 다양하다.
  • 재질은 폴리에틸렌과 스티로폼이 있고, 규격은 가로 30cm, 세로 60cm이다.

ㄹ 지피포트
  • 피트모스를 주원료로 하여 통기와 보수, 배수력이 우수하며 가볍고 사용이 편리하다.
  • 포트 그대로 아주심기하므로 옮겨심기의 해가 없고 뿌리 활착이 빠르다(채소육묘용으로 좋다).

ㅁ 망포트
  • 작물을 뽑지 않고 아주심기하는 것으로 옮겨심기의 해가 없다.
  • 화분이나 수경 재배에 이용되며 노동력이 절감된다.

**3-1. 피트모스(이탄토)의 특징이 아닌 것은?**

① 보수력이 매우 크다.

② 늪, 식물, 낙엽 등이 퇴적한 것이다.

③ 흡비력이 크다.

④ 알칼리성이다.

**3-2. 다음 중 공정육묘에 사용되는 기기나 시설이 아닌 것은?**

① 모판 흙 혼합기

② 자동파종기

③ 차압통풍식 예랭기

④ 접목 활착 촉진실

**3-3. 육묘 온실의 시설이 아닌 것은?**

① 벤치시설                ② 수확시설

③ 관수시설                ④ 난방시설

**3-4. 전열온상에 비교하여 온수온상의 단점이 되는 것은 어느 것인가?**

① 유지비가 적다.

② 열전달 효율이 낮다.

③ 열이용 효율이 낮다.

④ 내구성이 짧다.

정답 3-1 ④  3-2 ③  3-3 ②  3-4 ③

---

## 핵심이론 04 | 화훼작물 순화

① 모종의 순화(경화)

　㉠ 옮겨심기 후 뿌리내리는 것을 빠르게 하고 몸살을 줄이기 위해 모종을 환경에 적응시키는 것을 말한다.

　㉡ 노지에 정식하지 않을 경우에는 순화 과정이 크게 중요하지 않다.

② 모종의 옮겨심기

　㉠ 모종의 옮겨심기를 하는 이유

　　• 식물의 줄기가 길게 자라는 것을 막고, 측지 발생을 빠르게 한다.

　　• 불량한 묘를 버리고 균일한 묘를 생산한다.

　㉡ 옮겨심기 전 주의할 점

　　• 육묘 기간에 용기 밖으로 뿌리가 뻗어나가지 않게 한다.

　　• 옮겨심기 며칠 전에 파종상을 옮겨심기 환경과 유사한 곳에 옮기거나 육묘판의 환경을 바꾸어 준다.

　　• 옮겨심기 전에 육묘판 구멍 밖으로 나온 뿌리는 잘라주기도 한다.

　　※ 육묘판을 베드 및 육묘용 깔판에서 기르면 뿌리가 밖으로 나오지 않으므로 단근을 하지 않아도 된다.

　　• 옮겨심기 1~2일 전에는 관수하지 않는다.

**뿌리자르기(단근) 육묘법에 대한 설명이 틀린 것은?**

① 정식 후 상처를 적게 하며 활착을 촉진시킨다.

② 정식 예정일에 앞서 10~14일 전에 실시한다.

③ 모종을 떠낸 후 그 자리에 다시 심은 후 일정기간 동안 관수를 중지하여 발근을 억제한다.

④ 모종 사이를 칼로 두부 모 자르듯이 종횡으로 모판을 잘라 준다.

정답 ③

① 관수

　㉠ 육묘 초기에는 2~3일에 1회, 육묘 중기 이후로는 매일 1회씩 물을 준다.

　㉡ 맑은 날 오전 중에 실시한다.

　　※ 한여름의 한낮에는 가급적 관수를 피한다.

　㉢ 관수 전에 손으로 배양토를 만져 보고 겉흙이 약간 마른 듯할 때 물을 준다.

　㉣ 대부분의 식물은 배양토 위에 관수한다.

　㉤ 한 번 줄 때 흠뻑 주어서 화분 밑의 배수공으로 물이 흘러나오게 한다.

　㉥ 관수 후 1~2분이 지나도 배수되지 않는 화분의 경우 배양토를 바꿔줘야 한다.

　㉦ 화분받침을 이용하는 경우 받침에 고인 물은 버린다.

　㉧ 과습하면 습해를 입기 쉽고, 반대로 건조하면 생육이 지연된다.

② 시비

　㉠ 생육 상태를 살펴가면서 적절히 시비를 한다.

　㉡ 너무 많은 양의 시비는 도장 및 생리장해를 일으킬 수 있으므로 주의한다.

　㉢ 어린 식물이 노화될 때는 액비를 잎에 뿌려주거나 관주에 의해 생육을 촉진시킨다.

---

**10년간 자주 출제된 문제**

다음 관수 방법 중 화분재배 관수 방법으로 가장 거리가 먼 것은?

① 이랑관수
② 저면관수
③ 매트(matt)관수
④ 점적관수

**정답** ①

---

## 2-1. 일장 조절

**핵심이론 01 | 화훼 작물별 일장 감응 특성**

① 광주성과 식물 분류

　㉠ 일장 효과 : 식물은 광주기에 따라 화아분화 및 개화 반응이 달라지는데, 이를 일장 효과 또는 광주성이라고 한다.

　　※ 일장 : 하루 24시간 중에서 낮의 길이인 명기(明期)

　　※ 광주기 : 명기와 암기(暗期)가 주기적으로 교차되는 현상

　㉡ 한계 일장 : 화훼작물은 대개 식물체마다 개화하는 데 필요한 일장이 정해져 있는데, 이것을 한계 일장이라 한다.

② 장일성 식물(long-day plant)

　㉠ 명기가 긴 장일(長日) 조건, 대체로 봄부터 초여름에 걸쳐 꽃눈이 분화하여 개화한다.

　㉡ 각각의 특정한 한계 일장보다 길어질 때 개화한다.

　㉢ 종류 : 피튜니아, 스토크, 금잔화, 과꽃, 데이지, 아이리스 등

③ 단일성 식물(short-day plant)

　㉠ 명기가 짧은 단일(短日) 조건, 대체로 여름부터 가을에 개화가 이루어진다.

　㉡ 고유한 한계 일장보다 짧을 때 개화한다.

　㉢ 종류 : 백일홍, 가을국화, 코스모스, 포인세티아 등

④ 중간성 식물(day-neutral plant)

　㉠ 일장에 영향을 받지 않고 어느 정도의 크기로 자라면 개화한다.

　㉡ 종류 : 시클라멘, 장미 등

⑤ 정일성 식물 : 일장이 길거나 짧아도 개화하지 않고 중간 정도의 일장에서 개화한다.

⑥ 상대적 식물

　㉠ 상대적 단일성 식물 : 단일 또는 장일에서 모두 개화하나 단일에서 보다 빨리 개화한다.

　　예 다알리아, 메리골드 등

　㉡ 상대적 장일성 식물 : 장일에서 보다 빨리 개화한다.

　　예 카네이션, 피튜니아 등

　※ 일장 조절을 통한 개화 조절은 여름에는 차광재배, 겨울에는 전조 억제재배가 가능하다.

---

### 10년간 자주 출제된 문제

**1-1. 다음 중 장일성 식물은?**

① 금어초　　　　　　② 코스모스
③ 국화　　　　　　　④ 맨드라미

**1-2. 다음 중 장일성 화훼가 아닌 것은?**

① 금어초　　　　　　② 글라디올러스
③ 나팔꽃　　　　　　④ 샤스타데이지

**1-3. 다음 중 단일식물이 아닌 화훼는?**

① 코스모스　　　　　② 나팔꽃
③ 포인세티아　　　　④ 금어초

**1-4. 가을국화를 단일식물이라 부르는 이유로 가장 적당한 것은?**

① 꽃피는 기간이 짧기 때문에
② 식물이 어떤 좁은 범위의 특정한 일장에서만 개화하므로
③ 낮의 길이가 12시간보다 짧아질 때 개화하므로
④ 낮의 길이가 한계 일장보다 짧아질 때 개화하므로

정답 1-1 ①　1-2 ③　1-3 ④　1-4 ④

---

### 핵심이론 02 | 광원의 종류 및 특성

① 광도(광의 세기) : 화훼류는 대체로 광도를 높여 재배하면 꽃이 빨리, 많이 피는 경향이 있다.

② 자연광

　㉠ 태양을 광원으로 하며 파장이 다양한 혼합광이다.

　㉡ 파장에 따라 380nm 이하는 자외선, 380~780nm는 가시광선, 780nm 이상은 적외선으로 구분한다.

　㉢ 피복물을 통해서 들어오는 동안 일부가 흡수되거나 차단되기 때문에 노지 재배한 것에 비하여 온실이나 비닐하우스에서 재배한 꽃의 색깔이 선명하다.

　㉣ 일장반응을 일으키는 광은 적색광(650~700nm)이며, 청색광(400~500nm)은 효과가 적고, 녹색광은 전혀 효과가 없다.

　㉤ 식물의 색소는 가시광선에서 발현이 촉진되며, 카로티노이드계는 청색광에서, 안토시아닌 계통은 청색광 또는 적색광에서 촉진된다.

③ 인공광

　㉠ 자연광만으로는 시설의 부족한 광량을 보충하기 어려운 경우에는 인공광을 이용하여 보광을 해 준다.

　㉡ 인위적으로 일장을 조절해 주어야 할 때, 특히 장일 조건을 만들어 주는 경우는 인공광을 이용해야 한다.

　　예 형광등은 전조재배와 보광재배에 이용한다.

　㉢ 인공광은 종류에 따라 광질과 광량이 다르고, 그에 따라 식물의 생육 반응이 다르다.

　　예 형광등보다 백열등의 근적외선과 적외선이 줄기의 신장을 촉진하고, 꽃대의 발생을 촉진시키는 경향이 있다.

---

### 10년간 자주 출제된 문제

**다음 인공광원 중 전조재배와 보광재배에 함께 이용되는 것은?**

① 백열등　　　　　　② 고압가스방전등
③ 형광등　　　　　　④ 고압나트륨등

정답 ③

---

① 전조재배

　㉠ 일장이 짧은 가을과 겨울철에 단일성 식물의 개화를 억제하거나 장일성 식물의 개화를 촉진시키기 위해 사용하는 방법이다.

　㉡ 국화, 스톡, 나리류, 시네라리아, 과꽃, 금어초, 그리고 팬지 등이 전조재배를 통하여 억제 혹은 촉성재배되고 있다.

　㉢ 가을국화(추국)의 억제재배

　　• 10월 하순에 개화하는 가을국화 품종의 삽목묘를 8월 하순에 온실에 정식하고, 야간(23~3시, 한밤 중)에 4시간 정도 전조를 하여 장일 상태로 만들어 준다.

　　• 10월 하순에 소등하면 자연 상태의 일장이 단일 조건이 되므로 이때부터 화아분화되고 12월 하순 정도면 개화할 수 있다.

　㉣ 인공조명으로 장일 처리를 하는 방법 : 일몰 직후부터의 명기 연장, 암기 중앙의 광중단(光中斷, night break), 암기 중의 교호조명 또는 점멸조명(cyclic lighting)이 있다.

　㉤ 전조를 위한 광도는 식물체 최상위엽 위치에서 $2\mu\mathrm{mol}\cdot\mathrm{m}^{-2}\cdot\mathrm{s}^{-1}$ 이상이어야 하며, 전구형 형광등, 개화 조절용 LED등을 사용하고 있다.

② 차광재배(암막 처리)

　㉠ 일몰 전부터 일출 전까지 시설 내에서 암막을 덮어서 명기를 짧게 하는 방법으로, 주로 자연 일장이 긴 계절에 단일성 식물의 개화를 촉진시킬 때 사용한다.

　㉡ 현재 국화, 포인세티아, 칼랑코에 등 단일성 식물을 차광재배를 통하여 촉성재배하고 있다.

　㉢ 가을국화의 촉성재배

　　• 가을국화를 재배할 때 꽃눈분화를 유기시켜 개화를 촉진시키려면 차광재배를 해야 한다.

　　• 저녁 6시경부터 새벽 6시까지 차광을 하면 자연 개화기인 10월 말보다 더 일찍 8월에 개화시킬 수 있다.

　　• 차광에서 개화하기까지 약 55일이 소요된다.

　　• 9월 1일에 개화시키려면 7월 10일경부터 차광을 실시하여 차광 개시 후 7~10일 정도이면 꽃눈이 분화한다.

　㉣ 포인세티아의 촉성재배 : 15℃ 이상의 온도에서 12시간 이하의 일장에서 15일 정도면 화아분화한다.

**더 알아보기**

**튤립을 촉성재배할 때 심는 깊이** : 구근이 흙 위로 약간 올라오게 심는다.

**3-1. 전조재배로서 개화가 억제되는 것은?**

① 국화
② 글라디올러스
③ 백합
④ 히비스커스

**3-2. 국화를 재배하는 도중에 전등불을 비추어 장일화시키면 어떠한 현상이 나타나는가?**

① 꽃눈형성이 촉진된다.
② 개화가 빠르다.
③ 도장시킨다.
④ 꽃눈형성을 저지시킨다.

**3-3. 광중단(night break)에 의하여 개화를 조절하는 경우는?**

① 단일성 식물의 개화를 억제하기 위하여
② 장일성 식물의 개화를 억제하기 위하여
③ 단일성 식물의 개화를 촉진하기 위하여
④ 중일성 식물의 주년재배를 하기 위하여

**3-4. 국화 억제재배를 위한 전등조명 방법 중 가장 효과적인 조명시간은?**

① 16:00~19:00(늦은 오후)
② 23:00~02:00(한밤중)
③ 05:00~07:00(새벽)
④ 09:00~12:00(오전 중)

**3-5. 가을국화의 꽃피는 시기를 12월 중하순에 하려면 전등 조명을 언제 끝내야 하는가?**

① 8월 중순
② 9월 중순
③ 10월 중순
④ 11월 중순

|해설|

**3-3**
**광중단** : 식물의 일장반응에 있어 야간 동안에 광을 쐬어 주면 긴 밤의 효과가 없어지는데, 이때 야간 동안 광 처리를 해주는 것을 말한다.

정답 3-1 ① 3-2 ④ 3-3 ① 3-4 ② 3-5 ③

## 2-2. 온도 조절

**핵심이론 01 | 화훼 작물별 온도 감응 특성**

① 휴면과 온도
  ㉠ 저온단일에 의한 휴면 : 국화, 리아트리스, 숙근안개초, 꽃도라지 등
  ㉡ 여름철 고온에 의한 휴면 : 프리지어, 구근아이리스 등
  ㉢ 휴면타파
    • 저온습윤층적 처리(stratification) : 온대산 수목의 종자들은 습한 상태의 모래나 용토와 종자를 혼합하여 저온 처리하면 휴면이 타파되어 이듬해 봄에 파종하면 발아한다.
    • 추식구근인 백합이나 튤립의 구근도 저온 처리를 실시하여 휴면을 타파시킬 수 있다.
    • 고온 처리 : 온대산 화목류인 개나리, 진달래, 벚나무의 가지를 30~35℃의 온수에 10시간 정도 담갔다가 15~18℃의 온실로 옮겨 관리하면 휴면이 타파되어 개화가 촉진된다.

② 춘화현상(春花現象, vernalization) : 작물의 종자나 생장 중인 작물에 저온 처리하여 개화 · 결실을 촉진시키는 것
  ㉠ 종자춘화형(seed vernalization) : 종자 단계에서 저온에 감응하여 개화되는 경우로 스타티스 등이 있다.
  ㉡ 녹색식물체춘화형(green plant vernalization) : 일정 기간 생장을 한 후부터 비로소 감응하는 경우로 2년초, 구근류, 숙근초 등이 속한다.
  ※ 저온을 경과하지 않으면 꽃이 피지 못하고 로제트 현상을 나타내는 화훼 : 스톡

③ 탈춘화 작용(devernalization) : 프리지어, 구근아이리스 등은 춘화 작용을 받은 후 다시 고온에 처하게 되면 그때까지의 효과가 감소되어 개화가 촉진되지 않는다.

④ 온도 조절에 의한 개화 조절

    ㉠ 춘화현상을 이용한 촉성재배 : 자연 상태에서 6~7월에 개화하는 나팔나리의 구근을 8℃에서 5주간 저온 처리(춘화 처리)한 후 11~12월에 정식하여 20℃ 내외의 온도 조건에서 재배하면 1~2월에 개화시킬 수 있다. 또 숙근초인 국화 추국도 동지아(冬至芽)나 모주에서 채취한 삽수를 4~5℃에서 40일 정도 저온 처리한 후 3월에 정식하면 7월에 개화시킬 수 있다.

    ㉡ 온도 처리에 의한 억제재배 : 구근아이리스, 프리지어, 나리, 튤립, 히아신스 등을 0~5℃의 저온에 장기간 저장하여 휴면시켜 둠으로써 억제재배를 할 수 있다.

    ㉢ 고랭지 재배 : 고온으로 인해 화아분화 등 발육이 중단되거나 지연되는 식물을 여름의 기온이 서늘한 고랭지에서 재배하게 되면 고온 장애를 극복할 수 있다.

    ㉣ 최근에는 온실 내에서 냉방기를 설치하여 고온을 극복시키고 화아를 분화시키고 있다.

① 온도는 화훼 품질에 가장 직접적인 영향을 미친다.

② 로제트(rosette) 현상

  ㉠ 한대나 온대지방이 원산지인 한두해살이 화초류나 여러해살이 화초류에서 절간(마디 사이)신장이 일시적으로 정지되는 현상

  ㉡ 로제트 현상의 원인

   • 저온 : 국화, 리아트리스, 숙근안개초, 꽃도라지 등

   • 여름철의 고온 : 알뿌리류와 난초류 등

   • 가을의 냉온과 단일

  ㉢ 화훼류의 로제트 현상 타파 방법 : 저온 처리

**10년간 자주 출제된 문제**

다음 중 화훼류의 로제트 현상을 타파하는 방법은?

① 저온 처리

② 고온 처리

③ 장일 처리

④ 단일 처리

정답 ①

① 온도 제어

  ㉠ 온도 관리는 1일을 몇 개의 시간대로 나누어 관리하는 변온관리체계가 좋다.

  ㉡ 야간온도를 지나치게 높이면 경엽이 번무하고 뿌리가 약화된다.

  ㉢ 야간온도를 과도하게 낮추면 동화산물의 전류가 느리고 전류량도 적게 되어 잎이 빨리 노화되고 줄기의 생장이 둔화되는 경향이 있으므로 적절한 관리를 요한다.

② 냉난방장치의 종류

  ㉠ 냉방 : 축열수조 냉수, 수막식 열교환기, 팬 앤드 패드, 미스트 앤 팬, 포그 앤 팬, 히트펌프 등

  ㉡ 난방 : 온풍난방기, 온수보일러, 공기-공기식 또는 물-공기식 등

  ㉢ 환기 : 천창과 측창의 모터, 환기팬

③ 가온·보온장치의 종류

  ㉠ 가온시설

   • 무한궤도 연소식 석탄온풍 난방기

   • 열매체 전기온풍 난방기

   • 온실 냉난방 겸용 지열히트펌프 시스템

   • 수막재배시설

  ㉡ 보온시설

   • 수평 예인 다겹 보온커튼시설

   • 중앙권취식 보온터널 자동개폐장치

   • 일사감응변온 및 경보시스템

   • 온풍난방기 배기열 회수장치 및 지중난방 시스템

   • 시설원예용 자동제습장치

   • 지중난방시설

   • 전기발열체 또는 온수파이프를 이용한 축열물주머니 활용

  ※ 온수파이프 이용 방법은 축열물주머니 속에 전기발열체 대신 난방용 온수순환파이프를 넣어 가온하는 방법인데 보온력이 증대되고 난방효과가 좋아 중부지방 기준으로 작형을 1개월 정도 앞당길 수 있다.

**3-1. 다음 중 가온시설장비가 아닌 것은?**

① 열매체 전기온풍난방기
② 온실 냉난방 겸용 지열히트펌프 시스템
③ 수막재배시설
④ 지중난방 시설

**3-2. 시설 내의 온도를 낮추는 방법이 아닌 것은?**

① 차광망 설치
② 옥상유수
③ 팬 앤 패드 장치
④ 축열물주머니 설치

|해설|

3-2
**축열물주머니**
플라스틱 필름으로 만든 물주머니에 물을 채우고 낮 동안 시설 내에 두면 축열이 되며, 야간에 방열을 하여 시설 내 기온을 일정 수준으로 유지시키는 보온방식이다.

정답 3-1 ④  3-2 ④

---

**핵심이론 04 | 변온 처리**

① 시설 내 변온 관리

  ㉠ 작물은 해가 뜨면 광합성을 시작하나 시설 내 기온은 광합성에 충분한 정도의 기온이 안 된다.

  ㉡ 해뜨기 전 1~2시간 정도 예비 가온을 하고, 광선이 충분하면 광합성을 최대한 높일 수 있도록 기온을 적정 수준으로 유지해 준다.

  ㉢ 해가 진 후 4~6시간 정도는 동화 산물의 전류를 촉진시킬 수 있도록 약간 높은 기온을 유지하도록 한다.

  ㉣ 전류가 끝난 후부터는 호흡에 의한 소모를 줄일 수 있도록 작물생육에 지장이 없는 정도의 낮은 기온으로 관리해 준다.

  ㉤ 주야간 변온 관리 방식을 작물과 기상조건에 따라 응용하는 것이 바람직하며, 이러한 합리적인 변온 관리로 작물의 수량과 품질을 향상시키는 것은 물론 난방비를 크게 절감할 수가 있다.

② 장미의 변온 관리

  ㉠ 주간에는 23~25℃를 목표로 관리한다.

  ㉡ 일몰 후부터 심야까지는 20℃에서 18℃로 서서히 낮추어 주며, 24~7시에는 목표온도인 13℃로 낮춘다.

  ㉢ 아침 동이 트는 시각(7시 전후)에는 다시 18~20℃로 관리한다.

  ㉣ 햇볕이 완전히 비치는 9시 이후부터 광합성이 활발히 진행되도록 23℃를 목표로 관리한다.

**4-1.** 시설 내에 변온 관리를 하면 난방비도 절약되고 작물의 열매 수, 무게 등의 질이 높아지게 된다. 변온 관리 시간은 어느 때가 적합한가?

① 아침  ② 점심
③ 저녁  ④ 야간

**4-2.** 시설 내의 온도 관리 방법 중 동화산물의 전류를 촉진시키기 위해서 야간에 변온 관리를 하는 데 적절한 것은?

① 일몰 후 1~2시간은 약간 고온을 유지한다.
② 일몰 후 4~5시간은 약간 고온을 유지한다.
③ 일출 전 6~8시간은 약간 고온을 유지한다.
④ 자정 후 2~3시간은 약간 고온을 유지한다.

정답 4-1 ④  4-2 ②

## 2-3. 생장조절제 이용

**핵심이론 01** │ 생장조절제 종류 및 특성

① 옥신(auxin)

　㉠ 주로 줄기의 생장점이나 어린 조직에서 합성되는데, 뿌리의 근단에서도 합성되기도 한다.

　㉡ 세포의 신장을 촉진하며, 발근촉진제로 삽목 시 발근을 촉진시킨다.

　㉢ 잎에 옥신 함량이 감소하면 탈리층이 형성되어 낙엽이 된다.

　㉣ 식물의 줄기가 빛이 비추는 방향으로 생장하는 굴광성과 뿌리가 중력을 향해 자라는 굴지성도 옥신의 영향에 의해 나타난다.

② 지베렐린(gibberellin, GA)

　㉠ 세포와 줄기 신장을 촉진하여 초장이 길어진다.

　㉡ 개화하는 데 저온을 요구하는 식물의 경우 저온을 대신하여 처리하면 추대가 유도되어 개화가 촉진된다.

　㉢ 팬지, 프리지어, 시클라멘, 피튜니아, 스톡 등의 장일성 식물의 개화를 촉진시키고, 단위결과를 유도한다.

　㉣ 숙근, 구근류의 저온을 대체하여 휴면타파에 이용하면 발아가 촉진된다.

　㉤ 장미, 국화 등의 절화 보존 용액에 GA를 처리하면 절화잎의 엽록소 소실을 감소시켜 황화현상이 지연됨으로써 절화 수명이 연장된다.

③ 시토키닌(cytokinin)

　㉠ 잎과 줄기의 형성을 촉진시킨다.

　㉡ 호접난이나 게발선인장(Easter cactus)에서는 화아형성과 개화를 촉진한다.

　㉢ 장미, 국화 등의 절화에 처리하면 에틸렌 생성을 억제하고, 엽록소 함량을 증가시켜 꽃의 노화를 지연시킴으로써 절화 수명을 연장시키는 효과가 있다.

④ 에틸렌(ethylene)

    ㉠ 무색의 가스로 상온에서는 공기보다 가볍다.

    ㉡ 원예작물에 처리하려면 에틸렌가스를 발생시키는 에 테폰(ethephon)을 사용해야 하며, 이 물질의 상품명 으로는 플로렐(florel)과 에스렐(ethrel) 등이 있다.

    ㉢ 세포의 상하 신장을 억제하고, 횡적 팽창을 증가시 켜 줄기를 비대시킨다.

    ㉣ 절화에 처리하면 노화가 촉진되어 꽃의 조기 위조 및 절화 수명이 단축되는 현상이 나타난다.

    ㉤ 잎에서의 옥신 합성과 이동을 억제하고, 세포벽 분해 효소를 합성하여 잎의 탈리현상이 나타난다.

    ㉥ 파인애플과 식물(guzumania, ananas, neoregelia 등)들은 에틸렌을 처리하면 개화가 촉진되지만, 대 부분의 화훼류에서는 개화가 억제된다.

    ㉦ 프리지어, 시클라멘, 수선, 백합 등과 같은 구근류 의 구근에 에틸렌을 처리하면 휴면이 타파되어 맹 아율이 증가된다.

⑤ 아브시스산(ABA, abscissic acid)

    ㉠ 식물의 기공 개폐에 관여하는데, 건조 스트레스를 받으면 ABA 함량이 증가하여 기공이 닫히고 증산 량이 감소한다.

    ㉡ 종자의 휴면을 유도하고, 온대 지방에서 자생하는 식물들은 단일 조건에서 식물체의 눈에 ABA 함량 이 증가하여 휴면이 유도된다.

    ㉢ 식물이 건조, 저온, 염분 등의 환경 스트레스를 받 으면 체내에서 ABA 함량이 증가하여 내성을 증가 시키는 효과가 나타난다.

⑥ 생장억제제

    ㉠ 주로 GA의 생합성이나 작용을 억제하여 식물의 초장을 감소시켜 왜화제로 사용된다.

    ㉡ CCC(chlormequat)를 포인세티아에 처리 시 꽃수 가 증가한다.

    ㉢ daminozide는 분화 식물에 처리 시 꽃눈분화가 촉진되고 꽃수가 많아지는 효과가 있다.

    ㉣ 스탠다드 국화에 daminozide를 처리하면 꽃목의 길이를 짧게 하여 절화의 품질을 향상시킨다.

---

### 10년간 자주 출제된 문제

**1-1. 다음 식물호르몬 중 시클라멘의 개화촉진 및 꽃대신장을 위하여 처리하는 것은?**

① NAA          ② 2,4-D
③ 지베렐린      ④ 카이네틴

**1-2. 다음 중 기공의 개폐에 관여하며 수분 스트레스를 받으면 증가하게 되는 식물호르몬은?**

① 지베렐린(GA)
② 아브시스산(ABA)
③ 옥신(auxin)
④ 시토키닌(cytokinin)

**1-3. 다음 생장조절물질 가운데 발아를 억제시키는 것은?**

① 지베렐린(GA)
② 시토키닌(cytokinin)
③ 아브시스산(ABA)
④ 옥신(auxin)

**1-4. 다음 중 CCC와 같은 식물 생장억제제(왜화제)가 식물의 개화에 미치는 영향은?**

① 로제트 타파
② 꽃눈분화의 촉진
③ 꽃눈분화의 억제
④ 꽃대 신장의 촉진

**1-5. 다음 중 식물 생장조절물질로만 짝지어진 것은 어느 것 인가?**

① GA, 2,4-D, IAA, IBA
② GA, MCPA, PCPA, CCC
③ kinetin, GA, NAA, MH-30
④ 2,4-D, BA, B-9, Ethephon

| 해설 |

1-2
아브시스산(abscissic acid)
건조(수분) 스트레스를 받으면 ABA 함량이 증가하여 기공이 닫 히고 증산량이 감소한다.

**정답** 1-1 ④　1-2 ②　1-3 ③　1-4 ②　1-5 ①

① 생장조절제 처리 방법

ㄱ 분무기(spray) 처리

- 액체를 분무기에 넣어 살포하는 방법으로, 주로 화분 상태에 원하는 크기가 정해질 때 살포한다.
- 전면에 골고루 살포하나, 생장점 부근에 뿌리면 효과가 더 좋다.

ㄴ 침지 처리(soaking, immersion, dipping) : 처리할 재료를 생장조절제 용액에 담갔다가 꺼내어 처리하는 방법으로, 주로 삽목 번식에 많이 사용한다.

ㄷ 도포 처리 : 지베렐린이나 톱신페스트 등 농약을 페인트처럼 만들어 발라 주는 방법이다.

ㄹ 분(가루)의 처리

- 처리를 원하는 부위에 가루를 묻혀 처리하는 방법으로, 삽목 시 가루로 되어 있는 발근촉진제를 삽수의 기부에 묻혀 삽목용토에 꽂는다.
- 삽수의 밑부분을 3cm 정도 물에 담갔다가 약제가루를 묻히면 가루가 더 잘 달라붙어 효과가 좋다.

② 생장조절제 처리 계산 방법

ㄱ 리터(L)당 물의 양(kg) : 물을 저울에 달아서 물 1kg이면 리터로는 1L이다. 물 20kg이면 20L이다.

ㄴ 생장조절제 환산식 : $\dfrac{필요\ 용액량 \times 용액농도(ppm)}{약제의\ 유효성분\ 농도}$

ㄷ 생장조절제 녹이는 방법

- 지베렐린(GA₃, 유효성분 100%) : 5ppm이면 5mg을 알코올에 녹인 후 다시 물 1L에 섞는다.

  ※ 군자란 재배 시 개화를 촉진하기 위하여 지베렐린 처리를 하는 방법 : 5ppm 정도 용액을 어린 꽃봉오리에 살포한다.

- 벤질아데닌(BA, 유효성분 100%) : 2ppm이면 2mg을 NaOH(수산화나트륨) 1N에 완전히 녹인 후 증류수(물)에 희석할 수 있으나 단 완전히 녹지 않은 상태로 혼합하면 유리화(유리나 얼음 결정체 모양)가 되어 효과가 전혀 나타나지 않는다.

- 인돌초산(IAA, 유효성분 100%) : 2ppm이면 2mg을 1N HCl에 완전히 녹인 후 증류수(물)에 희석하면 된다.

③ 생장억제제 종류별 처리 방법 및 농도

ㄱ CCC(chlormequat, cycocel)

- 살포용, 관주용으로 사용할 수 있다.
- 히비스커스 200~600ppm, 그 외 1,000~3,000ppm
- 포인세티아, 아잘레아, 제라늄, 히비스커스 등에 이용한다.

ㄴ B-nine(B-9, daminozide)

- 살포용으로만 이용되고 관주용으로는 효과적이지 않다.
- 일반적으로 1,250~5,000ppm이다.
- 상업작물에서 효과적이나 팬지, 임파첸스 등에서는 효과가 거의 없다.

ㄷ 트리아졸(triazole)계

- 관주 처리를 했을 때 매우 효과적이다.
- 본자이(paclobutrazol) 2~90ppm 범위
- 수매직(uniconazole) 1~50ppm
- 팬지, 제라늄, 빈카는 가장 민감한 작물에 속하고 금어초는 덜 민감하다.

**2-1. 시클라멘의 개화를 촉진하기 위해서 지베렐린 100ppm 수용액 2L를 만들어서 살포하려고 한다. 이때 필요한 순수 지베렐린의 양은?**

① 0.02g

② 0.2g

③ 2g

④ 20g

**2-2. 군자란의 개화촉진을 위한 지베렐린 처리 방법으로 옳은 것은?**

① 1ppm 용액을 잎에 분무 처리한다.

② 5ppm 정도의 용액을 어린 꽃봉오리에 처리한다.

③ 50ppm 정도 용액을 식물의 전체에 분무 처리한다.

④ 100ppm 정도 용액을 꽃봉오리에 분무 처리한다.

|해설|

2-1

**생장조절제 환산식**

$$\frac{\text{필요 용액량} \times \text{용액농도(ppm)}}{\text{약제의 유효성분 농도}}$$

$= 2L \times 100ppm$

$= 2,000g \times 1/10,000g$

$(\because ppm = 1/1,000,000,\ 100ppm = 1/10,000g)$

$= 0.2g$

**정답** 2-1 ② 2-2 ②

---

## 제3절 화훼 재배 관리

### 3-1. 정식

**핵심이론 01** | 가식, 정식의 개념

① 이식(移植, 옮겨심기)

㉠ 화훼작물을 현재 임시로 자라고 있는 곳에서 다른 장소로 옮겨 심는 것을 말한다.

㉡ 생육과 개화에 필요한 생육기간의 연장으로 인해 작물의 발육이 크게 촉진되어 증수를 기대할 수 있고, 초기의 생육 촉진을 통해 수확을 빠르게 하여 경제적으로 유리하다.

㉢ 본포에 전작물이 있는 경우에는 묘상 등에서 모를 양성하여 전작물 수확 후 또는 전작물 사이에 정식함으로써 경영을 집약화할 수 있다.

㉣ 이식은 경엽의 도장을 억제하고, 생육을 양호하게 하여 숙기가 단축된다.

② 가식(假植)

㉠ 정식할 때까지 일시적으로 옮겨 심어 두는 것을 말한다.

㉡ 불량한 묘를 추려내거나 옮겨심기를 함으로써 뿌리의 발달을 촉진하고, 도장(徒長, 웃자람)을 방지할 수 있다.

③ 정식(定植, 아주심기)

㉠ 화훼작물을 수확기까지 그대로 둘 장소에 아주 옮겨 심는 것을 말한다.

㉡ 절화의 시설 내 토양 정식

• 온실이나 하우스에 묘를 정식할 때에는 토양 소독 및 객토로 최적의 토양 상태로 한다.

• 초본류는 초장의 1/2~1/3 정도의 거리로 심고, 큰 알뿌리는 넓게 간격을 두고 심는다.

ⓒ 분정식(盆定植)

- 먼저 분의 화분에 물을 적신 후 분의 바닥 구멍을 깔망으로 덮고, 굵은 매질의 배양토를 1/3 깊이만큼 넣은 후 배양토를 채워 묘를 심는다.
- 묘는 뿌리에 흙이 붙은 채로 중앙에 심되 너무 깊게 심지 않도록 한다.

ⓔ 알뿌리 화훼의 정식

- 배수가 잘 되도록 평상(平床)에 정식한다.
- 다알리아, 칸나 등은 지상부가 번성하므로 충분한 거리를 두고 심는다.
- 시클라멘은 알뿌리가 흙 위에 일부 올라오도록 심는다.
- 튤립, 수선, 히아신스, 아마릴리스 등은 실뿌리가 발생하므로 얕게 복토한다.
- 나리, 프리지어 등은 분 높이의 1/2 정도로 깊게 알뿌리를 심는다.

ⓜ 화목류의 정식

- 노지에 심을 때에는 땅을 뿌리분의 1.5배 크기로 파서 흙덩어리를 부순다.
- 유기질 퇴비를 충분히 넣고 살짝 흙으로 덮어 정식할 구덩이에 뿌리분이 부서지지 않도록 넣은 후 원래 흙이 있던 위치까지 흙을 채우고, 물을 충분히 준다.

**1-1. 육묘상에 가식을 하는 이유로서 가장 타당한 것은?**

① 병해충을 방지하기 위하여
② 토지이용률을 높이기 위하여
③ 노력을 절감하기 위하여
④ 도장을 방지하기 위하여

**1-2. 본포 정식 전 가식을 하는 이유로 가장 타당하지 않은 것은?**

① 세근 발생을 촉진
② 도장을 방지
③ 토지의 효율적 이용
④ 잡초발생 억제

**1-3. 파종상에 맨드라미를 정식하고자 할 때 가장 적당한 묘의 크기는?**

① 본엽이 1~2매 전개된 때
② 본엽이 3~4매 전개된 때
③ 본엽이 8~10매 전개된 때
④ 본엽이 13~15매 전개된 때

|해설|

1-1
**가식의 목적** : 불량모종 도태 및 균일한 모종 생산, 모종의 웃자람(도장) 방지, 이식성 증대 등

1-2
가식은 불량한 묘를 추려 내거나 옮겨심기를 함으로써 뿌리의 발달을 촉진하고, 도장(徒長, 웃자람)을 방지할 목적으로 한다.

1-3
파종 후 떡잎이 나오고 본잎이 2~4장 충분히 벌어진 후에 하는 것이 일반적이다.

정답 1-1 ④  1-2 ④  1-3 ②

① 이식의 시기

　㉠ 이식은 파종 후 떡잎이 나오고 본잎이 2~4장 충분히 벌어진 후에 하는 것이 일반적이다.

　㉡ 꺾꽂이한 경우에는 뿌리가 충분히 발달하여 줄기 끝에 새로운 잎이 시들지 않고 충분히 벌어졌을 때 한다.

　㉢ 너무 어린 모나 노숙한 모의 이식은 식상이 심하거나 생육이 고르지 못해 정상적으로 생육하지 못하는 경우가 많다.

　㉣ 일반적으로 화훼 모종은 주근의 성장이 빠른 것일수록 일찍 옮겨 심는다.

　㉤ 화목류는 싹이 움트기 전에 봄에 이식하거나 낙엽이 진 뒤 가을에 이식한다.

　　※ 직근성(곧은 뿌리)인 꽃양귀비, 접시꽃, 델피니움, 루피너스, 거베라 등은 이식하면 뿌리가 끊어지고 다시 뿌리가 나는 데 시간이 많이 소요되므로 주의한다.

　㉥ 화단용이나 분화용 묘를 이식할 때 이미 만들어진 꽃눈은 묘의 발달을 촉진하기 위하여 제거해 주는 것이 좋다.

　㉦ 이식 후 묘의 원활한 생육을 위해서 바람 없이 흐린 날 이식하면 활착에 유리하다.

　　※ 지온은 발근에 알맞은 온도로, 서리나 한해(寒害)의 우려가 없는 시기에 이식하는 것이 안전하다.

② 화목류의 정식 시기

　㉠ 침엽수 : 2월 하순~4월 하순, 9월 상순~11월 하순

　㉡ 낙엽활엽수 : 3월 상순~4월 상순, 6월 상순~7월 상순

　㉢ 상록활엽수 : 3월 하순~4월 상순, 10월 하순~12월 하순

---

**정식할 때의 유의점으로 옳은 것은?**

① 미리 플라스틱 멀칭을 하여 적정온도를 확보한다.

② 지온을 낮춘 후에 정식한다.

③ 묘상은 물을 빼고 건조시켜 둔다.

④ 모 뿌리의 흙을 깨끗이 제거한다.

|해설|

정식 후의 식상(植傷)을 방지하려면 지온을 높이고, 충분히 관수한 후 흙을 많이 붙여서 정식한다.

**정답** ①

## 핵심이론 03 │ 가식, 정식 후 관리

① 이식 후의 관리

    ㉠ 잘 진압하고 일시적인 수분 스트레스를 받지 않도록 이식 후 즉시 물을 충분히 준다.

    ㉡ 건조한 경우 피복하여 지면증발을 억제하고, 건조를 예방한다.

    ㉢ 온도가 너무 높거나 건조할 때에는 물을 살짝 뿌려서 잎이 시드는 것을 방지해 준다.

    ㉣ 햇빛이 너무 강할 때에는 잠시 차광을 해 주어 뿌리의 활착을 돕는다.

    ㉤ 쓰러질 우려가 있는 경우 지주를 세운다.

② 정식 후 관리

    ㉠ 절화 : 점적 호스로 물을 충분히 주고, 날씨가 너무 덥거나 햇빛이 강하면 필요에 따라 차광망으로 잠시 햇빛을 가려준다.

    ㉡ 화목류 : 물집을 만들어 물을 골고루 붓고 삽으로 쑤셔서 뿌리분에 물이 골고루 스며들게 한다(죽쑤기).

    ㉢ 분화 : 물을 충분히 주고 며칠간 차광망으로 햇빛을 가려주어 새로운 뿌리가 나오는 것을 도와준다.

    ㉣ 대형 화분 : 식재 공간 하단의 물을 저장하는 공간에 호스를 이용하여 물을 공급해 준다.

---

### 10년간 자주 출제된 문제

**이식 후 관리 시의 유의점으로 옳지 않은 것은?**

① 진압 후 뿌리가 충분히 활착하기 전까지는 물을 주지 않는다.

② 온도가 너무 높거나 건조할 때에는 물을 살짝 뿌려서 잎이 시드는 것을 방지해 준다.

③ 햇빛이 너무 강할 때에는 잠시 차광을 해 주어 뿌리의 활착을 돕는다.

④ 뿌리가 충분히 활착하기 전까지 쓰러질 우려가 있을 때에는 지주를 세워 준다.

|해설|

묘에 붙어 있는 배양토와 새로운 배양토가 잘 닿아 묘가 일시적인 수분 스트레스를 받지 않도록 이식 후 즉시 물을 충분히 주고, 햇빛이 너무 강할 때에는 잠시 차광을 해 주어 뿌리의 활착을 돕는다.

정답 ①

---

## 3-2. 전정

### 핵심이론 01 │ 전정 개념 및 효과

① 전정의 개념

    ㉠ 전정(剪定, 가지치기)이란 화목류(장미나 수국) 등에서 식물이 잘 자라 꽃피고 열매 맺는 것을 좋게 할 목적으로 불필요한 가지를 자르는 것이다.

    ㉡ 잎 전체가 골고루 빛을 받고 통풍을 좋게 하여 병해충의 발생을 감소시키기 위한 목적도 있다.

    ㉢ 열매 따기, 약제살포 등 관리를 편하게 할 목적으로 키를 낮추고 생장을 억제하기 위한 전정도 있다.

    ※ 정지(整枝, 가지고르기) : 침엽수(향나무, 주목 등)나 생울타리(쥐똥나무, 사철나무 등), 분재 등에서 원하는 수형을 만들기 위해 불필요한 가지를 자르는 것

② 전정의 효과

    ㉠ 목적하는 수형을 만들 수 있다.

    ㉡ 병충해 피해 가지, 노쇠한 가지, 죽은 가지 등을 제거하고, 새로운 가지로 갱신하여 결과를 좋게 한다.

    ㉢ 적정가지수를 확보하여 통풍과 수광태세를 좋게 한다.

    ㉣ 결과부의 상승을 억제하고, 공간을 효율적으로 이용할 수 있게 한다.

    ㉤ 보호 및 관리를 편리하게 한다.

    ㉥ 결과를 조절하여 해거리를 예방하고, 적과 노력을 줄일 수 있다.

    ㉦ 비료와 영양분 손실을 막아준다.

    ※ 해거리 : 과수에서 과일이 많이 열리는 해와 아주 적게 열리는 해가 교대로 반복해서 나타나는 현상으로 이를 격년결과(隔年結果)라 하며, 과수품종의 유전적인 요인과 온도, 습도, 호르몬, 비배관리에 의한 C/N율 등 여러 가지 요인이 작용한다.

**10년간 자주 출제된 문제**

**전정의 효과로 옳은 것은?**

① 결실량의 조절이 가능하다.
② 유목에 약전정을 하면 결실을 늦추어 준다.
③ 노목에서의 강전정은 수세를 약화시킨다.
④ 병충해의 피해가 있을 경우 강전정은 피해를 가중시킨다.

**|해설|**

일반적으로 유목의 약전정은 결실을 앞당기고, 노목은 강전정하여 나무의 세력을 키우고 결실을 조절한다. 또한 병해충 피해를 입은 가지는 전정하여 그 자리를 다른 가지로 채워 준다.

**정답** ①

**핵심이론 02 ┃ 화훼 작물별 전정 시기 및 방법**

① 전정 시기

　㉠ 지난해 꽃눈을 만드는 화목류(수국 등 일부 화목류를 제외한 온대 낙엽 화목류) : 봄철 꽃이 피고 나서 새로운 가지가 나와 충분히 자란 후인 여름철에서 꽃눈이 만들어지는 늦가을 전에 전정한다.

　㉡ 올해 꽃눈을 만드는 화목류(장미, 배롱나무 등)

　　• 낙엽이 진 후 어느 때나 전정을 할 수 있다.

　　• 정원 장미의 경우 이른 봄 새싹이 나오기 전 전정을 하여도 문제가 없다.

　㉢ 향나무와 같은 침엽수 : 봄철 새순이 나온 후 무더운 여름철을 피해서 전정한다.

　㉣ 꽃이나 잎이 지고 난 후에 가지를 치는 것이 좋으며, 식물에 따라 늦가을에서 이른 봄 사이나 초가을에서 가을 사이에 한다.

② 전정 방법

　㉠ 대상 식물의 습성 등에 따라 수형의 정돈 및 쓸모없는 가지를 제거하여 개화와 결실이 잘되도록 한다.

　　• 웃자란 가지, 병충해를 입은 가지, 서로 얽히거나 겹쳐진 가지, 안쪽으로 뻗은 가지, 바닥에서 나온 가지를 전정한다.

　　• 생육이 왕성한 나무를 너무 강하게 전정하면 힘차게 직립하여 뻗는 물가지가 많이 생겨서 수형이 나빠질 수 있으므로 솎아내면서 적절히 전정을 해야 한다.

　㉡ 장미, 꽃사과나무, 수국 등 : 전정을 많이 한다.

　　• 정원용 장미(노지재배) : 오래된 가지, 안쪽으로 향한 가지, 무성한 가지 등을 대상으로 이른 봄이나 늦가을에 잘라낸다.

　　• 온실 장미 : 여름철에 강제 휴면시켰다가 전정하거나 1~2월 온실 난방을 하지 않고 생육을 정지시켜 전정하기도 한다.

© 목련, 단풍나무류, 철쭉류 등 : 전정을 하지 않고 대부분 자연 상태로 방임하고 있다.

② 왕벚나무 : 절단면이 잘 치유되지 않고 병충해 침입이 우려되므로 가능하면 전정을 하지 않는 것이 좋다.

③ 전정 시 주의사항
  ⊙ 위, 옆, 아래의 순서로 가지를 잘라내는 것이 좋다.
  ⓒ 너무 엉켜서 필요 없는 중심 가지를 밑에서 바짝 자른다.
  ⓒ 잔가지를 자를 때는 눈의 위치보다 다소 위쪽을 자른다.
  ② 굵은 가지는 2~3번 나누어 자른다.
  ⑩ 큰 가지를 자를 때는 가지 밑동을 남기지 말고 바짝 자른다.
  ⑭ 전정 시 가장 위에 남는 눈의 반대쪽으로 비스듬히 자른다.
  ⊗ 꽃이 잘 피지 않거나 빈약할 때에는 나무의 모양을 해치지 않는 범위에서 충실한 가지를 남기고 윗부분을 1/3~2/3 길이로 잘라 준다.
  ⊙ 전정 시 절단면이 넓으면 도포제를 발라 상처 부위를 보호한다.

---

**10년간 자주 출제된 문제**

**다음 중 전정의 방법으로 옳지 않은 것은?**
① 가지의 끝쪽은 넓게, 밑쪽은 뾰족하게 전정한다.
② 전정은 높은 곳에서 아래로 잘라 내려온다.
③ 큰 가지를 자를 때는 가지 밑동을 남기지 말고 바짝 자른다.
④ 잔가지를 자를 때는 눈의 위치보다 다소 위쪽을 자른다.

|해설|
가지의 끝쪽은 뾰족하게, 밑쪽은 넓게 전정한다.

정답 ①

---

① 양날가위
  ⊙ 일반적인 가위를 사용하는 방법과 같이 양쪽에 균일하게 힘을 순간적으로 힘차게 주어 한 번에 자를 수 있도록 노력한다.
  ⓒ 가지가 가늘고 빽빽한 종류에서 효율적이다.

② 외날가위
  ⊙ 날로 가지 직경의 반 정도를 자르면서 순간적으로 가위를 사용하지 않는 손으로 가지를 밑으로 눌러 자른다.
  ⓒ 직경 1cm 이상인 가지의 전정에서 사용한다.

③ 대형 양날가위 : 향나무나 쥐똥나무와 같은 생울타리의 모양 다듬기를 위한 정지에 사용한다.

④ 고지가위 : 사람 키가 닿지 않는 높은 곳의 가지 전정에 이용한다.

⑤ 톱 : 전정가위로 자를 수 없는 굵은 가지 전정에 이용한다.

⑥ 기계톱 : 대규모 생울타리의 정지에 이용하면 작업이 효율적이다.
  ※ 전정 도구는 날이 생명이므로 사용 후 반드시 세척하여 건조시켜 두어야 한다.

⑦ 전정 도포제
  ⊙ 절단면이 빨리 아물어 썩는 것을 방지한다.
  ⓒ 큰 가지를 자른 후에는 절단면을 통한 수분의 증발을 방지하기 위해서 왁스 성분의 도포제를 발라 준다.

---

**10년간 자주 출제된 문제**

**대규모 생울타리의 정지에 이용하는 전정 기계는?**
① 대형 양날가위　　　② 고지가위
③ 양날가위　　　　　④ 기계톱

정답 ④

## 3-3. 적심

### | 핵심이론 01 | 적심 개념 및 효과

① 적심(순지르기)의 개념

　㉠ 화훼 식물을 풍성하게 기르기 위하여 줄기 맨 끝의 눈을 필요에 따라 잘라 주어 줄기 밑에 있는 눈을 잘 자라게 만드는 것을 말한다.

　㉡ 주경 또는 주지의 순을 잘라 생장을 억제시키고, 측지의 발생을 많게 하여 개화, 착과, 착립을 돕는다.

　㉢ 한 줄기 식물체의 생장점을 제거하면 정아우세가 없어져 자른 바로 아래 부위에서 여러 개의 가지가 발생하게 된다.

　㉣ 개화기간이 길고, 착과 위치에 따라 숙도가 다른 작물에는 적심이 필요하다.

　㉤ 식물이 웃자랄 때 적심하여 당분간 생장을 멈추게 하여 균형 잡힌 모양으로 만들 수 있다.

　㉥ 분화
　　• 여러 대의 꽃대나 가지가 나오도록 하여 많은 가지와 꽃을 피게 한다.
　　• 국화나 카네이션과 같은 분화 재배를 위해서는 적심을 하지 않아도 곁눈이 많이 나오는 품종을 고르는 것이 노동력을 줄이는 방법이다.
　　• 국화의 경우 재배방식과 관계없이 적심하여 3~4개의 곁가지를 내게 한다.

　㉦ 절화
　　• 여러 개의 꽃대를 만들기 위하여 어린 묘일 때 줄기 맨 끝을 적당하게 자른다.
　　• 절화 재배를 위해서는 긴 꽃대가 필요한 곁눈이 잘 나오지 않는 품종을 고르는 것이 좋다.

② 적심의 효과

　㉠ 생장을 억제시키고, 측지의 발생을 많게 하여 개화, 착과, 착립을 돕게 한다.

　㉡ 고사한 부분과 병해충에 감염된 부분을 제거하여 식물체를 보호한다.

---

**10년간 자주 출제된 문제**

**작물이나 과수에 순지르기의 영향이 아닌 것은?**

① 생장을 억제시킨다.
② 측지의 발생을 많게 한다.
③ 개화나 착과의 수를 적게 한다.
④ 목화나 두류에서도 효과가 크다.

| 해설 |

**적심의 효과**
• 곁가지(측지)의 발생을 촉진한다.
• 새로운 착과 및 생장을 억제한다.
• 잎이 크고 두꺼워지며 빛깔이 진해진다.
• 개화 및 결실이 좋아진다.

정답 ③

---

① 카네이션
　　㉠ 전 생육 기간 중 3~4차례 실시한다.
　　㉡ 삽목 후 6마디 정도 자라면 4~5마디 남기고 1차 적심하고, 2차 적심은 1차 적심 후 1달이 지난 시점에 실시한다.
　　※ 연말에 꽃피우기 위한 마지막 적심은 7월 하순경에 한다.
② 국화 : 정식 10~14일 후면 완전히 활착하므로 적심하여 측지를 발생시킨다.
③ 숙근안개초 : 가식 중이나 정식 1~2주 후 활착하여 생육이 왕성해지고 본엽이 5~6매 전개했을 때 4~5마디를 남기고 적심한다.
④ 가지가 뻗지 않는 스톡이나 알뿌리 화훼, 줄기가 길게 자라지 않는 거베라 등에서는 적심을 실시하지 않는다.

**더 알아보기**

**적뢰와 적화**
- 적뢰(摘蕾, 꽃봉오리 솎기)
  - 꽃송이를 알맞은 간격으로 솎아 주는 작업이다. 결실을 좋게 하며 가지가 부러지는 것을 예방한다.
  - 스프레이 국화의 경우 세력이 가장 왕성한 것을 따 주어 주위의 꽃들이 방사상으로 균형 잡히게 한다.
  - 국화와 카네이션 재배의 경우 정아(화)를 크게 하기 위해 곁꽃봉오리를 따 주는 적뢰를 실시한다.
- 적화(摘花, 꽃솎기) : 나리나 튤립 등 알뿌리 화훼에서 꽃에 의해 소모되는 양분을 소화하기 위해 꽃을 따버리는 것을 말한다.

**10년간 자주 출제된 문제**

**적심과 적화에 대한 설명으로 옳지 않은 것은?**
① 적화는 꽃의 상태일 때 불필요한 것을 제거하는 작업이다.
② 적심은 생장을 억제시키고, 개화, 결실 및 측지의 발육을 촉진한다.
③ 국화의 적심은 정식한 후 5~6매 전개했을 때 실시한다.
④ 카네이션은 삽목 후 6마디 정도 자라면 4~5마디 남기고 1차 적심한다.

**정답** ③

① 적심(摘心)가위, 순치기가위 : 주로 연하고 부드러운 가지나 끝순 또는 햇순, 수관 내부의 가늘고 약한 가지를 자를 때와 꽃꽂이할 때 절화용 가위로 사용한다.
② 긴 자루 전정가위 : 일반적으로 쓰는 전정가위 또는 자르기 힘든 지름 3cm 이상의 굵은 가지를 자를 때 쓰는 대형 가위이다.
③ 꽃가위 : 날의 폭이 좁은 가위로 작은 가지를 자르거나 결속 끈 등을 자를 때 사용한다.
④ 커터 칼 : 꺾꽂이를 할 때 줄기를 예리하게 자르기 위해 사용한다.
⑤ 핀셋 또는 이쑤시개 : 순의 적심을 할 때 사용한다.
⑥ 회전대 : 대가 회전하기 때문에 국화의 이식, 정식, 적심 등 다양한 작업에 이용되며, 특히 분재작 국화를 재배할 때 유용하게 사용할 수 있다.
⑦ 칼이나 가위 등의 도구를 통한 바이러스 감염을 막기 위해 대개 손으로 따 주거나 이동커터를 사용한다.
⑧ 순지르기와 전정의 효과를 나타내는 화학물질로 에테폰이나 측지발생제를 사용하기도 한다.
※ 적과(摘果)가위 또는 적화(摘花)가위는 꽃눈이나 열매를 솎을 때, 과일의 수확에 주로 사용되며, 오이와 같은 채소 작물의 적심에 이용되기도 한다.

**10년간 자주 출제된 문제**

**꺾꽂이를 할 때 줄기를 예리하게 자르기 위해 사용하는 장비는?**
① 전정가위　　　　② 커터 칼
③ 꽃가위　　　　　④ 이동커터

**정답** ②

## 3-4. 잡초 제거

**핵심이론 01** | 잡초의 종류 및 특성

① 잡초의 특성

　㉠ 작물 사이에서 자연적으로 발생하여 직접적·간 접적으로 작물의 수량이나 품질을 저하시키는 식 물이다.

　㉡ 종자 생산량이 많고 대부분 소립종자로, 발아가 빠르고 초기의 생장속도도 빠르다.

　㉢ 불량환경에 대한 적응력이 높고, 한발 및 과습의 조건에서도 잘 견딘다.

② 잡초의 종류

　㉠ 식물학적 분류

| 외떡잎식물 | | 강아지풀, 개기장, 뚝새풀, 바랭이 등 |
|---|---|---|
| 쌍떡잎 식물 | 한해 살이 | • 개비름, 까마중, 깨풀, 명아주, 쇠비름, 여 뀌, 자귀풀, 환삼덩굴 등<br>• 겨울나기 : 망초, 중대가리풀, 황새냉이 등 |
| | 여러해 살이 | 반하, 쇠뜨기, 쑥, 토끼풀, 메꽃, 질경이 등 |

　㉡ 생활형과 형태적 특성에 따른 분류

| 구분 | | 논잡초 | 밭잡초 |
|---|---|---|---|
| 1 년 생 | 화본과 (벼과) | 강피, 물피, 돌피, 뚝 새풀 | 강아지풀, 개기장, 바랭이, 피, 메귀리 |
| | 방동사니과 | 알방동사니, 참방동 사니, 바람하늘지기, 바늘골 | 바람하늘지기, 참 방동사니 |
| | 광엽 | 물달개비, 물옥잠, 사 마귀풀, 여뀌, 여뀌바 늘, 마디꽃, 등애풀, 생이가래, 곡정초, 자 귀풀, 중대가리풀, 발 뚝외풀 | 개비름, 까마중, 명 아주, 쇠비름, 여 뀌, 자귀풀, 환삼덩 굴, 주름잎, 석류 풀, 도꼬마리 |
| 다 년 생 | 화본과 | 나도겨풀 | – |
| | 방동사니과 | 너도방동사니, 매자 기, 올방개, 쇠털골, 올챙이고랭이 | – |
| | 광엽 | 가래, 벗풀, 올미, 개 구리밥, 네가래, 수 염가래꽃, 미나리 | 반하, 쇠뜨기, 쑥, 토끼풀, 메꽃 |

③ 잡초의 유용성

　㉠ 지면을 피복하여 토양침식을 억제한다.

　㉡ 토양에 유기물의 제공원이 될 수 있다.

　㉢ 약용성분 및 기타 유용한 천연물질의 추출원이다.

　㉣ 야생동물, 조류 및 미생물의 먹이와 서식처로 이용 되어 환경에 기여한다.

　㉤ 유전자원으로 이용될 수 있다.

　㉥ 환경오염지역에서 오염물질을 제거한다.

　㉦ 일부 품종의 경우 자연경관을 아름답게 하는 조경 재료로 쓰인다.

　◎ 생태계를 유지, 보전할 수 있다.

---

### 10년간 자주 출제된 문제

**1-1. 우리나라 잡초 중 겨울에도 노지에 남아 있는 잡초는?**

① 방동사니　　　　　　② 올방개
③ 황새냉이　　　　　　④ 마디꽃

**1-2. 다음 중에서 화본과에 속하는 잡초는?**

① 뚝새풀　　　　　　② 쇠뜨기
③ 꿀풀　　　　　　　④ 냉이

**1-3. 잡초 중 다년생인 것은?**

① 쇠비름　　　　　　② 냉이
③ 질경이　　　　　　④ 명아주

**1-4. 잡초의 유용성을 가장 잘 설명한 것은?**

① 생태계를 유지, 보전할 수 있다.
② 논과 밭의 이용률을 높일 수 있다.
③ 땅의 표면과 수면을 보호하여 논의 온도 상승을 막아준다.
④ 작물과 경쟁을 시켜 저항력을 키운다.

|해설|

1-3
**다년생 잡초** : 반하, 쇠뜨기, 쑥, 토끼풀, 메꽃, 질경이 등

**정답** 1-1 ③　1-2 ①　1-3 ③　1-4 ①

① 기계적 방제(인력, 기계) : 수취와 베기, 경운, 태우기, 관개 등의 방법
② 경종적 방제(생태적 방제) : 작물의 종류 및 품종 선택, 파종과 비배 관리, 토양 피복, 물 관리, 작부 체계 등
③ 생물적 방제(천적을 이용) : 곤충이나 미생물 또는 병원성을 이용
④ 화학적 방제 : 제초제 이용(유기농업에서는 불가)
⑤ 종합적 방제(IWM ; Integrated Weed Management)
　　㉠ 잡초 방제를 위해 2종 이상의 방제법을 혼합하여 사용하는 방법
　　㉡ 완전제거가 아닌 불리한 환경으로 인한 경제적 손실이 최소화되는 범위 내에서 유해생물의 군락을 조절하는 데 목적이 있으며, 이를 위한 가장 이상적인 방제법을 선택한다.

---

**10년간 자주 출제된 문제**

**종합적 잡초 방제법이란?**
① 완전 방제를 위한 잡초 방제체계
② 제초제를 전 생육기에 처리하는 방안
③ 주어진 잡초를 방제하기 위해 방제법을 2종 이상 혼합 사용하는 방제법
④ 잡초에만 도입된 기초방제법

|해설|

**종합적 방제(IWM)** : 잡초 방제를 위해 2종 이상의 방제법을 혼합하여 사용하는 방법

정답 ③

---

① 작용(활성화)에 따른 분류
　　㉠ 선택성 제초제
　　　　• 작물에는 피해가 없고 특정 잡초에만 살초효과가 있는 대부분의 제초제를 말한다.
　　　　• 주로 넓은 잎의 잡초와 벼과 작물을 죽이는 플루아지호프피부틸 유제, 할로시호프알메틸 유제 등이 있다.
　　㉡ 비선택성 제초제
　　　　• 작물과 잡초를 가리지 않고 살초하는 제초제이다.
　　　　• 파라고 액제, 글라신 액제, 글루포시네이트암모늄 액제 등이 있다.
　　㉢ 접촉성 제초제 : 처리된 부위에서 제초효과가 일어나는 제초제로 Glyphosate, Paraquat 등이 해당된다.
　　㉣ 이행성 제초제 : 처리된 부위로 약 성분이 이동하여 제초효과를 발휘한다.
② 제작형태에 따른 분류 : 유제, 입제, 수화제, 수용제 등으로 분류한다.
③ 처리시기에 따른 분류 : 파종 전처리, 후처리 제제로 분류한다.
④ 제초제 사용 시 유의점
　　㉠ 제초제 선택과 사용시기, 사용농도를 적절히 한다.
　　㉡ 파종 후 처리 시 복토를 다소 깊고 균일하게 한다.
　　㉢ 인축, 후작물, 천적, 생태계에 피해를 주어서는 안 된다.
　　㉣ 제초제의 연용에 의한 토양조건이나 잡초군락의 변화에 유의해야 한다.
　　㉤ 농약, 비료 등과의 혼용을 고려해야 한다.
　　㉥ 제초제에 대한 저항성 품종의 육성이 고려되어야 한다.
　　㉦ 살충제의 병뚜껑은 초록색, 살균제는 분홍색, 제초제는 노란색이므로 식별하여 사용한다.

◎ 동일약종을 연용하면 면역성이 생기므로 교차 살포한다.

㉜ 농약 살포 시 바람을 등지고 뿌리되, 마스크, 고무장갑 및 방제복 등을 착용해야 한다.

㉛ 살포 작업은 한낮의 뜨거운 시간을 피하고, 이슬이 마른 다음에 아침, 저녁으로 서늘한 때에 한다.

㉠ 농약 빈 병은 환경오염이 되지 않도록 함부로 버리지 않도록 한다.

**제초제를 사용할 때의 주의점 중 적절하지 않은 것은?**

① 제초제의 선택과 사용시기 및 사용농도를 적절히 한다.
② 파종 후처리의 경우 복토를 다소 깊고 균일하게 한다.
③ 인축에는 해가 없으므로 취급상 주의가 필요치 않다.
④ 제초제에 대한 저항성 품종의 육성이 고려되어야 한다.

|해설|

제초제의 경우 인축에 대한 해가 커 취급상 주의해야 한다.

**정답** ③

## 핵심이론 04 | 멀칭 재료의 종류 및 특성

① 투명비닐
  ㉠ 이른 봄에 비닐로 지면을 덮고 식물만 비닐 밖으로 자라게 한다.
  ㉡ 지온을 상승시켜 생육을 도와 작물의 조기 수확 및 출하를 목적으로 실시하는 경우가 많다.
  ㉢ 비닐 피복으로 햇빛이 투과되어 잡초가 자랄 수 있으므로 제초제와 함께 사용하여야 한다.

② 흑색비닐 : 지온 상승 효과는 떨어지나 잡초발생을 억제하는 데 효과적이므로 많이 이용하고 있다.

③ 녹색필름 : 녹색광과 적외광의 투과는 잘되지만, 청색광이나 적색광을 강하게 흡수하여 지온 상승과 잡초 억제의 효과가 모두 크다.

④ 볏짚 : 여름철 지온 상승을 억제하는 데 효과적이다.

**지온을 상승시키고, 잡초발생을 억제하는 데 가장 효과적인 멀칭용 플라스틱 필름은?**

① 저밀도 필름
② 검은색 필름
③ 투명필름
④ 흰색 필름

|해설|

지온 상승 효과는 떨어지나 잡초발생을 현저히 억제하여 많이 이용하고 있다.

**정답** ②

## 3-5. 화훼 수확 후 관리

### 핵심이론 01 | 수확

① 수확 적기

   ⊙ 만개한 꽃을 수확하면 절화 수명이 짧아지는 단점이 있으며, 장거리 수송이나 수출을 위한 꽃은 발육이 덜 진행된 단계에서 수확하는 것이 좋다.

   ⓛ 국내 유통되는 절화 종류별 수확 적기는 국립농산물품질관리원에서 정한 농산물 표준규격에 따른다.

   ⓒ 크기, 꽃, 줄기, 개화 정도, 손질, 중결점에 따라 특, 상, 보통으로 분류한다.

② 수확 시간

   ⊙ 절화는 절화 후 수분이 급격히 손실되므로 아침에 수확하는 것이 좋다.

   ⓛ 꽃에 이슬이나 습기가 있을 경우에는 습기가 제거된 이후에 수확해야 한다.

   ⓒ 오전 11시~오후 4시의 한낮에 수확하는 것은 수분 및 탄수화물의 감소가 가장 많으므로 피해야 한다.

   ⓔ 늦은 오후나 저녁에 절화를 수확하면 화경에 탄수화물의 농도가 높기 때문에 유리하지만 온도가 너무 높을 경우에는 좋지 않다.

   ⓜ 25~30℃ 이상의 고온과 고광도에서의 수확은 가능한 한 피하는 것이 좋다.

③ 주요 절화의 수확 적기

   ⊙ 국화

     • 개화 단계를 1~6단계로 구분할 때, 내수용은 6단계에서 수확하며, 수출용은 3~4단계에서 수확한다.

     • 스탠다드 : 꽃봉오리가 1/2 정도 개화했을 때

     • 스프레이 : 꽃봉오리가 3~4개 정도 개화했을 때

   ⓛ 카네이션

     • 스탠다드 : 꽃봉오리가 1/4 정도 개화되었을 때

     • 스프레이 : 꽃봉오리가 1~2개 정도 개화되고 전체적인 조화를 이루었을 때

   ⓒ 장미

     • 스탠다드 : 꽃봉오리가 1/5 정도 개화되었을 때

     • 스프레이 : 꽃봉오리가 1~2개 정도 개화되었을 때

   ⓔ 백합 : 꽃봉오리 상태에서 화색이 보이고 균일한 것

   ⓜ 글라디올러스 : 꽃봉오리 2~3개의 화색이 보이는 것

   ⓗ 프리지어 : 꽃봉오리 아래 부분의 소화가 화색이 보이는 것

   ⓢ 금어초 : 꽃봉오리 소화 중 1/3 정도 개화된 것

   ⓞ 스타티스 : 꽃봉오리 소화 중 2/3 정도 개화된 것

④ 주요 분화의 수확 적기

   ⊙ 포인세티아

     • 꽃가루가 터지지 않은 상태의 것

     • 착색 정도 : 포엽과 착색엽이 완전히 착색된 것

     • 볼륨감 : 잎의 수가 일정 수준 이상으로 30장 내외인 것

   ⓛ 칼랑코에

     • 꽃대가 균일하게 올라오고 30~50% 개화된 것

     • 분지수/꽃대수 : 7개/15대 이상

   ⓒ 시클라멘

     • 꽃대가 균일하게 올라오고 8개 이상 개화된 것 (전체 10~13개)

     • 기형화 : 전체 꽃의 15% 이하

---

### 10년간 자주 출제된 문제

**수확 적기 및 시간에 대한 설명으로 옳지 않은 것은?**

① 일반적으로 만개한 꽃을 수확한다.

② 절화는 아침에 수확하는 것이 좋다.

③ 스탠다드 국화의 수확적기는 꽃봉오리가 1/2 정도 개화했을 때이다.

④ 스탠다드 카네이션의 수확적기는 꽃봉오리가 1/4 정도 개화되었을 때이다.

|해설|

만개한 꽃을 수확하면 절화 수명이 짧아지는 단점이 있으므로 만개 전 수확해야 한다.

정답 ①

① 선별

ⓐ 수확한 절화는 가능한 한 빨리 선별, 결속, 포장하여야 한다.

ⓑ 선별은 품위 등급에 의해 분류한 후, 크기 등급에 의해 일관성 있게 분류해야 한다.

ⓒ 절화의 선별 및 결속은 개화 정도 및 크기별로 수행하여 고품질의 상품화를 유도해야 한다.

② 포장의 목적

ⓐ 유통 중 물리적 손상, 수분 손실 및 다양한 외부환경 등으로부터 절화를 보호한다.

ⓑ 휴대 및 운반 시 편리성을 제공한다.

ⓒ 선도 유지 및 고품질화에 효과적이며, 상품성을 향상시킬 수 있어야 한다.

ⓓ 별도의 광고나 홍보비용을 추가하지 않더라도 자생력이 있어 광고 및 경제성 효과가 있다.

ⓔ 판매된 상품과 매장 내 상품을 구별하는 판매행위의 표시를 한다.

③ 포장의 종류

ⓐ MA 포장 : 플라스틱 필름을 이용하여 밀봉함으로써 필름 봉지 내 대기 조성의 변화 효과를 보는 포장이다.

ⓑ 건식포장 : 절화 후 건조한 상태로 포장하는 방법이다.

ⓒ 습식포장 : 절화를 상자에 절화보존제나 물을 넣고 줄기 기부를 담가 수직으로 세워 포장한다.

④ 포장 재료

ⓐ 선도 유지 필름

• 절화에서 발생된 에틸렌을 흡착시키고 공기와 수분의 투과성을 조절하여 포장 내 고습도 유지, 방담(이슬 맺힘 방지) 효과를 가진다.

• 필름 내의 투과성을 조절하여 공기 조성을 CA(Controlled Atmosphere : 고농도의 이산화탄소와 저농도의 산소 상태) 상태로 유지시킨다.

ⓑ 기능성 골판지 상자 및 발포 스티로폼 상자

ⓒ 보냉제, 가스 흡착제, 혹은 LCA 조성제

ⓓ 기타 : 크라프트지, 유산지, 백상지, 한지, OPP(Oriented Polypropylene) 등

⑤ 포장 방법

ⓐ 포장상자는 절화가 물리적인 상처를 받지 않도록 큰 공간과 쌓았을 때 무게를 지탱할 수 있을 만큼 튼튼하여야 한다.

ⓑ 냉장차로 수송할 경우에는 포장상자에 반드시 통기구멍이 있어야 하고, 화기 부분은 상자의 양쪽 끝에 위치하도록 하며, 상자 끝으로부터 약 7~12cm 정도의 간격을 둔다.

ⓒ 포장상자에 절화를 여러 겹 쌓아서 넣을 경우, 한 층마다 신문지를 깔아주는 것이 좋다.

ⓓ 절화별 포장 방법

• 글라디올러스, 금어초는 눕혀 놓으면 화서 끝이 휘기 쉬우므로 직립으로 세울 수 있는 상자에 포장한다.

• 안스리움, 난, 극락조화 등은 화기 부분을 종이나 PE 필름으로 하나씩 싸고, 화기 부분의 보호를 위해 잘게 자른 종이나 종이울, 보호망 등으로 채워 넣는다.

• 안스리움이나 헬리코니아와 같은 열대성 절화를 포장할 때에는 충진물을 적셔 수분 손실 및 건조를 방지한다.

---

**10년간 자주 출제된 문제**

**화훼류의 상품 포장 시 품종명 또는 계통명 생략이 가능한 것은?**

① 국화

② 카네이션

③ 장미

④ 글라디올러스

|해설|

국화, 카네이션, 장미, 백합은 품종명 또는 계통명을 표시해야 한다.

정답 ④

① 절화의 탈수현상

    ㉠ 증산량이 흡수량보다 많을 경우 절화가 쉽게 시들 수 있다.

    ㉡ 탈수현상을 막기 위해서는 줄기를 재절단하거나 물을 깨끗이 유지해야 한다.

② 절화의 호흡작용

    ㉠ 29℃에 저장한 꽃은 2℃에 저장한 꽃보다 호흡량이 많다.

    ㉡ 모든 식물체는 온도가 올라감에 따라 호흡량이 증가한다.

    ㉢ 절화의 온도가 30℃에서 10℃로 낮아지면 호흡속도가 1/6~1/3로 느려져 신선도가 유지된다.

③ 에틸렌 발생

    ㉠ 식물이 상처를 입거나 부패와 같은 스트레스를 받으면 증가한다.

    ㉡ 에틸렌가스는 꽃잎탈리, 꽃잎말림, 위조, 화색의 적색화·청색화, 고사 등의 노화증상을 일으킨다.

    ㉢ 에틸렌에 대한 민감도는 저온에서 감소되므로 피해 방지를 위해서는 냉장보관이 효과적이다.

      • 에틸렌에 민감한 꽃 : 카네이션, 델피니움, 알스트로메리아, 금어초, 스위트피, 난류, 나리, 수선화, 프리지어, 백합, 숙근안개초 등

      • 에틸렌에 둔감한 꽃 : 안스리움, 거베라, 튤립, 국화 등

④ 절화의 품질 저하

    ㉠ 꽃잎의 위조(시들음, 마름), 봉오리건조, 꽃잎의 탈리, 꽃목굽음, 항굴지성, 엽색의 황화나 흑변화 등이 발생한다.

    ㉡ 절화의 품질 유지를 위한 방법에는 수분공급(물올림 등), 체내 양분공급, 온습도 조절(예랭 등), 에틸렌 발생 방지, 물리적 손상 방지 등이 있다.

    ※ 절화보존제의 주성분 : 탄수화물(당류), 살균제, 생장조절물질, 에틸렌억제제, 무기질 등

---

**10년간 자주 출제된 문제**

**3-1. 절화의 호흡에 대한 설명으로 틀린 것은?**

① 절화의 호흡량은 종과 품종에 따라 차이가 있다.

② 온도에 따라 현저하게 달라진다.

③ 29℃에 저장한 꽃은 2℃에 저장한 꽃보다 호흡량이 많다.

④ 모든 식물체는 온도가 올라감에 따라 호흡량이 감소한다.

**3-2. 수확 후 절화 품질 및 수명을 증진시키기 위해 사용되는 절화보존제의 구성성분으로 알맞지 않은 것은?**

① 당류           ② 살균제

③ 에틸렌        ④ 시토키닌

|해설|

3-1

④ 모든 식물체는 온도가 올라감에 따라 호흡량이 증가한다.

3-2

**절화보존제의 주성분** : 탄수화물, 살균제, 생장조절물질, 에틸렌억제제, 무기질 등

정답 3-1 ④  3-2 ③

① 저온저장(냉장)

ㄱ 절화를 0~4℃ 정도의 저온과 습도 90~95%에 두어 저장한다.

ㄴ 열대 원산 식물은 8~13℃를 유지해야 하므로 온대 원산 식물과 혼합저장을 피한다.

ㄷ 습식저장을 하는 절화는 물통에 물(절화 보존 용액 등)을 넣고 기부가 10cm 정도 잠기도록 저장한다.

ㄹ 향중력굴성이 있는 절화는 비닐이나 종이(신문지)에 싸서 수직으로 보관한다.

ㅁ 포장 후 바로 유통될 것은 물에 담그지 않고 절화를 비닐이나 종이(신문지)에 싸서 저장하거나 박스에서 저장하는 건식저장을 한다.

② CA 저장

ㄱ 대기 중의 산소 농도를 낮추기 위해 질소가스로 치환시키고 탄산가스 농도를 높인다.

ㄴ 산소 농도는 대기보다 약 4~20배($O_2$ 8%)로 낮추고, 이산화탄소 농도는 약 30~500배($CO_2$ 2~5%)로 높인다.

ㄷ 호흡의 감소, 에틸렌의 생성 및 작용 억제 등에 의해 당·유기산 성분 및 엽록소의 분해, 과육의 연화 등과 같은 숙성과 노화현상이 지연된다.

ㄹ 미생물의 생장과 번식이 억제되면서 생산물의 품질이 유지되고 장기간 저장이 가능해진다.

③ 감압저장(low pressure storage)

ㄱ 저장고 내의 기압을 대기압의 1/10~1/20(30~60mmHg)로 유지되도록 진공펌프로 감압 상태를 만들어 저온 상태로 저장하는 방법이다.

ㄴ 절화의 경우 비닐 포장지(폴리에틸렌 필름 등)에 전처리가 끝난 절화를 넣고, 실링기를 이용하여 공기를 빼내어 압축시킨다.

ㄷ 절화의 수분 손실이 많아 생체중 감소가 크며 비용이 많이 들어 실용성이 낮다.

④ 건식저장

ㄱ 절화를 물에 담그지 않고 종이나 폴리에틸렌 필름으로 포장한 후 상자에 넣어 저온저장고(0~2℃)에 보관하는 방법이다.

ㄴ 2~3개월 정도 저장이 가능하고, 저장 공간을 최대로 활용할 수 있다.

ㄷ 증산에 의해 위조(쇠약하여 마름)하기 쉬우며, 수분이 많은 절화는 곰팡이에 의한 부패 등으로 상품성을 떨어뜨리는 단점이 있다.

⑤ 습식저장

ㄱ 물을 넣은 용기에 절화 줄기의 아랫부분을 담가서 저장하는 방법이다.

ㄴ 건식저장보다 높은 온도에서 저장하므로 절화의 저장 영양분 소모가 빠르고, 꽃봉오리 발육과 노화도 빨라 단기간인 1~4주 정도 저장할 경우에 이용한다.

ㄷ 건식저장보다 많은 면적의 저장고가 필요하다.

ㄹ 간단하고 쉽게 취급하기 위해 스펀지나 물솜 포장을 하여 유통하기도 한다.

---

### 10년간 자주 출제된 문제

**4-1. 대기 중의 산소를 낮추어 주고 이산화탄소를 높여 주어 채소를 저장하는 방법은?**

① 상온저장
② 보온저장
③ CA 저장
④ 저온저장

**4-2. CA 저장의 장점을 틀리게 설명한 것은?**

① 미생물 번식억제
② 노화지연
③ 맹아촉진
④ 호흡억제

|해설|

4-1
CA 저장
저장고 내의 산소를 낮추어 주고 이산화탄소를 높여 저장하는 방법으로, 미생물의 생장과 번식이 억제되면서 생산물의 품질이 유지되고 장기간 저장이 가능해진다.

정답 4-1 ③  4-2 ③

① 수송

   ㉠ 화훼류의 수송은 트럭 수송, 선박 수송, 항공 수송 등이 있으나 트럭을 주로 이용한다.

   ㉡ 저온 창고에서 시장에 대량 운송할 때에는 냉장 시설을 갖춘 차량을 이용해야 한다.

   ㉢ 생산지에서 소비자에 이르기까지 냉장 상태로 유통되는 상태를 저온유통체계(cold-chain system)라 한다.

② 절화의 수송 방법

   ㉠ 온도 조절 여부에 따라 상온 수송과 저온 수송이 있으며, 물에 침지 여부에 따라 건식 수송과 습식 수송으로 나눌 수 있다.

   ㉡ 절화는 습식 수송을 하여야 절화의 품질을 유지하고, 수명을 연장할 수 있다.

   ㉢ 수송 시 온대 절화의 경우 4℃, 열대 절화의 경우에는 8~10℃를 유지할 수 있도록 설정한다.

   ㉣ 습식 수송의 특징

     • 수송 중 생체중 감소와 유통 과정 중 손상이 거의 없으며, 수분 균형이 좋아 꽃목굽음이 생기지 않고 절화 수명도 길어진다.

     • 습식 수송은 건식 수송에 비해 개화 진전이 빠르므로 반드시 저온 상태로 수송하여야 한다.

     • 운송 시 충격에 의해 물이 흘러나와 박스를 젖게 하는 경우가 있다.

     • 글라디올러스, 금어초 등 화서 끝이 휘는 종류는 습식 수송으로 바로 세워서 수송한다.

③ 절화별 수송 조건

   ㉠ 저온 수송 전에 반드시 예랭을 한다.

   ㉡ 냉장차 이용이 어려울 경우에는 절화 상자 내에 얼음을 넣어 온도 차이를 줄이도록 한다.

   ㉢ 차량으로 이동하는 경우 차량을 최대한 냉각시키고, 절화 상자 안에 온도를 낮출 수 있는 얼음이나 아이스팩을 넣어 절화의 온도를 낮추도록 한다.

   ㉣ 수송 시간은 한낮보다는 아침, 저녁을 활용하여 온도 상승을 막는다.

④ 유통

   ㉠ 절화류의 유통 특성

     • 절화는 줄기를 절단한 상태에서 유통되므로 시간이 흐르면 품질이 저하된다.

     • 유통량은 장미, 국화, 백합 등이 많다.

     • 유통 과정에서 발생하는 품질 저하를 방지를 위해 저온을 유지하고 적정한 수분을 공급해 주어야 한다.

     • 충격에 의해 꽃이 손상되지 않도록 주의한다.

   ㉡ 분화류의 유통 특성

     • 분화류는 분에 담긴 상태로 유통되므로, 유통 중에도 생장을 계속하고 있으므로 적절한 생육 조건을 맞추어 주어야 한다.

     • 난, 선인장, 관엽식물 등이 분화류에 속한다.

     • 상온 유지와 적정한 채광, 수분 공급이 이루어져야 한다.

     • 분화류는 절화류에 비해 무거워 상·하차 시 노동력 부담이 크다.

     • 분을 포갤 채 유통할 수 없기 때문에 적재 효율이 떨어져 수송비 부담이 크다.

     • 꽃이나 잎이 손상되지 않게 주의해야 한다.

---

**10년간 자주 출제된 문제**

저온저장고 내 산물을 상온으로 출고할 때 결로에 의한 품질 저하가 예상된다. 이를 방지하기 위한 가장 효과적인 방법은?

① 상온과 비슷한 온도로 산물의 온도를 높인다.
② 필름을 이용해 포장한다.
③ 저온유통시스템을 적용한다.
④ 밀폐포장을 한다.

|해설|

결로현상의 발생은 온도편차에 따른 결과이므로 저온저장고에서 출고한 산물을 다시 저온으로 처리하여 온도편차가 발생하지 않도록 하면 결로 발생을 억제할 수 있다.

정답 ①

## 4-1. 광 환경 관리

**핵심이론 01 | 화훼 광 환경 관리**

① 광합성에 미치는 환경 요인

  ㉠ 일반적으로 광의 세기가 커질수록 광합성량은 증가한다.

  ㉡ 작물이 햇볕을 받으면 온도가 상승하여 증산이 촉진된다.

  ㉢ 광합성으로 동화물질이 축적되면 공변세포의 삼투압이 높아져서 수분흡수가 활발해짐과 아울러 기공이 열려 증산이 촉진된다.

② 광합성의 촉진

  ㉠ 광합성과 생장 촉진을 위한 보광은 일조 시간의 연장, 흐린 날 주간 조명, 야간 조명의 방법이 있다.

  ㉡ 보광 시 광도는 광보상점 이상이 되어야 하며, 광포화점까지는 광도가 높을수록 효과가 커진다.

  ㉢ 보광은 보통 육묘나 장미, 꽃도라지 등 경제성이 높은 작물재배에서 이용한다.

③ 광합성 유형

  ㉠ $C_3$ 식물 : 광합성 과정에서 탄소 3개를 가진 화합물을 고정하는 식물로서 수목이나 조류 등 대부분의 식물이 이에 속한다.

  ㉡ $C_4$ 식물 : 광합성 과정에서 탄소원자 4개를 갖는 물질을 고정하여 광합성 속도가 매우 빠르고 포화광도도 높아 생육에 강한 광선을 요구하는 식물로 사탕수수, 옥수수, 수수, 버뮤다그래스, 국화과 일부, 명아주과, 비름과 식물 등이 있다.

  ㉢ CAM 식물

  • 건조 지방의 선인장과 같은 다육식물은 낮 동안 증산을 억제하기 위해 기공을 닫기 때문에 야간에 기공이 열려 이산화탄소를 흡수하여 액포 속에 물과 함께 저장해 두고 낮에는 기공을 닫은 상태에서 저장했던 이산화탄소를 이용하여 광합성을 한다.

  • 돌나물과의 에케베리아, 칼랑코에, 돌나물, 선인장과의 대부분 식물과 일부 난류 등이 있다.

---

**10년간 자주 출제된 문제**

**1-1. 광합성 작용에 영향을 미치는 요인이 아닌 것은?**

① 광도

② 온도

③ $CO_2$의 농도

④ 질소의 농도

**1-2. 다음에서 (가), (나)에 알맞은 내용은?**

• 작물이 햇볕을 받으면 온도가 ( 가 )하여 증산이 촉진된다.

• 광합성으로 동화물질이 축적되면 공변세포의 삼투압이 ( 나 )져서 수분흡수가 활발해짐과 아울러 기공이 열려 증산이 촉진된다.

① 가 : 하강, 나 : 높아

② 가 : 상승, 나 : 높아

③ 가 : 하강, 나 : 낮아

④ 가 : 상승, 나 : 낮아

|해설|

1-1

광합성에 영향을 미치는 요인 : 광도, 온도, $CO_2$의 농도이다.

**정답** 1-1 ④  1-2 ②

① 광포화점(light saturation point)
   ㉠ 광도가 증가해도 더 이상 광합성 속도가 증가하지 않는 점을 말한다.
   ㉡ 양지식물은 광포화점이 높고, 음지식물은 광포화점이 낮다.
② 광보상점(compensation point)
   ㉠ 광합성량과 호흡량이 일치하여 순광합성량이 0이 되는 점을 말한다.
   ㉡ 광합성량과 호흡량이 같다면 식물의 생육이 정지된다.

[주요 화훼류의 광포화점과 광보상점]

| 구분 | 광포화점(klux) | 광보상점(klux) |
| --- | --- | --- |
| 장미 | 37~50 | 1.0 |
| 국화 | 50~70 | 0.3~0.4 |
| 꽃베고니아 | 30 | 0.2 |
| 제라늄 | 29 | 0.2 |
| 시클라멘 | 15 | 0.2 |
| 네프로네피스 | 17 | 0.5 |
| 아디안텀 | 8 | 0.2 |
| 드라세나 | 13 | 0.1 |
| 심비디움 | 11 | 0.2 |
| 덴드로비움 | 5 | 0.2 |

### 10년간 자주 출제된 문제

**광포화점의 설명으로 옳은 것은?**
① 광선의 세기가 증가하여도 더 이상 광합성 속도가 증가하지 않는 점
② 광합성량과 호흡량이 일치하여 순광합성량이 0이 되는 점
③ 사막이나 수분이 부족한 곳 또는 밤낮의 온도차가 큰 지역에서의 광합성량 조정점
④ 캘빈회로를 통해 고정함으로써 수분의 손실이 최소한으로 억제되는 점

정답 ①

① 차광의 개념
   ㉠ 여름철 고온기에 온도상승 억제 및 강한 광에 의한 엽소 현상 등을 방지하기 위함이다.
   ㉡ 육묘상 또는 작물의 정식 직후에 활착을 돕고, 광 요구도가 낮은 관엽식물, 팔레놉시스 등 강한 광을 낮추어 줄 목적으로 실시한다.
② 차광시설의 종류와 특성
   ㉠ 대형 플라스틱 하우스나 유리온실의 내부는 알루미늄 증착 필름이나 부직포 등을, 소형 플라스틱 하우스에서는 차광망을 많이 이용한다.
   ㉡ 재료는 흑색 네트망, 한랭사, 알루미늄 필름을 이용하거나 석회를 도포하여 햇빛을 차단해 주는 것들이 있다.
   ㉢ 외부에 설치하는 것이 온도를 떨어뜨리는 데 유리하다.
   ㉣ 차광망은 외부 피복재로부터 30cm 이상 공간을 두고 설치하는 것이 효과가 높다.
③ 보광의 개념
   ㉠ 광합성 촉진을 위해 밤이나 흐린 날은 인공으로 보광을 한다.
   ㉡ 인위적으로 일장을 조절해 주어야 할 때, 특히 장일 조건을 만들어 주는 경우는 인공광을 이용해야 한다.
   ㉢ 인공광으로 광합성을 촉진시킬 때는 적색광이 유리하다.
④ 보광시설의 종류 및 특성
   ㉠ 백열등
      • 적색광이 많아 광합성에 유리하고 장일식물에 효과가 크다.
      • 가격이 저렴하고 소형으로 사용이 간편하다.
      • 자외선과 청자색광이 없고 원적색광이 많아 식물의 신장 생장을 지나치게 촉진할 수 있다.

- 국화의 개화 조절, 카네이션의 개화 조절 등에 많이 사용되어 왔다.
ⓛ 형광등
- 백열등보다 소비전력당 발광 효율이 4배에 달하고, 수명이 10배 정도 길다.
- 적외선이 적어 식물의 체온 상승과 도장의 위험이 적다.
- 표면 온도가 낮고 다양한 광질의 램프 선택이 가능하다.
- 광합성에 효과가 큰 적색광과 청색광의 방사량이 많다.
- 일반 형광등은 용적당 출력이 적고 전등 기구가 길어 작업이 불편하다.
ⓒ 수은등
- 발광 효율은 일반 형광등보다 낮고, 백열등보다는 높다.
- 출력이 강하면서도 원적외선이 적기 때문에 식물체를 도장시키지 않는다.
- 적색 파장이 강한 전등과 조합하여 광합성 촉진 및 장일 처리용으로 넓은 면적의 조명에 사용된다.
ⓓ 메탈할라이드등
- 적색광과 원적색광의 에너지 분포가 자연광과 유사하다.
- 넓은 면적의 시설에서 사용되나 가격이 수은등의 2배 정도이고 설치비가 많이 든다.
ⓔ 고압나트륨등
- 전등 중 출력이 가장 높고, 광합성 효과가 높은 파장을 가지고 있다.
- 500nm 이하의 청색광이 적기 때문에 고압나트륨등만으로 식물을 재배하면 도장하게 된다.
ⓕ 발광다이오드(LED ; Light Emitting Diode)
- 식물 생육에 필요한 특수한 파장의 단색광만을 방출하는 인공광원이다.

- 청색, 적색, 노랑색, 초록색, 보라색 등 다양한 색이 있어 혼합하여 광질을 쉽게 조절할 수 있다.
- 소형이고 전구 수명이 길다.
- 소비전력이 형광등의 1/5이며, 방열이 적어 근접 조사가 가능하므로 식물공장에 많이 이용되고 있다.

## 4-2. 온도 관리

**핵심이론 01** │ 화훼 작물별 적정온도 관리

① 작물의 생육적온

　㉠ 작물이 생육하는 데 적절한 온도를 말하며, 생육적온보다 높으면 생육이 촉진되고 낮으면 생육이 떨어진다.

　　• 열대성 식물 : 25~30℃
　　• 아열대성 식물 : 20~25℃
　　• 온대성 식물 : 15~20℃

　㉡ 식물은 야간에 광합성의 생산 물질이 이동하고, 줄기와 잎이 신장된다.

　㉢ 주간 온도를 야간보다 0~3℃(맑은 날) 또는 6~8℃ 높게 유지하는 것이 광합성을 높이고 야간의 호흡을 억제하는 데 효과적이다.

[주요 화훼류의 생육 온도]

| 구분 | 생육온도(℃) | | | |
|---|---|---|---|---|
| | 최저<br>한계온도 | 야간온도<br>설정 | 생육<br>적온 | 최고<br>한계온도 |
| 심비디움 | 12 | 15 | 30~25 | 30 |
| 장미 | 5 | 15 | 24~27 | 30 |
| 아나나스, 유스토마 | 12 | 15 | 20~25 | 30 |
| 야자류 | 12 | 15 | 25~30 | 40 |
| 호접란 | 15 | 23 | 25 | 30 |
| 백합 | 13 | 16 | 20~25 | 30 |
| 국화 | 7 | 15 | 18~20 | 30 |
| 거베라 | 7 | 13 | 16~20 | 30 |
| 고무나무 | 10 | 13 | 25~30 | 40 |
| 글라디올러스 | 10 | 13 | 25~30 | 35 |
| 동양란 | 10 | 13 | 20~25 | 40 |
| 선인장 | 10 | 13 | 25~30 | 50 |
| 카네이션 | 7 | 13 | 15~21 | 30 |
| 철쭉 | 4 | 8 | 20~25 | 35 |
| 프리지아 | 7 | 10 | 13~16 | 30 |
| 튤립 | 5 | 10 | 15~20 | 30 |
| 아이리스, 프리뮬러 | 7 | 10 | 15~20 | 30 |
| 숙근안개초 | 7 | 10 | 15~18 | 20 |
| 금어초, 팬지, 데이지 | 7 | 10 | 15~20 | 25 |
| 스톡 | 7 | 10 | 20~25 | 25 |
| 피튜니아 | 7 | 10 | 20 | 30 |
| 시클라멘 | 7 | 10 | 18~20 | 30 |

② 작물별 온도관리

　㉠ 국화 : 20~22℃로 난방하여 정상적인 화아분화 유도, 흰녹병 발생 억제

　㉡ 팔레놉시스 : 25℃ 이하에서 화아분화를 시작하고, 이보다 높은 온도가 지속되면 영양생장을 한다.

　㉢ 화목류의 동백나무 : 25~30℃의 고온에서 화아분화하고 발달은 10~20℃가 적온이다.

　㉣ DIF 효과를 이용하여 작물의 신장억제가 가능한 방법 : 일출 직후 2~3시간 동안의 저온 처리

　　※ DIF(Difference between day and night temperature) : 주야간 온도차

　㉤ 수선, 튤립, 프리지어 등 : 지온 15℃ 내외에서 가장 잘 자라고, 20℃ 이상이 되면 생육은 쇠퇴한다.

　㉥ 식물이 0℃ 이상의 저온에서 결빙이 되지 않아도 받는 피해를 저온장해라 한다.

　㉦ 열대·아열대 원산의 식물은 10~12℃ 이하의 온도에서 상해를 받는다.

　　※ 숙근안개초는 남부 지역에서 7~10월에 개화하는 경우에 단자화라 부르는 기형화가 발생한다.

**1-1. 화훼에서 DIF란 무엇인가?**

① 종자의 발아와 관련된 용어이다.
② 식물의 생육조절과 관련된 용어이다.
③ 식물을 분류할 때 쓰는 용어이다.
④ 뿌리의 형태를 구분하는 용어이다.

**1-2. 원산지가 아프리카에서 열대아시아지역에 걸쳐 있어 온실에서 재배해야 되는 식물은?**

① 드라세나　　　　　② 수선화
③ 백목련　　　　　　④ 작약

│해설│

1-1
주야간 온도조절을 통한 생육조절 방법이다.

정답 1-1 ② 1-2 ①

① 냉방

    ㉠ 팬 앤드 패드(fan & pad) 방식

- 기화열을 이용하는 냉방 방식으로 간이 냉방법 가운데 하나이다.

  ※ 기화열 냉각법 : 여름철 온실 내 화훼류 식물의 재배에 있어서 온실지붕과 바닥에 물을 뿌려 실온을 내려주는 방법

- 화훼재배에 가장 많이 활용되고 있는 방식이다.

    ㉡ 포그 앤드 팬(fog & fan) 방식

- 온실 상층부에 포그(세무)를 분무하여 온실 내의 공기를 가습 냉각시키고 기화된 공기를 환기팬(환풍기)으로 배출하는 냉방 방식이다.

    ㉢ 히트펌프식

- 난방뿐 아니라 냉방에도 많이 사용된다.
- 운영비가 에어컨에 비해 저렴하여 여름철 저온성 작물재배에 많이 이용된다.

    ㉣ 에어컨 냉방

- 고온기에 저온성 작물(호접란 등) 생산을 위해 에어컨을 설치하여 재배하는 것이다.
- 여름철에는 일몰 후부터 일출 시까지 밀폐시켜 에어컨을 가동하는 것이 일반적이다.

② 난방

    ㉠ 난로난방

- 연탄, 석유, 나무 등을 연소시키는 난로를 시설 내에 설치하여 열을 이용하는 방식이다.
- 장치가 단순하고 시설비가 저렴하다.
- 열이용 효율이나 관리의 자동화 등이 불가능하다.
- 일산화탄소와 아황산가스 등의 피해가 염려된다.
- 난로 주변의 고온건조 장해 등이 예상된다.
- 시설 내의 기온 분포가 불균일하며 안정성도 낮다.
- 소규모의 시설이나 보조 난방 정도로 이용하는 것이 바람직하다.

    ㉡ 온풍난방 : 공기를 직접 가열하는 방식으로 연소실 겉표면에서 열교환에 의하여 데워진 공기를 시설 내에 불어 넣어 난방하고 연소가스는 시설 밖으로 배출시킨다.

    ㉢ 온수난방 : 온수를 방열기나 방열파이프로 보내고 이들의 표면으로부터 발산되는 열을 이용하여 난방하는 방식이다.

    ㉣ 증기난방 : 증기보일러에서 생산된 뜨거운 증기를 방열파이프나 방열기에 보내고 이들의 표면에서 발산되는 열을 이용하여 난방하는 방식이다.

    ㉤ 전기케이블난방

- 겨울철 상습적으로 결빙되는 곳에 빙판을 녹일 목적으로 개발된 것을 농업용으로 응용 개발하여 보급된 것이다.
- 연소가스가 발생되지 않고 뿌리(근권) 발달에 특히 효과가 있다.
- 유류비보다 유지관리비가 저렴하다.

---

### 10년간 자주 출제된 문제

**2-1. 세무가 시설 내로 유입되면 순간적으로 기화가 일어나 실내 공기를 냉각시키는 방법은?**

① 팬 앤드 미스트 방법   ② 팬 앤드 패드 방법
③ 포그 앤드 팬 방법   ④ 작물체 분무 냉각 방법

**2-2. 작물체의 표면증발이 일어나게 함으로써 온도를 낮추는 온도 관리 방법은 어느 것인가?**

① 팬 앤드 패드 방법   ② 팬 앤드 미스트 방법
③ 지붕분무 냉각 방법   ④ 작물체 분무 냉각 방법

|해설|

2-1
**포그 앤드 팬 방식** : 온실 상층부에 포그(세무)를 분무하여 온실 내의 공기를 가습 냉각시키고 기화된 공기를 환기팬으로 배출하는 냉방 방식

**정답** 2-1 ③   2-2 ④

① 온도에 따라 작물의 생리에 적합하도록 실내온도를 아침 난방, 광합성 촉진, 양분 이동, 호흡 억제 단계로 나누어 관리하여 양분의 이동을 촉진하고 호흡량은 줄여 난방에너지를 절감시키고 작물의 생산성과 상품성을 향상할 수 있다.

② 변온 관리 방법

　㉠ 해뜨기 전에 1~2시간 정도 예비가온을 하여 햇볕이 충분하면 광합성이 촉진될 수 있도록 온도를 적정수준으로 유지해 준다.

　㉡ 정오 이후에는 작물의 낮잠 현상이 발생할 수 있기 때문에, 온도를 낮춰 주는 것이 좋다.

　㉢ 일몰 후 4~6시간 정도 동화산물의 전류(이동)를 촉진할 수 있도록 약간 높은 온도를 유지해 준다.

　㉣ 전류가 끝난 뒤에는 작물생육에 지장이 없을 정도의 낮은 온도로 호흡에 의한 소모를 줄일 수 있다.

　※ 주간에 일사량이 많은 날은 잎에 축적되는 양분이 많아서 양분의 전류를 촉진시키기 위해 야간온도를 높게 관리하고, 일사량이 적은 날은 야간온도를 낮게 관리한다.

③ 일사량 감응 전자동 변온 관리 시스템

　㉠ 주간의 일사량 수준(매우 맑음, 맑음, 흐림, 비)에 따라 야간의 온도를 비례적분미분(PID) 제어 방식으로 자동 조절하는 기술이다.

　㉡ 온도센서, 일사센서, 컨트롤러로 구성된다.

---

**10년간 자주 출제된 문제**

**3-1. 시설 내의 합리적인 온도 관리 방법으로 해가 진 직후에는 실내온도를 약간 높여 준다. 그 이유로 가장 적합한 것은?**

① 증산 촉진　　　　② 호흡 촉진
③ 전류 촉진　　　　④ 일비 촉진

**3-2. 시설 내의 변온 관리에서 일몰 직후의 실온을 약간 높이는 목적은?**

① 증산 촉진　　　　② 전류 촉진
③ 호흡 촉진　　　　④ 광합성 촉진

**정답** 3-1 ③　3-2 ②

---

① 대체로 적정지온은 15~20℃의 범위에 있으며, 최저한계지온은 13℃, 최고한계지온은 25℃이다.

② 작물재배에서 근권의 온도변화는 뿌리의 생장, 지상부의 생장과 수량, 과실의 품질, 뿌리로부터의 양수분 흡수 등에 직간접적인 영향을 미친다.

③ 근권부의 온도는 일출 이후 낮아지다가 1~2시간이 지나면 온도가 상승하기 시작하여 일몰 직전에 가장 높은 온도가 되고 일몰 후 온도가 낮아진다.

④ 일몰 후 초저녁 시간대에 근권온도는 높은 상태로 유지되고 서서히 낮아진다.

⑤ 근권부의 적정함수율을 유지하고 있으면 뿌리 호흡량이 증가되어 동화산물의 이동이 많아지고 뿌리의 발달이 촉진된다.

⑥ 근권부 온도가 높을 때

　㉠ 지온이 높으면 근모의 발생이 억제되고 뿌리의 호흡이 왕성해지기 때문에 동화산물의 소모가 많아진다.

　㉡ Ca의 흡수가 저해되어 배꼽썩음과나 잎끝마름증이 나타난다.

⑦ 지온이 낮을 때

　㉠ 뿌리의 신장과 활성이 떨어지고 토양미생물의 활동이 억제되어 결국 양분과 수분의 흡수가 불량해진다.

　㉡ P, K, Mg의 흡수가 억제되고 암모니아태 질소의 흡수량이 많아진다.

　㉢ 겨울철 근권온도가 20℃ 이하로 떨어지면 장미뿌리의 호흡이 억제되어 뿌리의 양수분 흡수가 감소하고 지상부의 생육도 부진하게 된다.

　※ 장미가 자라는 데 알맞은 온도는 밤 15~18℃, 낮 24~27℃이다.

화훼작물의 근권부 온도가 높을 때의 특성으로 옳지 않은 것은?

① 뿌리는 가늘고 짧아지며 분지가 많고, 줄기와 잎도 길어진다.
② 지상부의 광합성률을 저하시키며, 근권부의 갈변 및 생육이 저조해진다.
③ Ca의 흡수가 저해되어 배꼽썩음과나 잎끝마름증이 나타난다.
④ 암모니아태 질소의 흡수량이 많아진다.

|해설|

④ 지온이 낮을 때 P, K, Mg의 흡수가 억제되고 암모니아태 질소의 흡수량이 많아진다.

정답 ④

## 4-3. 수분 관리

**핵심이론 01** 화훼작물별, 생육 단계별 수분 관리

① 토양수분의 형태

   ㉠ 중력수(pF 0~2.7) : 중력에 의하여 밑으로 제거되는 수분으로 자유수라고도 한다.

   ㉡ 모관수(pF 2.7~4.2) : 토양공극에서 모관 인력에 의하여 보유되는 수분으로 작물생육에 가장 유효하게 이용된다.

   ㉢ 흡착수(pF 4.2~7.0) : 토양입자의 표면에 강하게 흡착되어 있는 수분이다.

   ※ 작물에 유효한 수분은 모관수와 중력수의 일부이다.

   ㉣ 지하수 : 지하에 정체되어 모관수의 근원이 되는 수분으로, 지하수위가 낮은 경우 토양이 건조하기 쉽고, 높은 경우 과습하기 쉽다.

② 수분 요구도에 따른 식물 분류

   ㉠ 건생식물

     • 건조한 토양조건에서 잘 자라는 식물로서 잎이 좁고 두껍거나 각피질과 물 저장 조직이 잘 발달되어 있다.

     • 잎의 표면으로부터 수분의 증발을 억제할 수 있는 구조로 되어 있다.

     • 종류 : 선인장류, 소나무, 향나무, 노간주나무, 바위솔, 채송화 등

   ㉡ 중생식물 : 건생과 습생의 중간 정도의 조건에서 잘 자라는데, 대부분의 재배 식물들이 중생식물에 속한다.

   ㉢ 습생식물

     • 습기가 많은 토양 조건에서 잘 자라는 식물을 말한다.

     • 종류 : 알로카시아, 토란, 미나리아재비, 미나리, 약모밀, 낙우송, 버드나무 등

ⓒ 수생식물
- 물속에서 자라는 식물로서 줄기나 잎은 통기 조직이 잘 발달되어 있고, 뿌리는 수중의 바닥에 뻗으며 잎은 수면 위에서 자라거나 물 위를 떠돌아다니는 종류를 말한다.
- 종류 : 연꽃, 수련, 부들, 가래, 창포 등

③ 생육 단계별 수분 관리
  ㉠ 발아 단계 : 토양 혹은 인공상토 표면이 마르지 않도록 가는 노즐이나 포그 노즐로 수시로 분무한다.
  ㉡ 삽목 단계
  - 삽목으로 번식하는 카네이션, 안개초, 장미, 국화 등은 삽목 후에는 잎이 마르지 않도록 자주 관수해야 한다.
  - 삽목 직후 3일간은 주로 미스트장치를 설치하여 1~2시간 간격으로 30초 정도 잎에 물이 적셔지도록 분무하거나 포그 노즐로 잎이 마르지 않을 정도로 수시로 분무해 주어야 한다.
  - 삽목 후 3일 정도 지난 후에는 관수 횟수를 줄이고 잎이 시들기 시작하면 포그 노즐로 분무한다.
  ㉢ 발아 후 자엽이 전개되는 단계
  - 발아가 끝나고 자엽이 전개되면 뿌리가 토양 혹은 인공상토 아래로 뻗기 시작하므로 토양이나 상토 표면에 분무하는 것을 중단한다.
  - 물이 너무 많이 나와 자엽이 쓰러질 정도의 굵은 노즐은 피해야 한다.
  ㉣ 생장기 및 수확기
  - 국화, 카네이션, 용담 등은 20(-kPa), 접목선인장은 30(-kPa) 정도로 관리한다.
  - 안개초는 영양생장기에는 10(-kPa), 꽃망울이 나온 후에는 90(-kPa)로 건조하게 관리한다.

① 관수 기반 시설

　㉠ 시설에서 이용되는 원수로는 주로 관정이 이용되고 있다.

　㉡ 관수는 대개 샘물, 수돗물, 빗물, 시냇물 등을 이용하며 수질은 연수가 최적이다.

② 관수시설

　㉠ 지표관수

　　• 고랑관수 : 고랑에 물을 흐르게 하여 작물에 스며들게 하는 수분 공급 방법이다.

　　• 호스관수 : 분화류 관수와 소규모 관수에서 많이 이용하고 있다.

　　• 다공튜브관수 : 폴리에틸렌으로 된 호스 또는 튜브에 구멍을 뚫어 관수하는 방법이다.

　　　- 값싸고 설치하기 쉬우며, 작은 면적의 관수에 적합하다.

　　　- 내구성이 약하며 수질이 나쁘면 물구멍이 막히기 쉽다.

　　　- 지표, 지상, 지표의 멀칭 아래 등 다양하게 설치 가능하다.

　㉡ 공중관수

　　• 스프링클러관수

　　　- 단시간에 많은 양의 물을 넓은 면적에 뿌릴 수 있으며, 노즐, 송수 호스, 펌프로 구성되어 있다.

　　　- 살수된 물이 식물체에 직접 닿기 때문에 상품성 저하나 병 발생이 증가할 수 있다.

　　• 미스트관수

　　　- 높은 수압으로 미세한 노즐을 통과한 물이 안개 상태로 분산되어 관수되는 방법이다.

　　　- 파종상, 삽목상 등 번식용으로 많이 이용된다.

　　　- 공중 습도 조절이 단시간에 가능하고 기화열에 의하여 온실 내 온도를 낮추는 효과가 있다.

　　　- 시설비가 많이 들고 수질이 나쁘면 노즐이 막히는 단점이 있다.

　　• 관수노즐관수 : 포트나 화분 재배 시, 포트 크기가 작으면 관수 노즐도 가늘고 부드럽게 관수할 수 있는 것을 선택하고, 큰 화분은 큰 노즐을 사용한다.

　※ 살수관수 장치에는 스프링클러와 유공튜브, 미스트가 있다.

　㉢ 저면관수

　　• 분화재배 또는 육묘 시 활용하는 관수법으로 화분 또는 플러그트레이 하단부 가운데에 있는 배수공을 통하여 물이 올라가게 하는 방법이다.

　　• 온실이나 벤치에서 재배하는 작물에서 보편적으로 사용되며 포트 밑의 배수공을 통해 물이 스며 올라가도록 하는 관수 방법이다.

　　• 피튜니아 파종상자에 알맞은 관수 방법이다.

　　• 매트를 이용한 저면 흡수, 담수법, 심지관수법이 있다.

　㉣ 점적관수

　　• 흐르는 물이 적어 넓은 면적에 균일하게 관수할 수 있다.

　　• 필요한 양만 저압으로 관수하여 물과 전기를 절약할 수 있다.

　　• 식물체 근권 위 지면에 관수되므로 잎, 줄기 및 꽃에 살수되지 않으므로 화훼작물재배에 많이 쓰인다.

　　• 관수장치에는 단추형 점적기, 내장형 점적기, 다지형 점적기 등이 있다.

> **더 알아보기**
>
> **습도 제어**
> • 습도 제어는 온도와 환기 제어와 연계되어 조절되어야 한다.
> • 습도 제어는 가습은 미스트, 포그로 이루어지며, 관수와 제습은 보온커튼 제어, 환기, 강제 공기유동, 난방, 제습기 가동으로 이루어진다.

10년간 자주 출제된 문제

**2-1.** 온실이나 플라스틱 하우스에 가장 많이 이용되는 관수 방법은?

① 고랑관수
② 하이미스트관수
③ 지중관수
④ 지표살수관수

**2-2.** 지표관수 방법 중 다공튜브 관수의 장점에 속하는 것은?

① 고압력에도 사용이 가능하다.
② 지표, 지상, 지표의 멀칭 아래 등 다양하게 설치 가능하다.
③ 고가식으로 설치하면 물방울이 굵어 토양 입자가 튀어 오른다.
④ 내구성이 강하며 수질에 관계없이 어디서나 사용이 가능하다.

**2-3.** 피튜니아 파종상자에 알맞은 관수 방법은?

① 미스트장치          ② 점적관수
③ 살수관수            ④ 저면관수

**2-4.** 다음 중 물의 손실이 가장 적은 관수 방법은?

① 고랑관수            ② 점적형 관수
③ 분무형 관수          ④ 살수형 관수

정답 2-1 ④  2-2 ②  2-3 ④  2-4 ②

## 핵심이론 03 | 토양수분 측정기 사용 방법

① 건토중량법

ㄱ. 중량 수분함량을 측정하는 표준 측정 방법으로 젖은 토양과 건조 토양의 무게만으로 측정한다.

ㄴ. 건토중량법은 가장 고전적이면서도 가장 정확한 토양수분 표준측정법이다.

ㄷ. 측정 방법

• 포장에서 토양 채취 도구(모종삽 등)를 활용하여 시료를 채취한 후 공기가 통하지 않는 용기나 봉투에 담아서 실내로 가져온다.

• 채취한 젖은 시료 무게를 저울을 이용하여 측정한다.

• 시료를 측정한 후 시료를 말린다.

• 말린 토양시료의 무게를 측정한다.

• 수분함량식을 이용하여 수분함량을 계산한다.

• 수분함량(%, 중량)

$$= \frac{\text{건조 전 토양무게} - \text{건조 후 토양무게}}{\text{건조 후 토양무게}}$$

② 토양수분장력계

ㄱ. 가장 널리 이용되고 있는 방법은 토양수분장력을 측정하는 것이다.

ㄴ. 포장 상태에서 토성에 관계없이 토양의 수분 상태를 연속적으로 측정할 수 있으며 관수 시기와 관수량을 정확하게 알 수 있다.

ㄷ. 토양수분장력의 측정은 텐시오미터를 이용한다.

ㄹ. 토양수분장력계를 이용한 토양수분의 측정 원리는 다공질컵을 관으로 연결하여 토양이 물을 잡아 당김에 따라 다공질컵에 걸리는 압력을 압력계로 직접 읽는 것이다.

Ⓜ 측정 방법

- 토양에 매설할 깊이와 특성을 고려하여 적절한 토양수분 장력계를 선택한다.
- 압력계를 점검한다. 압력계의 연결 부위를 살짝 빨아 압력계의 정상 작동 여부를 확인한다.
- 토양수분장력계를 조립한다. 공기가 새지 않도록 나사 부위를 테플론 테이프로 감고, 연결 부위에 들어가는 고무링을 반드시 넣는다.
- 토양수분장력계에 물을 채우고 공기를 제거한다. 조립된 토양수분장력계에 끓인 증류수를 채워 넣고, 공기방울이 맺히면 살살 두드려 기포를 제거한다.
- 영점을 조정한다.
  - 매설 직전 토양수분장력계에 물을 채운 후 수직으로 세운다.
  - 폐쇄관의 길이에 따라 압력계에서 30cm는 3kPa, 60cm는 6kPa를 나타낸다.
  - 압력계의 밸브를 열었다 닫아 압력계의 눈금이 0kPa가 되도록 조정한다.
- 토양수분장력계를 매설한다.
  - 설치하고자 하는 토양 깊이까지 토양채취기(오거)나 다공질컵과 같은 직경의 쇠 파이프를 이용하여 구멍을 뚫는다.
  - 파낸 흙 또는 주변의 흙을 물과 1 : 1로 잘 개어 토양 반죽을 만든다. 토양 반죽 일부는 다공질컵에 바르고 나머지는 구멍에 넣은 후 토양수분장력계를 구멍에 심는다.
  - 구멍과 토양수분장력계의 빈틈은 흙으로 잘 메운다.
  - 토양수분장력계 주변에 물을 살짝 부어 접촉이 잘되었는지를 확인한다.
- 3~6시간 정도 경과 후 안정이 되면 토양수분을 측정한다.

**10년간 자주 출제된 문제**

건토중량법의 측정 방법으로 옳지 않은 것은?
① 포장에서 시료를 채취한 후 공기가 통하지 않는 용기나 봉투에 담아서 실내로 가져온다.
② 채취한 젖은 시료 무게를 저울을 이용하여 측정한다.
③ 시료를 측정한 후 시료를 다시 밀봉하여 시간이 지난 후 다시 시료의 무게를 측정한다.
④ 수분함량식을 이용하여 수분함량을 계산한다.

|해설|

시료를 측정한 후 시료를 말린 다음 말린 토양시료의 무게를 측정한다.

정답 ③

## 4-4. 탄산가스 시비

**핵심이론 01** | 화훼 탄산가스 시비 개념 및 특징

① 공기 환경

    ㉠ 공기의 구성 : 질소 약 78.1%, 산소 약 21%, 아르곤 약 1%, 이산화탄소 약 0.03%

    ㉡ 산소는 작물의 호흡작용에, 이산화탄소는 광합성 작용에, 질소는 질소 동화 작용에 이용된다.

② 탄산가스 시비

    ㉠ 탄산가스 시비의 의의 : 식물은 탄산가스(이산화탄소)를 흡수함으로써 포도당을 생성하게 되므로, 탄산가스 농도를 증가시키면 광합성 속도를 증가시킬 수 있다.

    ㉡ $CO_2$ 보상점, 포화점

        • $CO_2$ 보상점 : 광합성에 의한 유기물의 합성속도와 호흡에 의한 유기물의 소모속도가 같아지는 $CO_2$ 농도의 수준으로, 대기 중 이산화탄소 농도의 약 $\frac{1}{10} \sim \frac{1}{3}$배 정도이다.

        • $CO_2$ 포화점 : $CO_2$ 농도가 어느 한계점까지 높아지면 $CO_2$의 투하량을 그 이상 높여도 광합성속도는 증가하지 않는 점으로, 대기 중 이산화탄소 농도의 약 7~10배 정도이다.

        ※ 보통 작물의 $CO_2$ 포화점은 1,200~1,800ppm 정도이다.

③ 탄산가스 농도의 일변화

    ㉠ 호흡작용으로 인하여 해뜨기 직전에 700~1,500ppm으로 높게 나타나지만, 해가 뜨면서 급속히 저하하여 환기 직전에는 300ppm 미만으로 크게 감소하게 된다.

    ㉡ 탄산가스 농도가 감소하였을 때 광합성량이 급격하게 감소한다.

    ㉢ 겨울에는 보온이 필요해서 환기가 불가능하므로 탄산시비를 해 줄 필요가 있다.

    ※ 시설 내에서 하루 중 이산화탄소의 농도가 가장 큰 시간은 해뜨기 직전이다.

④ 탄산시비 공급원 : 액화탄산가스와 프로판가스 등이 사용되고 있으며, 미숙 유기물도 공급원이 된다.

---

### 10년간 자주 출제된 문제

**1-1. 다음 대기 성분 중 이산화탄소가 차지하는 비율은?**

① 78.5%　　　　　② 0.93%

③ 20.5%　　　　　④ 0.03%

**1-2. 시설 내에서 하루 중 이산화탄소의 농도가 가장 큰 시간은 언제인가?**

① 해질 무렵　　　② 자정

③ 해뜨기 직전　　④ 정오

|해설|

1-1

**공기의 구성** : 질소 약 78.1%, 산소 약 21%, 아르곤 약 1%, 이산화탄소 약 0.03%

**정답** 1-1 ④　1-2 ③

① 환기에 의한 방법
  ㉠ 환기에 의해 온실 내로 외부의 공기를 공급함으로써 공기 중의 탄산가스 농도인 350ppm까지 부족분을 보충하는 것이다.
  ㉡ 가장 간편하지만 정밀한 생육 환경 조성이 어려운 면이 있다.
  ㉢ 350ppm 이상의 고농도 환경을 만들 수 없다.

② 액화 탄산가스 시비법
  ㉠ 온실 밖의 그늘진 곳에 20~30kg의 가스 탱크를 설치하고 배관하여 하우스 내로 공급한다.
  ㉡ 유해가스가 발생하지 않고 비교적 장치가 간단하여 소규모 온실에 적용하기 좋다.
  ㉢ 액화 탄산가스의 가격이 다소 비싸고, 기화기(팬)를 설치해야 한다.

③ 드라이아이스 시비법
  ㉠ 고체탄산(dryice)을 용기에 담아 실내에 두면 승화하면서 탄산가스를 방출한다.
  ㉡ 하절기에 냉방의 효과가 있다.
  ㉢ 소규모 온실에 쉽게 적용이 가능하다.
  ㉣ 균일한 분포를 위해 내부 유동팬과 승화된 탄산가스를 송풍하는 시스템이 필요하다.
  ㉤ 액화 탄산가스보다 비싸다.

④ 연소식 탄산가스 시비법
  ㉠ 천연가스, 프로판가스, 백등유 등의 연료를 연소시켜 탄산가스를 발생시킨다.
  ㉡ 가격이 저렴하고 장치가 간단하다.
  ㉢ 연소 시 질소산화물($NO_X$), CO, $C_2H_2$, $SO_2$ 가스로 인해 발생 작물에 피해가 나타날 수 있다.
  ㉣ 온도와 습도조절이 어렵다.

⑤ 고체 탄산가스 시비법
  ㉠ 탄산가스 시용을 쉽게 할 수 있다.
  ㉡ 탄산가스 발생량 대비 가격이 비싸고, 탄산가스 농도 조절이 어렵다.
  ㉢ 최근 개발된 탄산나트륨과 탄산암모늄에 촉매제를 이용한 제품이 농가에 적용되고 있다.

---

**10년간 자주 출제된 문제**

**액화 탄산가스 시비법의 설명으로 옳지 않은 것은?**
① 유해가스가 발생하여 작물에 피해를 줄 수 있다.
② 소규모 하우스에 적용하면 좋다.
③ 액화 탄산가스의 가격이 다소 비싸다.
④ 액화 탄산가스 탱크와 기화기(팬)을 설치해야 한다.

|해설|
① 유해가스가 발생하지 않고 비교적 장치가 간단하다.

정답 ①

① 화훼 작물별 탄산가스 시비 효과

　㉠ 장미 : 1,000ppm의 이산화탄소 사용으로 53%의 절화 수량을 증대시켰고, 개화기 단축 및 꽃잎의 수를 크게 증가시켰다.

　㉡ 국화, 카네이션 등 : 수량 증대, 절화 품질의 향상 및 절화의 수명을 연장시키는 효과가 있다.

② 탄산가스 적용 시 고려사항

　㉠ 시비량

　　• 광도, 온도 등이 적당할 때 사용은 약 1,000~1,500ppm이 적당하다.

　　• 광도가 낮으면 탄산가스 포화점이 낮아지기 때문에 시비 농도를 낮추고, 반대로 광도가 높으면 시비 농도를 높여야 한다.

　　• 장미의 탄산가스 적정 농도는 700~1,000ppm이다.

　　• 측창 환기를 하는 동안 탄산가스 농도를 높게 시용하는 것은 비효율적이다.

　㉡ 시비 시기

　　• 보통 본엽 2~3매가 전개될 때부터 탄산가스를 시용하도록 한다.

　　• 유묘일 때에는 탄산가스 소비량이 매우 적고 광합성 능력도 낮으므로 탄산가스 시용 효과가 매우 낮다.

　　• 일출 후 약 1시간 후부터 환기할 때까지 3~6시간이 적당하다.

　　• 일사량이 충분할 때 기공이 충분히 열려 광합성이 활발히 진행되므로 효과적이다.

　　• 비오는 날은 탄산가스를 시용하지 않고, 흐린 날은 맑은 날보다 30~40% 낮은 농도를 공급한다.

---

**3-1. 시설 내 원예작물에 이산화탄소를 사용함으로써 얻어지는 결과물에 대한 설명이 틀린 것은?**

① 수량이 감소한다.
② 열매채소의 당도가 증가한다.
③ 거의 모든 작물에서 효과가 인정되고 있다.
④ 육묘기에 모종의 소질이 좋아진다.

**3-2. 다음 중 일반적인 시설 내 이산화탄소의 사용과 그 효과로 옳지 않은 것은?**

① 광도, 온도 등이 적당할 때 사용은 약 1,000~1,500ppm이 적당하다.
② 시비 시기는 해가 뜬 후부터 2시간 후 약 2~3시간 시비한다.
③ 광도가 약하고 온도가 낮을 때는 시비량을 줄인다.
④ 발아 직후의 어린 식물에 효과가 크다.

| 해설 |

3-2
유묘일 때에는 탄산가스 소비량이 매우 적고 광합성 능력도 낮으므로 탄산가스 시용 효과가 매우 낮다.

정답 3-1 ①　3-2 ④

# 04 시설원예

CHAPTER

## 제1절 시설원예 시설 관리

### 1-1. 시설의 구조

| 핵심이론 01 | 시설원예 개요

① 시설원예의 의의

    ㉠ 농가 소득 증대 : 생산성 향상, 단경기 생산이 가능

    ㉡ 계획 생산 및 출하가 가능 : 기업적 경영감각을 갖는 영농

    ㉢ 신선한 원예생산물의 연중 공급(원예작물의 주년 생산 및 소비체계 확립)

    ㉣ 연중 생산을 통해 노동력의 증가(원예작물 생산과 소비의 다양화)

    ㉤ 미래지향적 생산시스템 개발(환경 조절기술, 수경 재배시스템, 식물공장 등)

    ㉥ 새로운 원예 관련 산업의 발전

    ㉦ 신재생에너지 활용과 환경보전(발전소의 온수와 쓰레기 소각장의 연소열을 난방에 이용, LED, 태양광 및 풍력발전 시설 이용 등)

② 시설원예의 특징

    ㉠ 자본집약적 경영이다.

    ㉡ 자본의 소요가 많다.

    ㉢ 농약의 사용이 감소한다.

    ㉣ 생산물 가격이 고가이다.

    ㉤ 인위적으로 환경을 조절할 수 있다.

    ㉥ 적은 노력으로 대규모 생산이 가능하다.

    ※ 시설원예는 단위면적의 토지에서 경제적 가치가 큰 작물을 집약적으로 재배하는 것이 특징이다.

### 10년간 자주 출제된 문제

시설원예의 중요성으로 볼 수 없는 것은?

① 농한기 유휴 노동력의 증가

② 신선한 원예생산물의 연중 공급

③ 농가소득 증대

④ 계획 생산과 계획 출하 가능

| 해설 |

시설원예는 자본과 시설이 요구되지만 여름철 등 제철 이외의 단경기에 생산하므로 수익성이 높고, 연중 생산을 통해 농한기를 없앰으로써 일 년 내내 고른 소득을 올릴 수 있다.

정답 ①

① 피복재 종류에 따른 분류

  ⊙ 유리온실(glass house)

    • 고정 시설로서 내구연한이 길다.

    • 각종 부대 장치의 도입이 용이하여 환경 관리가 쉬운 이상적인 시설이다.

    • 건축비가 많이 드는 단점이 있다.

  ⊙ 플라스틱온실(plastic film house)

    • 플라스틱 필름의 종류 : 폴리에틸렌(PE), 초산비닐(EVA), 염화비닐(PVC) 등의 연질필름과 폴리에스테르(PET), 폴리카보네이트(PC) 등의 경질필름이 있다.

    • 우리나라에서 가장 많이 사용되는 필름은 PE 필름, EVA 필름이다.

    • 유리온실에 비해 설치가 쉽고 비용이 적게 들지만 내구성이 떨어진다.

② 지붕 모양에 따른 분류 : 양지붕형, 외지붕형, 쓰리쿼터(3/4)형, 더치라이트형, 둥근지붕형, 곡선지붕형, 벤로형 등

③ 골재 종류에 따른 분류 : 경량철골, 파이프, 경량철골 및 파이프 혼용, 경량철골 및 경합금 혼용, 목재 등

④ 재배작목에 따른 분류 : 채소재배, 과수재배, 화훼재배, 육묘용 등

⑤ 가온 유무에 따른 분류 : 가온, 무가온

⑥ 설치방향에 따른 분류 : 동서동, 남북동

---

**10년간 자주 출제된 문제**

**온실의 지붕 모양에 따른 구분이 아닌 것은?**

① 양지붕형      ② 단동형
③ 쓰리쿼터형      ④ 아치형

|해설|

**지붕 모양에 따른 구분** : 양지붕형, 외지붕형, 쓰리쿼터(3/4)형, 더치라이트형, 둥근지붕형, 곡선지붕형, 벤로형 등

정답 ②

---

① 아치형(arch roof, 원형) 하우스

  ⊙ 플라스틱온실의 주된 형식으로 단동이나 연동으로 많이 이용되고 있다.

  ⊙ 곡선형으로 가공한 철재파이프를 골조로 사용하므로 풍압을 적게 받는다.

  ⊙ 시설비가 적고 실용적이며 설치 및 철거가 비교적 쉽고 투광성도 양호하다.

  ⊙ 온실 내부의 온도변화가 심하고 방열면적이 넓기 때문에 겨울철 보온에 불리하다.

  ⊙ 종류가 많고 규격도 다양하다.

② 양지붕형

  ⊙ 좌우대칭형의 지붕으로 가장 전형적인 형식이며, 단동이나 연동의 철골온실에 주로 이용되고 있다.

  ⊙ 대형화가 용이하고 온실의 폭도 다양하다.

    ※ 와이드스팬(wide-span)형 : 온실 폭이 9m 이상인 것

  ⊙ 광선이 비교적 고르게 투과되어 실내온도가 균일하지만 온실의 폭이 넓은 경우에는 적설의 피해가 우려되는 단점이 있다.

③ 편지붕형

  ⊙ 지붕이 남향의 한쪽 방향으로만 경사진 온실로서 주로 동서동으로 설치한다.

  ⊙ 겨울철에 채광량이 많으며 북쪽 벽의 반사열로 인하여 온도상승에 유리하고 벽체를 통한 열손실이 적어 보온성도 뛰어나다.

  ⊙ 광선의 입사방향이 일정하여 작물의 생육이 균일하지 못하고, 통기성이 불량하여 과습이 우려된다.

  ⊙ 건물의 남쪽 벽에 부착된 형식으로 가정용이나 취미용 또는 부업용 등의 소형 온실에 적합하다.

④ 쓰리쿼터형(three-quarter type, 3/4형)

  ⊙ 양지붕형과 편지붕형의 복합 형태, 온실의 지붕이 부등변형으로 남쪽 지붕의 폭이 전체 지붕 폭의 3/4이다.

ⓛ 온실의 방향은 동서동이 일반적이다.

ⓒ 겨울철에 투광량이 많고 보온성이 양호하기 때문에 멜론과 같은 고온성 작물 재배에 적당하다.

⑤ 반원형 터널

　㉠ 시설원예 초기에 이용된 대표적인 간이온실 형태로 과거에는 골조재로 주로 반원형의 대나무가 사용되었으나 근래에는 대부분 철재파이프로 대체되었다.

　ⓛ 기밀성이 우수하여 보온성능이 양호하고 설치비가 적게 소요되며 채광성이 좋고 그늘이 적어 실내가 밝다.

　ⓒ 환기가 불량하여 과습의 우려가 있고 내부 작업이 불편하다.

⑥ 연동형

　㉠ 단동형 온실을 처마부분에서 연결시켜 높이는 그대로 유지하면서 재배면적을 확장하는 형식이다.

　ⓛ 주로 남북동으로 설치하며 지붕 모양은 양지붕형이나 아치형이 일반적이다.

　ⓒ 보온성이 우수하고 시설비가 절감되며 작업이 용이하다.

　ⓔ 연결부분의 투광성이 떨어지고 통풍이 불량하며, 지붕 접합부의 누수와 겨울철 적설하중에 약한 단점이 있다.

　※ 펠릿(pellet) 하우스 : 지붕과 벽에 일정한 간격을 두고 밤에는 발포 폴리스티렌 입자를 충전하여 보온 효과를 높이는 시설

⑦ 벤로(venlo)형

　㉠ 처마가 높고 너비가 좁은 양지붕형 온실을 연결한 형태로서, 양지붕 연동형 온실의 결점을 개선한 온실이다.

　ⓛ 서까래의 간격이 넓어질 수 있기 때문에 골조가 적게 들어 시설비가 절약된다.

　ⓒ 골조율 감소에 의한 투광률을 향상시킬 수 있다.
　※ 골조율 : 벤로형 12%, 양지붕형 20%

　ⓔ 골조율이 낮으므로 유리의 두께가 일반온실의 3mm보다 두꺼운 4mm를 사용해야 한다.

① 시설의 구조

　㉠ 서까래 : 지붕의 하중을 받는 경사재이다.

　㉡ 중도리

　　• 서까래를 받치는 수평재이다.

　　• 온실의 구조상 바람의 피해가 많이 나타나기 때문에 순간 최대 풍속이 높은 지역에서는 집중적으로 보완해야 되는 부분이다.

　㉢ 대들보(왕도리) : 용마루에 놓이는 수평재이다.

　㉣ 측면보(갓도리, 처마도리) : 기둥 상단을 연결하는 수평재이다.

　※ 보 : 수평 또는 이에 가까운 상태에 놓인 부재로서 재축(材軸)에 대한 직각 또는 경사의 하중을 받는다.

　㉤ 버팀대, 가새 : 기둥과 기둥 사이의 경사재로, 온실 모서리에 받는 큰 풍압을 지지하는 부재이다.

　　※ 버팀대(bracing) : 온실 모서리에 걸리는 과다한 풍하중에 대한 지지

　㉥ 기둥 : 지붕의 하중을 주로 담당하는 수직재이다.

　㉦ 샛기둥 : 기둥과 기둥 사이의 수직재이다.

② 시설의 구비 조건

　㉠ 최악의 기상 조건에서도 견딜 수 있고 이용할 수 있는 구조물이어야 한다.

　㉡ 작물생육에 적당한 환경을 만들어 주는 데 효율적이어야 한다.

　㉢ 관리가 편리하고 작업 능률을 올릴 수 있으며, 재배면적을 최대한 확보할 수 있는 구조여야 한다.

　㉣ 시설의 내구연한이 길어질 수 있도록 설계해야 한다.

　㉤ 시설비가 적게 드는 구조여야 한다.

**4-1. 다음 중 온실 지붕의 골조 구성물은?**

① 토대　　　　　　　　② 기둥
③ 처마도리　　　　　　④ 들보

**4-2. 온실의 구조에서 버팀대(bracing)의 용도는?**

① 벽체 골조에 기둥 상단에서 걸리는 하중에 대한 지지
② 적설하중 등에 의한 지붕 위의 하중에 대한 지지
③ 대들보와 처마도리 사이의 서까래의 하중지지
④ 온실 모서리에 걸리는 과다한 풍하중에 대한 지지

**4-3. 시설의 구비조건이 아닌 것은?**

① 최악의 기상조건에서도 견딜 수 있는 구조물이어야 한다.
② 관리가 편리하고 재배면적을 최대한으로 확보할 수 있는 구조 조건이어야 한다.
③ 시설비가 적게 드는 구조이어야 한다.
④ 작물생육에 적당한 온도 조건만을 만들어 주는 데 효율적이어야 한다.

**정답** 4-1 ④　4-2 ④　4-3 ④

① 판유리(투명유리), 형판유리(산광유리), 복층유리, 열선 흡수(반사)유리 등

　㉠ 적설량이 많은 지역의 연동형 온실의 곡부와 바람이 강한 지역의 측벽 부분에는 두꺼운 유리를 쓴다.

　㉡ 가시광선 투과율 : 아크릴 > 유리 > 플라스틱

　㉢ 장점 : 내구성, 불연성, 보온성

② 연질필름

　㉠ 폴리에틸렌(PE ; Poly Ethylene)필름

　　• 우리나라에서 가장 많이 사용하고 있는 외피복용 필름이다.

　　• 장파장의 투과율이 가장 높은 피복재이다.

　　• 인장강도, 인열강도가 PVC나 EVA 필름보다 낮다.

　　• PVC보다 정전기 현상이 적고, 먼지부착률이 낮다.

　　• 저온에 대한 내한성이 강하다.

　　• 여러 약품에 대한 내성이 크며, 가격이 싸다.

　　• 내후성이 약하여 수명이 짧고 보온력이 떨어지며 항장력과 신장력이 작다.

　㉡ 염화비닐(PVC ; Poly Vinyl Chloride)필름

　　• 장파 복사열의 차단효과가 있다.

　　• 투광률이 높고 열전도율이 낮기 때문에 보온력이 뛰어나다.

　　• 화학약품에 대한 내성이 크다.

　　• 필름끼리 서로 달라붙는다.

　　• 먼지가 잘 달라붙는다.

　㉢ 에틸렌비닐아세트산(EVA ; Ethylene Vinyl Acetate)필름

　　• 투광률이 높고, 가스 발생이나 독성의 위험이 없다.

　　• 먼지의 부착이 적고 화학약품에 대한 내성이 강하다.

　　• 저온에서 굳지 않고 고온에서도 흐물흐물하지 않는다.

• 내후성은 PE와 PVC의 중간 정도이고, 값은 PE 필름보다 비싸다.

> **더 알아보기**
>
> **연질필름의 특성 비교**
> • 보온력 : PVC > EVA > PE
> • 광 투과율이 높은 순 : PE > PVC > EVA
> • 먼지 부착 등 오염에 따른 투광률 유지도 : PE > EVA > PVC

　㉣ 기능성 연질필름 : 물방울이 맺히지 않는 무적필름, 방무필름, 작물 재배에 필요한 광질만을 투과시키는 광질변화필름과 자외선차단필름 등이 있다.

③ 경질필름 : 두께 0.1~0.2mm 정도로 경질폴리염화비닐(RPVC) 필름, 경질폴리에스테르(PET) 필름, 불소수지(ETFE)필름 등이 있다.

> **더 알아보기**
>
> **PET 필름**
> • 두께 0.175mm로 주로 생산되며, 경질필름에 속한다.
> • 자외선을 투과시키지 않는 것이 투과시키는 것에 비하여 수명이 길다.
> • 4,000nm 이상의 장파장은 투과율이 매우 낮다.
> • 내충격성과 인장강도가 연질 및 경질필름 중에서 가장 우수하다.
> • 저렴한 피복재로서 장기간 사용하기 위해서 많이 피복한다.

④ 경질판 : 두께 0.2mm 정도로 FRA판, FRP판, MMA판, PC, 복층판 등이 있다.

> **더 알아보기**
>
> **FRP판의 특성**
> • 광선투광의 20% 정도가 확산광으로 된다.
> • 3,000nm 이상의 적외선은 거의 투과되지 않는다.
> • 자외선의 투과율이 낮다.
> • 물결판은 틈 때문에 환기율이 높아진다.
> • 열전도율이 낮고 충격에 강하며 굽힘강도가 높으면서 산란성이 높다.
> • 시설 내의 산광 피복재로서 그늘이 생기지 않는다.

**5-1.** 다음 중 가시광선 투과율이 가장 높은 시설의 피복자재는?

① EVC
② 유리
③ PVC
④ 폴리에틸렌필름

**5-2.** 온실의 피복자재로서 유리를 이용할 때 장점으로 틀린 것은?

① 내구성
② 불연성
③ 보온성
④ 내충격성

**5-3.** 연질 피복자재의 장점을 바르게 설명한 것은?

① 보온력이 높다.
② 내구력이 높다.
③ 광선을 선별 투과시킨다.
④ 가격이 저렴하다.

**5-4.** 보온력이 가장 적은 피복 자재는?

① 거적
② 폴리에틸렌필름
③ 폴리매트
④ 스타이로폼매트

**5-5.** 온실에 피복하는 저렴한 피복재로서 장기간 사용하기 위해서 많이 피복하는 경질필름은?

① 폴리에스테르(PET)
② 초산비닐(EVA)
③ 유리섬유강화아크릴(FRA)
④ 폴리에틸렌(PE)

|해설|

5-1
**가시광선 투과율** : 아크릴 > 유리 > 플라스틱

정답 5-1 ② 5-2 ④ 5-3 ④ 5-4 ② 5-5 ①

---

**핵심이론 06** | 시설의 자재(2) 추가 피복재

※ 기초 피복재 위에 보온, 차광 및 반사 등의 목적으로 사용하는 피복자재를 말한다.

① 반사필름

　㉠ 알루미늄증착필름, 알루미늄박(箔)을 이용한 필름 등이 있다.

　㉡ 산광 효과를 동시에 얻을 수 있다.

　㉢ 알루미늄증착필름은 열절감률이 가장 크다.

② 부직포 : 커튼 또는 차광피복재로 사용된다.

③ 매트

　㉠ 소형터널의 보온피복에 많이 사용한다.

　㉡ 단열성은 좋으나 광선투과율 및 유연성이 나쁘다.

④ 한랭사

　㉠ 시설의 차광이나 서리 방지를 위한 피복재로 사용된다.

　㉡ 시설 내의 온도 상승을 억제하고 잎이 타는 현상을 막기 위하여 사용한다.

⑤ 시설원예용 피복자재로서 갖추어야 할 조건

　㉠ 투광성이 높고 오랫동안 일정한 투광률 이상을 유지할 것

　㉡ 열선(장파 복사)의 투과율이 적을 것

　㉢ 열전달을 억제하여 보온성이 높을 것

　㉣ 값이 저렴할 것

　㉤ 팽창과 수축이 적고 충격에 강할 것

　※ 외피복자재가 갖추어야 할 사항 : 투광성, 내구연수(사용연한), 보온성

⑥ 자외선 차단 피복재를 이용했을 때 나타나는 현상

　㉠ 꽃의 착색불량(색소 발현이 억제)

　㉡ 꿀벌, 꽃등에의 활동 중지

**6-1. 지면 피복용으로 사용되는 자재 중 산광 효과를 동시에 얻을 수 있는 것은?**

① 부직포
② 연질필름
③ 반사필름
④ 기포매트

**6-2. 1층 커튼의 피복재별 열절감 효과가 가장 큰 재료는?**

① 폴리에틸렌필름
② 염화비닐필름
③ 부직포
④ 알루미늄증착필름

**6-3. 태양고도가 낮을 때에는 동서동의 북쪽 벽에 반사판을 설치하여 반사광을 실내로 유도함으로써 광량을 증대시킬 수 있다. 이때 반사판으로 적당한 것은?**

① 아크릴판
② 알루미늄 포일
③ 플라스틱필름
④ FRP

**6-4. 피복자재가 갖추어야 할 조건으로 부적합한 것은?**

① 투광성이 높아야 하고, 오랫동안 일정한 투광률을 유지해야 한다.
② 열선(장파 복사)의 투과율이 커야 한다.
③ 열 전달을 억제하여 보온성이 높아야 한다.
④ 값이 저렴하여야 한다.

|해설|

6-4
② 열선(장파 복사)의 투과율이 적어야 한다.

정답 6-1 ③ 6-2 ④ 6-3 ② 6-4 ②

---

## 핵심이론 07 │ 시설의 자재(3) 골격자재

① 죽재 : 시설재배 초기 터널형 하우스에 많이 이용되는 대나무로 만든 건축자재이다.

② 목재 : 구입이 용이하고, 가공 이용이 편리하다.

※ 목재는 환기창 부분에 틈새가 나기 쉬우며, 골격률이 커서 투광률이 낮다.

③ 철재

㉠ 시설의 안정성과 내구성 및 광선투과율을 향상시킬 수 있다.

㉡ 우리나라 원예시설 중 가장 많이 사용하고 있다.

㉢ 철재 골격자재에는 형강과 파이프가 있다.

㉣ 철재하우스의 장점

• 강풍이나 적설에 강하다.

• 대형화가 가능하다.

• 생력 장치화하기 쉽다.

④ 경합금재(알루미늄 합금)

㉠ 알루미늄을 주성분으로 하며, 내부식성이 강하고 광투과율을 증가시킬 수 있다.

㉡ 유리온실에는 경합금재가 많이 사용된다.

㉢ 플라스틱온실에는 융용 도금 철재 펜타이트파이프가 주로 쓰인다.

※ 구조강관 중 펜타이트하우스에 많이 쓰이는 것 : 두께 1.2mm, $\phi 22 \sim 25$mm

**7-1. 우리나라 원예시설 중 가장 많이 사용하고 있는 골격자 재는?**

① 알루미늄　　　　　② 목재
③ 철재　　　　　　　④ 대나무

**7-2. 철재하우스의 장점이 아닌 것은?**

① 강풍이나 적설에 강하다.
② 대형화가 가능하다.
③ 천연자재보다 골격률이 높다.
④ 생력 장치화하기 쉽다.

**7-3. 유리온실의 골격자재로 사용되는 알루미늄(aluminium)의 특징 중 옳게 설명된 것은?**

① 골재가 다소 무겁다.
② 골재에 의한 골격률이 높다.
③ 성형이 곤란하며 시공이 어렵다.
④ 내부식성이 강하고 광투과율을 증가시킬 수 있다.

정답 **7-1** ③　**7-2** ③　**7-3** ④

## 1-2. 시설 내 재배 관리

### 핵심이론 01 | 시설 내 온도 관리

① 시설 내 온도 환경의 특성
　㉠ 시설 밖의 바람에 영향을 받는다.
　㉡ 시설 내 온도 상승은 들어오는 광량의 영향이 크다.
　㉢ 일교차가 크고 온도분포가 불균일하다.
　㉣ 시설 내의 온도는 식물체 내의 삼투압, 작물의 기공개폐 및 증산작용 등에 영향을 준다.
② 작물생육과 온도 관리
　㉠ 온도와 광합성
　　• 광합성은 이산화탄소의 농도, 광, 수분, 온도 등 여러 환경적 요인의 영향 중에서 온도의 영향을 가장 크게 받는다.
　　※ 시설원예를 성공적으로 이끌기 위한 조건으로서 가장 중요한 것 : 기온
　　• 광합성 속도는 온도의 상승과 함께 증가하지만, 적온보다 높아지면 오히려 감소한다.
　　• 온도가 상승하면 작물의 호흡속도는 빨라지고, 순광합성량이 감소하게 된다.
　　• 일반적으로 $Q_{10}$은 30℃ 정도까지는 2~3이고, 32~35℃ 정도에 이르면 감소하기 시작하여 50℃ 부근에서는 호흡도 정지한다.
　　• 적온을 넘는 고온에서는 체내 효소계의 파괴로 인해 호흡속도가 오히려 감소한다.
　㉡ 생육기의 적정온도
　　• 호냉성 채소의 적정온도는 20℃보다 낮은 온도를 요구한다.
　　• 광도가 높은 시간대에 온도는 높게 관리하고, 광도가 낮은 시간대(정오 이후)의 온도는 낮게 관리한다.
　　• 과채류의 생육적온은 20~25℃가 적당하다.
　　※ 시설재배 시 토마토 20~25℃, 오이 23~28℃, 고추 25~30℃로 광합성량이 높은 작물은 생육온도 높은 편이다. 피망 등 과채류의 광합성 속도가 최고에 달하는 온도 범위 : 20~25℃

**1-1.** 시설 내 온도 환경의 특성에 대한 설명으로 틀린 것은?

① 일교차가 작다.

② 온도분포가 불균일하다.

③ 시설 밖의 바람에 영향을 받는다.

④ 시설 내 온도 상승은 들어오는 광량에 영향이 크다.

**1-2.** 다음 중 시설원예를 성공적으로 이끌기 위한 조건으로서 가장 중요한 것은?

① 지온　　　　　　② 지형

③ 광질　　　　　　④ 기온

**정답** 1-1 ①　1-2 ④

## 핵심이론 02 │ 시설 내 광 관리

① 시설 내 광 환경의 특성

　㉠ 광량의 일변화 차이가 노지에 비해 작다.

　㉡ 광 분포가 불균일하다.

　㉢ 시설 내 광질이 노지와 다르다.

　㉣ 작물이 클수록 하단부의 광량은 적다.

　㉤ 밀폐된 하우스 내의 이산화탄소 부족은 작물의 광합성을 저해하여 생육에 부진한 영향을 미친다.

② 하우스 재배에서 광량이 저하되는 이유

　㉠ 기둥, 서까래 등의 골격재에 의한 차광(높은 골조율)

　㉡ 피복재에 의한 광선의 반사 또는 흡수

　㉢ 피복재의 오염 또는 물방울 맺힘

　㉣ 피복재의 이중 피복

　㉤ 착색필름의 사용

　㉥ 하우스를 남북동으로 설치

③ 시설 내 광 환경 개선 방법

　㉠ 피복재의 세척, 광투과성이 좋은 피복재를 사용한다.

　㉡ 산광 피복재 또는 새로운 필름을 사용한다.

　㉢ 가늘고 강한 골격재를 선택하여 차광률을 줄인다.

　㉣ 광투과력이 좋고, 먼지가 잘 부착되지 않는 피복재를 사용한다.

　㉤ 물방울이 맺히지 않는 피복재를 선택한다.

　㉥ 천장의 광입사각을 작게 하고 반사광을 이용한다.

　㉦ 온도가 낮지 않은 한 일찍 섭피(보온재)를 제거한다.

　㉧ 시설의 설치 방향 조정

　　• 단동일 경우, 광선의 입사량을 증대시키기 위해 동서로 설치한다.

　　• 단동일 경우, 반촉성재배 시는 입사광량을 감소시키기 위해 남북으로 설치한다.

　　• 계절풍이 강하게 부는 지역은 바람의 방향과 평행하게 설치한다.

**2-1. 시설 내 광 환경의 특성으로 볼 수 없는 것은?**

① 광량의 일변화 차이가 노지에 비해 작다.
② 시설 내 광 분포가 균일하다.
③ 시설 내 광질이 노지와 다르다.
④ 시설 내 작물이 클수록 하단부의 광량은 적다.

**2-2. 밀폐된 하우스 내 채소작물의 광합성을 저해하여 생육에 부진한 영향을 미치는 요인은?**

① 비료의 과용
② 수분의 과다
③ 일산화탄소 부족
④ 이산화탄소 부족

**2-3. 하우스 재배에서 광량이 저하되는 이유에 해당하지 않는 것은?**

① 기둥, 서까래 등의 골격재에 의한 차광
② 피복재에 의한 광선의 반사 또는 흡수
③ 피복재의 오염 또는 물방울 맺힘
④ 새로운 피복자재의 이용

**2-4. 시설원예에서 투과 중량을 증대시켜야 생산량을 증대시킬 수 있다. 하우스 내 광량을 증대시키는 방법에 해당하지 않는 것은?**

① 골조율을 높인다.
② 시설방향을 조절한다.
③ 반사광 이용시설을 한다.
④ 피복 자재를 신중히 선택한다.

|정답| 2-1 ② 2-2 ④ 2-3 ④ 2-4 ①

---

**핵심이론 03 | 시설 내 수분 관리**

① 시설 내 토양수분 환경의 특성

　㉠ 자연강우에 의한 수분공급이 전혀 없다.

　㉡ 증발산량이 많아 건조해지기 쉽다.

　㉢ 낮은 지온으로 근계의 발달이 빈약하고 수분흡수가 억제된다.

　㉣ 단열층 매설로 지하수분의 상승이동을 억제한다.

② 시설 내 공중습도 환경의 특성

　㉠ 시설 내의 공기습도가 노지보다 높다.

　㉡ 원인 : 피복재로 외부와 차단, 계획관수로 토양수분이 노지보다 과다, 높은 기온으로 증발산량 과다, 환기 불량 등

　㉢ 겨울철 환기불량으로 각종 생리장해와 병해를 유발한다.

　㉣ 과습의 해 : 증산, 광합성 감소, 작물 도장 및 병해 발생

　㉤ 시설재배 병해 발생원인 : 관수로 인한 토양수분 과다, 즉 공중습도가 높아서 발생

③ 야간의 다습환경 제어

　㉠ 제어 목적 : 다습한 환경에 의한 병해 방지

　㉡ 시설 내 제습법 : 토양 멀칭, 투습 내장재 사용, 자연흡습 및 피복재에서의 결로수 제거, 열교환형 제습기 사용, 안개제거 등

④ 주간의 다습환경 제어

　㉠ 제어 목적 : 작물의 생육제어

　㉡ 시설 내 제습법 : 환기온도 설정 변경

　　• 고온 설정 : 저습

　　• 저온 설정 : 과습

⑤ 시설 내 과습의 원인

　㉠ 난방비 절약으로 인한 밀폐관리

　㉡ 지하수위가 높아서 과습조건인 경우

　㉢ 환기창 등으로 다량의 빗물유입

　㉣ 부적합한 관수조건

ⓜ 약제살포 후 또는 흐린 날에 밀폐하는 경우

ⓗ 탄산가스를 높이기 위해 밀폐하는 경우

ⓢ 환기온도를 높인 경우

⑥ 시설 내 공기습도가 지나치게 낮아지는 경우

ⓖ 시설이 건조한 토질 위에 건립된 경우

ⓛ 투광량이 높고 난방이 용이한 유리온실

ⓒ 난방기구를 과도하게 작동하는 경우

ⓔ 식물을 과도하게 건조상태로 재배하는 경우

**3-1. 시설 내 토양수분의 특이성과 관계가 없는 것은?**

① 자연강수의 공급을 받지 못한다.

② 증발산량이 많아지므로 건조하기 쉽다.

③ 포장용수량이 작아져서 관수량이 적어지게 된다.

④ 단열층이 지하수가 상층으로 이동하는 것을 억제한다.

**3-2. 다음 중 시설 내 공중습도와 가장 관계가 깊은 것은?**

① 토양염류 농도    ② CO₂ 농도

③ 병충해 발생    ④ 광선의 질

**3-3. 시설 내의 습도 조절 방법 중 습도를 낮추는 방법으로 가장 적합한 것은?**

① 환기를 한다.

② 온도를 낮춘다.

③ 차광을 한다.

④ 배수구를 설치한다.

| 해설 |

3-1

시설 내 작물은 노지작물에 비하여 뿌리분포가 빈약하여 토양 내 흡수부위도 좁고 흡수량도 한정되어 수분부족의 해를 받기 쉽다. 따라서 작물이 생장해 가면서 대부분의 수분을 관수에 의존하게 된다.

정답 3-1 ③   3-2 ③   3-3 ①

---

**핵심이론 04 | 시설 내 토양 관리**

① 시설 내 토양의 특성

ⓖ 노지에 비해 염류농도가 높다.

ⓛ 특정성분의 양분이 결핍되기 쉽다.

ⓒ 토양의 pH가 낮은 것이 특징이다.

ⓔ 토양의 공극률이 낮아 통기성이 불량하다.

ⓜ 연작장해와 병충해 발생이 증가한다.

② 염류의 집적

ⓖ 시설토양의 염류 집적 원인

• 다비재배하기 때문에

• 강우가 차단되기 때문에

• 토양표면으로부터의 증발이 많기 때문에

• 광선이 약해 광합성량이 적기 때문에

ⓛ 토양 염류농도가 높을 때 작물에 나타나는 현상

• 생육 속도가 떨어지고 뿌리의 발육이 나쁘다.

• 잎 끝이 타들어가는 현상을 보인다.

• 잎의 가장자리가 안으로 말린다.

• 잎의 색이 진하며(농록색), 잎의 표면이 정상적인 잎보다 더 윤택이 난다.

• Ca 또는 Mg 결핍 증상이 나타난다.

※ 염류피해는 토양수분이 적고, 산성토양일수록 크다.

ⓒ 시설토양의 염류 집적 방지 대책

• 마른 볏짚이나 마른 옥수숫대 같은 미분해성 유기물을 사용한다.

• 여름에는 기초 피복을 벗겨 자연강우에 노출시킨다.

• 가축 분뇨와 같은 유기물의 연용을 피한다.

• 일정기간 수수나 옥수수 등의 흡비 작물을 재배한다.

• 휴한기를 이용하여 단기간 내염성 작물을 재배한다.

• 땅을 깊이 갈아 엎어준다.

• 담수 및 관수를 충분히 하여 용탈시켜 준다.

※ 시설하우스 토양 내에 가장 많이 집적되는 염류 : 질산태 질소

③ 토양산도의 저하

　㉠ 산성화의 원인 및 현상

　　• 집중적인 강우로 인한 염기의 용탈, 침엽수의 산성부식, 황산염, 염화물, 요소의 분해산물에 의한 산성화 등이다.

　　• 토양의 pH가 낮아지면 특정 염류로 용출되거나 불용화되어 양분의 과부족 현상을 나타내며, 토양미생물의 활동이 억제되어 작물의 생육에 불리하다.

　㉡ 시설 내 토양의 개량 방법

　　• 표토를 새로운 흙으로 바꾸어 준다(객토).

　　• 겉흙과 속흙이 섞이게 깊이 갈아 준다.

　　• 퇴비(유기물)를 충분히 사용하여 준다.

　　• 석회를 시용하여 토양의 pH를 높인다.

④ 토양물리성 개량 방법

　㉠ 토양 경도를 낮추고 공극률을 높이기 위한 방법에는 심경(깊이갈이)과 폭기식 심토파쇄 방법이 있다.

　㉡ 심경은 월동기(휴면기), 즉 낙엽이 지면서부터 흙이 얼기 전까지와 해빙 후 곧바로 실시한다.

　㉢ 토양 전체를 뒤집어 주는 방법으로 물 빠짐을 촉진하고 공극률을 높일 수 있다.

⑤ 연작장해 발생

　㉠ 연속하여 동일한 작물을 재배하면 병충해의 발생, 미량원소 결핍 등의 연작장해를 나타난다.

　㉡ 대책 : 합리적인 작부체계 도입, 엽면시비, 토양소독, 토양의 물리성 증진

⑥ 토양오염

　㉠ 원인 : 도시근교재배, 오염된 관개수, 농약, 제초제, 화학비료 등의 과용 등

　㉡ 대책 : 오염지역의 재배를 피하고, 깨끗한 지하수를 이용하며, 적정수준의 농약과 비료를 사용하도록 해야 한다.

　㉢ 중금속으로 오염된 토양에서 중금속 농도를 줄이기 위한 방법

　• 석회를 시용하여 토양의 pH를 높인다.

　• 다량의 유기물을 시용한다.

　• 황이 함유된 물질을 가하여 황화물이 쉽게 형성되게 한다.

　• 인산질 비료를 시용하여 길항관계를 유지한다.

　• 오염되지 않은 깨끗한 토양으로 객토한다.

**4-1. 시설재배 토양의 염류 집적의 원인이 아닌 것은?**

① 다비 재배하기 때문에
② 강우가 차단되기 때문에
③ 토양표면으로부터의 증발이 적기 때문에
④ 광선이 약해 광합성량이 적기 때문에

**4-2. 토양 염류농도가 높을 때 작물에 나타나는 현상과 가장 거리가 먼 것은?**

① 생육 속도가 떨어지고 뿌리의 발육이 나쁘다.
② 잎 끝이 타들어가는 현상을 보인다.
③ 잎의 표면이 데친 것처럼 수침상으로 변하여 마른다.
④ 잎색은 농록을 띠며 마그네슘 결핍 증상도 보인다.

**4-3. 염류농도를 낮추는 방법이 아닌 것은?**

① 관수 또는 담수로 제염한다.
② 휴한기를 이용하여 단기간 내염성 식물을 재배한다.
③ 마른 볏짚이나 마른 옥수수대 같은 미분해성 유기물을 사용한다.
④ 시설재배지에 연작을 한다.

**4-4. 하우스 내의 토양에서 염류 집적으로 작물이 농도 장해가 발생할 때 장해 대책으로 가장 부적합한 것은?**

① 여름에 피복물을 제거하여 준다.
② 땅을 깊이 갈아 엎어준다.
③ 관수를 충분히 하여 용탈시켜 준다.
④ 흡비력이 약한 작물을 윤작한다.

|해설|

4-2
③ 잎 가장자리가 안으로 말리는 증상을 나타내기도 한다.

4-3
④ 연작은 염류의 축적을 가중시킨다. 대책으로는 객토, 심경, 합리적인 시비, 담수 처리, 피복물 제거 등이 있다.

**정답** 4-1 ③　4-2 ③　4-3 ④　4-4 ④

## 1-3. 시설구조물 관리

### 핵심이론 01 | 재배시설의 구조물 유지관리

① 평상시의 유지관리

　㉠ 온실기초의 유지관리

　　• 녹슬기 쉬운 부분을 수시로 청소하여 건조상태로 유지한다.

　　• 강재에 녹 발견 시 녹을 제거하고 도장을 시행한다.

　　• 기초 파이프 매설의 느슨해짐은 발견 즉시 잘 다져주어야 한다.

　　• 정기적으로 점검해야 할 부분

　　　– 조립 연결구(강선 및 강판 조리개) 풀림 여부

　　　– 온실의 물받이, 배수홈통, 온실 내 상하수도 시설

　　　– 냉난방시설 및 배관시설의 누수 여부

> **더 알아보기**
>
> **플라스틱 하우스의 구배(기울기)가 클 때**
> • 내풍성이 약해진다.
> • 하우스 구조의 안전성이 낮아진다.
> • 적설에 대한 저항성이 강해진다.
> • 하우스 면적이 동일한 경우 보온력은 떨어진다.

　㉡ 온실구조의 유지관리

　　• 철골조 시설, 주각(柱脚, 기둥의 맨 밑부분), 창틀, 골 등을 수시로 점검하고 녹을 발견하였을 때는 신속히 도장한다.

　　• 보강용 브레이스, 보강용 버팀대, 볼트와 나사의 이완 여부 등을 정기적으로 점검한다.

　　• 출입구 미닫이 레일, 곡부 홈통 등을 수시로 청소한다.

② 비상시의 유지관리

　㉠ 강풍에 대한 유지관리

　　• 기상청의 예보 또는 특보 상황을 청취해야 한다.

　　• 강풍예방을 위해 온실주변에 방풍망을 설치한다.

　　• 임시보강재를 준비하여 두었다가 강풍 경보 발령과 동시에 설치한다.

　　• 이완된 피복재는 고정용 부품이나 밴드 등으로 고정한다.

　　• 정착구의 간격은 2.5~3.0m로 설치하는 것이 좋다.

　㉡ 폭설에 대한 유지관리

　　• 붕괴 방지와 쌓인 눈의 제거를 위해 하우스 동과 동 사이는 1.5m 이상 확보한다.

　　• 눈이 잘 미끄러져 내려올 수 있도록 보온덮개, 차광망을 걷거나 비닐을 덮어 둔다.

　　• 배수로를 정비해 눈이 녹은 물이 비닐하우스 내부로 유입되지 않도록 한다.

　　• 수막장치 또는 난방기를 가동하여 쌓인 눈을 녹여서 제거한다.

　　• 비닐하우스 위에 눈이 많이 쌓이면 비닐을 찢어 골조 붕괴를 예방한다.

---

### 10년간 자주 출제된 문제

**1-1. 플라스틱 하우스의 구배(기울기)가 클 때의 설명으로 옳지 않은 것은?**

① 내풍성이 약해진다.
② 하우스 구조의 안전성이 높아진다.
③ 적설에 대한 저항성이 강해진다.
④ 하우스 면적이 동일한 경우 보온력은 떨어진다.

**1-2. 다음 중 강풍 시 하우스 유지관리로 옳지 않은 것은?**

① 고정용 밴드의 정착구(나선철항)는 양호한 품질의 것을 사용한다.
② 풍압력이 작용하는 부위에는 평소에도 방풍 네트를 설치하여 둔다.
③ 강풍에 의하여 피복재가 벗겨지는 것을 방지하기 위하여 환기팬 등의 작동을 금지한다.
④ 연질필름의 경우, 강풍 시 재해를 피할 수 없다고 판단될 때는 피복을 제거하여야 한다.

|해설|

1-2
③ 강풍에 의하여 피복재가 벗겨지는 것을 방지하기 위하여 출입구 등을 밀폐시키고, 환기팬을 작동시켜 온실의 내압을 부압(負壓)이 걸리도록 한다.

**정답** 1-1 ② 1-2 ③

① 평상시의 보관 및 관리 요령

   ㉠ 아연도금 또는 백색으로 칠한 철관이 검은색으로 칠한 철관보다 필름의 수명이 길다.

   ㉡ 팽창과 수축의 반복은 필름 수명을 단축시키므로 선선한 날에 피복 작업을 하는 것이 좋다.

> **더 알아보기**
>
> 연질필름의 물리적 성질
> • 인장강도 : PVC > EVA > PE
> • 인열강도 : EVA > PVC > PE
> • 충격강도 : PVC > EVA > PE

   ㉢ 시설에 설치된 피복재의 유지관리

     • 경질 피복재나 유리는 가을에 세제를 사용하여 고압 살수에 의해 씻는 것이 좋다.

     • 낡은 필름과 새 필름접속 사용, 연질·경질필름 또는 경질판을 접속, 철재의 녹과 필름의 접촉 사용은 손상 및 노화를 촉진하므로 접촉을 피한다.

     • 한여름에는 필름의 노화가 촉진되므로 적당한 통기 관리를 한다.

     • 경질필름이 찢어진 경우 찢어진 말단부를 불로 지진 후 손상 부분은 보수 테이프나 동종필름을 양면테이프로 붙인다.

     • 동절기에는 필름의 신장력이 떨어져 파손이 용이하므로 피복작업을 피한다.

   ㉣ 피복재의 교체 방법

     • 외부 피복 교체는 가을철에 실시한다.

     • 여름철 교체는 고온에 따른 필름의 노화촉진, 자외선 투과 감소, 유적성, 방진성 저하 등이 일어난다.

     • 필름 피복재를 설치할 때 팽팽하게 쳐야 유적성을 유지할 수 있다.

     • 태양열 토양소독 시에는 필름의 노화가 촉진되므로 새 필름 교체 전에 실시한다.

② 비상시의 보관 및 관리 요령

   ㉠ 강풍에 대한 유지관리

     • 강풍 시 배기팬이 설치된 온실은 시설의 창 및 출입구를 밀폐시킨 후 배기팬을 가동시켜 실내의 내압을 낮추면 피복재의 박리가 방지된다.

     • 피복재의 고정은 폭이 넓은 고정 끈을 사용한다.

   ㉡ 폭설에 대한 유지관리

     • 연동 곡부에 눈이 쌓이지 않도록 눈이 내리기 전에 천장개폐기를 점검하고 개방한다.

     • 천창개방 시 내부 커튼과 이중비닐도 한쪽에 완전히 걷어 둔다.

     • 하우스에 눈이 쌓여 붕괴가 우려될 때에는 즉시 피복재를 찢는다.

     • 폭설 시 섬피 등 보온덮개는 걷어 둔다.

     • 차광망을 설치한 경우 걷어 두거나 비닐을 덧씌워 준다.

   ※ 섬피 : 일반적으로 보온력이 가장 큰 자재로 덮고 걷는데 일손이 많이 들며 젖으면 보온력이 크게 떨어진다.

---

**10년간 자주 출제된 문제**

**2-1. 하우스 보온을 위한 시설이 아닌 것은?**

① 환기창       ② 커튼
③ 방풍벽       ④ 터널

**2-2. 다음 보온 피복재 중 보온력이 가장 큰 것은?**

① 토이론       ② PE
③ 섬피       ④ 알루미늄 증착포

**2-3. 시설 내의 보온력 증진을 위한 방법으로 옳지 않은 것은?**

① 우수한 피복 보온 자재의 선택
② 시설 구조상의 방열 비율 증가
③ 시설의 밀폐도와 보온력 증가
④ 방풍벽 설치

|정답| 2-1 ①    2-2 ③    2-3 ②

## 1-4. 재배 시스템 관리

① 관비재배 시스템
- ㉠ 관수장치는 제어부(액비와 물을 공급), 배관부(물을 작물에 공급)로 구성되어 있다.
- ㉡ 점적호스에서 물이 균일하게 공급되도록 배관과 점적기를 설치한다.
- ㉢ 점적기 간격은 대체로 20~30cm 간격의 것을 사용하며 막힘을 방지하기 위하여 여과기를 사용한다.
- ㉣ 전자 자동밸브의 수압은 $0.3kg/cm^2$ 이상 되어야 한다.
- ㉤ 양액혼입기는 주입방식에 따라 진공흡입방식인 벤투리형(venturi type)과 물에 희석할 비율을 맞추어 놓고 공급하는 방식인 주입기형(injector type)이 있다.
- ㉥ 토양수분 센서(텐시오미터, FDR 혹은 TDR 센서), 토양용액 침출기, EC 및 pH 측정기를 갖추어 관수량을 조절한다.
- ㉦ 센서를 이용하여 토양 상태를 점검하여 최적 양수분 관리가 이루어지도록 한다.

② 순수 수경재배 시스템
- ㉠ 담액수경(DFT) 및 박막수경(NFT) 방식에서는 다량의 배양액을 다루기 위해서 대형 배양액 통을 지하에 매설하는 경우가 많다.
- ㉡ 작물에 공급된 후 재배 벤치에서 배출된 배양액은 배양액 통으로 되돌아오는 순환방식이 일반적이다.
- ㉢ 배양액 통을 사용하지 않고 대형 재배 벤치를 이용하여 배양액 통의 역할을 겸하는 방식도 있다.

③ 고형 배지경 시스템
- ㉠ 암면재배, 코이어 재배 등에서는 재배 베드에서 배출되는 배액을 회수하지 않고 폐기하는 비순환식이 많다.
- ㉡ 일반적으로 컴퓨터 컨트롤러, 수경 재배조, 급배액 파이프 등으로 구성되며, 자동관수가 가능한 시스템이다.
- ㉢ 최근에는 배액을 순환하여 재이용하는 시스템이 실용화되고 있다.
- ㉣ 배양액 탱크를 이용하지 않고 배관 안에 비료 원액을 직접 혼입시키는 방식도 있다.
- ㉤ 비순환식 고형 배지경에서 수분함량을 수분센서로 실시간 측정하여 근권 내 감소된 수분만큼 공급함으로써 배액을 극소화하는 방식인 무배액 수경재배도 시도되고 있다.
- ㉥ 급배액은 배지 내 과다한 염류가 집적되지 않도록 30% 내외의 배액률을 유지하고 배액된 양액은 배수로를 통하여 탱크로 집수된다.

---

### 10년간 자주 출제된 문제

**1-1. 관비재배 시스템의 설명으로 옳지 않은 것은?**
① 점적기 간격은 대체로 20~30cm의 것을 사용한다.
② 전자 자동밸브의 수압은 $0.3kg/cm^2$ 이상 되어야 한다.
③ 유량계는 일정한 물량을 균일하게 공급하는 장치이다.
④ 양액혼입기는 주입방식에 따라 벤투리형과 주입기형이 있다.

**1-2. 고형 배지경의 설명으로 옳지 않은 것은?**
① 수경과 토경재배의 중간적 성격을 가진 재배방식이다.
② 양액을 이용하되 작물의 지지, 산소공급 등 토양이 가지고 있는 장점을 이용한 방식이다.
③ 이들 배지는 작물의 고정, 공기와 물, 양분 등을 공급하고, 미생물을 조절한다.
④ 급배액은 50% 내외의 배액률을 유지하여야 한다.

|해설|

1-1
③ 유량계는 관수 시 유량을 측정하거나 제어할 때 사용한다.

1-2
④ 급배액은 배지 내 과다한 염류가 집적되지 않도록 30% 내외의 배액률을 유지하고 배액된 양액은 배수로를 통하여 탱크로 집수된다.

정답 1-1 ③  1-2 ④

① 관비용 비료

　㉠ 비료는 작물에 유효한 형태 또는 쉽게 유효태로 전환되는 성분이어야 한다.

　㉡ 비료 종류와 물의 온도가 낮아질수록 녹는 비료량이 적어지므로 용해도를 고려하여 관비용 비료를 만든다.

　　• 질소, 황 등은 토양에 잘 흡착되지 않기 때문에 물과 함께 토심 깊게 이동한다.

　　• 인산, 칼륨 등은 토양에 흡착되므로 농도가 높으면 잘 용탈되지 않고 토양에 쉽게 집적될 수 있다.

　㉢ 같은 질소비료라도 종류에 따라서 성분함량이 다르므로 성분함량을 고려하여 시비량을 결정한다.

② 양액공급장치

　㉠ 양액의 농도를 측정하는 EC 및 pH 센서의 표면에 불순물이 달라붙는 경우 정밀도가 떨어지게 되므로 정기적으로 센서를 천으로 가볍게 문질러 청소해 주도록 한다.

　㉡ 농축 원액탱크가 농축 원액공급 펌프보다 높이 설치되면 농축 원액공급 펌프가 작동하지 않더라도 수압에 의하여 원액이 흘러나와 양액의 농도조절이 불가능하게 된다.

　㉢ 처음 장치를 사용할 경우나 농축 원액을 새로이 공급하는 경우 농축 원액공급 펌프를 수동으로 작동시켜 호스 안에 공기 방울이 없이 정상적으로 공급되는 것을 확인한 후 자동으로 공급되도록 한다.

　㉣ 오랫동안 사용하지 않을 경우에는 원액공급 펌프의 빨아들이는 쪽 호스를 분리하고 원액을 제거하여 펌프 내 양액이 단단하게 굳는 것을 방지한다.

　㉤ 양액공급 펌프 내의 양액과 물펌프 내의 물을 빼내어 녹이 스는 것과 겨울철에 얼어붙어 파손되는 것을 방지한다.

③ 양액살균장치 : 양액의 살균소독법에는 열처리법, 자외선처리법, 오존처리법, 모래여과법, 박막여과법, 요오드 처리법, 과산화수소 처리법 등이 있다.

　㉠ 열처리법

　　• 고형배지경 양액재배에서 배출되는 폐양액을 재이용할 목적으로 개발한 전기가열식 양액살균장치이다.

　　• 가열온도(70~90℃)에서 양액성분 변화가 5% 이내로 영향이 적고 살균효과가 높다.

　　• 대상병원균 : 근부위조병균, 역병균, 근부병균, 청고병균

　　• 시간당 처리용량 : 200L(살균 전 양액온도 25℃ 기준)

　㉡ 자외선(UV ; Ultra-Violet) 처리법

　　• 자외선의 파장 중 200~280nm 범위는 매우 강력한 살균효과가 있다.

　　• 병원균 살균에는 고압(200~280nm)과 저압(253.7 nm)의 램프가 사용되고 있다.

---

### 10년간 자주 출제된 문제

**양액의 살균소독법 중 열처리법의 설명으로 옳지 않은 것은?**

① 양액재배에서 배출되는 폐양액을 재이용할 목적으로 개발했다.
② 살균온도는 100~120℃이다.
③ 대상병원균은 근부위조병균, 역병균, 근부병균 등이 있다.
④ 시간당 처리용량은 살균 전 양액온도 25℃ 기준에서 200L 정도이다.

|해설|
② 70~90℃에서 양액성분 변화가 5% 이내로 영향이 적고 살균효과가 높다.

정답 ②

① 시설토양을 이용한 재배 시 연작을 하므로 토양병해가 발생하는데 풋마름병, 시들음병, 잎마름병, 뿌리썩음병, 균핵병, 급성시들음증상과 덩굴쪼김병 등의 토양전염성병 발생을 막기 위해 토양소독을 실시한다.

② 재사용되는 상토를 소독하는 것은 상토에 누적된 병원균이 새로 시작되는 작기로 이행되지 않게 하여 병의 발생을 억제하는 방법이다.

※ 상토 : 유기물 또는 무기물을 혼합하여 제조한 것

③ 토양소독 방법

　㉠ 답전윤환

　　• 토양전염성 병해 방제에 가장 효과적인 방법이다.

　　• 마늘 흑색썩음균핵병, 수박 CGMMV 바이러스병

　　• 유리온실이나 하우스에서도 여름철에 물을 대어 벼를 재배하면 다음 작기에 각종 토양전염성 병으로 인한 피해를 거의 입지 않는다.

　㉡ 태양열소독

　　• 오이나 딸기처럼 뿌리를 얕게 뻗는 작물에 침해하는 병원균들은 잘 방제가 된다.

　　• 토마토처럼 뿌리가 깊게 뻗는 작물에 기생하는 병원균에 대해서는 상대적으로 효과가 낮을 수도 있다.

　　• 담배 모자이크 바이러스처럼 내열성이 강한 병원체는 잘 죽지 않는다.

　　• 비닐하우스 재배에서 문제가 되는 선충이나 토양해충을 방제하는 데 탁월한 효과가 있다.

　　• 토양표면 가까이 있다가 발아하여 올라오는 대부분의 잡초종자는 죽거나 제대로 발아하지 못하게 된다.

　㉢ 증기소독법

　　• 증기소독은 토양 중의 유해 생물을 사멸시키는데, 대부분의 토양 병원균은 60℃에서 30분간의 소독으로 완전히 사멸되고, 잡초 종자는 80℃에서 10분간의 소독으로 거의 사멸된다.

　　• 작은 구멍(13cm 간격에 지름 3mm의 구멍)이 뚫린 파이프를 일정한 간격으로 깊이 30cm에 수평으로 묻어 놓고, 단기간에 증기를 보내 소독한다.

　　• 증기의 압력은 문제가 되지 않고, 증기의 발생량이 많은 것이 능률이 높다.

　　• 소독시간은 100℃이면 10분, 80℃이면 30분 정도가 구미에서의 표준인데, 실제로는 75℃에서 30분 동안 소독을 하면 충분하다.

　　• 증기의 발생은 난방용 보일러나 이동식 증기소독기로 하므로, 증기난방이나 온수난방기를 이용하는 온실에서 가장 경제적으로 상토를 소독할 수 있는 방법이다.

　㉣ 약제소독법

　　• 상토소독에는 폼알데하이드(formaldehyde), 클로로피크린(chloropicrin), 메틸브로마이드(methyl bromide), 베이팜(vapam) 등이 이용되고 있다.

　　• 화학적으로 처리된 상토는 처리 후 10일 동안 어린 작물에는 사용할 수 없다.

　　• 메틸브로마이드는 작물이 있는 온실에 사용되는 반면, 클로로피크린은 사용해서는 안 된다.

　　• 습하며 무겁고 차가운 상토는 훈증제를 천천히 배출한다.

　　• 작물을 재배하기 전에 잔류물이 치명적인 수준 이하인지를 확인해야 한다.

④ 상토 원료 및 특성
  ㉠ 상토의 원료
    • 유기물 : 코이어, 피트모스, 바크, 훈탄
    • 무기물 : 암면, 펄라이트, 질석(vermiculite), 모래
  ㉡ 파종 또는 이식 후부터 정식할 때까지 식물체를 지지해 준다.
  ㉢ 병충해 발생이나 생리장해 없이 생육할 수 있도록 각종 양·수분을 공급하는 역할을 한다.

---

**10년간 자주 출제된 문제**

**3-1. 토양소독 방법 중 가열소독에 해당되지 않는 것은?**
① 소토법
② 증기소독
③ 태양열소독
④ 메틸브로마이드소독

**3-2. 유용미생물의 생존을 고려할 때 토양소독 시 온도를 몇 ℃로 하는 것이 가장 좋은가?(단, 해당 온도로 30분간 소독하는 것을 권장한다)**
① 100℃           ② 80℃
③ 60℃            ④ 40℃

|해설|

3-1
④ 메틸브로마이드소독 방법은 약제소독법에 해당된다.

정답 3-1 ④ 3-2 ③

---

## 1-5. 환경 조절장치 관리

**핵심이론 01 | 냉방장치 종류와 특성**

① 증발냉각
  ㉠ 팬 앤드 패드(fan & pad) 방법
    • 한쪽 벽에 물에 젖은 패드를 설치하고, 반대쪽 벽에는 환기팬을 설치하여 실내의 공기를 밖으로 뽑아내면 외부의 공기가 패드를 통과하여 시설 내로 들어오면서 냉각되어 시설 내의 온도가 낮아지는 방식이다.
    • 대형 연동 온실에는 냉방 효율이 떨어진다.
  ㉡ 포그(fog) 방법
    • 포그(입자직경 40$\mu$m 이하)를 발생시키는 노즐의 배치형식과 밀도, 강제환기용 팬의 사용 유무에 따라 fog & fan 시스템과 fog 시스템으로 구분되기도 하지만 기본원리는 동일하다.
    • 포그 분무는 환기창을 열어 두고 일정한 간격으로 실시한다.
    • 보통 분무 시간은 1분 전후로, 분무 및 정지 간격은 한여름 맑은 날에는 4~5분, 초여름이나 늦여름에는 20~30분으로 한다.
② 히트펌프 : 저온열원에서 고온열원을 얻기 위한 장치로 저온열원측(증발기측)은 냉방, 제습에 이용할 수 있고, 고온열원측(응축기측)은 난방에 이용할 수 있다.

---

**10년간 자주 출제된 문제**

**다음 중 기화열을 이용하는 냉방 방식은?**
① 차광
② 옥상유수
③ 팬과 패드 방법
④ 열선 흡수 유리 사용

|해설|

기화열을 이용하는 냉방 방식으로 간이 냉방법 가운데 하나이다.

정답 ③

① 온풍난방기

　ⓐ 연료의 연소에 의해 발생하는 열을 공기에 전달하여 따뜻하게 하는 난방방식으로, 플라스틱 시설의 난방에 많이 쓰인다.

　ⓑ 열효율이 다른 난방 방식에 비하여 높고, 짧은 시간에 필요한 온도로 가온하기가 쉬우며, 시설비가 저렴하다.

　ⓒ 건조하기 쉽고, 가온하지 않을 때는 온도가 급격히 떨어지며, 연소에 의한 가스장해가 발생하기 쉽다.

② 온수난방장치

　ⓐ 보일러로 데운 온수(70~110℃)를 시설 내에 설치한 파이프나 방열기(라디에이터)에 순환시켜 표면에서 발생하는 열을 이용하는 난방방식이다.

　ⓑ 열이 방열되는 시간은 많이 걸리지만, 한 번 가온되면 오랫동안 지속되며, 균일하게 난방할 수 있다.

　ⓒ 예열시간이 길고 온수온도를 바꾸어 부하변동에 대응할 수 있다.

　ⓓ 기온에 따라 수온을 조절할 수 있다.

　ⓔ 넓은 면적에 열을 고루 공급한다.

　ⓕ 급격한 온도변화 없이 보온력이 크다.

　ⓖ 내구성이 클 뿐만 아니라 지중 가온도 가능하다.

　ⓗ 난방설비의 설치에 비용이 많이 들고 추위가 심한 지역에서는 동파될 위험이 있다.

　ⓘ 온수보일러, 방열기, 펌프 및 팽창수조 등으로 구성된다.

③ 증기난방방식

　ⓐ 보일러에서 만들어진 증기를 시설 내에 설치한 파이프나 방열기로 보내 여기에서 발생한 열을 이용하는 방식이다.

　ⓑ 대규모 시설에서는 고압식, 소규모 시설에서는 저압식을 사용한다.

④ 재배시설에 설치하는 난방시설이 갖춰야 할 조건

　ⓐ 실내온도의 분포가 균일해야 한다.

　ⓑ 난방설비에 의한 차광이 최소화되어야 한다.

　ⓒ 정확하게 온도 조절이 되면서 안정성이 높아야 한다.

　ⓓ 난방설비가 재배면적이나 재배관리를 제약해서는 안 된다.

---

**10년간 자주 출제된 문제**

**2-1. 비닐하우스에서 가장 많이 사용되는 난방방법은?**
① 난로난방　　　　　　② 전열난방
③ 온풍난방　　　　　　④ 온수난방

**2-2. 다음 중 온수난방의 장점이 아닌 것은?**
① 넓은 면적에 열을 고루 공급한다.
② 급격한 온도변화 없이 보온력이 크다.
③ 내구성이 클 뿐만 아니라 지중 가온도 가능하다.
④ 추위가 심한 지역에서는 동파될 위험이 있다.

|해설|

2-1
우리나라에서 플라스틱온실 난방에 가장 많이 이용되는 것으로 난방효율이 높고 설치가 용이하며 시설비도 저렴할 뿐만 아니라 예열시간이 빠른 난방설비이다.

**정답 2-1 ③　2-2 ④**

| 핵심이론 **03** | 난방시설의 에너지 사용량 계산 |
| --- | --- |

① 난방부하(煖房負荷, heating load)

ㄱ 난방부하 : 난방 중 시설로부터 밖으로 방출되는 전체 열량 가운데 난방설비로 충당되는 열량이다.

ㄴ 최대난방부하 : 시설난방에서 재배기간 중 기온이 가장 낮은 시간대의 난방부하로서 난방설비용량을 결정하는 지표가 된다.

ㄷ 기간난방부하 : 재배기간 동안의 난방부하로 연료의 소비량을 예측할 때 사용된다.

ㄹ 관류열량 : 시설의 피복재를 통하여 외부로 손실되는 열량으로 열손실의 비중을 가장 크게 차지한다.

② 온실의 연료 소비량 추정식

$$V = Q_n / (h \cdot e)$$

여기서, $V$ : 연료 소비량(L)

$Q_n$ : 기간난방부하(kcal)

$h$ : 연료 발열량(kcal/L)(석유 8,500kcal/L, 경유 8,700kcal/L)

$e$ : 난방기의 열이용 효율(온풍난방 0.7~0.8, 온수난방 0.5~0.7)

③ 최대난방부하를 이용한 난방기의 용량

$$Q_b = Q_w f_h (1 + r)$$

여기서, $Q_b$ : 난방기의 용량(kcal)

$Q_w$ : 최대난방부하(kcal)

$f_h$ : 송풍 방식에 의한 보정계수

$r$ : 안전계수

④ 난방 연료 소비량 : 지역과 작물에 따른 난방부하는 열량 단위이므로 실제 필요한 연료량으로 계산한다.

$$V = Q / (h \cdot e)$$

여기서, $V$ : 연료 소비량(L)

$Q$ : 난방부하(kcal)

$h$ : 연료 발열량(kcal/L)(석유 8,500kcal/L, 경유 8,700kcal/L)

$e$ : 난방기의 열이용 효율(온풍난방 0.7~0.8, 온수난방 0.5~0.7)

---

**10년간 자주 출제된 문제**

**3-1.** 다음 중 시설난방에서 재배기간 중 기온이 가장 낮은 시간대의 난방부하로서 난방설비용량을 결정하는 지표가 되는 것은?

① 기간난방부하　　　　② 최대난방부하
③ 최대난방열량　　　　④ 기간손실열량

**3-2.** 원예시설의 난방에 활용되는 관류열량에 대한 설명으로 옳은 것은?

① 시설의 빈 틈새를 통하여 손실되는 열량
② 토양표면과 지중의 온도차로 손실되는 열량
③ 시설의 환기로 인하여 손실되는 열량
④ 시설의 피복재를 통하여 외부로 손실되는 열량

**3-3.** 난방시설로부터의 열 손실은 다음 중 어느 부분의 비율이 가장 높은가?

① 관류열량　　　　　　② 환기전열량
③ 지중전열량　　　　　④ 모두 같다.

**3-4.** 석유를 사용하여 난방 시 필요한 열량이 1,000,000kcal 이고, 연료의 발열량은 8,500kcal/L로 난방기의 열효율이 0.75일 때 필요한 연료량은?

① 약 89L　　　　　　② 약 157L
③ 약 213L　　　　　　④ 약 314L

|해설|

3-3
관류열량이 겨울철 시설 내 난방할 때 열손실의 비중을 가장 크게 차지한다.

3-4
$V = Q / (h \cdot e)$
$= 1,000,000 \div (8,500 \times 0.75)$
$= 156.86$L

**정답** 3-1 ②　3-2 ④　3-3 ①　3-4 ②

## 핵심이론 04 | 환기설비 종류와 특성

① 자연환기

　㉠ 시설의 측창이나 천창을 이용하여 이루어지는 환기

　㉡ 설비 종류 : 천창, 측창 등

　㉢ 자연환기가 유리한 온실

　　• 소형 단동으로 측창 및 천창을 크게 만들 수 있는 온실

　　• 벤로형과 같이 천창면적을 넓게 열 수 있는 온실

　　• 폭 15m 이하의 대형 단동비닐하우스로 측면 전체를 열 수 있는 온실

　　• 고온기 2개월 정도 휴경하는 온실로 천창을 자동 개폐할 수 있는 온실

　㉣ 시설 내의 환기혼율이 가장 높은 환기 방법 : 저부의 측창과 천장을 함께 열어 준다.

　㉤ 온실의 원활한 자연환기를 위한 환기창의 최저 면적 비율 : 15%

② 강제환기

　㉠ 동력으로 환풍기를 이용하여 시키는 환기

　㉡ 설비 : 배기팬, 흡기팬, 덕트, 유동(공기순환)팬 등

　㉢ 강제환기가 유리한 온실

　　• 고온기에 통풍이 불량하고, 천창면적이 작은 온실

　　• 바람이 강한 장소 및 구조적으로 안전한 천창을 설치할 수 없는 온실

　　• 면적이 크며 환기가 충분치 못하여 곡부 등에 보조환기가 필요한 온실

　　• 통풍 및 저습이 필요한 온실 또는 하절기 증발냉각을 실시하는 온실

③ 자연환기와 강제환기의 차이점

| 자연환기 | 강제환기 |
| --- | --- |
| • 시설 내 온도차에 의해 생기는 환기력과 시설 밖 바람에 의해 형성되는 압력차에 의함 | • 환기량은 시설상 면적과 방풍량에 비례하고, 설정된 온도차에 반비례함 |
| • 환기창 면적이나 위치를 잘 선정하면 비교적 효과가 높음 | • 시설 내 상하 온도차가 작아져서 고온장해 위험이 감소 |
| • 온실 내 온도분포가 비교적 균일함 | • 풍속, 환기량에 따라 달라짐 |
| • 풍향, 풍속 등 외부 기상조건의 영향을 많이 받음 | • 소음과 전기료가 문제가 됨 |
|  | • 흡입구부터 배출구까지 온도 구배가 생김 |

**더 알아보기**

강제환기 방식의 특징
• 환풍기의 그림자로 인해 실내 광량의 감소가 있다.
• 환풍기에 의한 환기는 전기료 및 소음, 정전 시 문제가 있다.
• 환기팬은 시설의 출입구 상단에 설치하고 공기 흡입구는 출입구의 하단에 설치한다.

④ 환기의 이점

　㉠ 온도 조절 : 고온 시 환기시켜 적절한 온도를 유지시켜 준다.

　㉡ 습도조절 : 시설 내 과습은 병충해와 웃자람의 원인이 된다.

　㉢ 이산화탄소 공급 : 공기 중의 $CO_2$ 농도는 300ppm 수준이지만, 시설 내에 광합성이 활발히 이루어지는 상태에서는 시설 내의 $CO_2$ 농도가 그 이하로 낮아진다.

　㉣ 유해가스의 배출을 위해 환기가 필요하다.

　㉤ 일반적으로 자연환기를 위한 환기창의 면적은 전체 하우스 표면적의 15% 정도가 적당하다.

**4-1. 자연환기를 위해 온실에 설치된 시설은?**

① 유리피복
② 천창, 측창
③ 환풍기
④ 커튼

**4-2. 환기창의 위치에 따른 환기효율이 가장 높을 때는?**

① 저부 측면 환기와 천창 환기를 동시에 했을 때
② 저부 측면 환기와 중간 측면 환기를 동시에 했을 때
③ 천창 환기와 중간 측면 환기를 동시에 했을 때
④ 천창 환기를 한 후 저부 측면 환기를 했을 때

**4-3. 시설 내 환기의 효과로 볼 수 없는 것은?**

① 온도 조절
② 습도 조절
③ 산소 조절
④ 유해가스 배출

**4-4. 자연환기 방식에서 원활한 환기를 위한 전체 하우스 표면적에 대한 환기창의 최저 면적 비율은?**

① 5%
② 8%
③ 10%
④ 15%

|해설|

4-3
①·②·④와 더불어 탄산가스 공급, 시설 내 공기유동 등의 효과가 있다.

정답 4-1 ② 4-2 ① 4-3 ③ 4-4 ④

## 핵심이론 05 | 각종 센서 종류와 특성

① 환경계측센서 : 온도, 습도, 광도, $CO_2$ 농도, 토양 수분, pH, EC, 용존산소(DO) 등을 측정할 수 있는 센서들이 있다.

㉠ 온도센서 : 온도변화 감지로 온도관리 자동화

㉡ 습도센서 : 공기 중 수증기양 측정

㉢ 타이머를 이용한 스위치 온/오프 : 관수(관비)펌프 구동, $CO_2$ 발생기, 하우스 측창 개폐, 커튼 개폐, 보일러 구동

㉣ 토양수분함량센서를 이용한 스위치 온/오프 : 관수(관비)펌프 구동

㉤ 내부온도 센서를 이용한 스위치 온/오프 : 하우스 내 히터 구동, 하우스 측창 개폐

㉥ 입/출입 경보기 : 적외선 센서

② 전기전도도(EC) 센서, pH 센서

㉠ 양액의 농도를 측정하여 감지한다.

㉡ 높은 EC 값은 높은 이온(염) 농도를 나타낸다.

㉢ 양액 재배 측정 시스템에서 EC 센서와 pH 센서가 작물에 필요한 양액을 제조하고 공급하는 양액 재배 시스템에 설치된다.

㉣ 센서의 측정 데이터를 토대로, EC 트랜스미터 및 pH 트랜스미터는 중앙 컨트롤러에 센서의 측정값을 신속하게 전달하여 밸브의 개폐 및 펌프 작동을 시킨다.

- 양액 고농도 > EC 측정값 높음 > 양액(A액, B액) 밸브 닫음
- 양액 저농도 > EC 측정값 낮음 > 양액(A액, B액) 밸브 열음
- 탄산 고농도 > pH 측정값 높음 > 산(C액) 밸브 열음

③ 용존산소(DO) 센서

    ⊙ 수용액 중의 산소 분압을 측정하는 것으로 수용액 중의 산소 분압은 변화하지 않으나 산소의 농도는 온도의 상승에 따라 감소한다.

    ⓒ 20℃, 1atm의 대기하에서 순수(純水)의 DO는 9ppm에서 포화상태에 이르는데, 이 값은 온도가 오르면 감소하고, 대기압이 오르면 증가한다.

④ 계측장치 : 온도계, 온습도계, 광도계, $CO_2$ 농도 측정기, 토양수분계, pH 미터, EC 미터, DO 측정기 등이 있다.

⑤ 복합환경 제어 시스템

    ⊙ 여러 가지 정보를 컴퓨터에 입력하여 모든 상태를 컴퓨터로 자동제어할 수 있는 환경제어 관리방식이다.

    ⓒ 2개 이상의 환경요소(온도, 습도, 광, 공기 등)를 복합적으로 제어하여 정밀한 환경을 조성하는 방식이다.

---

**10년간 자주 출제된 문제**

**5-1. 시설의 난방 자동화에서 온실의 정보를 알려주는 것은?**

① 전자 개폐기    ② 온실 센서
③ 열풍 난방기    ④ 자동 경보장치

**5-2. 여러 가지 정보를 컴퓨터에 입력하여 모든 상태를 컴퓨터로 하여금 자동제어할 수 있는 환경 제어 관리 방식인 것은?**

① 전동식 제어장치
② 집중제어장치
③ 복합제어장치
④ 분산제어장치

|정답| 5-1 ②  5-2 ③

---

## 핵심이론 06 | 커튼 종류와 특성

① 커튼의 종류

    ⊙ 보온커튼

      • 보온은 난방과 같이 야간에 온실 내 기온이 설정 온도 이하로 하강하는 것을 억제하는 것이 목적이지만, 난방은 인공적으로 열을 가하는 것이고, 보온은 피복재의 개선 등으로 온실로부터의 방열을 억제하는 것이다.

      • 2중 피복, 2차 피복(보온커튼, 실내터널, 외부피복), 기타(펠릿 및 복층판 온실 등)의 세 종류로 구분할 수 있다.

      • 가장 많이 보급되어 있는 것은 보온커튼이고, 그 다음이 실내터널 및 2중 피복이다.

      • 고정식 피복인 경우 피복 매수에 따라 1중 피복 또는 2중 피복, 가동식 피복인 경우 커튼 매수에 따라 1층 피복 또는 2층 피복이라고 하고, 실내 터널의 경우 1중 터널 또는 2중 터널이라고 한다.

    ⓒ 차광커튼

      • 온실 외부에 설치 시 피복재 위에 직접 덮거나 약 30~40cm 정도 띄워 설치한다.

      • 온실 외부에 설치하면 내부에 설치하는 것에 비해 차광효과 측면에서는 별 차이가 없으나 온도 제어효과가 크고, 바람이나 눈비 등의 피해를 받기 쉽다.

      • 온실 내부에 설치하면 바람의 영향은 받지 않지만, 차광재에 흡수된 열이 온실 내로 재방출되기 때문에 온도 제어효과가 떨어진다.

② 커튼 방식

    ⊙ pull & push screen system(rack & pinion 방식)

      • 유럽의 벤로형 온실에서 도입된 방식이다.

      • 주로 온실 폭 방향으로 설치되어 트러스와 트러스 사이에서 각 구간별 온실 길이 방향으로 개폐된다.

ⓛ 예인식(wide screen system)
- 비닐하우스부터 유리온실까지 현재 가장 광범위하게 설치되어 있다.
- 트러스 방향으로도 설치할 수 있으나 현재 대부분 온실 길이 방향으로 설치되어 온실 폭 방향으로 개폐된다.
  - 수평 커튼 방식 : 전폭 방식, 중앙 겹침(2폭) 방식
  - 경사 커튼 방식 : 4폭 방식, 2폭 방식, 전폭 방식(편지붕형)
ⓒ 권취식(roll screening 방식)
- 회전축을 사용하여 커튼을 감아주고, 풀어줌으로써 개폐하는 방식이다.
- 주로 수직벽 커튼에 사용되며, 간혹 천장 및 지붕 커튼에도 활용된다.
- 비닐하우스의 천측창 개폐에도 많이 이용된다.

**6-1. 시설원예 환경 조절기술의 가장 큰 목적은?**

① 주년재배
② 생력재배
③ 친환경농업
④ 정밀농업

**6-2. 단동비닐하우스 다겹보온커튼장치의 설명으로 옳지 않은 것은?**

① 감아올림식은 개폐모터를 하우스 양쪽 측면에 2개 설치해 중앙부로 감아올리는 방식이다.
② 감아올림식은 겨울철 보온성이 우수하나 환기가 불량하다.
③ 슬라이딩식은 중앙부에 드럼과 개폐축을 설치해 하우스 양쪽 측면으로 다겹보온커튼을 늘어뜨리는 방식이다.
④ 슬라이딩식은 하우스 안의 채광성이 우수하며 보온성이 양호하다.

|해설|

6-2
② 감아올림식 다겹보온커튼은 겨울철 보온뿐만 아니라 여름철 하우스 천장 부위의 그늘 조절이 가능하다.

**정답** 6-1 ① 6-2 ②

# CHAPTER 05 원예 생리장해 및 방제

## 1-1. 채소 병해충

### 핵심이론 01 | 채소 병해충의 발생 및 환경

① 병해의 발생 : 병에 감수성이 있는 기주식물과 곰팡이, 세균, 바이러스 등의 병원체, 병원체에 적합한 환경조건이 정량화되면서 발생한다.

② 채소에 병을 일으키는 병원균

  ㉠ 세균(bacteria), 곰팡이(진균), 바이러스 등이 있다.

    • 세균 : 세균성 점무늬병, 궤양병, 잘록병, 풋마름병, 암종병 등

    • 곰팡이 : 흰가루병, 토마토 잎곰팡이병, 탄저병 등

    • 바이러스 : 뿌리혹병, 담배 모자이크병, 감자 모자이크병, 감자 잎말림병 등

③ 환경조건 : 온도, 습도, 광 등

  ㉠ 온도, 습도

    • 대부분의 작물병은 고온다습한 조건하에서 발병이 심하다.

    • 오이 노균병은 고온(20~25℃)다습한 상태에서 많이 발생한다.

    • 딸기 탄저병은 고온(25~35℃)다습한 조건에서 많이 발생한다.

    • 가지 풋마름병과 같은 토양전염성 병해는 고온에서 잘 발생한다.

    • 가을에서 이른봄 사이에는 노균병, 잿빛곰팡이병이 많이 발생한다.

    • 5~9월 사이에는 시들음병, 풋마름병이 많이 발생한다.

    • 고온기에는 강우가 차단되어 병해를 억제하는 효과도 있다.

      ※ 초본성 작물의 엽온을 낮추기 위한 방법 : 환기로 증산작용 촉진

    • 병원균의 감염을 위해서는 식물체의 표면에 물방울이 생길 정도의 높은 습도가 필요하다.

    • 고추 탄저병, 오이 노균병 등은 습도가 높을 때 자주 발생한다.

  ㉡ 광

    • 광이 부족할 때 병에 대한 저항력이 약하게 되어 병의 발생이 많아진다.

    • 기온이 낮고 일조가 부족하며 비가 자주 올 때에 병 발생이 높다.

    • 딸기는 광선이 충분한 환경에서 생육과 품질에 좋다.

  ㉢ 바람

    • 병원균류의 포자, 세균체 및 매개곤충 등의 접종원을 광범위하게, 멀리 분산 전파하여, 간접적으로 병을 유발시킨다.

    • 오이 노균병은 유주자낭이 바람에 의해 잎에 이동하여 접종된다.

**1-1. 하우스 내 재배식물에 병이 많이 발생하는 가장 큰 이유는 어느 것인가?**

① 높은 온도　　　　② 높은 습도
③ 강한 광선　　　　④ 낮은 온도

**1-2. 시설원예의 병해 특성이 아닌 것은?**

① 온습도가 높아 병 발생의 우려가 많다.
② 환기가 불량하여 병 발생이 많아진다.
③ 토마토 시들음병은 저온에서 많이 발생한다.
④ 저온다습이 병해의 주원인이 되기도 한다.

**1-3. 오이 노균병의 전염 경로로 가장 알맞은 것은?**

① 유주자낭이 바람에 의해 잎에 이동하여 접종된다.
② 유주자가 토양 중의 뿌리로 침입한다.
③ 하포자가 물에 의해 잎에 이동 침입한다.
④ 분생포자가 충매에 의해 잎에 이동 침입한다.

|해설|

1-2
③ 토마토 시들음병은 고온에서 많이 발생한다.

**정답** 1-1 ②　1-2 ③　1-3 ①

---

**핵심이론 02 | 채소 병해의 진단 및 방제법**

① 노균병

　㉠ 주로 박과 채소에 발생하는 곰팡이병으로 특히 오이에서 피해가 크다.

　㉡ 병은 아랫잎에서 먼저 발생하여 위로 번지고, 잎맥 사이로 다각형의 황백색 병반이 발생한다.

　㉢ 방제법

　　• 환기를 철저히 하여 과습을 피하고, 온도를 낮추어 관리한다.

　　• 병든 잎은 조기에 제거하여 태우거나 깊이 파묻어야 한다.

　　• 발생 전후 주기적으로 약제를 살포한다.

② 역병

　㉠ 수박 재배 시 처음에는 잎, 줄기 또는 과실에 암흑색 수침상의 병반이 생긴 후 회갈색으로 변해간다.

　㉡ 노지재배에서 장마기인 8~9월에 가장 심하고, 시설재배는 연중 발생한다.

　㉢ 주로 토양이 장기간 과습하거나 배수가 불량하고 포장이 침수될 때 많이 발생한다.

　㉣ 방제법

　　• 강우 시 침수되지 않도록 배수구를 깊게 파고 이랑을 높게 만든다.

　　• 발병 시 토양을 소독하고 병든 포기는 발견되는 대로 제거한다.

　　• 역병이 심하게 발생된 포장은 3년 이상 비기주 작물로 돌려짓기를 한다.

　　• 토양을 멀칭하여 강우나 관수 시 전염을 막고, 역병에 강한 대목을 이용하여 접목한 모종을 구입하여 심는다.

　　• 약제는 관수 전후에 살포한다.

③ 탄저병

　㉠ 딸기의 경우, 병반은 잎, 관부 및 잎자루에 형성되며, 포복경에서 방추형으로 함몰되어 흑변되고 심하면 휘어 부러진다.

　㉡ 수박의 경우는 잎자루, 줄기, 과경에서는 약간 움푹 들어간 암갈색 타원형 병반이 나타나며, 후에 담황색의 분생포자 덩어리가 형성된다.

　㉢ 시설재배에서는 발생이 드물고, 노지재배 시 7~8월에 비가 올 때 발생한다.

　㉣ 방제법
　　• 저항성 품종을 선택하고, 발병 초기부터 10일 간격으로 3~4회 적용 약제를 살포한다.
　　• 생육 초기에 질소질 비료의 지나친 사용은 피한다.

④ 잎곰팡이병

　㉠ 처음에는 잎의 표면에 흰색 또는 담회색의 반점이 생기고, 이것이 진전하면 황갈색으로 변하며 확대된다.

　㉡ 방제법
　　• 병든 잎은 신속히 제거하고 통풍이 잘되게 한다.
　　• 밀식하지 않고 질소질 비료의 지나친 사용은 피해야 한다.
　　• 수확 후 병든 잎은 긁어모아 불에 태운다.

⑤ 흰가루병

　㉠ 잎, 줄기, 과실에 발생하나 주로 잎 표면에 많이 발생한다.

　㉡ 루페나 돋보기를 이용하여 잎 표면을 세심하게 관찰하면 병을 분별할 수 있다.

　㉢ 병이 심하면 잎 전면에 밀가루를 뿌려 놓은 것 같은 증상이 나타난다.

㉣ 방제법

　• 저항성 품종을 이용하고 너무 건조하거나 낮은 온도에서 재배를 피한다.
　• 발병 초기에 약제를 살포한다.
　• 하우스의 내부 기온을 일시적으로 45℃ 이상으로 상승시켜 발생을 억제한다.

---

**10년간 자주 출제된 문제**

**2-1. 오이의 노균병에 대한 설명으로 틀린 것은?**
① 곰팡이병이다.
② 공기습도가 다습한 조건에서 잘 발생한다.
③ 지제부의 줄기가 잘록해진다.
④ 잎맥을 따라서 각형의 반점이 생긴다.

**2-2. 호박 역병이 많이 발생하는 경우는?**
① 고온다습　　　　　② 저온다습
③ 고온건조　　　　　④ 저온건조

**2-3. 우엉 재배 시 여름철 온도가 높을 때 잎에 발생이 예상되는 병해로 피해가 가장 많은 것은?**
① 검은무늬병　　　　② 부패병
③ 흰가루병　　　　　④ 노균병

|해설|

2-3
**우엉 흰가루병** : 잎 표면에 흰 가루를 뿌린 것처럼 병반을 형성하며 점차 확대되면 잎이 약간 황화되고, 심하면 마르게 된다.

**정답** 2-1 ③　2-2 ①　2-3 ③

## 핵심이론 03 | 채소 해충의 종류 및 방제법

① 온실가루이
  ⊙ 토마토, 오이, 멜론 등 식물체의 즙액을 빨아먹는다.
  ⓒ 피해 받은 식물은 잎과 새순의 생장이 저해되거나 퇴색, 위조, 고사 등과 같은 직접적인 피해를 입는다.
  ⓒ 발생 초기에 집중적으로 약제를 사용하거나 천적인 온실가루이좀벌을 이용하여 방제한다.

② 배추좀나방
  ⊙ 배추, 무, 양배추 등 십자화과 채소의 잎에 많이 발생한다.
  ⓒ 일주일 간격으로 약제를 살포하여 방제한다.

③ 뿌리혹선충
  ⊙ 감자, 고구마, 파, 딸기 등 수많은 작물의 뿌리에 침입하여 혹을 만들고 기주하면서 작물의 양·수분 흡수를 방해한다.
  ⓒ 파종 3~4주 전에 토양에 훈증제를 처리하고 비닐로 덮거나 물을 뿌린 뒤 5~7일간 밀봉을 하여 선충을 죽인 다음에 땅을 갈아엎어 가스를 제거한다.
  ⓒ 여름철 태양열을 이용하여 열소독을 하거나 논농사를 짓고 객토를 하면 선충의 피해를 줄일 수 있다.

④ 담배거세미나방
  ⊙ 주로 고추, 토마토 작물 등에 해를 준다.
  ⓒ 애벌레는 잎, 꽃봉오리 등을 가해하기도 하지만 주로 과실 속에 들어가 종실을 가해하므로 피해 과실은 무름병에 걸리거나 부패하여 대부분 낙과된다.
  ⓒ 애벌레가 과일에 침투하였을 때에는 방제가 곤란하므로 산란기에 중점적으로 약제를 뿌려 준다.
  ⓔ 피해를 받은 열매를 따내어 땅속에 깊이 묻거나 불에 태워 소각한다.
  ⓜ 페로몬 트랩을 이용하여 예찰하고, 나방 살충용 친환경 자재와 유아등인 메탈할라이드등으로 유인하여 포살한다.

⑤ 진딧물
  ⊙ 고추, 오이, 가지 등 채소작물의 어린싹이나 잎의 뒷면을 흡즙한다.
  ⓒ 바이러스의 주요 감염원이 되기도 한다.
  ⓒ 4월 중순에 부화하여 간모(진딧물의 월동란이 봄에 부화하여 발육한 것으로 날개가 없이 새끼를 낳는 단위 생식형의 암컷)가 되면 단성생식을 하면서 1~2세대를 지낸다.
  ⓔ 진딧물을 예찰하기 위해서는 새순이나 잎 뒷면을 루페나 돋보기로 자세히 관찰한다.
  ⓜ 피해가 심하면 잎 위의 감로를 나타낸다.
  ⓗ 한랭사나 비닐 등을 이용하여 진딧물의 유입을 차단해야 한다.

[주요 채소 해충의 종류]

| 온실가루이 | 토마토, 오이, 멜론 |
|---|---|
| 배추좀나방 | 배추, 양배추 |
| 배추순나방 | 배추, 양배추, 무 |
| 배추흰나비 | 배추, 양배추, 무 |
| 도둑나방 | 당근, 오이, 가지, 토마토, 양배추, 파 |
| 거세미나방 | 무, 양배추, 가지, 고추, 오이, 당근, 파 |
| 배추벼룩잎벌레 | 무, 배추, 오이 |
| 고자리파리 | 마늘, 양파, 부추 |
| 꽃노랑총채벌레 | 오이, 고추 |
| 오이총채벌레 | 오이, 고추, 멜론, 수박 |
| 파총채벌레 | 파, 양배추, 오이, 토마토 |

**3-1. 다음 중 거세미나방의 생활사로 틀린 것은?**

① 알로서 땅속에 월동한다.
② 묘목의 지면 가까운 부분을 자르고 그 일부를 땅속으로 끌어들여 식해한다.
③ 잡식성으로 숙주의 종류가 많다.
④ 성충은 주광성과 주화성이 강하다.

**3-2. 주로 식물의 땅 가까이에 있는 어린줄기를 잘라먹는 해충은?**

① 배추벌레          ② 오이파리
③ 자벌레            ④ 거세미

**3-3. 채소작물에 바이러스를 가장 많이 옮기는 해충은?**

① 하늘소            ② 진딧물
③ 나방              ④ 나비

**3-4. 다음 중 여름철 배추의 본 밭에 한랭사를 터널로 설치하여 재배하는 주된 목적은?**

① 진딧물 방제
② 배추흰나비 방제
③ 벼룩잎벌레 방제
④ 직사광선 차광 효과

**3-5. 시설채소에 피해를 주는 해충으로 볼 수 없는 것은?**

① 진딧물류          ② 응애류
③ 선충류            ④ 일벌

**3-6. 가해하면서 배설한 분비물에 의해 그을음병을 유발하여 2차적인 피해가 발생하는 종류가 아닌 것은?**

① 차먼지응애        ② 진딧물
③ 온실가루이        ④ 깍지벌레

|해설|

3-4
① 기계적 방제법

정답 3-1 ① 3-2 ④ 3-3 ② 3-4 ① 3-5 ④ 3-6 ①

---

**핵심이론 04 | 채소 생리장해**

① 고추 일소

ㄱ 과실의 표면이 강한 햇빛을 받으면 과표면의 온도가 높아져 약간 타서 희게 되며, 그 상처 부위를 통하여 세균이 2차적으로 전염되어 부패하고 낙과되는 현상

ㄴ 예방과 대책 : 통풍을 위한 하우스의 환기와 고온과 건조해를 막고 적절히 관수하며, 피해과를 빨리 제거하여 2차적인 세균의 전염이 되지 않도록 한다.

② 배추 속썩음병(무름병, 꿀통병)

ㄱ 원인 : 일반적으로 석회성분의 결핍, 질소와 칼륨 성분 과다시비 등으로 발생

ㄴ 대책 : 배추묘 정식 전 재배지에 소석회를 살포, 여러 번 관수하여 잘 흡수되게 만들고 질소와 칼륨의 시비량을 줄인다.

③ 오이 순멎이 현상

ㄱ 증상 : 촉성재배 오이에서 마디가 극히 짧아지고 새잎과 꽃 등이 생장점 주변에 밀집되어 생육이 정지된다.

ㄴ 원인 : 저온에 의한 양분전류 불량과 과잉 축적

ㄷ 대책 : 보온과 관수

**더 알아보기**

오이 곡과(구부러짐) 방지 방법
• 영양 조건을 좋게 한다.
• 일조, 수분 관리를 합리적으로 한다.
• 햇빛을 차단하는 원인이 되는 덩굴을 걷어낸다.
• 병해충 방제를 철저히 한다.

④ 참외 열과

ㄱ 원인 : 과실 비대기에 건조하다가 갑자기 토양수분이 과다할 때 그 압력으로 발생

ㄴ 대책 : 토양수분의 적당한 습도를 유지한다.

※ 참외 속썩음과(발효과) 예방법 : 석회 사용

⑤ 토마토

  ㉠ 토마토 공동과

    • 증상 : 종자를 둘러싸고 있는 젤리상 부분이 충분히 발육하지 못하여 바깥쪽의 과육부분과 틈이 생기는 현상

    • 원인 : 착과제 고농도 처리, 광합성량 부족, 질소·토양수분의 과다, 토마토톤 등 생장조절제의 오용

    ※ 토마토의 동심원상 열과가 가장 많이 발생하는 시기 : 녹숙기(綠淑期)

  ㉡ 토마토 배꼽썩음병

    • 산성토양에서 토마토를 재배할 경우 가장 나타나기 쉬운 생리장해

    • 원인 : 질소, 칼륨질 비료의 시비량 과다, 토양 중 석회(칼슘) 함량 부족, 증산작용의 급변화, 토양건조 및 용수량 부족

  ㉢ 토마토 줄썩음병 : 일조가 부족한 경우, 과습으로 뿌리가 상할 경우, 너무 무성하고 밀식된 경우, 다량의 암모니아태 질소 시용

    ※ 토마토의 착과 절위가 낮아지는 가장 큰 원인 : 단일조건

## 1-2. 과수 병해충

### 핵심이론 01 | 과수 병해충의 발생 및 환경

① 과수 병해의 특성 : 과수는 목본성 작물로 병원균의 침입 부위(뿌리, 줄기, 가지, 과일 등)에 따라 피해 정도가 다르다.

② 과수에 병을 일으키는 병원균
  ㉠ 곰팡이(진균) : 과수류에서는 대부분 곰팡이에 의하여 병해가 발생한다.
  ㉡ 세균 : 화상병, 근두암종병 등
  ㉢ 바이러스 : 사과 고접병, 배 잎검은점병, 포도 잎말림바이러스병, 복숭아 위축바이러스병 등

③ 환경조건 : 온도, 습도, 광 등
  ㉠ 사과, 배의 검은별무늬병은 20℃ 전후와 70% 이상의 높은 습도에서 포자가 잘 발아하지만, 고온건조 조건에서는 병원균이 잘 발아하지 못한다.
  ㉡ 사과, 배의 화상병의 병원균은 17℃ 이상의 온도에서는 급속히 증식하지만, 15℃ 이하의 온도에서는 그 생장 속도가 매우 느리다.
  ㉢ 감귤나무 궤양병, 복숭아나무 세균성구멍병 등과 같은 세균병은 태풍이나 폭풍이 지나간 다음 또는 바람받이 포장이 있을 때에 병이 심하게 발생한다.

④ 병 발생 시기
  ㉠ 사과나무
    • 점무늬낙엽병, 갈색무늬병, 붉은별무늬병 : 5~10월
    • 탄저병, 겹무늬썩음병 : 7~10월
    • 역병 : 4~10월까지
  ㉡ 배나무
    • 잎검은점병 : 5~10월
    • 검은별무늬병 : 4~10월
    • 붉은별무늬병 : 4~6월

  ㉢ 복숭아 세균성구멍병 : 4~9월
  ㉣ 포도나무 갈색무늬병 : 6월~9월
  ㉤ 감귤나무
    • 더뎅잇병 : 4~8월
    • 궤양병 : 5~10월
    • 검은점무늬병 : 6~10월

---

**10년간 자주 출제된 문제**

사과의 뿌리혹병을 일으키는 것은?

① 곰팡이　　　　　　② 세균
③ 바이러스　　　　　④ 바이로이드

|해설|

뿌리혹병(근두암종병, Crown Gall)은 세균(*Agrobacterium*)에 의한 병이다.

**정답** ②

---

① 사과 탄저병(bitter rot)

　㉠ 열매에 주로 발생하지만 나뭇가지나 줄기에도 발생한다.

　㉡ 처음에는 과실의 표면에 검은 점이 발생한다.

　㉢ 점점 진전되면 연한 갈색의 둥근무늬가 생기고, 병반이 커지면서 움푹 들어가게 된다.

　㉣ 대기 습도가 높을 때는 병반 위에 분홍색의 점액이 분비되기도 한다.

　㉤ 7~8월 습도가 높은 해에 증상이 심하게 나타난다.

　㉥ 과실에 봉지를 씌워 재배하면 빗물에 의한 병의 감염을 막을 수 있다.

　㉦ 보호성 살균제와 혼합제인 침투성 살균제를 살포하면 효과적이다.

② 사과 갈색무늬병(blotch)

　㉠ 잎과 과실에 발생하지만 주로 잎에서 발생하여 조기낙엽을 일으킨다.

　㉡ 잎에 원형의 흑갈색 반점이 형성된 후 확대되며 병반 위에서 포자가 생성된다.

　㉢ 병원균은 이병낙엽에서 월동한다.

③ 사과 겹무늬썩음병(white rot)

　㉠ 수확기 과일에 갈색의 윤문으로 무늬가 발생한다.

　㉡ 어린 가지에 5~10월 비가 많이 오거나 자주 올 때 발생한다.

　㉢ 6~9월까지 봉지를 씌워 병원균의 침입을 차단한다.

④ 사과 그을음병

　㉠ 과실뿐만 아니라 줄기나 잎에도 발생한다.

　㉡ 발생기인 여름의 고온 기간에는 발생이 적다.

　㉢ 과실 표면에 흑녹색의 원형 또는 부정형의 그을음 모양의 병반이 형성된다.

　※ 온주밀감에 발생이 가장 많고 주로 잔가지에 기생하여 그을음병을 유발하는 해충 : 루비깍지벌레

※ 사과나무를 재배하는 중에 봉지를 씌우면 점무늬낙엽병이 과실에 감염되는 것과 겹무늬썩음병, 그을음병 및 갈색무늬병을 방제할 수 있다.

⑤ 사과 부란병

　㉠ 원줄기, 원가지, 가지 등의 상처 부위를 통해 감염된다.

　㉡ 4~10월에 피해 증상이 심하게 나타난다.

　㉢ 피해 부위는 갈색으로 변하고, 알코올 냄새가 난다.

　㉣ 6월에는 병환 부위에 검은 점이 돋아난다.

　㉤ 부란병 방제에는 발코트가 많이 쓰인다.

---

### 10년간 자주 출제된 문제

**2-1. 사과나무 병해 중 피해가 가장 큰 것은?**

① 검은빛썩음병　　　　② 탄저병
③ 검은곰팡이병　　　　④ 부란병

**2-2. 사과 갈색무늬병은 주로 어느 부위에 피해를 주는 병해인가?**

① 가지　　　　② 잎
③ 줄기　　　　④ 뿌리

**2-3. 사과나무의 병 중 발병 부위에서 알코올 냄새가 나는 것은?**

① 갈색무늬병　　　　② 탄저병
③ 부란병　　　　　　④ 검은별무늬병

**2-4. 다음 중 사과나무에서 발생하는 병이 아닌 것은?**

① 갈색무늬병　　　　② 탄저병
③ 점무늬낙엽병　　　④ 잎검은점병

|해설|

2-2
잎과 과실에 발생하지만 주로 잎에서 발생한다.

2-4
④ 배 병해이다.

**정답** 2-1 ② 2-2 ② 2-3 ③ 2-4 ④

① 배나무 잎검은점병(흑반병, pear black necrotic leaf spot disease)

ㄱ 초기에는 잎 표면에 황색 반점이 나타나기 시작하면서 점차 적자색으로 변하고, 후기에 회백화되어 구멍이 뚫리기도 한다.

ㄴ 접목 전염성 바이러스병으로 5월 중순이나 하순 무렵부터 성엽의 경화된 잎에서 발생한다.

ㄷ 이병성 품종 : 신수

② 배나무 검은별무늬병(黑星病, pear scab)

ㄱ 눈의 비늘조각, 잎, 과실 및 햇가지 등에 발생한다.

ㄴ 잎에는 황백색 다각형 흠집모양의 병 무늬가 생기지만 나중에는 검은색 그을음 모양으로 변한다.

ㄷ 병원균은 향나무에서 월동한다.

ㄹ 검은별무늬병에 특히 강한 품종 : 황금배

③ 배나무 붉은별무늬병(赤星病, pear rust)

ㄱ 어린잎, 어린열매, 햇가지에 발생하는데, 주로 잎에 많이 발생한다.

ㄴ 병원균이 침입하면 약 10일 간의 잠복기를 거쳐 잎 표면에 등황색의 작은 점무늬가 생기고 병반이 커지면서 과립체(녹병자기)를 형성한다.

ㄷ 4월 중~하순경 바람을 동반한 비가 많이 내리는 해에 발생이 심하다.

ㄹ 병원균은 향나무에서 월동한다.

④ 배 겹무늬병(pear ring spot, blister canker)

ㄱ 과실에 갈색 내지는 암갈색의 겹무늬 병반을 일으키며 가지에 사마귀 증상이 나타난다.

ㄴ 5월 하순~7월 상순경에 강우 일수가 많은 해에 과실의 피해가 더 크다.

⑤ 배 과피얼룩병

ㄱ 배(신고)의 과피에 나타나는 이상 얼룩은 유과기인 7월 상순부터 육안으로 관찰된다.

ㄴ 초기에는 연한 회색이나 회갈색으로 나타나다가 후기에는 진한 회색이나 흑갈색으로 변하며, 병원균이 사멸되면 적갈색으로 그 흔적만 남는다.

---

**10년간 자주 출제된 문제**

**3-1. 배나무 잎자루와 잎 뒷면의 잎맥에 그을음과 같이 나타나는 병은?**

① 붉은별무늬병　　　② 겹무늬병
③ 검은별무늬병　　　④ 갈색무늬병

**3-2. 병원균은 향나무에서 월동을 하고 봄에 비가 오면 많이 발생하는 배나무 병해는?**

① 붉은별무늬병　　　② 검은별무늬병
③ 부란병　　　　　　④ 유부과현상

**3-3. 다음 중 배나무에 발생하지 않은 병은?**

① 줄기마름병　　　　② 검은무늬병
③ 붉은별무늬병　　　④ 꽃썩음병

|해설|

3-2
겨울철 향나무에서 월동하였다가 봄철 비바람에 의해서 소생자가 비산하여 배나무로 날아가 어린잎과 과실에 피해를 준다.

3-3
꽃썩음병은 참대래에 생기는 병해이다.

**정답** 3-1 ③　3-2 ①　3-3 ④

① 포도 병해의 진단 및 방제법

ㄱ 포도 탄저병(炭疽病, 晩腐病)

- 어린 과일에는 흑갈색의 파리똥 모양 작은 반점이 나타나며, 큰 과일에는 흑두병의 병반과 유사한 반점이 발생한다.
- 지하수위가 높고 다습한 지역에서 많이 발생한다.
- 강우 시 과방 내의 과립으로 침입하여 과방 전체가 썩는다. 그러나 유과기에 발생하는 경우는 드물다.

ㄴ 포도 새눈무늬병(黑痘病)

- 봄철에 비가 자주 오면 조직이 경화되기 전 잎, 줄기, 덩굴손, 과실 등에 발생한다.
- 신초에는 흑갈색의 타원형 병반이 생겼다가 홈이 파이며, 심하면 고사한다.
- 거봉, 캠벨얼리 등은 이병성이고, 델라웨어 등은 발병이 적은 편이다.

ㄷ 포도 이슬병(노균병, 露菌病)

- 유럽종(거봉, 캠벨얼리 등)에서 주로 발생한다.
- 비가 많은 해의 여름~가을 잎이나 과실에 발생한다.
- 병반은 점차 갈색으로 변하고, 심하면 잎 전체가 불에 덴 것 같이 말라 낙엽이 된다.
- 방제하려면 장마철에 약제를 철저히 살포해야 한다.

② 복숭아 병해의 진단 및 방제법

ㄱ 복숭아 세균성구멍병

- 6~7월 비바람이 심할 때 상처를 통하여 병균이 침입하는데 잎에 둥근 구멍이 뚫리고 심하면 잎이 떨어진다.
- 복숭아, 자두, 살구, 매실 등에 발생한다.
- 세균에 의해 전염되는 병이다.

ㄴ 복숭아 잎오갈병(縮葉病)

- 이른 봄 전엽기에 주로 발생하고 한랭하고 봄비가 잦은 해 발생이 심하다.
- 병원균은 분생포자의 형태로 줄기 표면이나 눈에서 월동한다.
- 5월 들어 기온이 상승하면 발병이 억제된다.

ㄷ 복숭아 잿빛무늬병

- 꽃과 가지 및 과실 전체에 발생하여 특히 과실을 낙과시킨다.
- 병원균은 토양 속에서 균핵으로 월동하거나 병든 과실 또는 나뭇가지의 이병 부위에서도 월동한다.
- 수확 후에 수송하는 도중이나 저장 중에도 발병하여 피해를 준다.

③ 감귤 병해의 진단 및 방제법

ㄱ 감귤 궤양병

- 잎, 가지, 과실에 발생하는 세균성 병해로 상처를 통하여 침입한다.
- 처음에는 0.5mm 정도의 반점이 생성되고, 차츰 커지게 되면서 중앙부의 표피가 파괴되어 코르크화되고 황갈색으로 변한다.

ㄴ 감귤 더뎅이병

- 잎, 가지, 과실에 발생하지만 주로 잎과 과실에 큰 피해를 준다.
- 처음에는 수침상 또는 황색의 작은 반점이 생겼다가 차츰 돌출하면서 회갈색의 원뿔 모양을 이룬다.

ㄷ 감귤 검은점무늬병 : 과실에 나타나는 병반 모양은 흑점형, 니괴형, 누반형 등이 있으나 그 중에서 흑점형이 가장 많다.

**4-1. 포도 노균병은 주로 어느 부위에 피해를 주는 병인가?**

① 가지　　　　　　　② 잎, 과실
③ 과실, 가지　　　　④ 뿌리

**4-2. 포도 노균병(露菌病)과 가장 관계가 없는 것은?**

① 유럽종 포도에서 주로 발생한다.
② 병반이 생긴 잎 뒷면에는 갈색의 곰팡이가 생긴다.
③ 8~9월에 걸쳐 주로 잎에 발생한다.
④ 병반은 점차 갈색으로 변하고, 심하면 잎 전체가 불에 덴 것 같이 말라 낙엽이 된다.

|해설|

4-2
② 잎 뒷면에는 다각형으로 순백색의 곰팡이가 밀생한다.

정답 4-1 ②　4-2 ②

---

**핵심이론 05 │ 과수 해충의 종류 및 방제법**

① 잎을 가해하는 해충
　㉠ 잎말이나방류
　　• 애벌레 형태로 잎을 말거나 거미줄을 내어 서로 붙이고 그 안에서 가해한다.
　　• 애기잎말이나방 : 어린 새순과 눈을 먹는다.
　㉡ 굴나방류
　　• 유충이 엽육 속으로 먹어 들어가서 가해한다.
　　• 사과굴나방 : 사과 등의 표피 밑에서 타원형으로 갉아먹는다.
　　• 굴굴나방 : 감귤 등의 잎 표피에 뱀이 지나간 것 같은 구불구불한 갱도가 나타난다.
　㉢ 꼬마배나무이
　　• 외래해충으로 배, 사과 등에서 하얀 실 같은 왁스 물질이 생긴다.
　　• 끈적끈적한 배설물(감로)과 함께 검은 그을음병을 유발하여 광합성을 저해한다.
　㉣ 응애류
　　• 주로 고온건조한 시기에 발생한다.
　　　※ 잎응애 발생 원인은 고온저습
　　• 사과응애 : 사과, 복숭아 등의 잎 표면에 바늘로 찌른 듯한 흰색 반점이 생기며 알의 형태로 월동한다.
　　• 점박이응애 : 성충과 약충이 잎의 뒷면에 기생하며 흡즙한다.
② 잎을 가해하여 혹을 만드는 해충
　㉠ 사과혹진딧물
　　• 초기 어린잎에 붉은 반점이 생기며 잎이 뒤쪽을 향해 가로로 말린다.
　　• 본엽 잎가에서 엽맥 쪽을 향하여 뒤쪽으로 세로로 말린다.
　㉡ 복숭아혹진딧물 : 주로 신초나 새로 나온 잎을 흡즙하여 잎을 세로로 말아 위축되며 신초의 생장을 억제한다.

ⓒ 복숭아잎혹진딧물 : 잎가 부분이 안쪽으로 세로로 말리고 말린 부분이 홍색으로 변색되며 두꺼워져 단단해진다.

③ 줄기나 가지를 가해하는 해충
  ⊙ 유리나방류
    • 복숭아유리나방 : 유충이 껍질과 목질부 사이(형성층)를 가해하며 적갈색의 굵은 배설물과 함께 수액이 흘러나온다.
    • 포도유리나방 : 줄기에서 월동하며, 유충이 새가지 속을 가해하면 그 부분이 약간 볼록하게 부풀어 오른다.
  ⓛ 깍지벌레류
    • 가지와 줄기에 고착해 생활하며 즙액을 빨아먹는다.
    • 가루깍지벌레 : 과실에 심한 그을음병이 생기며, 방제 적기는 알에서 부화한 약충이 발생하여 이동하는 시기이다.
    • 루비깍지벌레 : 온주밀감에 발생이 가장 많고 주로 잔가지에 기생하여 그을음병을 유발한다.
  ⓒ 하늘소류
    • 사과하늘소 : 목질부에 갱도를 만들고 가해하면서 톱밥 같은 배설물을 배출한다.
    • 포도호랑하늘소 : 유충이 포도나무 목질부를 파먹어 부위 윗부분이 말라 죽게 되고, 피해가 진전되면 쉽게 꺾인다.
    • 뽕나무하늘소 : 사과나무의 목질부에 피해를 준다.

④ 과실을 가해하는 해충
  ⊙ 복숭아심식나방
    • 복숭아나무, 사과나무, 배나무, 자두나무, 살구나무 등에 발생한다.
    • 유충이 과실 내부로 뚫고 들어가 여러 곳을 가해한다.
    • 5월 상순에 토양살충제를 처리한다.

  ⓛ 복숭아순나방
    • 복숭아나무, 사과나무, 배나무에 발생한다.
    • 애벌레로 월동한 후 부화유충이 복숭아나무 신초의 선단부에 구멍을 뚫고 들어가 가해한다.
  ⓒ 복숭아명나방 : 유충이 기주식물의 과실을 가해, 침입한 큰 구멍으로 적갈색의 굵은 똥과 즙액을 배출한다.
  ⓔ 꽃노랑총채벌레
    • 감귤, 복숭아나무, 멜론, 딸기 등에 발생한다.
    • 약충과 성충이 어린잎이나 꽃, 과피의 즙액을 흡즙한다.
    • 피해를 받은 잎은 위축되며 과실은 피해부가 갈변돼 상품가치가 떨어진다.
    • 연 5~6회 발생하며 성충형태로 월동한다.

**5-1. 잎말이나방류가 과수에 피해를 주는 해충의 형태는?**

① 알　　　　　　　　② 애벌레

③ 번데기　　　　　　④ 나방

**5-2. 사과응애의 월동태는?**

① 알　　　　　　　　② 유충

③ 번데기　　　　　　④ 성충

**5-3. 포도유리나방의 가해 장소는 포도나무의 어느 곳인가?**

① 꽃　　　　　　　　② 과실

③ 줄기　　　　　　　④ 뿌리

**5-4. 복숭아심식나방의 피해가 없는 과수는?**

① 복숭아나무　　　　② 포도나무

③ 살구나무　　　　　④ 사과나무

**5-5. 거미강의 소동물로 잎, 과실, 뿌리에 기생하여 즙을 빨아 먹고 번식력이 대단히 큰 해충은?**

① 나방류　　　　　　② 땅강아지

③ 혹벌레　　　　　　④ 응애

**|해설|**

**5-1**

애벌레 형태로 잎을 말거나 거미줄을 내어 서로 붙이고 그 안에서 가해한다.

**정답** 5-1 ② 5-2 ① 5-3 ③ 5-4 ② 5-5 ④

---

**핵심이론 06 ｜ 사과, 배의 생리장해**

① 사과 고두병

　㉠ 과실 표면에 오목한 반점이 나타나 외관을 손상시킨다.

　㉡ 저장 중에 품종 육오, 쓰가루, 조나골드 등에서 발생한다.

　㉢ Ca 결핍으로 인해 나타난다.

　㉣ Ca 공급을 위해 수세를 안정시킨다.

　㉤ 질소 과잉을 피하고 착과량을 조절한다.

② 사과 적진병

　㉠ 새 가지의 생장이 느리고, 과실의 발육이 불량해진다.

　㉡ 주로 과실 주변 잎이나 웃자란 가지의 아래 잎에 발생이 많고 조기 낙엽되기도 한다.

　㉢ 망간의 과다 흡수로 인해 나타난다.

　㉣ 대책

　　• 질소질 비료의 과잉을 피하고 석회의 사용으로 토양산성화를 막는다.

　　• 토양의 배수를 양호하게 한다.

　　• 내성이 강한 대목을 사용한다.

③ 사과 동녹

　㉠ 과피가 매끈하지 않고 쇠에 녹이 낀 것처럼 거칠다.

　㉡ 과실 표면에 혀 모양이나 띠 모양의 동녹이 발생하고, 과형을 나쁘게 하여 상품 가치를 떨어뜨린다.

　㉢ 감홍, 양광과 같이 동녹 발생이 심한 품종은 낙화 후 10일 이내에 봉지를 씌워야 동녹 발생을 효과적으로 막을 수 있다.

④ 사과 축과병 : 붕소 결핍으로 인해 발생하며 과실의 표면이 울퉁불퉁한 축과현상이 나타난다.

　※ 붕소 결핍 증상 : 신초 총생 현상, 가지 고사 발생, 포도 꽃 떨이 현상, 사과 축과병 등

⑤ 열과
  ㉠ 과육의 비대 시 과피의 신축성 감소로 과면에 균열이 발생한다.
  ㉡ 사과의 열과는 수분 불균형 때문이다.
  ㉢ 배 품종 중 행수와 신세기에서 많이 발생한다.
  ㉣ 증상은 과실 표면 전체에 발생되거나 행수의 경우 꽃받침 부위에 균열이 생긴다.
  ㉤ 봉지씌우기, 비닐멀칭(포도) 등을 한다.

⑥ 돌배
  ㉠ 주로 과실 적도면 위쪽(과정부)의 과육이 딱딱하고 과피가 울퉁불퉁하며 수확기에 이르러서도 녹색이 남는다.
  ㉡ 칼슘 결핍으로 인해 나타나며 장십랑, 이십세기, 신세기에서 발생한다.
  ㉢ 배수불량, 건조와 과습의 변화가 심한 토양, 칼륨질비료 과잉 토양에서 많이 발생한다.
  ㉣ 유기물 및 석회시용, 심경 등으로 뿌리의 생육을 촉진시킨다.

⑦ 유부과
  ㉠ 과일의 표면이 울퉁불퉁하게 되는 현상
  ㉡ 배 품종 이십세기, 신흥, 장십랑에서 자주 발생한다.
  ㉢ 칼슘, 붕소, 마그네슘 결핍 시 발생하며 수분이 부족할 때 발생량이 증가한다.
  ㉣ 토양개량(통기성, 보수성 증진), 관수, 배수를 한다.

6-1. 망간 과다에 의하여 나타나는 사과나무의 생리장해는?
① 고두병
② 고접병
③ 축과병
④ 적진병

6-2. 사과 적진병의 방제대책으로 틀린 것은?
① 석회의 사용으로 토양산성화를 막는다.
② 토양의 배수를 양호하게 한다.
③ 질소질 비료를 많이 사용한다.
④ 적진병에 대하여 내성이 강한 대목을 사용한다.

6-3. 다음 중 사과의 축과병과 가지고사 현상의 발생 원인으로 가장 옳은 것은?
① 망간 과다
② 질소 부족
③ 붕소 부족
④ 칼륨 과다

6-4. 사과의 열과는 왜 생기는가?
① 수분 불균형 때문이다.
② 약해 때문이다.
③ 강적과 때문이다.
④ 영양부족 때문이다.

6-5. 배 품종 중 행수와 신세기에서 많이 발생하며, 증상은 과실 표면 전체에 발생되거나 행수의 경우 꽃받침 부위에 균열이 생기는 생리장해는?
① 돌배
② 열과
③ 적진병
④ 흑반병

6-6. 다음 중 유부과(柚腐果) 현상과 관계 없는 것은?
① 과일의 표면이 울퉁불퉁하게 되는 현상
② 수분이 부족할 때 발생량이 증가
③ 마그네슘의 부족으로 발생
④ 칼슘의 과다 사용에 따라 발생

|해설|

6-2
③ 질소질 비료의 과잉을 피하고 석회의 사용으로 토양산성화를 막는다.

6-6
④ Ca, B, Mg 결핍 시 발생한다.

정답 6-1 ④  6-2 ③  6-3 ③  6-4 ①  6-5 ②  6-6 ④

① 포도

　㉠ 휴면병

　　• 봄에 발아가 불량하거나 지연되고 생육이 부진하다.

　　• 겨울철에 건조하지 않게 부초(敷草)하여 주며 내한성이 약한 품종은 묻어준다.

　　• 신초등숙 양호, 질소과용 금지, 강전정 금지, 조기낙엽 유발 병해 예방, 수세를 강하게 하고 결실을 조절한다.

　㉡ 꽃떨이현상[화진현상(花振現像)]

　　• 꽃이 잘 피지 않거나 꽃봉오리가 말라 포도알이 드문드문 달리는 현상이다.

　　• 질소 과다 사용, 강전정 등으로 수세가 강한 경우, 저장양분 부족으로 수세가 쇠약한 경우, 개화기 기상불량 및 붕소결핍, 새눈무늬병(黑痘病) 발생 등이 원인이다.

　　• 거봉에 발생이 많으며 우리나라 주요 품종인 캠벨얼리에도 발생한다.

　　• 꽃떨이현상을 방지하기 위해 개화 5일 전에 순지르기를 한다.

　　• 질소를 적당량 시비하고 붕소를 시비한다.

　　※ 포도 과육흑변현상(果肉黑變現象)의 주된 원인 : 붕소결핍

　㉢ 그 외 축과병, 일소피해 등

② 복숭아

　㉠ 수지병

　　• 투명한 젤리 모양의 수지가 분비된다.

　　• 핵과류의 큰 가지나 원줄기에 발생한다.

　　• 봄에 보르도액을 줄기에 발라 예방한다.

　㉡ 붕소결핍증

　　• 복숭아나무는 보통 잎눈의 발아가 지연되는데, 발아한 잎은 작고 가늘며 잎맥 사이가 담황색을 띠는 경우가 많다.

　　• 붕사를 녹일 때 60~70℃의 더운물을 이용하고, 붕사 용액을 2~3회 엽면살포한다.

---

## 10년간 자주 출제된 문제

**7-1.** 포도 꽃떨이현상(花振現像)을 방지하고 과실비대를 증진시키기 위해 새 가지의 세력이 강할 경우 실시하는 순지르기의 적기는?

① 개화기　　　　　　② 개화 5일 전
③ 개화 7일 후　　　　④ 과실 비대기

**7-2.** 다음 중 포도나무 꽃떨이현상(花振現象)의 발생 원인이 아닌 것은?

① 질소 과다 사용, 강전정 등으로 수세가 강한 경우
② 저장양분 부족으로 수세가 쇠약한 경우
③ 토양수분의 급격한 변화
④ 개화기 기상불량 및 붕소결핍

**7-3.** 포도의 화진현상(꽃떨이현상)에 관한 설명 중 옳지 않은 것은?

① 거봉에 많으며 우리나라 주요 품종인 캠벨얼리에도 발생한다.
② 개화기에 온도가 부족하면 수정률이 낮아져서 심하게 발생한다.
③ 붕소가 결핍된 토양 조건하에서 심하게 발생한다.
④ 결과모지의 연령이 오래된 것에서는 발생이 거의 없다.

**7-4.** 수지병은 어느 과수에 가장 피해를 많이 주는가?

① 인과류　　　　　　② 각과류
③ 핵과류　　　　　　④ 장과류

|해설|

7-4
수지병은 핵과류의 큰 가지나 원줄기에 발생한다.

**정답** 7-1 ②　7-2 ③　7-3 ④　7-4 ③

## 1-3. 화훼 병해충

### 핵심이론 01 | 화훼 병해충의 발생 및 환경

① 식물에 병을 일으키는 병원균 : 곰팡이(진균), 세균, 바이러스, 파이토플라스마, 바이로이드 등이 있다.
  ㉠ 곰팡이(진균) : 잿빛곰팡이병, 흰가루병, 탄저병, 점무늬병, 시들음병, 줄기썩음병, 역병
  ㉡ 세균 : 무름병, 세균점무늬병, 세균잎썩음병

② 환경조건 : 온도, 습도, 광 등
  ㉠ 온도
    • 흰녹병, 노균병, 잿빛곰팡이병 등은 저온에서 많이 발생한다.
    • 각종 탄저병, 시들음병, 점무늬병, 세균병 등은 고온에서 많이 발생한다.
  ㉡ 습도
    • 일반적으로 모든 병원균은 90% 이상 높은 상대습도에서 발병이 쉽다.
    • 국화 흰녹병, 장미 노균병 : 일교차가 크고 잎에 습도가 높아지면 피해가 심하다.
    • 응애류는 건조한 조건에서 발생이 유리하다.
  ㉢ 광 : 팔레놉시스와 같은 난과 식물에서는 광이 지나치게 센 경우 잎이 타는 피해가 발생한다.
  ㉣ 비료 : 질소질 비료의 과다시비는 식물체가 연약하게 자라기 때문에 각종 병에 대한 저항성이 약해지는 원인이 된다.
  ㉤ 복합적 요인 : 시설재배에서 화훼작물은 광도가 낮고, 습도가 높아지므로 식물체가 연약하게 도장하게 된다.

③ 해충은 몸의 구조적인 적응력이 좋으며, 변태 과정을 통해 불량한 환경에 적응할 수 있다.

### 10년간 자주 출제된 문제

**1-1. 식물에 병을 일으키는 병원이 아닌 것은?**
① 파이토플라스마　　　　② 진균
③ 바이러스　　　　　　　④ 응애

**1-2. 다음은 화훼작물에 대한 병해충 발생을 설명한 것이다. 병해충이 발생하는 가장 적합한 조건은 어떤 것인가?**
① 병원균만 존재하면 병은 발생한다.
② 병원균과 발병 환경이 알맞으면 병은 발생한다.
③ 병원균이 존재하고 기주식물이 연약하여 발병 환경이 맞아야 병은 발생한다.
④ 바이러스는 병원성과 매개충만 있으면 발병한다.

**1-3. 다음 중 병원체 전파방법이 아닌 것은?**
① 바람에 의한 전파
② 곤충에 의한 전파
③ 물과 종자에 의한 전파
④ 특수 기관을 통한 전파

|해설|

1-1
**식물에 병을 일으키는 병원균의 종류** : 곰팡이(진균), 세균, 파이토플라스마, 바이러스, 바이로이드 등

**정답** 1-1 ④　1-2 ③　1-3 ④

① 잿빛곰팡이병

　㉠ 주로 잎과 줄기에 발생한다.

　㉡ 처음에는 갈색의 작은 타원형 반점이 형성되고 차츰 엽맥을 따라서 장타원형의 병반이 생긴다.

　㉢ 피해가 심하면 잎이 뒤틀리며 말라 죽는다.

　㉣ 방제법

　　• 습도조절 및 환기로 저온다습이 되지 않도록 한다.

　　• 밀식 재배하지 않고, 병든 잎은 빨리 제거한다.

　　• 질소질 비료를 줄이고, 칼륨질 비료를 함께 사용한다.

　　• 여러 약제를 교대로 살포하여 내성균의 발생을 억제해야 한다.

② 흰가루병

　㉠ 잎, 꽃봉오리, 꽃자루에 발생한다.

　㉡ 처음에는 잎에 드문드문 흰가루가 나타나며, 진전되면 잎 전체가 하얗게 된다.

　㉢ 병든 잎은 비틀어지고 마른다.

　㉣ 방제법

　　• 식물체가 습해지지 않도록 한다.

　　• 디페노코나졸 유제, 페나리몰 수화제, 아족시스트로빈 액상수화제 등을 교대로 살포한다.

③ 탄저병

　㉠ 고온다습할 때 주로 잎과 줄기에 발생한다.

　㉡ 연작지, 습지 및 배수가 불량한 토양, 햇빛이 잘 들지 않는 지역, 통풍이 불량한 곳, 질소비료를 과다 사용할 때 발병이 심하다.

　㉢ 처음에는 담갈색의 원형 반점이 형성되고, 점차 확대되어 부정형, 원형 모양의 갈색 병반으로 된다.

　㉣ 오래된 병반 상에는 검은 소립이 형성되고, 가장자리가 갈색 또는 황록색의 대형 병반을 형성한다.

　㉤ 방제법

　　• 전용 약제(타로닐 수화제 등)를 2~3회 살포하고, 고온다습해지지 않도록 주의한다.

　　• 저항성 품종을 선택하고, 종자소독, 토양소독 등을 한다.

④ 점무늬병

　㉠ 고온 시 비료가 부족할 경우 쉽게 발생하며, 재배 말기 작물의 생장이 불량할 때 많이 발생한다.

　㉡ 잎, 줄기에 발생하며 하엽부터 시작된다.

　㉢ 처음 잎에서는 불규칙한 작은 갈색의 반점을 형성하나 차츰 커다란 병반으로 된다.

　㉣ 발병이 심해지면 병반 부위부터 황화되고, 결국 잎은 고사한다.

　㉤ 줄기에는 방추형의 반점이 형성된다.

　㉥ 방제법

　　• 조기 발견이 용이하고 농약에 의한 방제가 비교적 쉽다.

　　• 병든 잎은 조기에 제거하고, 고온 시 비배 관리에 유의한다.

⑤ 시들음병(위조병)

　㉠ 주로 토양수분이 많은 연작지에서 많이 발생한다.

　㉡ 포기 전체에 발생하며, 특히 땅가 부위의 지제부에 주로 발생한다.

　㉢ 병든 포기는 생육이 불량해지고 병이 진전됨에 따라 잎, 잎자루, 지면부 뿌리가 말라 죽는다.

　㉣ 병원균의 생육적온은 30℃ 전후이다.

　㉤ 방제법

　　• 배수가 불량한 저습지에서의 재배는 피한다.

　　• 모종 구입 시 건전주를 구입해야 하고, 자가 삽목 및 종자 파종, 절화재배 시 토양 소독을 한다.

　　• 정식 전 모종의 뿌리에 상처가 없도록 주의하고, 정식 후 수분 관리를 철저히 해야 한다.

⑥ 줄기썩음병
- ㉠ 분갈이 작업 시 뿌리 및 줄기의 상처를 통해 감염되며, 전생육기에 걸쳐 병이 발생한다.
- ㉡ 하엽부터 하나씩 황화되며 잎이 시들어 버리고 하얀색 곰팡이가 형성되기도 한다.
- ㉢ 방제법
  - 주로 고온(27~33℃)에서 발생하므로 여름철 분갈이 작업 시 뿌리와 벌브에 상처가 생기지 않도록 주의한다.
  - 분갈이 작업 후 반드시 적정 살균제를 1~2회 살포하여 예방한다.
    ※ 분갈이 시기 : 화분의 배수구멍 밑으로 뿌리가 나올 때

⑦ 역병
- ㉠ 병원균은 사상균의 일종으로 운동성이 있어 토양 및 물을 따라 이동하는 특징이 있다.
- ㉡ 줄기와 뿌리에 형성된 병원균은 토양 속에서 월동한다.
- ㉢ 땅과 맞닿는 줄기가 검게 변하며, 지상부는 급격히 시들어 버린다.
- ㉣ 병징이 진전되면 생육이 불량하게 된다.
- ㉤ 방제법
  - 장마철과 환절기 등 저온다습한 시기에는 1~2일 전에 농약을 살포한다.
  - 살균제는 화분이 충분히 젖도록 관주 처리하고 화분을 건조하게 관리한다.
  - 병든 식물체는 즉시 제거하고, 저면관수를 삼가며 배드 및 화분 등을 소독한다.

---

**2-1. 시설 내에서 잿빛곰팡이병(회색곰팡이병)이 발생할 수 있는 환경요인은?**

① 고온건조       ② 저온건조
③ 저온다습       ④ 고온다습

**2-2. 화훼류 탄저병에 사용되는 농약은?**

① 지오릭스 유제
② 타로닐 수화제
③ 메타실 수화제
④ 디크론 수화제

**2-3. 시클라멘, 글라디올러스, 카네이션, 과꽃, 수선 등이 위조병에 걸리기 쉬운 조건은?**

① 고온다습할 때
② 저온일 때
③ 건조할 때
④ 시원할 때

정답 2-1 ③　2-2 ②　2-3 ①

① 무름병

ㄱ 고온다습과 일광부족으로 발생하기 쉬우며 어린 잎이 수침상으로 부패한다.

ㄴ 새잎의 기부와 벌브 부위가 노란색에서 갈색으로 급변하면서 잎의 기부에서부터 위쪽으로 급격히 갈색으로 번져간다.

ㄷ 병원균은 병든 잎에서 빗물이나 관수 시에 물이 튀면서 상처 부위를 통해 감염된다.

ㄹ 병든 식물체는 즉시 제거하고 가능한 물을 적게 주도록 관리하여 방제한다.

ㅁ 원예작물에 사용하는 마이신 계통의 약제를 2~3회 정기적으로 살포한다.

② 세균점무늬병, 세균잎썩음병

ㄱ 고온다습할 때 잎에 주로 발생한다.

ㄴ 처음에는 원형, 부정형의 작은 수침상 반점이 형성되고, 잎이 변색된다.

ㄷ 잎의 가장자리에서부터 시작하며, 심한 경우 잎과 줄기 썩음을 동반하기도 한다.

ㄹ 환기에 주의하고, 병든 잎은 제거하며 마이신제(스트렙토마이신, 가스가마이신 등)를 1~2회 살포하여 방제한다.

### 10년간 자주 출제된 문제

군자란에 발생하는 병해로 고온다습과 일광부족으로 발생하기 쉬우며 어린잎이 수침상으로 부패하는 병은?

① 백견병　　　　　　　② 무름병
③ 탄저병　　　　　　　④ 흰가루병

정답 ②

① 난초류에 발생하는 병해 중 포기나누기나 분갈이를 할 때 전염되기 쉽고, 난 재배상 가장 문제가 되는 병해이다.

② 감염 시 엽맥 사이에 불연속적인 황화 증상의 줄무늬 혹은 반점(모자이크 증상)을 형성한다.

ㄱ 튤립 고유의 꽃색에 흰색 또는 황색의 얼룩무늬가 생기는 화색파괴현상(color breaking)이 나타난다.

ㄴ 호접란의 잎은 흑색 괴사 반점을 나타내거나 엽맥을 따라 조직이 괴사되며, 심한 경우 꽃잎의 괴사 및 조기 낙화 증상을 보이기도 한다.

③ 병징이 진전되면 조직이 움푹 들어가면서 흑갈색 혹은 흑색의 조직 괴사를 일으키는 줄무늬 병반을 보인다.

④ 온실 내에 있는 바이러스에 걸린 식물체에서 작업 시 손 혹은 농기구를 통해 전염되기도 한다.

⑤ 이 병주의 뿌리가 상처를 받았을 경우 관수 시 화분 밑으로 배출되는 물에 존재하는 바이러스도 전염원이 될 수 있다.

⑥ 방제법 : 종자건열소독, TMV 약독바이러스접종, 생장점 배양에 의한 무병종묘 이용, 바이러스병을 매개하는 진딧물을 방제

### 10년간 자주 출제된 문제

4-1. 화훼류의 꽃이나 잎에 모자이크 증상이 나타났다면 원인은 무엇인가?

① 응애 발생　　　　　② 질소 부족
③ 바이러스 감염　　　④ 환기 부족

4-2. 바이러스병을 옮기는 해충(매개곤충)은?

① 진딧물　　　　　　② 거세미
③ 응애　　　　　　　④ 자벌레

정답 4-1 ③　4-2 ①

① 진딧물류

　㉠ 목화진딧물, 감자수염진딧물, 복숭아혹진딧물 등
　　이 있다.

　㉡ 새싹과 상위엽에 황색~흑녹색의 진딧물이 무리
　　지어 흡즙한다.

　㉢ 진딧물 전용 약제를 살포하여 방제한다.

　　※ 메리골드에 피해를 가장 많이 주는 해충 : 붉은 진드기

② 응애류

　㉠ 잎, 과실, 뿌리에 기생하여 즙을 빨아 먹고 번식력
　　이 대단히 큰 해충이다.

　㉡ 점박이응애는 주로 잎 뒷면에서 가해하는데 밀도
　　가 높으면 잎의 앞뒷면에 거미줄을 만든다.

　㉢ 주로 고온건조할 때 장미과, 국화과, 백합과 등에
　　심한 피해를 입힌다.

　　※ 카네이션에 주로 많이 발생하는 해충 : 붉은 응애

　㉣ 해충 중에서 농약에 대한 저항성을 가장 잘 갖는다.
　　즉, 농약에 대하여 내성이 가장 잘 생겨 종류를
　　바꾸어 가며 뿌려야 한다.

　㉤ 응애 구제에 가장 적합한 농약 : 살비제, 디코폴
　　수화제(켈센)

> **더 알아보기**
>
> **응애 방제 약제의 구비 조건**
> • 응애류에만 선택적인 효과가 있을 것
> • 잔효력이 있을 것
> • 유충, 성충 등 적용 범위가 넓을 것

③ 깍지벌레류

　㉠ 귤가루깍지벌레, 무화과깍지벌레, 난초핀깍지벌
　　레, 식나무깍지벌레, 철모깍지벌레 등이 있다.

　㉡ 잎이나 잎자루에 흰가루로 덮인 벌레가 붙어 있다.

　　※ 깍지벌레에 의하여 발생하는 병해 : 그을음병

　㉢ 방제법 : 피해엽과 가지는 잘라 없애고, 발생이 많
　　을 때에는 약제를 1~2회 살포한다.

④ 가루이류

　㉠ 주로 잎 뒷면에서 가해하여 흡즙으로 인한 퇴색,
　　위축 현상이 나타난다.

　㉡ 시설 안에서는 1년에 10회 이상 발생한다.

　㉢ 발생 초기에 살충제를 5~7일 간격으로 뿌려 방제
　　한다.

⑤ 총채벌레류(갉아서 흡즙)

　㉠ 꽃노랑총채벌레는 주로 꽃봉오리와 어린잎을 가
　　해한다.

　㉡ 어린잎은 가해하였을 때 기형으로 되어 쭈그러
　　진다.

　㉢ 꽃봉오리가 열리기 시작하면 꽃노랑총채벌레의
　　유충과 성충들이 봉오리 안으로 들어가 가해하기
　　시작한다.

　㉣ 호접란과 덴파레에서 개화기에 총채벌레 피해를
　　많이 받으면 꽃봉오리째 떨어져 버리는 피해를 나
　　타내기도 한다.

　㉤ 시설 장미에서는 여름철 휴면할 경우 피해가 많으
　　며, 채화하지 않고 방치된 꽃에서 밀도가 높다.

　㉥ 방제법 : 전 포장의 꽃을 일시에 절화하고 난 후
　　2~3일 간격으로 2~3회 연속 약제 방제하는 것이
　　바람직하다.

⑥ 나방류

　㉠ 잎과 꽃을 갉아 먹는다.

　㉡ 도둑나방 유충이 가해하면 잎의 껍질만 남기고 갉
　　아 먹으며, 흰 반점이 남는다.

　㉢ 파밤나방은 주로 5월부터 10월까지 피해가 많이
　　나타나며, 암컷은 약 1,000개의 알을 낳는다.

　㉣ 방제법

　　• 포장을 수시로 살펴보고 나방류 유충이 가해하
　　　면 즉시 포살한다.

　　• 파밤나방은 발생 초기에 어린 유충을 집중적으
　　　로 방제하여야 한다.

⑦ 파리류

　　㉠ 유백색의 가늘고 긴 유충이 삽목한 묘의 땅과 맞닿는 부위를 가해하여 발근을 억제한다.

　　㉡ 작은뿌리파리 유충은 겨울철 시설재배에서 거의 모든 작물에 발생해 피해를 준다.

　　㉢ 유충은 분화류와 관엽식물의 삽목상에서 작물의 뿌리를 스펀지화해 시들게 한다.

　　㉣ 방제법

　　　• 작은뿌리파리가 외부로부터 유입되는 것을 막고, 완전히 썩은 퇴비를 사용하여 유충의 서식을 막는다.

　　　• 날아다니는 성충은 황색끈끈이를 설치하여 유인해 밀도를 줄인다.

5-1. 주로 고온건조할 때 장미과, 국화과, 백합과 등에 심한 피해를 입히며, 각종 해충 중에서 농약에 대한 저항성을 가장 잘 갖는 것은?

① 선충　　　　　　　　② 응애
③ 딱정벌레　　　　　　④ 혹파리

5-2. 화훼류에 피해를 낳게 하는 다음 벌레 중 농약에 대하여 내성이 가장 잘 생겨 농약 종류를 바꾸어 가며 뿌려야 하는 것은 다음 어느 것인가?

① 진딧물류　　　　　　② 털벌레류
③ 깍지벌레류　　　　　④ 응애류

5-3. 다음 중 응애 구제에 가장 적합한 농약은?

① 나크 분제(세빈)
② 디코폴 수화제(켈센)
③ 지오릭스 분제(마릭스)
④ 메치온 유제(수프라사이드)

5-4. 흡착구(빨아먹는 것)를 가지고 원예작물에 피해를 주는 해충은?

① 집시나방　　　　　　② 명나방
③ 풍뎅이　　　　　　　④ 응애

정답 5-1 ② 　5-2 ④ 　5-3 ② 　5-4 ④

① **국화 로제트 현상** : 여름의 고온 경과 후 가을의 저온에 접하게 되면 절간이 신장하지 못하고 짧게 되는 현상이다.

② **버들눈** : 분화한 꽃눈이 꽃눈 발달에 필요한 한계 일장을 받지 못하여 미숙 꽃눈이 되어 정상적으로 개화하지 않는 현상이다.

③ **노심현상(露心現象)** : 전조재배 시 급격한 일장 변화로 인하여 두상화서 중 관상화(통상화)가 많이 형성되고, 설상화의 비율이 감소하거나 신장이 억제되어 관상화가 노출되는 현상이다.

④ **장미, 글라디올러스 블라인드 현상**

　㉠ 일조 시간이 부족할 때 발육이 정지되어 개화지로 발달하지 못하는 현상이다.

　㉡ 주로 차광에 의해 광량이 저하되거나 12℃ 이하의 낮은 온도 조건에서 많이 발생한다.

⑤ **기형화(bull-head)**

　㉠ 정상화보다 꽃잎 수가 많고, 꽃잎이 짧고 폭이 넓어져 내부 쪽으로 구부러진다.

　㉡ 심한 경우 꽃의 중심부가 평평하게 되고 꽃잎의 심이 2~3개의 색으로 혼합된 꽃이 되기도 한다.

⑥ **카네이션**

　㉠ 악할현상(언청이꽃)

　　• 꽃받침이 터져 꽃잎이 바깥으로 빠져나오는 현상이다.

　　• 발생 원인

　　　- 꽃받침의 생장보다 꽃잎의 생장이 급격하게 이루어질 때

　　　- 주야간 온도차가 클 때

　　　- 꽃눈 발달 시기가 지나치게 저온인 경우

　　　- 꽃눈 발달 시 수분과 거름이 과다한 경우

　　　- 질소 부족, 붕소 결핍 시

　㉡ 꽃잎말이 현상

　　• 고온기에 바깥 부위의 꽃잎이 안쪽으로 말리며 위조되는 현상이다.

　　• 특히 노화된 꽃에서 발생한 에틸렌 가스에 의해 나타난다.

　㉢ 녹병 : 고온다습과 질소비료 성분이 과다할 때 발생하기 쉽다.

※ 카네이션 칼륨 과잉 시 녹병 및 줄기가 굽는 현상이 나타난다.

---

**10년간 자주 출제된 문제**

**6-1. 글라디올러스의 절화 재배 시 블라인드(blind)현상이 일어나는 원인은?**

① 전등 조명 시
② 고온 시
③ 장일 시
④ 일조 시간이 부족할 때

**6-2. 카네이션의 개화기에 언청이 발생 원인과 관련이 없는 것은?**

① 꽃받침의 생장보다 꽃잎의 생장이 급격하게 이루어질 때
② 주야간 온도변화가 작을 때
③ 꽃눈 발달 시기가 지나치게 저온일 때
④ 꽃눈 발달 시 수분과 거름이 과다할 때

**6-3. 카네이션의 생리장해에 해당하는 것은?**

① 꽃잎말이　　　　　② 바이러스병
③ 줄기썩음　　　　　④ 시듦

**6-4. 카네이션 재배에 있어서 고온다습과 질소비료 성분이 과다할 때 발생하기 쉬운 것은?**

① 녹병
② 시듦현상
③ 악할현상(언청이 현상)
④ 모자이크병

|해설|

6-2
② 주야간 온도차가 클 때 발생한다.

**정답** 6-1 ④　6-2 ②　6-3 ①　6-4 ①

## 핵심이론 07 | 대기오염에 의한 장해

① 대기오염 물질 : 오존($O_3$), 이산화질소($NO_2$), 염소($Cl_2$), PAN, 일산화탄소($CO$), 아황산가스($SO_2$), 황화수소($H_2S$), 불화수소($HF$), 시안화수소($HCN$), 염화수소($HCl$), 암모니아가스($NH_3$), 에틸렌, 아세틸렌, 뷰틸렌, 아세톤 등

② 대기오염에 의한 장해

　㉠ 아황산가스($SO_2$)에 의한 장해
　　• 식물체의 기공을 통해 아황산이 형성되어 엽록소의 급격한 파괴나 세포 괴사 등의 증상이 나타난다.
　　• 아황산가스에 대한 민감도
　　　- 강한 화훼류 : 은단풍, 플라타너스, 꽃사과, 라일락 등
　　　- 약한 화훼류 : 무궁화, 개나리, 철쭉, 향목련, 백목련, 애기화백 등

　㉡ 불화수소가스($HF$)에 의한 장해
　　• 잎의 선단에서 괴사현상이 나타나 하부로 진행되며, 위황증을 보이다 적갈색 또는 연한 갈색을 보인다.
　　• 장미는 엽맥 사이에 황화현상이 나타나거나 심한 경우에는 괴사하는 현상을 보이며, 가지가 연약하게 발달하고 왜소화된다.
　　• 불화수소에 대한 식물의 민감도
　　　- 강한 화훼류 : 글라디올러스, 튤립, 벚나무, 낙엽송 등
　　　- 중간 화훼류 : 다알리아, 피튜니아, 베고니아, 장미, 진달래, 단풍나무 등
　　　- 약한 화훼류 : 국화, 금어초, 백일홍, 민들레, 향나무, 아까시나무, 버드나무류 등

　㉢ 오존($O_3$)에 의한 장해
　　• 식물의 피해는 잎에 제한되며, 흡수된 오존은 잎의 책상 조직과 해면 조직에 피해를 준다.

　　• 활엽수는 주로 잎 표면에 작은 반점이 발생하고, 이후 표면이 백색으로 되며, 침엽수는 잎 가장자리부터 황화된 후 괴사한다.
　　• 오존에 대한 식물의 민감도
　　　- 강한 화훼류 : 나팔꽃, 라일락, 느티나무, 포플러, 피튜니아 등
　　　- 중간 화훼류 : 장미, 맨드라미, 금잔화 등
　　　- 약한 화훼류 : 제라늄, 글라디올러스, 개나리, 금목서 등

　㉣ 질소산화물에 의한 장해
　　• 문제가 되는 종류는 이산화질소($NO_2$), 일산화질소($NO$) 및 질산($HNO_3$) 미스트이다.
　　• 활엽수는 잎에 회녹색 반점이 생기며, 엽맥 사이의 조직이 괴사한다.
　　• 침엽수는 잎의 가장자리가 적갈색으로 변하며 고사한다.
　　• 질소산화물에 대한 식물의 민감도
　　　- 강한 화훼류 : 소나무, 해송, 편백, 삼나무, 해바라기, 철쭉
　　　- 중간 화훼류 : 글라디올러스, 나팔꽃, 민들레
　　　- 약한 화훼류 : 장미, 국화, 벚나무, 단풍나무

　㉤ 기타 : PAN(peroxyacetyl nitrate), 염소가스($Cl_2$), 에틸렌가스($CH_4$) 등에 의한 장해가 있다.

**7-1. 식물병을 일으키는 중요한 대기오염원이 아닌 것은?**

① $O_2$                    ② $O_3$

③ $SO_2$                  ④ HF

**7-2. 다음 중 $SO_2$ 가스에 비교적 저항성이 강한 화훼류는?**

① 꽃복숭아, 과꽃

② 칸나, 장미

③ 꽃사과, 라일락

④ 제라늄, 메리골드

**7-3. 아황산가스가 작물에 피해를 많이 입히게 되는 조건은?**

① 비가 많이 내릴 때

② 기온 역전이 있을 때

③ 흐리고 바람이 부는 날

④ 날씨가 맑고 바람이 부는 날

**7-4. 겨울철 하우스 안에서 아황산가스에 의해 잎 끝 또는 잎 주변에 불규칙적인 적갈색무늬가 생기면서 조직이 죽어가는 현상은?**

① 백화현상                  ② 괴사현상

③ 순멎이현상                ④ 갈변현상

**정답** 7-1 ①   7-2 ③   7-3 ②   7-4 ②

---

**제2절** **병해충 방제**

## 1-1. 병해충 방제

**핵심이론 01** │ **생물적, 물리적, 화학적 방제법**

① 생물적 방제

  ㉠ 화학 농약을 사용하지 않고 생물을 이용하여 병해충을 방제하는 방법이다.

  ㉡ 길항 작용, 기생 등을 토대로 개발한 기술을 식물 병해충 방제에 적용한다.

  ㉢ 미생물 농약 중 *Bacillus pumilus*는 흰가루병, 노균병 등이 병해 방제용 살균제로, BT(*Bacillus thuringiensis*)제는 나방류의 살충제로 이용한다.

  ㉣ 천적을 방제 수단으로 이용한다.

  • 포식성 곤충 : 무당벌레, 풀잠자리, 꽃등에, 됫박벌레, 딱정벌레, 팔라시스이리응애 등

  • 기생성 곤충 : 침파리, 고치벌, 맵시벌, 꼬마벌 등

  • 곤충 병원성 미생물 : 바이러스 등

  ※ 감귤 해충 이세리아깍지벌레의 천적(5~6월경에 방사) : 베달리아무당벌레

② 물리적·기계적 방제

  ㉠ 물리적 방제

  • 병원균이 온도, 습도 등에 가진 내성 한계를 이용하여 사멸시키거나 불활성화시켜 방제하는 방법이다.

  • 온도 처리, 습도 처리, 빛과 색깔 이용(유아등, 유색 점착 트랩 등), 방사선과 음파, 압력(감압법) 등이다.

  • 상토나 배양토를 철판 위에 놓고 가열하거나 찜통에 쪄서 토양을 소독하는 방법이 있다.

  ㉡ 기계적 방제 : 간단한 기계를 사용하여 방제하는 방법이다.

  • 차단법 : 망실재배, 봉지 씌우기 재배 등

  • 포살 : 나무줄기 속에 있는 나방류나 하늘소 유충을 간단한 도구로 제거하는 방법

③ 화학적 방제

　㉠ 각종 농약을 이용하여 병해충을 방제하는 것이다.

　㉡ 병해충에 따른 적절한 농약을 사용하여 병해충을 방제한다.

　　※ 일반적으로 살충제 살포효과가 가장 큰 해충의 발육 시기 : 유충

④ 종합적 방제

　㉠ 두 가지 이상의 방법을 병행하여 병해충을 방제하는 것이다.

　㉡ 가능한 모든 방제(경종적 방제, 생물적 방제, 물리적 방제, 화학적 방제)를 종합적으로 활용하여 병해충을 방제한다.

### 10년간 자주 출제된 문제

**1-1. 생물 농약과 관련된 설명으로 옳은 것은?**

① 천적, 길항미생물 또는 길항식물 제제를 말한다.
② 생태계의 파괴 위험이 높다.
③ 병해충과 잡초의 약제저항성을 유발할 수 있다.
④ 비용이 적게 들고 효과가 확실하다.

**1-2. 천적을 이용하여 병해충을 방제하는 방법을 무엇이라 하는가?**

① 재배적인 방제법
② 화학적인 방제법
③ 생물학적인 방제법
④ 물리적인 방제법

**1-3. 다음 중 이세리아깍지벌레의 천적은?**

① 베달리아무당벌레
② 진디벌
③ 말매미
④ 왕담배나방

**1-4. 생물학적 방제에 이용되는 생물 중 포식성인 곤충은?**

① 풀잠자리류　　　　② 좀벌류
③ 침파리류　　　　　④ 맵시벌류

정답 1-1 ①　1-2 ③　1-3 ①　1-4 ①

---

### 핵심이론 02 ┃ 작물보호제의 종류 및 특성

① 화학적 방제에 주로 사용하는 작물 보호제(농약)에는 살충·살균효과를 나타내는 유효성분(active ingredient)뿐만 아니라 안정적인 제형화를 위하여 사용하는 증량제, 계면활성제 등이 포함되어 있다.

　㉠ 살충제의 종류 및 특성

| | |
|---|---|
| 식독제 | 곤충의 먹이가 되는 부분에 약제를 뿌려 먹이와 농약이 해충의 소화기관 내로 들어가 살충작용을 하는 약제이다. |
| 접촉독제 | 곤충의 피부에 농약이 묻어 피부를 통과한 성분이 해충을 죽게 하는 약제로 직접 충제에 약제가 접촉하였을 때에만 독작용을 나타내는 직접 접촉독제와 약제가 살포된 장소에서 해충이 접촉되어 살충효과를 나타내는 잔류성 접촉독제로 구분한다. |
| 침투성 살충제 | 농약을 작물의 줄기, 잎 또는 뿌리 등 일부 부위에 뿌리면 살충 성분이 식물 즙액과 함께 작물 전체로 퍼져서 해충을 죽이는 약제이다. |
| 훈증제 | 살충 성분을 가스 상태로 만들어서 사용하는 약제이다. |
| 훈연제 | 살충 성분을 연기 상태로 만들어서 사용하는 약제이다. |
| 유인제 | 해충을 유인하여 한곳으로 모이게 하는 약제이다. |
| 기피제 | 보호하고자 하는 작물이나 저장곡물에 해충이 모여드는 것을 막는 약제이다. |
| 점착제 | 끈적끈적한 물질을 나무에 발라 월동 전후에 나무를 타고 이동하는 해충을 잡는 약제이다. |
| 생물 농약 | 해충의 천적을 이용하는 제제인데 세균, 바이러스, 천적 곤충 등이 이용된다. |
| 불임제 | 해충의 생식능력을 제거하는 약제이다. |

　㉡ 살균제

| | |
|---|---|
| 직접 살균제 | 병균이 작물체 내로 침투하는 것을 막아주기도 하며, 이미 침입한 병균을 죽이는 살균제이다. |
| 보호 살균제 | 병균이 작물체 내로 침투하는 것을 막아주는 살균제이다. |
| 기타 살균제 | 종자살균제, 토양소독제 |

② 작물보호제의 살포 방법

　㉠ 분무법(spraying)

　　• 유제, 수화제, 수용제 등의 약제를 규정배수로 희석, 분무기로 양액을 뿜어내어 살포하는 방법이다.

　　• 사용법은 간편하나 살포액의 크기가 비교적 크고 균일하지 않다.

　　• 희석배수를 크게 한 후 상대적으로 많은 양의 살포액을 조제, 살포하여야 한다.

　㉡ 관주법(drenching)

　　• 약제를 농작물의 뿌리 근처 토양에 주입하거나 토양 전면에 30~60cm 간격으로 약제를 주입한 후에 흙으로 덮는 방법이다.

　　• 시설재배에서 물과 함께 약제를 혼합하여 관주한다.

　㉢ 연무법(aerosolation)

　　• 미스트보다 미립자의 연무질의 형태로 살포하는 방법이다.

　　• 입자의 크기가 작고(입경 10~20μm) 비산성이 크므로 바람이 없는 이른 아침 또는 저녁에 살포하는 것이 적당하다.

③ 농약이 갖추어야 할 조건

　㉠ 효력이 정확하고, 작물에 대한 약해가 없어야 한다.

　㉡ 사람과 가축에 대한 독성이 적고, 수질을 오염시키지 않아야 한다.

　㉢ 토양이나 먹이사슬 과정에 축적되지 않도록 잔류성이 적어야 한다.

　㉣ 농약에 대해 방제 대상 병해충이나 잡초의 저항성이 유발되지 않아야 한다.

　㉤ 다른 약제와 혼합하여 사용할 수 있어야 한다.

　㉥ 품질이 일정하고 저장 중 변질되지 않아야 한다.

　㉦ 사용법이 간편하고, 값이 싸야 한다.

PART

# 02

# 과년도+최근
# 기출복원문제

#기출유형 확인 　　　　#상세한 해설 　　　　#최종점검 테스트

※ 2017년부터는 CBT(컴퓨터 기반 시험)로 진행되어 수험자의 기억에 의해 문제를 복원하였습니다. 실제 시행문제와 일부 상이할 수 있음을 알려드립니다.

**01** 시설 내 채소 재배지 토양의 입단화를 촉진하는 방법으로 옳지 않은 것은?

① 심경
② 석회의 사용
③ 빈번한 관수
④ 멀칭 및 유기물의 시용

해설
입단화 촉진 방법
• 심경, 토양 피복
• 콩과 작물 재배
• 석회, 유기물, 토양개량제 사용

**02** 다음 중에서 불용성 인산질 비료는?

① 과인산석회
② 인산암모늄
③ 골분
④ 중과인산석회

해설
인산질 비료
• 유기태 인산 : 식물성 인산(쌀겨, 깻묵), 동물성 인산(골분, 어분) 등
• 무기태 인산
 – 수용성 : 인산, 과인산석회, 인산암모늄, 용과린 등
 – 구용성 : 용성인비 등
 – 불용성 : 인광석, 골분, 회분류 등

**03** 휴면이 거의 없는 딸기 품종들의 재배 작형에 가장 알맞는 것은?

① 억제재배
② 노지재배
③ 조숙재배
④ 촉성재배

해설
딸기 품종별 재배 작형
• 난지형 : 거의 휴면하지 않고, 촉성재배용으로 많이 쓰인다.
• 한지형 : 휴면이 매우 길고, 노지재배용으로 쓰인다.
• 중간형 : 한지형과 난지형의 중간 정도의 휴면성을 나타낸다.

**04** 수분이 포화된 상태의 토양에서 증발을 방지하면서 중력수를 완전히 배제하고 남은 수분상태를 말하며, 작물이 생육하는 데 가장 알맞은 수분 조건은?

① 포화용수량
② 흡습용수량
③ 최대용수량
④ 포장용수량

해설
포장용수량(pF 2.5~2.7) : 토양수분 항수로 볼 때 강우 또는 충분한 관개 후 2~3일 뒤의 수분 상태

**05** 채소 육묘의 목적과 가장 거리가 먼 것은?

① 자재 절약
② 조기 수확 및 증수
③ 토지의 활용도 제고
④ 추대 방지

해설
육묘의 목적 : 조기 수확 및 증수, 화아분화 억제 및 추대 방지, 유소기(幼少期) 보호 및 관리비용 절감, 경지 이용도 향상, 본포 적응력 향상

**06** 오이의 덩굴쪼김병 방제에 적합한 대목은?

① 호박
② 고추
③ 가지
④ 참외

**해설**
오이의 대목으로는 호박(흑종, 신토좌, 백국좌)이 주로 이용되고 있다.

**07** 채소의 자연분류법에 의한 채소의 분류가 알맞게 짝지어진 것은?

① 박과 – 참외, 오이
② 백합과 – 마늘, 고추
③ 가짓과 – 가지, 무
④ 십자화과 – 토마토, 양배추

**해설**
② 백합과 : 마늘
③ 가짓과 : 고추, 토마토, 가지
④ 십자화과 : 양배추, 무

**08** 적정온도가 상대적으로 높은 고온성 작물에 해당되지 않는 것은?

① 가지
② 배추
③ 피망
④ 오이

**해설**
**생육적온에 따른 분류**
• 고온성 작물 : 멜론, 수박, 가지, 피망, 오이, 호박, 포도, 콩, 토마토, 고추 등
• 저온성 작물 : 딸기, 상추, 셀러리, 보리, 상추, 배추 등

**09** 종자 내 배(胚, embryo)의 구조가 아닌 것은?

① 배젖(胚乳)
② 어린눈(幼芽)
③ 배축(胚軸)
④ 떡잎(子葉)

**해설**
**종자의 구조** : 종피, 주심의 흔적, 배유(없는 것도 있음), 배(유아, 자엽, 하배축, 유축, 유근)

**10** 다음 중에서 배추의 결구에 관여하는 가장 중요한 원인은?

① 일장과 온도
② 양분과 수분
③ 양분
④ 온도

**해설**
배추는 서늘한 기후를 좋아하는 호랭성 채소로 생육적온 18~20℃, 결구적온 15~18℃, 결구최저온도 4~5℃이다.

**11** 인산질 비료가 질소나 칼륨질보다 이용률이 떨어지는 주된 이유는?

① 빗물에 의하여 쉽게 유실되므로
② 수용성 성분이 적으므로
③ 탈질되기 쉬워서
④ 철이나 알루미늄과 결합하여 고정되므로

**12** 광합성 물질의 전류에 가장 큰 영향을 주는 환경요소는?

① 광도　　　　② 수분
③ 온도　　　　④ 이산화탄소

해설
온도는 광합성, 동화물질의 전류, 호흡, 양분흡수, 이동, 수분흡수, 증산 등에 영향을 미친다.

**13** 연작장해의 원인이 아닌 것은?

① 뿌리에서 생육을 저해하는 물질의 분비
② 토양 염류의 과잉 축적
③ 진딧물 등의 해충 만연
④ 특정 미량요소의 결핍

해설
**연작장해의 원인**
• 토양 선충의 피해
• 염류 집적
• 특정 미량요소 결핍
• 뿌리에서 유해물질 분비

**14** 토양소독 방법 중에서 가열소독이 아닌 것은?

① 메틸브로마이드소독
② 소토법
③ 증기소독
④ 태양열소독

해설
④ 메틸브로마이드소독 방법은 약제소독법에 해당된다.
**토양소독 방법**
• 가열소독 : 소토법, 증기소독, 태양열소독 등
• 약제소독 : 폼알데하이드, 클로로피크린, 메틸브로마이드, 베이팜 등

**15** 가지 모잘록병의 방제법이 아닌 것은?

① 상토를 소독한다.
② 관수를 많이 한다.
③ 종자를 소독한다.
④ 밀식을 하지 않는다.

해설
토양이 과습되지 않게 배수를 잘하여 침수되지 않도록 한다.

**16** 채소 재배 시 지주 유인의 장점이 아닌 것은?

① 밀식재배가 가능하다.

② 곡과가 적어진다.

③ 오이의 경우 쓴맛이 없어진다.

④ 색택이 좋아진다.

해설
유인작업을 통하여 잎이 겹치는 것을 막아 수광량을 늘려 광합성을 촉진할 뿐만 아니라 통기를 원활하게 하여 생산성과 품질을 높일 수 있다.

**17** 호박을 시설재배할 때 착과제로 사용되는 호르몬으로 가장 알맞은 것은?

① 2,4-D
② 라쏘
③ 콜히친
④ IBA

해설
**호박의 착과제** : 2,4-D, 토마토톤, 나프탈렌아세트산(NAA), 나프탈렌나트륨염 등

**18** NFT 방식은 어떠한 양액재배 방식인가?

① 담액형 수경방식

② 순환식 수경방식

③ 분무형 수경방식

④ 고형배지경 방식

해설
박막형(NFT)은 비닐막을 경사지게 하여 배양액을 얇게 흘리고 탱크에 모이면 펌프로 순환시키는 방식이다.

**19** 서양배의 대목으로 적당하지 않은 것은?

① 마르멜로
② 콩배
③ 돌배 실생대목
④ 북지콩배

해설
**배 대목의 종류**
• 일본배 : 재배품종의 실생대목, 돌배 실생대목이나 꺾꽂이 대목
• 중국배 : 북지콩배, 콩배
• 서양배 : 서양배의 실생대목, 마르멜로(서양모과), 콩배, 북지 콩배

**20** 다음 과수 중 휘묻이로 잘 번식하지 않는 것은?

① 무화과
② 포도
③ 나무딸기
④ 배

해설
④ 배는 접붙이기로 번식시킨다.
**휘묻이(취목)** : 가지를 모체에서 분리시키지 않은 채로 흙에 묻거나 그 밖에 적당한 조건을 주어서 발근시킨 다음에 잘라내어 독립적으로 번식시키는 방법으로 무화과, 포도, 석류나무, 나무딸기, 뽕나무 등에 이용한다.

**21** 다음 그림과 같은 접목 방법은?

① 설접(舌接)　　　② 절접(切接)

③ 할접(割接)　　　④ 안접(鞍接)

③ 할접 : 대목은 한가운데를 가르고 접수는 쐐기모양으로 깎아서 끼워 묶어주는 방법으로 모란, 소나무, 감의 고접 등에 이용한다.
① 설접 : 접지(接枝)와 접본(接本)을 모두 비스듬히 베어 접지의 뾰족한 끝을 접본의 베어 가른 곳에 끼워 넣는 방법이다.
② 절접 : 깎기접이라고도 하며 모든 접목의 기본이다.
④ 안접 : 선인장류에 많이 이용되는 방법으로 대목은 V자형으로 깎고, 쐐기모양으로 다듬은 접수를 접하여 묶어준다.

**22** 좋은 묘목의 구비조건이 아닌 것은?

① 품종이 확실한 것

② 도장하지 않고 상처 없을 것

③ 병해충이 붙지 않은 것

④ 대목의 종류 관계없이 충실한 것

**좋은 묘목의 구비조건**
• 품종이 정확하고 대목이 확실할 것
• 근군(根群) 발달이 양호하고 접목 활착 상태가 양호할 것
• 도장하지 않고 상처가 없을 것
• 병해충 피해 흔적이 없을 것
• 줄기가 곧고 굵으며 웃자라지 않을 것
• 잔뿌리가 많고 여러 방향으로 뿌리가 잘 뻗을 것

**23** 다음 중 토양 침식이 비교적 적은 과수원은?

① 석회 사용이 적은 질흙

② 토층이 얕고, 얕게 간 토질

③ 청경 재배한 곳

④ 부초나 유기물 사용이 많은 곳

**토양 침식 방지 대책**
• 심경과 유기물 사용
• 초생재배 및 부초

**24** 과수원에서 심경의 효과라고 볼 수 있는 것은?

① 뿌리가 짧게 뻗었다.

② 흙 속에 공기의 양이 줄어 들었다.

③ 토양이 홑알구조를 이루고 있다.

④ 토양수분의 보유력이 높아졌다.

깊이갈이(심경)와 유기물 사용은 투수성과 보수력을 높여 준다.

**25** 마그네슘 성분의 식물체 내의 작용에 대한 설명 중 맞지 않는 것은?

① 늙은 잎에 많이 포함되어 있다.

② 부족하면 잎맥 사이의 색이 누렇게 된다.

③ 결핍증상은 새잎에서 많이 나타난다.

④ 엽록소의 중요한 구성성분이다.

③ 결핍증상은 노엽의 잎 가장자리에서 많이 나타난다.
**마그네슘(Mg) 결핍증상**
• 노엽의 잎 가장자리에서 잎맥 사이가 **황화**된다.
• 과실이 달린 부근의 잎이 결핍되기 쉽다.

**26** 엽면시비를 하였을 때 효과가 가장 좋은 조건은?

① 작물의 뿌리가 건전하지 못할 때
② 병해충 발생이 심할 때
③ 바람이 심하게 불 때
④ 토양에 비료분이 너무 많을 때

해설
엽면시비는 작물이 필요로 하는 양분 양이 뿌리에 의한 양분흡수량보다 더 많거나 식물체 내에서 이동이 어려운 양분을 부분적으로 공급할 때, 뿌리를 통한 양분 공급이 어려울 때 사용한다.

**27** 꽃가루 매개 곤충의 활동과 화분관 신장이 왕성하게 되는 온도는 몇 ℃ 이상이 좋은가?

① 5℃　　② 10℃
③ 12℃　　④ 17℃

해설
꽃가루(화분)의 발아와 꽃가루관(화분관)의 신장은 외적 조건에서는 온도에 가장 많이 의존하고, 일반적으로는 낮은 온도보다도 높은 온도에 의해 촉진된다.

**28** 온주밀감에 발생이 가장 많고 주로 잔가지에 기생하여 그을음병을 유발하는 해충은?

① 루비깍지벌레
② 귤굴나방
③ 으름나방
④ 귤응애

해설
깍지벌레류는 감귤나무 수액을 흡즙하는 직접적인 피해와 감로를 분비해 그을음병을 유발하는 간접적인 피해를 주는 것은 물론, 심하면 낙엽 또는 가지가 고사하는 등의 피해를 유발한다.

**29** 배나무의 생리장해가 아닌 것은?

① 돌배 및 유부과 현상
② 열과
③ 과실껍질 흑변 현상
④ 날개무늬병

해설
④ 날개무늬병은 토양전염병이다.
배나무의 생리장해
발생 부위별로 살펴보면 배 잎에 발생하는 엽소현상, 조기낙엽, 과실에 발생하는 열과, 유부과, 동녹 그리고 저장 중에 발생하는 과피흑변, 내부갈변 등이 있다.

**30** 과수의 생리적 낙과 원인으로 볼 수 없는 것은?

① 수정이 되지 않았을 경우
② 단위 결과성이 강한 품종인 경우
③ 배의 발육이 중지되었을 경우
④ 질소나 탄수화물이 과부족인 경우

해설
과수의 생리적 낙과 원인
• 단위결과성이 약한 품종
• 수정이 이루어지지 않은 경우
• 배의 발육이 중지되었을 경우
• 질소나 탄수화물의 과부족
• 수광태세 불량으로 인한 영양부족

**31** 다음 품종 중 꽃가루가 없는 품종은?

① 후지      ② 홍옥

③ 쓰가루      ④ 조나골드

**해설**

**꽃가루가 없는 품종**
- 사과 : 조나골드, 무쓰, 와인숍
- 배 : 신고, 석정조생
- 복숭아 : 대화조생, 고양백도, 백도

**32** 꽃이 피어도 착과가 되지 못하거나 착과가 되어도 성숙되기 전에 과실이 떨어지는 현상은?

① 단위결과      ② 불결실성

③ 불화합성      ④ 자가불화합성

**해설**

**불결실성의 원인**
- 화분(꽃가루)의 불완전
- 불화합성(자가불화합성 또는 이형예 불화합성)
- 암꽃 생식기관의 불완전
- 전년도 화분화의 미숙

**33** 우량종자의 선택 기준을 옳게 말한 것은?

① 발아율이 높고 발아세는 낮을 것

② 발아율이 높고 발아세도 높을 것

③ 발아율이 낮고 유전순도는 높을 것

④ 발아율이 높고 유전순도는 낮을 것

**해설**

**우량종자가 갖추어야 할 조건**
- 좋은 품종의 구비조건(작물의 품질이 고른 것, 다른 품종에 비하여 특성이 뛰어난 것, 작물의 우수한 특성이 계속 유지되는 것 등)을 갖춘 종자
- 다른 종자 및 이물질이 섞이지 않은 종자
- 종자가 충분히 발달한 종자
- 발아력이 건전하고 발아세가 강한 종자
- 병충해에 감염되지 않은 종자

**34** 사과의 봉지 씌우기 재배의 목적에 적합하지 않은 것은?

① 병해충 방제

② 착색 증진

③ 당도 증진

④ 동녹 방지

**해설**

**봉지 씌우기의 목적**
- 과실의 충해 방지(삼식충 방제)
- 과실의 외관 품질의 향상
- 일소 현상, 열과 방지
- 노지재배 과수 작물의 생산성 안정 및 과실의 상품성 증진
- 과종과 품종에 따른 출하 시기 조절, 저장성 향상 등

**35** 다음 중 과실의 성숙도를 판정하는 기준에 해당되지 않는 것은?

① 과실의 색깔이 품종 고유의 특색을 나타낸다.

② 익어가는 과실은 살이 연하여 물러진다.

③ 단맛이 많아지고 신맛이 적어진다.

④ 꽃 핀 다음 성숙기까지 일정한 기일이 걸리지 않고 불규칙하다.

**해설**

성숙도는 수확적기를 결정하거나 품질의 등급을 판단하는 데 중요한 기준으로 사용된다.
- 판단도구 : 색깔, 경도, 당과 산, 크기와 모양, 달력일자, 호흡정도, 전기저항 등 이용
- 판단기준 : 성숙의 여부는 재배목적인 기관의 발육도, 조직의 노숙도, 조직의 충실도, 함유성분의 양 등에 의해 판단

**36** 우리나라 남해안이 자생지인 화훼가 아닌 것은?

① 석곡
② 봉선화
③ 나도풍란
④ 문주란

해설
② 봉선화는 인도·동남아시아가 원산지로 열대나 아온대지역의 습지, 호수, 강 주변 등 물기가 많은 곳에 분포한다.

**37** 포도 무핵과 생산에 대한 설명으로 틀린 것은?

① 지베렐린 농도는 100ppm으로 한다.
② 1회 처리는 무핵으로 하는 작용이다.
③ 2회 처리는 과실 비대 촉진 작용이다.
④ 3회 처리는 과실 착색 증진 작용이다.

해설
델라웨어의 지베렐린 처리 시기와 농도
• 개화 전 13일과 개화 후 10일에 100ppm
• 1차 처리로는 무핵과 및 착립을 촉진하고, 2차 처리로 과립을 비대시킨다.

**38** 스쿠핑, 노칭 등의 방법으로 인공 분구하여 번식시키는 구근은?

① 글라디올러스
② 칸나
③ 백합
④ 히아신스

해설
히아신스의 인공번식 방법 : 스쿠핑, 노칭, 크로스 커팅, 코링 등

**39** 공정육묘장에서 플러그묘(plug seedlings)를 생산하기 위해 자동파종기를 사용하게 되는데 이곳에 이용되는 용기는?

① 포트
② 트레이
③ 연결포트
④ 짜개포트

해설
플러그 트레이 : 플러그묘를 기르기 위한 육묘상자의 일종이다.

**40** 과수원에 석회를 줄 때 가장 좋은 방법은?

① 물에 잘 씻겨 내려가므로 겉흙에 준다.
② 이동성이 약하므로 흙과 잘 섞어 준다.
③ 심경 후 겉흙에 뿌리고 물을 준다.
④ 석회보르도액을 만들어 뿌리 주위에 살포해 준다.

**41** 작물의 종자나 생장 중인 작물에 저온을 처리하여 개화, 결실을 촉진시키는 것으로 가장 적당한 것은?

① 돌연변이 유발　　② 일장효과
③ 장야처리　　　　④ 춘화처리

**42** 다음 중 기공의 개폐에 관여하며 수분 스트레스를 받으면 증가하게 되는 식물호르몬은?

① 지베렐린(GA)
② 아브시스산(ABA)
③ 옥신(auxin)
④ 시토키닌(cytokinin)

해설
아브시스산(ABA, abscissic acid)
식물의 기공 개폐에 관여하는데, 건조 스트레스를 받으면 ABA 함량이 증가하여 기공이 닫히고 증산량이 감소한다.

**43** 다음은 화훼작물에 대한 병해충 발생을 설명한 것이다. 병해충이 발생하는 가장 적합한 조건은 어떤 것인가?

① 병원균만 존재하면 병은 발생한다.
② 병원균과 발병환경이 알맞으면 병은 발생한다.
③ 병원균이 존재하고 기주식물이 연약하여 발병환경이 맞아야 병은 발생한다.
④ 바이러스는 병원성과 매개충만 있으면 발병한다.

해설
병균을 일으키는 병원체(주인), 발병을 유발하는 환경조건(유인), 병에 걸리기 쉬운 성질(소인)등 세가지 요인이 갖추어졌을 때 발생한다.

**44** 농약에 관한 설명 중 옳지 못한 것은?

① 화학 농약은 생태계나 인축에 피해가 없다.
② 농산물의 증가 생산에 필수적이다.
③ 최근에는 농약의 개념에 생물 농약을 포함한다.
④ 병해충 및 잡초로부터 작물을 보하는 데 쓰인다.

해설
① 화학 농약은 생태계나 인축에 대한 피해가 발생할 수 있다.

**45** 적심이 교잡을 위한 개화기 조절방법으로 쓰일 수 없는 작물은?

① 무　　　　　　② 배추
③ 상추　　　　　④ 양파

해설
적심(摘心, pinching)
성장과 결실을 조절하기 위해 나무나 농작물 줄기의 끝눈을 적아(摘芽)하는 일종의 전정(剪定)·적아의 한 방법으로, 순지르기라고도 한다.

**46** 시클라멘의 적당한 출하 시기는?

① 겨울 - 봄
② 봄 - 여름
③ 여름 - 가을
④ 가을 - 겨울

**해설**
시클라멘은 겨울이 시작할 때인 11월부터 3월까지 꽃을 피우는 식물이다.

**47** 식물 병을 일으키는 중요한 대기오염원이 아닌 것은?

① $O_2$  ② $O_3$
③ $SO_2$  ④ HF

**해설**
작물에 영향을 미치는 유해가스
• $NO_2$ : 대기 중 일산화질소의 산화에 의해 발생
• $O_3$ : 대기 중 질소산화물 등이 자외선과 반응으로 생성된 2차 오염물질
• $SO_2$ : 대기오염에 가장 대표적인 유해가스로 광합성 속도 감소, 경엽 퇴색, 잎 가장자리·전면 퇴색 및 황(록)화 함
• HF : 피해지역은 한정, 독성은 가장 강함, 잎의 끝이나 가장자리가 백변
• PAN : 질소산화물, 탄화수소류 등이 빛과 반응하여 생성된 2차 대기 오염물질

**48** 광합성 유효광량 지속 발광 효율이 가장 높은 광원은?

① 백열전구
② 형광등
③ 메탈할라이드램프
④ 저압나트륨램프

**해설**
저압나트륨램프의 특성
• 발광효율이 높다.
• 단색 발광이다.
• 휘도가 낮다.

**49** 재배시설에 설치하는 난방시설이 갖춰야 할 조건 중 틀린 것은?

① 실내온도의 분포가 균일해야 한다.
② 정확하게 온도 조절이 되어야 한다.
③ 안정성이 높아야 한다.
④ 난방설비에 의한 차광이 최대화되어야 한다.

**해설**
재배시설에 설치하는 난방시설이 갖춰야 할 조건
• 실내 온도의 분포가 균일해야 한다.
• 난방설비에 의한 차광이 최소화되어야 한다.
• 정확하게 온도 조절이 되면서 안정성이 높아야 한다.
• 난방설비가 재배면적이나 재배관리를 제약해서는 안 된다.

**50** 식물공장의 태양광 이용 형태에 따른 분류 방법에 해당되지 않는 것은?

① 완전제어형  ② 수동제어형
③ 태양광 병용형  ④ 태양광 이용형

**해설**
식물공장
• 완전제어형 : 햇빛을 투과시키지 않는 건물에서 인공 조명을 이용하여 작물을 재배
• 태양광 병용형 : 햇빛이 약하거나 일조시간이 짧은 계절에는 태양광과 인공조명을 함께 사용
• 태양광 이용형 : 햇빛만을 이용하여 작물을 생산

**51** 다음 중 시설원예의 특성이라고 할 수 있는 것은?

① 집약적 경영이다.

② 자본의 소요가 적다.

③ 농약의 사용이 증가한다.

④ 생산물 가격이 저렴하다.

시설원예는 단위면적의 토지에서 경제적 가치가 큰 작물을 집약적으로 재배하는 것이 특징이다.

**52** 하우스 시설의 배치 간격에 관한 설명 중 가장 바른 것은?

① 토지 이용률을 높여야 하므로 가능한 한 가깝게 지어야 한다.

② 태양고도가 가장 높은 하지 때에 통풍에 지장이 없을 정도로 간격을 넓혀야 한다.

③ 태양고도가 가장 낮은 동지 때에 그늘이 지지 않을 정도로 간격을 정해야 한다.

④ 시설이 낮을 때는 넓게, 높을 때는 가깝게 짓는다.

태양의 고도가 최소인 동지를 기준으로 한다.

**53** 온실이나 벤치에서 재배하는 작물에서 보편적으로 사용되는 관수 방법으로서 포트 밑의 배수공을 통해 물이 스며 올라가도록 하는 관수 방법은?

① 지중관수 ② 미스트관수
③ 점적관수 ④ 저면관수

**저면관수**
분화 재배 또는 육묘 시 활용하는 관수법으로 화분 또는 플러그 트레이 하단부 가운데에 있는 배수공을 통하여 물이 올라가게 하는 방법이다.

**54** 자외선이 차단된 필름을 사용하면 어떠한 반응이 일어나는가?

① 안토사이안 발현 촉진

② 벌의 활동 억제

③ 균핵병포자 형성 촉진

④ 엽면적의 확대

**자외선 차단 필름**
특정 균류의 생장을 억제하거나 피복재의 내구성을 증대시키는 장점을 가지고 있으나 꿀벌의 활동을 다소 둔화시키고 가지와 같은 작물의 색소발현을 억제하는 등의 단점이 있다.

**55** 시설의 구비조건이 아닌 것은?

① 최악의 기상조건에서도 견딜 수 있는 구조물이어야 한다.

② 관리가 편리하고 재배면적을 최대한으로 확보할 수 있는 구조 조건이어야 한다.

③ 시설비가 적게 드는 구조여야 한다.

④ 작물생육에 적당한 온도조건만을 만들어 주는 데 효율적이어야 한다.

**시설의 구비조건**
• 최악의 기상조건에서도 견딜 수 있고 이용할 수 있는 구조물이어야 한다. 특히 그 지역의 바람과 적설에 견딜 수 있도록 설계해야 한다.
• 작물생육에 적당한 환경을 만들어 주는 데 효율적이어야 한다. 채광이 좋고, 보온력이 뛰어나며, 환기를 쉽게 할 수 있는 시설이어야 한다.
• 여러 가지 관리가 편리하고 작업 능률을 올릴 수 있는 구조로서, 재배면적을 최대한 확보할 수 있는 구조여야 한다.
• 시설의 내구 연한이 길어질 수 있도록 설계해야 한다. 같은 자재라도 시설의 구조에 따라 내구성이 달라질 수 있다.
• 시설비가 적게 드는 구조여야 한다. 구조가 지나치게 복잡하면 자재와 노력이 많이 소요되어 경영 성과가 낮아지기 쉽다.

**56** 시설 내 습도의 변화에 대한 설명 중 가장 바른 것은?

① 한낮에는 상대습도가 높아진다.
② 하루 중 시설 내의 습도는 거의 일정하다.
③ 한밤 중에는 거의 포화상태에 이른다.
④ 시설 내에서는 노지보다 습도의 변화가 작다.

**해설**
시설 내의 습도 변화는 환기의 유무에 따라 다르며, 무환기, 무가온의 시설에서는 기온 상승과 함께 주간에는 80% 가까이 상대습도가 내려가고 시설 내의 보온이 시작되는 저녁부터는 상대습도가 거의 포화상태에 이른다.

**57** 하우스 안에 온도가 높아지기 시작했을 때 제일 먼저 환기하는 방법은?

① 천창을 연다.
② 벽에 부착된 창을 연다.
③ 출입문을 개방한다.
④ 벽 필름을 걷어 올린다.

**해설**
더운 공기는 비중이 작아 위로 올라가기 때문에 천창의 환기효율이 가장 좋다.

**58** 다음 중 시설 내 염류 집적이 생기는 가장 큰 이유는?

① 다비재배         ② 고지온
③ 토양수분 부족     ④ 일조시간 단축

**해설**
**시설토양의 염류 집적 원인**
• 다비재배하기 때문에
• 강우가 차단되기 때문에
• 토양표면으로부터의 증발이 많기 때문에
• 광선이 약해 광합성량이 적기 때문에

**59** 시설 내에서의 냉방 효과에 관한 설명 중 잘못된 것은?

① 시설의 주년적인 이용이 가능하다.
② 약광의 조건으로 생육을 조절할 수 있다.
③ 온도가 낮아 해충 발생이 억제된다.
④ 패드 방식일 때에는 공기가 깨끗해지고 작업 능률이 높아진다.

**해설**
시설 내에서 기온이 작물의 생육적온보다 높아지는 5월 이후에는 차광이나 환기장치에 의해 기온을 낮추어 주고 온도조절 상한선을 넘을 때는 냉방장치를 도입한다.

**60** 다음에 설명하는 시설하우스의 주요 해충은?

> • 작물에 붙어 흡즙하면 식물체 양분이 부족하게 되며, 침샘에서 분비되는 독성물질이 엽록소를 파괴하여 잎이 위축되거나 황화하면서 생육이 저해된다.
> • 바이러스병을 매개하여 피해가 크다.
> • 적합한 환경에서 알 → 약충 → 3회 탈피 → 성충으로 한 세대를 마치는 데 5~8일이 소요된다.

① 응애         ② 선충
③ 진딧물       ④ 온실가루이

**해설**
**진딧물**
4월 중순에 부화하여 간모(진딧물의 월동란이 봄에 부화하여 발육한 것으로 날개가 없이 새끼를 낳는 단위 생식형의 암컷)가 되면 단성생식을 하면서 1~2세대를 지낸다. 고추, 오이, 가지 등 채소작물의 어린싹이나 잎의 뒷면을 흡즙하며 바이러스의 주요 감염원이 된다.

**01** 과수원의 멀칭 효과로 적당하지 않은 것은?

① 토양 침식 방지　　② 제초 효과

③ 토양의 떼알구조화　④ 표토의 수광량 증대

**해설**
멀칭의 효과
- 지온의 조절
- 잡초의 발생 억제
- 과실의 품질 향상
- 토양의 보호 및 건조 방지
- 생육 촉진
- 병원체 차단

**02** 복합비료는 명칭과 17-21-17과 같은 숫자들로 표시되어 있는데 이 숫자들이 의미하는 것은?

① 비료의 효과를 %로 나타낸 것이다.

② 질소, 인산, 칼륨의 함량을 %로 나타낸 것이다.

③ 질소, 인산, 칼슘의 함량을 kg 단위로 나타낸 것이다.

④ 비료 제조번호를 나타낸 것이다.

**해설**
질소(N) 17%, 인산(P) 21%, 칼륨(K) 17%가 들어 있다는 의미이다.

**03** 참외를 점질토양에 재배하게 될 때 생육과정에서 가장 현저하게 일어나는 특징은?

① 생육이 촉진된다.　　② 병발생이 심하다.

③ 육질이 연하여진다.　④ 당도가 높아진다.

**해설**
점질토양의 장단점
- 장점 : 당도가 높아진다.
- 단점 : 초기 생육이 늦어 수확시기가 늦어진다.

**04** 토양수분과 작물생육과의 관계를 옳게 설명한 것은?

① 포장용수량의 pF는 2.5~2.7 정도이다.

② 작물생육에 적합한 수분함량은 pF 3.0~4.7 정도이다.

③ 작물이 주로 이용하는 수분은 중력수와 토양입자 흡습수이다.

④ 초기위조점에 달한 식물은 수분을 공급해도 살아나기 어렵다.

**해설**
② 작물생육에 적합한 수분함량은 pF 1.8~4.5 정도이다.
③ 작물이 주로 이용하는 수분은 모관수이다.
④ 초기위조점에 달한 식물은 수분을 공급하면 작물이 되살아난다.

**05** 다음 중 접목의 직간접적 효과가 아닌 것은?

① 직근류의 기근발생 억제

② 백침계 오이의 백분(bloom) 발생 방지

③ 뿌리의 흡비력 증진

④ 토양전염성 병의 발생 억제

**해설**
채소 접목재배의 목적
- 토양전염성 병해의 발생 억제
  예 박과 채소의 덩굴쪼김병(만할병)과 고추의 역병(疫病)
- 뿌리의 흡비력 증진
- 이어짓기 피해 감소
- 접수의 생육 촉진
- 중금속 오염 감소

**06** 흰가루병균은 다음 중 어떤 기생균에 속하는가?

① 순활물기생　　② 순사물기생
③ 반활물기생　　④ 반사물기생

해설
**병원체의 기생성**
- 절대기생체(순활물기생체) : 살아있는 조직 내에서만 생활할 수 있는 것
  예 녹병균, 흰가루병균, 노균병균, 바이러스
- 임의부생체(반기생체) : 기생을 원칙으로 하나 죽은 유기물에서도 영양을 취하는 것
  예 깜부기병, 감자역병, 배나무의 검은별무늬병
- 임의기생체 : 부생을 원칙으로 하나 노쇠 또는 변질된 산 조직을 침해하기도 한다.
  예 고구마의 무름병균, 잿빛곰팡이병균, 각종 식물의 모잘록병
- 절대부생체(순사물기생체) : 죽은 유기물에서만 영양을 섭취한다.
  예 심재썩음병균

**07** 다음 중 채소를 생태적 특성에 따라 분류한 것은?

① 엽채류, 근채류
② 인경채류, 양채류
③ 가짓과 채소, 박과 채소
④ 호온성 채소, 호랭성 채소

해설
**채소의 분류**
- 자연분류 : 가짓과 채소, 박과 채소 등
- 생태적 분류 : 호온성 채소, 호랭성 채소 등
- 이용에 따른 분류 : 엽채류, 근채류, 인경채류, 양채류 등

**08** 오이의 쓴맛이 생기는 원인은?

① 질소 비료의 결핍 시
② 인산 및 칼륨질 비료의 충분한 시용
③ 토양의 수분이 부족하였을 때
④ 웃거름으로 액비를 시용하면서 물주기를 하였을 때

해설
오이는 재배 온도가 15℃ 이하 33℃ 이상에서 토양이 건조하거나, 토양 산도가 낮을 때, 질소질 비료를 지나치게 많이 줬을 때 쿠쿠르비타신이라는 알칼로이드 화합물이 생겨 쓴맛이 나게 된다.

**09** 종자가 발아하는 데 빛이 있으면 발아가 촉진되는 채소는?

① 토마토　　② 상추
③ 오이　　　④ 파

해설
**광조건**
- 호광성(광발아) 종자 : 담배, 상추, 우엉, 차조기, 금어초, 베고니아, 뽕나무
- 혐광성(암발아) 종자 : 토마토, 가지, 오이, 파, 양파, 수세미, 수박, 호박, 무 등
- 광무관계 종자 : 화곡류, 옥수수

**10** 다음 중 무의 바람들이 현상이 생기는 시기는?

① 수확 직전부터 생긴다.
② 저장 중에 일어난다.
③ 추대하는 경우에 주로 일어난다.
④ 최대생장시기 직후에 시작된다.

해설
바람들이는 일종의 노화현상이다. 뿌리의 생육비대(뿌리가 커짐)가 왕성하게 이루어지려고 할 때, 잎에서 생산된 동화(광합성) 양분이 적어, 뿌리의 중심부까지 충분하게 양분을 공급할 수 없게 되어 기아상태의 세포 조직이 노화함에 따라 세포의 내용물에 변화가 생긴 것이다.

**11** 토양이 강한 산성반응일 때 그 결핍이 뚜렷하고 작물이 생육장해를 입게 되는 양분 요소는?

① 철
② 구리
③ 망간
④ 마그네슘

**해설**
산성토양은 활성알루미늄 작용으로 뿌리 생육의 억제, 인산의 효과 억제, 마그네슘 결핍으로 이어지고, 망간의 과다 흡수로 생리장해의 원인이 된다.

**12** 시설의 보온 방법에 관한 설명이 바르지 않은 것은?

① 토양수분을 과습되게 유지한다.
② 토양을 플라스틱필름으로 멀칭한다.
③ 시설경계에 단열재를 묻어준다.
④ 기밀도가 높도록 한다.

**해설**
토양수분을 적절히 유지한다.

**13** 원예작물의 재배에 있어서 위조현상이 나타나기 시작하는 pF 값은?

① 1.7
② 2.5
③ 4.2
④ 5.6

**해설**
위조계수(pF 4.2, 15기압) : 토양수분의 장력이 커서 식물이 흡수하지 못하고 영구히 시들어버리는 지점을 위조점이라 하고 이때의 수분함량을 위조계수라 한다.

**14** 열매채소의 종류별 토양적응성이 잘못 짝지어진 것은?

① 오이 : 배수가 잘되고 통기가 좋아야 한다.
② 수박 : 산성이 강하면 탄저병에 걸리기 쉽다.
③ 고추 : 보수력이 있는 모래참흙이 좋다.
④ 호박 : 이어짓기를 할 수 있고 토양의 적응성이 높다.

**해설**
수박은 비교적 산성에 강한 작물로 pH 5~7 정도의 범위에서 재배가 가능하나 산성토양에서는 석회결핍증이나 만할병의 발생이 많으며 지나친 철분의 과다흡수로 잎이 쭈글거리는 경우가 생길 수 있다.

**15** 다음 농약 중 보호 살균제인 것은?

① 석회보르도액
② 메타실 수화제
③ 지오판 수화제
④ 베노밀 수화제

**해설**
**보호 살균제**
병균이 식물체에 침투하는 것을 막기 위하여 쓰는 약제로 보호제, 예방제라고도 하며, 석회보르도액, 구리분제, 유기유황제, 수산화구리제 등이 이에 속한다.

**16** 과채류에서 착과 과정이 순서대로 옳은 것은?

① 종자형성 → 수분 → 수정 → 착과

② 수분 → 수정 → 종자형성 → 착과

③ 수정 → 종자형성 → 수분 → 착과

④ 수정 → 수분 → 착과 → 종자형성

**해설**
착과는 암꽃과 수꽃이 개화한 후에 꽃가루받이와 수정이 이루어진 상태로 과일을 먹는 열매채소에서는 가장 중요한 부분이다.

**17** 종자가 형성되지 않아도 착과하여 과실이 정상적으로 비대되는 현상을 무엇이라 하는가?

① 수분　　　　② 수정

③ 춘화　　　　④ 단위결과

**해설**
단위결과 : 수정에 의해 종자가 형성되지 않아도 착과하여 과실이 정상적으로 비대하는 현상
예 토마토, 고추, 바나나, 감귤, 파인애플, 오이, 호박, 포도, 오렌지, 감, 무화과 등

**18** 수경재배 분류 중 펄라이트, 피트모스, 톱밥 등을 이용하는 재배 방법은?

① 고형배지경　　　② 분무수경

③ 분무경　　　　　④ 담액수경

**해설**
고형배지경은 토양이 아닌 유기물 및 무기물질을 배지로 이용하여 배양액을 적절하게 공급하여 재배하는 방식이다.

**19** 복숭아의 조생종 종자를 대목용으로 사용하지 않는 가장 중요한 이유는?

① 병해충에 약하기 때문에

② 종자의 발아율이 낮기 때문에

③ 접목 불친화 때문에

④ 왜성화되기 때문에

**해설**
조생종은 배 발육 미숙으로 발아력이 전혀 없거나 현저히 낮으므로 중, 만생종 종자를 이용한다.

**20** 포도 재배 시 포도뿌리혹벌레의 피해를 막기 위해 취할 수 있는 방법은?

① 시비

② 접목

③ 시설재배

④ 지베렐린 처리

**해설**
포도뿌리혹벌레는 저항성 대목을 접목하여 예방할 수 있다.

**21** 과수의 접붙이기 효과에 대한 설명 중 바르지 않은 것은?

① 열매 맺는 연령을 앞당겨 준다.
② 유전형질이 다른 묘목이 일시에 많이 양성된다.
③ 병해충에 대한 저항성을 높여 준다.
④ 대목의 선택에 따라 나무의 세력을 왜화시킬 수 있다.

해설
재배하고자 하는 품종인 어미나무의 특성을 지니는 묘목을 일시에 다량으로 생산할 수 있다.

**22** 과수 묘목을 심을 때 가장 고려하지 않아도 될 사항은?

① 품종 특성 　　② 수형
③ 토양 조건 　　④ 제초 방법

해설
과수는 종류별로 환경 조건(토양의 종류, 관수 여부, 토양 기생 병해충, 동상해 등 입지 조건)이 다르기 때문에 심는 장소에 따라 적당한 수종과 품종을 골라 심어야 한다.

**23** 우리나라 토양의 모재(母材)는 어떻게 구성되어 있는가?

① 편마암의 풍화물
② 현무암의 풍화물
③ 화강암의 풍화물
④ 석회암의 풍화물

해설
우리나라 토양의 모재
전 국토의 2/3가 화강암·화강편마암으로 되어 있어서, 모래질이 많으며, 산성을 띠고 있어 비옥도가 낮다.

**24** 과수원 토양침식을 방지하는 방법 중 틀린 것은?

① 경사도가 15° 이상일 때는 등고선 심기를 한다.
② 물모임도랑(집수구)을 옆으로 돌려 배수로에 연결시킨다.
③ 초생법 또는 부초법을 실시한다.
④ 깊이갈이(심경)와 유기물 시용으로 투수성과 보수력을 높여준다.

해설
① 경사도가 15° 이상일 때는 계단식 심기, 5~15°의 경사지에서는 송수구 설치, 5° 이하에서는 등고선 심기를 한다.

**25** 재배지의 기후에 의한 분류 시 온대 과수에 속하는 것은?

① 감귤 　　　② 파인애플
③ 바나나 　　④ 복숭아

해설
재배지의 기후에 의한 분류
• 열대 과수 : 바나나, 파인애플 등
• 아열대 과수 : 감귤, 비파 등
• 온대 과수 : 배, 포도, 복숭아, 감, 나무딸기 등

**26** 심층시비에 대한 설명 중 맞는 것은?

① 깊이 뻗은 뿌리에 의해 흡수되어 효과가 빨리 나타난다.

② 추비하기 어려운 멀칭재배에 효과적이다.

③ 속효성 비료를 사용하면 효과적이다.

④ 시비 횟수를 늘려야 하는 단점이 있다.

**해설**

심층시비는 시비 횟수를 줄일 수 있어 추비하기 어려운 멀칭 및 소형터널 재배 시에 효과적이다.

**27** 광주 반응(광주율)과 관계가 먼 것은?

① 개화, 비늘줄기, 덩이줄기 형성

② 위조현상의 발생

③ 줄기의 생장, 낙엽, 휴면 유도

④ 성 발현, 색소 형성

**해설**

일장은 화아분화, 개화, 기타 발육반응에 영향을 미치며 이러한 효과를 광주성 또는 광주율이라고 한다.

※ 위조현상 : 수분이 부족하여 식물체 조직이 말라 가는 현상

**28** 사과를 가해하는 해충 중 적갈색으로 솜과 같은 백색의 솜털로 덮여 있는 것은?

① 진딧물　　　　② 면충

③ 응애　　　　　④ 깍지벌레

**해설**

사과면충

사과나무의 뿌리를 먹고 살며, 나무의 발육을 정지시키거나 죽이기도 한다. 어린 사과면충은 흰색의 솜 같은 덩어리에 에워싸여 있다.

**29** 다음 중 검은별무늬병(黑星病)에 특히 강한 배 품종은?

① 행수　　　　　② 황금배

③ 만삼길　　　　④ 풍수

**30** 육묘 온실의 시설이 아닌 것은?

① 벤치 시설　　　② 관수 시설

③ 수확 시설　　　④ 난방 시설

**해설**

육묘 온실의 시설 : 벤치 시설, 관수 시설, 냉난방 시설, 공조(空調) 시설 등

**31** 지금 변칙주간형을 만들고자 한다. 그 초기엔 어떤 수형과 비슷하게 키워야 하나?

① Y자형　　　　　② 덕식
③ 배상형　　　　　④ 원추형

**해설**
변칙주간형 수형구성 방법
초기 수년간은 원추형(주간형)과 같이 원줄기를 연장시켜 재배하다가 적당한 수의 골격성 주지가 형성되었을 때 원줄기의 선단부 세력을 서서히 억제함으로써 골격성 원가지의 세력을 촉진시킨 후 최상단의 주지가 거의 완성되었을 때 주간연장부를 제거하여 수형을 완성시킨다.

**32** 다음 복숭아 중 수분수로 적합한 품종은?

① 백도　　　　　　② 사자조생
③ 창방조생　　　　④ 대구보

**해설**
대구보 품종이 수분수로 가장 적합하다.

**33** 다음 중 당년생의 새 가지에 결실하는 과수는?

① 복숭아　　　　　② 포도
③ 배　　　　　　　④ 양앵두

**해설**
과수의 결과 습성
• 1년생 가지에 결실 : 감, 포도, 감귤, 무화과, 벼, 파, 호두 등
• 2년생 가지에 결실 : 복숭아, 자두, 양앵두, 매실, 살구 등
• 3년생 가지에 결실 : 사과, 배 등

**34** 다음 중 사과 동녹(銅銹)의 효과적인 방지 대책은?

① 낙화 후 10일 내에 봉지를 씌운다.
② 유과기에 보르도액이나 동수화제만 살포한다.
③ 중심과에 잘 생기므로 다발 품종은 측과를 남기고 중심과를 적과한다.
④ 병균에 의한 것이기 때문에 낙화 직후 약제 살포를 철저히 한다.

**해설**
사과 동녹
• 과실 표면에 혀 모양이나 띠 모양의 동녹이 발생하고, 과형을 나쁘게 하여 상품 가치를 떨어뜨린다.
• 동녹 발생이 심한 품종은 낙화 후 10일 이내에 봉지를 씌워야 동녹 발생을 효과적으로 막을 수 있다.

**35** 우리나라에서 가장 많이 심는 감귤은?

① 온주밀감　　　　② 오렌지류
③ 하밀감　　　　　④ 재래귤

**해설**
온주밀감
겨울철 우리가 흔히 먹는 감귤 품종으로 국내 재배의 90% 이상을 차지하고 있다. 껍질 벗기기가 쉽고 씨가 없는 감귤로 우리나라와 가까운 중국 온주(원저우)에서 유래되었다.

**36** 다음 중 습생화훼는 어떤 것인가?

① 용설란      ② 꽃창포

③ 사철채송화      ④ 부평초

**해설**

습생화훼(濕生花卉)

습기가 많은 토양 조건에서 잘 자라며, 알로카시아, 미나리, 골풀, 꽃창포, 고마리 등이 있다.

**37** 춘식구근(春植球根)에 해당하는 것은?

① 크로커스      ② 무스카리

③ 아마릴리스      ④ 튤립

**해설**

춘식구근 : 글러디올러스, 칸나, 달리아, 아마릴리스, 진저, 수련 등

**38** 글라디올러스는 주로 어느 방법으로 번식하는가?

① 분체번식      ② 목자

③ 인공번식      ④ 삽목

**해설**

글라디올러스, 크로커스, 프리지어는 개화가 끝나면 묵은 구근 위에 여러 개의 작은 알줄기(목자)가 형성되어 이를 번식시킨다.

**39** 꽃 재배의 부엽재료로 가장 좋은 것은?

① 갈참나무잎

② 소나무잎

③ 은행나무잎

④ 아카시아나무잎

**해설**

부엽은 활엽수의 두꺼운 잎인 떡갈잎나무, 도토리나무, 상수리나무, 참나무, 밤나무, 갈참나무잎이 좋다.

**40** 복숭아 수지병의 설명으로 바르지 못한 것은?

① 큰 가지나 원줄기에 발생한다.

② 수세가 강한 나무에서 많이 발생한다.

③ 투명한 젤리 모양의 수지가 분비된다.

④ 봄에 보르도액을 줄기에 발라 예방한다.

**해설**

복숭아 수지병

• 5~8월 사이 장마기에 많이 발생한다.

• 습해, 건조해, 일소, 줄기마름병, 복숭아유리나방 피해 등으로 약해진 부위에 병원균이 침입하여 발생한다.

• 큰 가지나 원줄기에 투명한 젤리 모양의 수지가 분비된다.

• 봄에 보르도액을 줄기에 발라 예방한다.

**41** 온도계수의 설명으로 가장 바른 것은?

① 온도가 10℃ 올라감에 따라 생리작용의 반응속도 변화를 표시한 수치

② 온도가 1℃ 올라감에 따라 생리작용의 반응속도 변화를 표시한 수치

③ 온도가 5℃ 올라감에 따라 생리작용의 반응속도 변화를 표시한 수치

④ 온도가 7℃ 올라감에 따라 생리작용의 반응속도 변화를 표시한 수치

**해설**
온도계수($Q_{10}$) : 온도차 10℃에서의 물리·화학·생물학적 성질의 변화율을 말한다. 대부분의 경우 $Q_{10}$은 2~3이라는 값이 된다.

**42** 다음 중 아나나스계 화훼류의 꽃 피기를 촉진시킬 수 있는 물질은 어느 것인가?

① 지베렐린
② 에틸렌
③ 옥신
④ 카이네틴

**해설**
파인애플과 식물(guzumania, ananas, neoregelia 등)은 에틸렌을 처리하면 개화가 촉진되지만, 대부문의 화훼류에서는 개화가 억제된다.

**43** 주로 야간이나 흐린 날 활동하면서 어린 잎에 피해를 주는 해충은?

① 민달팽이
② 진딧물
③ 응애
④ 흰나비 애벌레

**해설**
민달팽이는 습한 곳과 온실 등에 서식하면서 낮에는 돌 밑이나 흙 속에 숨어있다가 야간에 지표로 나와 활동을 하는 해충이다.

**44** 밭에 많이 나는 여름 1년생 잡초는?

① 냉이
② 질경이
③ 소루쟁이
④ 쇠비름

**해설**
쇠비름은 1년생 초본으로 다육질의 한해살이풀이다.

**45** 수목을 이식할 때의 고려사항으로 가장 적합하지 않은 것은?

① 지상부의 지엽을 전정해 준다.
② 뿌리분의 손상이 없도록 주의하여 이식한다.
③ 굵은 뿌리의 자른 부위는 방부처리하여 부패를 방지한다.
④ 운반이 용이하게 뿌리분은 기준보다 가능한 한 작게 하여 무게를 줄인다.

**해설**
수목을 이식할 때 뿌리분의 크기는 일반적으로 근원지름의 4배 정도(4~6배)를 기준으로 한다.

**46** 다음 중 시설재배 채소에 피해를 주지 않는 해충은?

① 꽃등에
② 응애
③ 뿌리혹선충
④ 복숭아혹진딧물

**해설**
방화곤충(화분을 운반하는 곤충, 매개곤충) : 꿀벌, 꽃등에, 나비목 등

**47** 다수진 10% 분제 1kg을 2.5%의 분제로 만들려면 증량제는 얼마나 필요한가?

① 1kg
② 2kg
③ 3kg
④ 4kg

**해설**
증량제의 양 = 원제의 양 × [(원제의 함량/원하는 함량 − 1)]
= 1kg × [(10%/2.5%) − 1] = 3kg

**48** 화훼류의 개화 시기를 억제시키기 위하여 한밤중에 빛을 비추어 주는 것을 무엇이라 하는가?

① 차광
② 관수
③ 광중단
④ 꽃눈성숙

**해설**
광중단(光中斷, night break)
밤 10시~새벽 2시 또는 밤 11시~새벽 3시 심야에 4시간 동안 전조(電照)를 해 줌으로써 장일의 효과를 얻는 조명 방법이다.

**49** 시설재배기간 동안 연료의 소비량을 예측하는 데 중요하게 이용되는 난방부하는?

① 난방부하량
② 최대난방부하
③ 기간난방부하
④ 난방부하계수

**해설**
난방부하
• 난방기 용량 결정 : 최대난방부하
• 난방기간 중 연료 소비량 결정 : 기간난방부하

**50** 다음 중 대기 중에 함유된 탄산가스의 농도는?

① 3%
② 0.3%
③ 0.03%
④ 0.003%

**해설**
대기의 구성
질소 약 78.1%, 산소 약 21%, 아르곤 약 1%, 이산화탄소 약 0.03%

**51** 콤바인을 이듬해까지 장기 보관할 때의 방법을 잘 못 설명한 것은?

① 통풍이 잘되고 습기가 많은 곳에 보관한다.
② 직사광선이 없는 곳에 예취부를 내려놓는다.
③ 주차브레이크 고정 고리를 걸어 둔다.
④ 예취클러치 레버는 끊김 위치에 놓는다.

**해설**
① 통풍이 잘되고 건조한 실내에 보관한다.

**52** 머스크멜론과 같은 호온성 작물 재배온실로 가장 적합한 것은?

① 반지붕식
② 3/4식
③ 양지붕식
④ 원형지붕식

**해설**
② 겨울에 채광이 잘되어 멜론 재배 등에 많이 이용되고 있다.

**53** 시설의 골격 자재 중 우리나라에서 가장 많이 사용되는 것은?

① 원형강관(pipe)
② 두랄루민(duralumin)
③ 알루미늄(aluminium)
④ 스테인리스(stainless)

**해설**
과거에는 죽재와 목재를 많이 사용하였지만 철재를 거쳐 현재에는 주로 아연을 용융 도금한 펜타이트파이프(pentite pipe)를 사용하여 내구연한이 길다.

**54** 다음 중 가시광선 투과율이 높은 순으로 된 것은?

① 유리 > 아크릴 > 플라스틱
② 아크릴 > 플라스틱 > 유리
③ 아크릴 > 유리 > 플라스틱
④ 유리 = 아크릴 > 플라스틱

**해설**
가시광선 투과율이 높은 피복재 : 아크릴판 > 유리 > 플라스틱 필름

**55** 다음 중 작물의 생산성을 극대화하기 위한 3요소로 가장 옳은 것은?

① 유전성, 환경조건, 생산자본
② 유전성, 환경조건, 재배기술
③ 유전성, 재배기술, 생산자본
④ 환경조건, 재배기술, 토지자본

**해설**
우수한 품종을 최대한 수확하기 위해 생산의 3요소 : 환경조건, 유전성, 재배기술

**56** 하우스의 원활한 자연환기를 위한 환기창의 최저 면적 비율은?

① 5%　　　　　　② 10%

③ 15%　　　　　　④ 20%

**해설**
자연환기를 위한 환기창의 면적은 온실 전체 표면적의 15% 정도가 적당하다.

**57** 시설 내 광 환경을 개선하기 위한 방법으로 옳지 않은 것은?

① 가늘고 강한 골격재를 선택하여 차광률을 줄인다.
② 물방울이 잘 맺히는 피복재를 선택한다.
③ 광투과력이 좋고, 먼지가 잘 부착되지 않는 피복재를 사용한다.
④ 시설의 설치는 동·서동 방향으로 한다.

**해설**
시설 내에 광 투과율을 높이기 위해 시설 골격률을 최대한 낮추고 물방울이 맺히지 않는 무적성의 피복자재를 이용하는 것이 좋다.

**58** 감의 생리적 낙과 방지대책이 아닌 것은?

① 수분이 잘 되도록 한다.
② 정지, 전정을 합리적으로 한다.
③ 환상박피를 실시한다.
④ 질소질 비료를 많이 주어 일조 부족을 막는다.

**해설**
생리적 낙과 방지대책
• 수분(授粉)
• 착과량 조절(적뢰, 적과)
• 일사량 확보, 통풍(정지, 전정)
• 환상박피
• 비배관리 철저(시비량, 관배수)

**59** 온상에서 모종을 길러 늦서리의 위험이 없어진 다음 본밭에 내다 심어서 빨리 수확하는 재배 방식은?

① 조숙재배　　　　② 반촉성재배

③ 촉성재배　　　　④ 억제재배

**해설**
② 반촉성재배 : 생육초기에 난방이 이루어지며, 3~6월에 수확되는 작형이다. 남부지방 및 도시근교 농업에서 주로 이루어진다. 주요 작목으로는 토마토, 호박, 오이, 딸기 등이 있다.
③ 촉성재배 : 주로 생육 전기간에 난방이 이루어지며, 12~4월에 출하를 목표로 이루어지는 경우가 많으며, 주로 남부지방 및 평지에서 이루어진다. 주요 작목으로는 파프리카, 토마토, 가지, 딸기, 오이, 호박 등이 있다.
④ 억제재배 : 10~12월 사이에 출하를 목적으로 재배하여 정식시기를 지연하는 작형으로 강원 지역 및 고랭지 지역에서 주로 이루어진다. 파프리카, 토마토, 오이, 호박 등이 있다.

**60** 화훼작물의 붕소 결핍증상이 아닌 것은?

① 생장점이 오그라든다.
② 잎자루가 코르크화한다.
③ 하엽이 누렇게 시든다.
④ 뿌리 중심이 검어진다.

**해설**
붕소 결핍증상
• 개화기가 불균일하다.
• 화분의 발아 - 신장이 억제된다.
• 생장점 부근의 어린잎이 황화된다.
• 생장점이 오그라든다.
• 잎자루가 코르크화한다.
• 뿌리 중심이 검어진다.

## 01 어떤 토양의 유기탄소 함량이 1.8%이고 C/N율이 12일 때 이 토양의 유기질소 함량은?

① 0.13  ② 0.15
③ 0.18  ④ 0.20

**해설**
C/N율 = 탄소/질소
∴ 질소 = 1.8% ÷ 12 = 0.15%

## 02 다음 복합비료 중 주성분 함량이 가장 많은 비료는?

① 21-21-17  ② 11-21-11
③ 18-18-18  ④ 0-40-10

**해설**
복합비료의 표시 : 질소 21%, 인산 21%, 칼륨 17%

## 03 연백, 분구 촉진, 머리부분 엽록소 발생 억제 등의 효과를 위하여 북주기(배토)를 하지 않아도 되는 채소는?

① 아스파라거스  ② 토란
③ 양파  ④ 당근

**해설**
배토가 반드시 필요한 작물 : 감자, 당근, 파, 셀러리, 아스파라거스, 토란 등

## 04 다음 중 적산온도에 대한 설명으로 가장 적합한 것은?

① 작물생육기간 중 0℃ 이상의 일평균기온을 합산한 온도
② 작물생육의 최적온도를 생육일수로 곱한 온도
③ 작물생육기간 중 일최고기온을 합산한 온도
④ 작물생육기간 중 일최저기온을 합산한 온도

**해설**
적산온도
• 작물의 싹트기에서 수확할 때까지 평균기온이 0℃ 이상인 날의 일평균기온을 합산한 것이다.
• 작물의 기후 의존도, 특히 온도환경에 대한 요구도를 나타내는 잣대로 이용된다.

## 05 채소 병해 중 토양전염성인 것은?

① 참외의 흰가루병
② 멜론의 덩굴쪼김병(漫割病)
③ 오이의 노균병(露菌病)
④ 수박의 탄저병(炭疽病)

**해설**
토양병의 종류
• 토양 서식형 기생병 : 모잘록병, 잘록병, 시들음병, 궤양병, 뿌리썩음병, 흰빛날개무늬병
• 근계 서식형 기생병 : 무사귀병, 더뎅이병, 덩굴쪼김병, 마름병, 짐무늬병

**06** 죽은 식물에 부생을 원칙으로 하나 살아있는 조직을 침해하여 병을 일으킬 수 있는 임의 기생체는?

① 보리 흰가루병균

② 딸기 잿빛곰팡이병균

③ 오이 노균병균

④ 향나무 녹병균

해설

병원체의 기생성

• 절대기생체(순활물기생체) : 살아있는 조직내에서만 생활할 수 있는 것

　예 녹병균, 흰가루병균, 노균병균, 바이러스

• 임의부생체(반기생체) : 기생을 원칙으로 하나 죽은 유기물에서도 영양을 취하는 것

　예 깜부기병, 감자역병, 배나무의 검은별무늬병

• 임의기생체 : 부생을 원칙으로 하나 노쇠 또는 변질된 산 조직을 침해하기도 한다.

　예 고구마의 무름병균, 잿빛곰팡이병균, 각종 식물의 모잘록병

• 절대부생체(순사물기생체) : 죽은 유기물에서만 영양을 섭취한다.

　예 심재썩음병균

**07** 다음 중 육묘의 목적과 거리가 먼 것은?

① 토지 이용도를 높인다.

② 노력이 절감된다.

③ 집약적인 관리를 할 수 있다.

④ 수량이 감소된다.

해설

④ 수량이 증가한다.

**08** 호랭성 채소가 호온성 채소에 비하여 다른 점을 바르게 설명한 것은?

① 식물체가 크고 근권의 분포가 깊다.

② 저장온도가 비교적 높다.

③ 질소질거름의 효과가 크다.

④ 수분의 요구량이 비교적 적다.

해설

호랭성 채소의 특징

• 발아온도가 낮고 서리에 견디는 힘이 강하다.

• 식물체가 작고 근권분포가 얕다.

• 저장온도가 비교적 낮다.

• 질소비효가 크다.

• 수분을 많이 요구한다.

**09** 다음 중 물속에서도 발아가 잘 되는 것은?

① 무　　　　　　　② 고추

③ 파　　　　　　　④ 상추

해설

• 수중 발아가 안 되는 종자 : 콩, 무, 양배추, 가지, 고추, 파 등

• 수중 발아 시 감퇴되는 종자 : 토마토, 카네이션, 미모사 등

• 수중 발아 시 감퇴되지 않는 종자 : 상추, 당근, 셀러리 등

**10** 시설원예의 중요성으로 볼 수 없는 것은?

① 농한기 유휴 노동력의 증가

② 신선한 원예생산물의 연중 공급

③ 농가소득 증대

④ 계획 생산과 계획 출하 가능

해설

시설원예는 자본과 시설이 요구되지만 여름철 등 제철 이외의 단경기에 생산하므로 수익성이 높고, 연중 생산을 통해 농한기를 없앰으로써 일 년 내내 고른 소득을 올릴 수 있다.

**11** 총광합성량을 바르게 설명한 것은?

① 외관상 광합성량 + 호흡량

② 증산량 + 호흡량

③ 순광합성량 + 증산량

④ 광보상량 + 호흡량

**해설**

총광합성량 = 외관상 광합성량 + 호흡량

**13** 점적형 관수방법의 좋은 점에 대한 설명으로 틀린 것은?

① 토양이 굳어지지 않고 표토 유실이 적다.

② 넓은 면적을 균일하게 관수할 수 있다.

③ 관수하는 데 소요되는 시간이 짧다.

④ 멀칭 아래 설치하면 물의 이용효율을 높일 수 있고 하우스 내 습도를 낮출 수 있다.

**해설**

점적관수의 물 공급은 대부분 토양을 건조 상태로 둔 채 뿌리 바로 인근 토양만 최적의 유효 토양수를 유지하기 위한 목적으로 아주 낮은 속도로 그러나 높은 빈도로 토양에 공급한다.

**14** 토양의 미생물 중 태양에너지를 이용하여 광합성 작용을 하는 것은?

① 조류(말류)　　　　② 사상균

③ 방선균　　　　　　④ 세균

**해설**

조류(algae)는 엽록소를 가지고 있어 광합성 작용을 할 수 있다. 햇빛을 잘 받을 수 있는 표층에 번식하며 용존 $CO_2$를 흡수하고 $O_2$를 배출하여 식물 뿌리에 산소를 공급하고 유리질소를 고정하는 역할을 한다.

**12** 부숙한 퇴비에 질소가 0.5%, 탄소가 25%라면 이 퇴비의 탄질비는 얼마인가?

① 0.5　　　　　　　② 1.25

③ 50　　　　　　　④ 125

**해설**

탄질비(C/N율) = 25/0.5 = 50

**15** 다음 중 알칼리성 농약은?

① 유기인제　　　　② 석회보르도액

③ 카바메이트계　　④ 유기염소제

**해설**

알칼리성 농약 : 석회보르도액, 석회유황합제

**16** 수박 방임재배 시 착과율은 몇 % 정도 되는가?

① 10~20%  ② 25~30%

③ 35~40%  ④ 45~50%

해설
착과율 : 호박 15~20%, 수박 10~20%

**17** 호박의 착과제로 이용되는 호르몬의 종류가 아닌 것은?

① 지베렐린

② 나프탈렌 아세트산

③ 나프탈렌 나트륨염

④ 2,4-D

해설
① 지베렐린 : 토마토, 수박, 참외 등의 착과제로 이용

**18** 베드의 바닥에 얇은 막상의 양액이 흐르도록 하고 그 위에 뿌리가 닿게 하여 재배하는 양액재배 방식은?

① Hydroponic 재배

② 분무수경재배

③ NFT

④ 순환식 분무경재배

해설
박막형(NFT)
비닐막을 경사지게 하여 배양액을 얇게 흘리고 탱크에 모이면 펌프로 순환시키는 구조이다.

**19** 감귤 대목으로 쓰지 않는 것은?

① 이예감나무

② 탱자나무

③ 유자나무

④ 하귤나무

해설
감귤 대목 : 탱자, 유자(柚子), 하귤(夏橘), 비룡(飛龍)

**20** 꺾꽂이 용토 중 가볍고 보수력이 좋은 용토는?

① 개울모래

② 산모래

③ 황토

④ 버미큘라이트

해설
버미큘라이트
물에 녹지 않지만 팽창하면서 생긴 다공성으로 인해 보수력과 양이온치환용량이 높아 작물재배에 적합한 경량형 상토재료이다.

**21** 녹지접(綠枝接)은 대개 어느 시기에 실시하는가?

① 3월 중순~4월 상순

② 4월 하순~5월 중순

③ 6월 중순~7월 상순

④ 8월 상순~9월 하순

**해설**
녹지접(綠枝接)
한창 자라고 있는 대목의 녹지 상부에 접수품종을 접목하는 방법이다. 6월 중순~7월 상순에 걸쳐 실시하며 늦어질수록 접목 활착률이 저하된다.

**22** 물 빠짐이 나쁜 땅에 과수묘목을 심을 때 가장 좋은 방법은?

① 단독 구덩이를 넓게 파고 심는다.

② 단독 구덩이를 깊게 파고 심는다.

③ 구덩이끼리 연결하여 파고 심는다.

④ 흙을 모아 두둑을 만들고 심는다.

**해설**
지하수위가 높거나 물 빠짐이 나쁜 토양에서는 흙을 모아 두둑을 만들고 심는다.

**23** 과수에서 수분이 부족하면 어느 부위에서 가장 먼저 수분결핍 현상이 일어나는가?

① 과실      ② 잎

③ 가지      ④ 뿌리

**해설**
과수의 수분 부족 시 그 영향이 과실에서 제일 먼저 나타난다.

**24** 과수원의 표토관리 중 청경재배(淸耕栽培)의 장점이 아닌 것은?

① 수체(樹體)와의 양분 및 수분 흡수 경쟁이 없음

② 병해충의 잠복처를 제공하지 않음

③ 작업이 편리함

④ 토양의 입단구조(粒團構造)가 좋아짐

**해설**
청경법의 장단점
• 잡초에 의한 양분 및 수분 경쟁이 없다.
• 병해충의 잠복 장소를 제공하지 않는다.
• 토양 관리가 쉽다.
• 노동력과 비용이 비용이 적게 든다.
• 토양물리성이 나빠진다.
• 토양이 유실되고 영양분이 세탈되기 쉽다.
• 제초제 사용 시 약해의 우려가 있다.

**25** 우리나라의 알칼리성 토양에서 부족하기 쉬운 성분으로 볼 수 없는 것은?

① 망간      ② 마그네슘

③ 아연      ④ 붕소

**해설**
염기(알칼리)성 토양은 칼슘, 나트륨, 마그네슘 등의 염류 화합물이 많은 토양을 일컫는다.

**26** 우리나라 육성종으로 숙기는 6월 하순이고 반점핵 성이며 과실모양은 타원형을 나타내는 복숭아 품종은?

① 포목조생

② 사자조생

③ 창방조생

④ 백미조생

해설
1977년에는 복숭아의 유명(有明), 1983년에는 복숭아 극조생종인 백미조생(白美무生)이 육성된 바 있다.

**27** 다음 중 인위적으로 조절할 수 있는 농업 환경은 어느 것인가?

① 재배시설 내의 환경

② 초지의 환경

③ 논의 환경

④ 밭의 환경

해설
시설농업은 통제된 시설 안에서 빛, 온도, 습도 등의 재배 환경을 인위적으로 조성하여 연중 내내 농산물을 생산하는 농업이다.

**28** 사과에 많이 나타나고 아카시아가 월동기주가 되며, 성숙기에 많이 나타나는 병은?

① 흑성병

② 그을음병

③ 탄저병

④ 날개무늬병

해설
탄저병
사과나무 병해 중 피해가 가장 크며 탄저병의 중간기주가 되는 호두나무, 아카시아나무를 사과 주변에서 제거하여 예방한다.

**29** 배의 품종 중 유부과 현상이 가장 심하게 나타나는 것은?

① 신고　　　　　② 금촌추

③ 이십세기　　　④ 만삼길

해설
칼슘과 붕소가 결핍될 때 나타나는 유부과 현상은 배 품종 이십세기, 신흥, 장십랑에서 자주 발생한다.

**30** 칼륨질 비료가 과다하면 부족되기 쉬운 성분은?

① 인산　　　　　② 칼슘

③ 붕소　　　　　④ 철

해설
칼륨 과잉 증상 발생 시 마그네슘, 칼슘, 규산의 흡수가 억제되는 현상이 발생하기 때문에 석회와 고토를 함께 사용해 주는 것이 좋다.

**31** 다음 포도에 이용하고 있는 수형 중 평덕식에 속하는 것은?

① 니핀식
② 웨이크만식
③ 우산식
④ 수평코돈식

> **해설**
> 우산형 수형
> 덩굴성 과수의 평덕식 수형 중의 하나. 지주의 중간에서 원가지 3~4개를 분지시키고, 여기에 덧원가지를 두 개씩 분지시킨 후, 이 덧원가지를 절단하여 12~15개의 곁가지를 발생시킨다.

**32** 다음 복숭아 품종에서 별도의 수분수를 심지 않아도 되는 것은?

① 백봉
② 사자조생
③ 대화백도
④ 창방조생

> **해설**
> 복숭아 품종별 꽃가루의 유무
> • 꽃가루가 없거나 적은 품종 : 사자조생, 월봉조생, 창방조생, 백약도, 서미골드, 대부분의 백도계 품종(미백도, 기도백도)
> • 꽃가루가 있는 품종 : 백미조생, 포목조생, 찌요마루, 백향, 월미복숭아, 감조백도, 대구보, 장호원황도, 백봉계, 넥타린계

**33** 농약의 살충 작용이 해충의 소화기 내에서 작용하는 것은?

① 접촉제
② 식독제
③ 훈증제
④ 침투성 살충제

> **해설**
> ① 접촉제 : 곤충의 피부에 농약이 묻어 피부를 통과한 성분이 해충을 죽게 하는 약제
> ③ 훈증제 : 살충 성분을 가스 상태로 만들어서 사용하는 약제
> ④ 침투성 살충제 : 농약을 작물의 줄기, 잎 또는 뿌리 등 일부 부위에 뿌리면 살충 성분이 식물 즙액과 함께 작물 전체로 퍼져서 해충을 죽이는 약제

**34** 봉지 벗기기의 주의사항과 거리가 먼 것은?

① 사과 조생종의 봉지 벗기기 적기는 수확 전 10~15일이다.
② 골든델리셔스와 같은 황색종은 벗기지 않고 수확한다.
③ 봉지를 벗길 때 미리 터 놓아 산광(散光)을 쬐게 한 다음 실시한다.
④ 봉지를 벗길 때에는 햇빛이 강하게 비치는 날을 선택하여 행한다.

> **해설**
> ④ 비가 온 직후나 햇볕이 강할 때는 일소 피해를 받기 쉬우므로 피하도록 한다.

**35** 과실 선과 때 선별의 대상이 되기 어려운 것은?

① 당도
② 크기
③ 숙도
④ 착색도

> **해설**
> 과일 당도의 측정(간이당도계, 비피괴 당도계, 화학적 측정 이용)은 육안으로 선별하기 어렵다.

**36** 발아 수명이 가장 짧은 화훼는?

① 시클라멘  ② 코스모스
③ 시네라리아  ④ 거베라

**해설**
화훼종자의 수명
• 단명종자 : 플록스, 칸세로라리아, 베고니아, 제라늄, 알리섬, 거베라, 백합, 샐비어 등
• 상명종자 : 코스모스, 백일홍, 팬지, 시네라리아, 글록시니아, 피튜니아, 채송화, 델피니움 등
• 장명종자 : 봉선화, 안개초, 메리골드 등

**37** 가을에 심는 구근끼리 짝지어지지 않은 것은?

① 튤립 – 수선화
② 나리 – 히아신스
③ 칸나 – 다알리아
④ 프리지어 – 크로커스

**해설**
• 춘식구근 : 아마릴리스, 구근베고니아, 제피란터스, 칸나, 다알리아, 글록시니아, 글라디올러스, 글로리오사, 아네모네, 라넌쿨러스 등
• 추식구근 : 수선화, 리코리스, 칼라, 구근아이리스, 크로커스, 프리지어, 알리움, 히아신스, 백합, 튤립, 시클라멘 등

**38** 광합성 작용에 대한 설명을 바르게 한 것은?

① 광합성 작용의 환경 요인은 햇빛, 이산화탄소, 수분이다.
② 광포화점에 이르면 산소와 이산화탄소의 가스 교환이 이루어지지 않는다.
③ 광포화점에 이르면 광합성량은 최대에 이른다.
④ 광보상점에 이를 때까지 광합성량은 계속 증가한다.

**해설**
① 광합성 작용의 환경 요인은 햇빛, 이산화탄소, 온도이다.
② 광보상점에 이르면 산소와 이산화탄소의 가스 교환이 이루어지지 않는다.
④ 광포화점에 이를 때까지 광합성량은 계속 증가한다.

**39** 무의 생육 후기에 거름효과가 지나치게 나타나면 잎만 무성해지고 뿌리의 비대는 나빠지는 역할을 하는 성분은?

① 질소질  ② 인산질
③ 칼륨질  ④ 칼슘

**해설**
다질소재배 · 장일처리(조명 등으로 일조시간을 늘림) · 일조부족 · 추대개시(꽃대가 올라옴) 등이 원인이 되어 나타난다.

**40** 다음 중 수박의 변형과 발생 원인과 관계없는 사항은?

① 일조 부족
② 인공교배
③ 질소 과용
④ 너무 무성했을 때(과번무)

**해설**
수박의 변형과 발생원인
• 과실의 자람이 왕성한 발육초기에 저온인 경우
• 지나친 영양생장 등으로 초기생육이 불량한 경우
• 건조, 광부족, 저절위(저온기 낮은 위치) 착과로 인한 엽수부족 등

**41** 글라디올러스의 휴면타파를 위해서 냉장처리할 경우 알맞은 온도는?

① -4~-3℃  ② -2~-1℃

③ 2~3℃  ④ 5~7℃

글라디올러스 휴면타파
35℃ 정도에서 15~20일 동안 고온에 두고 있다가 2~3℃에서 20일 정도 냉장(냉장고 안쪽 온도)처리한다.

**42** 화훼류 삽목(꺾꽂이) 발근과 관계 있는 생장조절제는 다음 중 어느 것인가?

① 지베렐린  ② 옥신

③ 키네틴  ④ 에틸렌

옥신은 세포의 신장을 촉진하며, 발근 촉진제로 삽목 시 발근을 촉진시킨다.

**43** 소나무나 오엽송 등의 높은 위치에 가지를 전정하거나 열매를 채취할 경우 사용하는 전정가위는?

① 조형 전정가위

② 갈쿠리 전정가위(고지가위)

③ 대형 전정가위

④ 순치기 가위

② 갈쿠리 전정가위(고지가위) : 손질이 많이 필요하지 않은 소나무 등의 높은 부분의 끝 가지를 전정할 때, 열매를 채취할 때 사용
① 조형 전정가위 : 회양목이나 사철나무 등의 생울타리의 수관을 빨리 다듬기 위하여 만들어진 가위이다.
③ 대형 전정가위(긴자루 전정가위) : 굵은 가지를 자를 때 사용
④ 순치기 가위 : 연한 가지나 끝순, 햇순을 자를 때 사용

**44** 채소를 재배하는 밭에서 주로 발생하는 광엽 다년생 잡초의 종류로만 짝지어진 것은?

① 밭뚝외풀 – 올방개

② 올미 – 물달개비

③ 쇠뜨기 – 메꽃

④ 방동사니 – 피

밭잡초의 생활형에 따른 분류

| | 화본과(벼과) | 강아지풀, 개기장, 바랭이, 피, 메귀리 |
|---|---|---|
| 1년생 | 방동사니과 | 바람하늘지기, 참방동사니 |
| | 광엽 | 개비름, 까마중, 명아주, 쇠비름, 여뀌, 자귀풀, 환삼덩굴, 주름잎, 석류풀, 도꼬마리 |
| 다년생 | 광엽 | 반하, 쇠뜨기, 쑥, 토끼풀, 메꽃 |

**45** 시설 내에서 잿빛곰팡이병(회색곰팡이병)이 발생할 수 있는 환경요인은?

① 고온건조  ② 저온건조

③ 저온다습  ④ 고온다습

잿빛곰팡이병(회색곰팡이병)
가을부터 봄에 걸쳐서 저온다습한 환경에서 발생이 많으며, 질소질 비료를 많이 시용하면 병 발생이 심해진다.

**46** 철(Fe)과 마그네슘(Mg)이 모자랄 때 나타나는 현상은?

① 황화현상(黃化現象)
② 적화현상(赤化現象)
③ 백색현상(白色現象)
④ 녹색현상(綠色現象)

해설
황화현상(chlorosis)을 일으키는 원소 : N, Mg, Fe, Mn

**47** 다알리아, 튤립, 글라디올러스 등에 발생하는 바이러스병의 가장 중요한 1차 전염원은?

① 상토
② 곤충
③ 양액
④ 구근

해설
우리나라 화훼류 구근의 번식상 바이러스 감염이 가장 큰 문제이다.

**48** 생육상 고온이 필요한 여름철에 여름작물이 저온을 만나서 받는 해는?

① 한해
② 동해
③ 냉해
④ 동상해

해설
③ 냉해 : 작물의 생육기간 중 저온으로 인해 냉온 장해를 일으키는 것
① 한해(가뭄해) : 토양수분이 부족해지면 작물의 수분이 감소하고 광합성도 감퇴하며 양분흡수가 저해되고 당분과 단백질이 모두 소모되어 생육이 저해되고 심하면 위조, 고사하게 되는 현상
② 동해 : 기온이 동사점 이하로 내려가 조직이 동결되는 장해
④ 동상해 : 동해와 상해를 통털어 동상해라 한다.

**49** 난방하는 동안에 온실로부터 밖으로 방출되는 전체 열량 가운데 난방설비로 충당되는 열량을 무엇이라 하는가?

① 난방효율
② 난방용량
③ 난방부하
④ 난방비율

해설
난방부하는 난방 중 시설로부터 밖으로 방출되는 전체 열량 가운데 난방설비로 충당되는 열량으로, 최대난방부하와 기간난방부하로 나눌 수 있다.

**50** 시설 내 원예작물에 이산화탄소를 사용함으로써 얻어지는 결과물에 대한 설명이 틀린 것은?

① 수량이 감소한다.
② 열매채소의 당도가 증가한다.
③ 멜론의 네트 발형이 좋아진다.
④ 육묘기에 모종의 소질이 좋아진다.

해설
탄산시비의 효과
• 시설 내 탄산시비는 생육의 촉진으로 수량 증대와 품질을 향상시킨다.
• 열매채소에서 수량증대가 두드러지며 잎채소와 뿌리채소에서도 상당한 효과가 있다.
• 절화에서도 품질향상과 절화수명 연장의 효과가 있다.
• 육묘 중 탄산시비는 모종의 소질의 향상과 정식 후에도 사용의 효과가 계속 유지된다.

**51** 시설원예 생산의 불안정한 원인을 설명한 것 중 바른 것은?

① 환경제어 기술이 뒤떨어져 재배환경이 불량하다.
② 시설 자체는 완벽하나 운용 기술이 미흡하다.
③ 시설재배 전용품종의 보급이 지나치게 활발하다.
④ 자동화 하우스와 온실의 설치 면적이 많아진다.

해설
시설원예농업은 재배시설이 낙후되어 재배 및 작업환경이 불량하고 품질 및 생산성저위, 가격 불안정 등 문제점이 많이 있다.

**52** 유리온실의 구조형식 중 지붕모양이 좌우대칭으로 가장 보편화된 온실은?

① 한쪽지붕형          ② 쓰리쿼터형
③ 둥근지붕형          ④ 양지붕형

해설
**양지붕형**
좌우대칭형의 지붕으로 가장 전형적인 형식이며, 단동이나 연동의 철골온실에 주로 이용되고 있다. 광선이 비교적 고르게 투과되어 실내온도가 균일하지만 온실의 폭이 넓은 경우에는 적설의 피해가 우려되는 단점이 있다.

**53** 시설원예용 피복자재로서 갖추어야 할 조건으로 적합하지 않은 것은?

① 투광률이 높고 오래 유지될 것
② 열선의 투과율이 적을 것
③ 열전도율이 높을 것
④ 팽창과 수축이 적고 충격에 강할 것

해설
③ 덮개용 보온피복재는 열전도율이 낮고 두께가 일정해야 한다.

**54** 피복자재로서 폴리에틸렌 필름의 특성이 아닌 것은?

① 인장강도, 인열강도가 PVC나 EVA 필름보다 낮다.
② 염화비닐보다 정전기 현상이 적다.
③ 열 접착성이 없어 필름가공이 어렵다.
④ 저온에 대한 내한성이 강하다.

해설
**폴리에틸렌(PE ; Poly Ethylene) 필름**
광선투과율이 높고 필름 표면에 먼지가 잘 부착되지 않으며, 필름이 서로 달라붙지 않아 취급이 용이하고 여러 약품에 대한 내성이 크며, 가격이 싸다.

**55** 배나무 붉은별무늬병의 중간기주로 가장 적당한 것은?

① 향나무          ② 측백나무
③ 탱자나무        ④ 아카시아나무

해설
**배나무 붉은별무늬병**
병원균은 향나무에서 월동을 하고 봄에 비가 오면 많이 발생하는 배나무 병해이다.

**56** 시설재배에서 환기의 목적을 바르게 설명한 것은?

① 습도 상승

② 온도 상승

③ 투광량 증대

④ 이산화탄소 공급

**해설**
환기의 목적
환기는 재배시설 내 공기를 교환하는 것을 의미하며 높은 실내온도를 낮추기 위해 내부 공기를 바깥으로 보내고 외부공기를 받아들여 고온이 되는 것을 억제하는 것이다.
※ 환기의 효과 : 고온억제, 습도조절, 탄산가스 공급 및 유해가스 배출, 하우스 내 공기 유동

**57** 자연환기를 위해 온실에 설치된 시설은?

① 유리피복

② 천창, 측창

③ 환풍기

④ 커튼

**해설**
자연환기 : 천창이나 측창을 개방하여 환기하는 방식

**58** 화훼작물에 나타나는 염류 농도 장해 증상이 아닌 것은?

① 작물체의 생육속도가 둔화된다.

② 칼슘의 과잉 증상이 나타나기도 한다.

③ 잎 가장자리가 안으로 말리는 증상을 나타내기도 한다.

④ 잎은 농록색을 띠게 된다.

**해설**
칼슘 또는 마그네슘 결핍증상이 나타난다.

**59** 다음 중 온실 지붕의 골조 구성물은?

① 토대

② 기둥

③ 처마도리

④ 들보

**해설**
④ 들보(보) : 수평 또는 이에 가까운 상태에 놓인 부재
① 토대 : 가장 아래 지반(地盤)
② 기둥 : 지붕의 하중을 주로 담당하는 수직재
③ 처마도리(측면보) : 기둥 상단을 연결하는 수평재
※ 시설의 구조 : 서까래, 중도리, 왕도리(대들보), 갖도리(처마도리), 보, 버팀대(엇가세, 뻐침목), 기둥, 샛기둥

**60** 다음 시설재배에서 병해에 대한 설명 중 틀린 것은?

① 가을에서 이른봄 사이에는 노균병, 잿빛곰팡이병이 많이 발생한다.

② 5~9월 사이에는 시들음병, 풋마름병이 많이 발생한다.

③ 고온기에는 강우가 차단되어 병해를 억제하는 효과도 있다.

④ 대부분의 작물병은 건조한 조건하에서 발병이 심하게 된다.

**해설**
저온다습한 조건하에서 병 발생이 왕성하므로 하우스의 환기, 야간의 송풍, 가온을 함으로써 습도를 낮추어 병의 발생을 억제한다.

**01** 작물에 가장 유효하게 이용되는 수분은?

① 중력수      ② 모관수

③ 흡착수      ④ 무효수

**해설**
식물 생장에 유효한 수분은 모관수(pF 2.7~4.5)이다.

**02** 마그네슘 농도 50mg/L의 배양액 1,000L를 만들고자 할 때 $MgSO_4 \cdot 7H_2O$의 비료염이 약 얼마나 필요한가?(단, $MgSO_4 \cdot 7H_2O$의 분자량은 246, Mg의 원자량은 24임)

① 246g      ② 324g

③ 513g      ④ 738g

**해설**
50 : 24 = 비료염 양 : 246
비료염 양 = 50 × 246 ÷ 24 = 512.5g

**03** 채소를 재배할 때 실시하는 멀칭의 효과가 아닌 것은?

① 지온의 상승

② 수분 증발 억제

③ 병포자의 비산 방지

④ 생산물의 저장력 향상

**해설**
멀칭의 효과
• 지온이 조절      • 토양의 보호 및 건조 방지
• 잡초의 발생 억제      • 생육 촉진
• 과실의 품질 향상      • 병원체 차단

**04** 포장용수량의 pF 값의 범위로 가장 적합한 것은?

① 0

② 0~2.5

③ 2.5~2.7

④ 4.5~6

**해설**
포장용수량(pF 2.5~2.7)
수분이 포화된 상태의 토양에서 증발을 방지하면서 중력수를 완전히 배제하고 남은 수분상태를 말하며, 작물이 생육하는 데 가장 알맞은 수분 조건이다.

**05** 연작을 하면 피해가 심한 오이류의 병은?

① 검은무늬병

② 잿빛곰팡이병

③ 덩굴쪼김병

④ 노균병

**해설**
덩굴쪼김병
오이 같은 박과 식물에서 자주 나타나는 연작장해의 일종으로 토양전염성 병원균에 의해 발생한다.

## 06 박과 채소의 접목 방법 중 활착률이 좋아 가장 많이 쓰이고 있는 것은?

① 꽂이접      ② 쪼개접
③ 맞접      ④ 안장접

**해설**
호접(맞접)이 삽접보다 활착률이 높고, 신토좌가 박대목보다 활착률이 높다. 그러나 호접은 삽접보다 육묘관리에 노동력이 많이 소요되며 신토좌대목에 접목한 것은 박대목에 접목한 것보다 품질이 떨어진다.

## 07 호냉성 채소가 아닌 것은?

① 완두      ② 토란
③ 딸기      ④ 잠두

**해설**
온도 적응성에 따른 분류
• 호온성 : 열매채소가 주(완두, 잠두, 딸기 제외)
• 호냉성 : 영양기관 이용 채소(고구마, 토란, 마 등은 제외)

## 08 일반적인 육묘재배의 목적으로 거리가 먼 것은?

① 조기 수확      ② 집약 관리
③ 추대 촉진      ④ 종자 절약

**해설**
육묘의 목적 : 조기 수확 및 증수, 화아분화 억제 및 추대 방지, 유소기(幼少期) 보호 및 관리비용 절감, 경지 이용도 향상, 본포 적응력 향상

## 09 다음 저온감응성 채소에서 종자가 수분을 흡수하여 씨눈이 움직이기 시작하면서 그 뒤 아무때나 저온에 감응할 수 있는 작물은?

① 셀러리      ② 양파
③ 당근      ④ 무

**해설**
종자 저온감응성 식물 : 춘화현상에서 종자 때부터 저온에 감응하여 꽃눈분화가 유도되는 재배 식물로 무, 배추, 순무, 맥류 등이 해당된다.

## 10 시설 내 농약 살포 시 유의하여야 할 사항으로 거리가 먼 것은?

① 적정 희석 배수의 사용
② 바람의 방향을 우선 고려
③ 적정량의 살포
④ 품목 고시에 등록된 약제의 선택

**해설**
② 시설 내에서 농약을 살포할 때에는 바람의 방향을 우선적으로 고려하지 않는다.

**11** 다음 중 칼슘 결핍으로 생기는 생리장해가 아닌 것은?

① 참외의 발효과

② 토마토 배꼽썩음과

③ 토마토의 공동과

④ 상추의 끝마름 현상

해설

**토마토 공동과 발생원인**
• 착과제 고농도 처리
• 광합성량 부족
• 질소 과다

**12** 토양수분의 표시법으로 가장 알맞은 것은?

① %                    ② ppm

③ pF                   ④ lx

해설

토양함수량을 표시하는 방법에는 함수비에 의한 방법과 pF값에 의한 방법이 있으며 일반적으로 pF값을 많이 사용한다.

**13** 겨울철 과채류 멀칭재배에서 가장 효과적인 관수 방법은?

① 점적관수

② 유공파이프 지상 관수

③ 살수호스 관수

④ 스프링클러 이용 관수

해설

과채류(오이, 토마토, 가지, 수박, 참외)의 경우 시설 내 환기와 멀칭비닐 설치 후 점적관수로 과습을 방지해 주고 시설 내 온도가 떨어지지 않도록 해야 한다.

**14** 시설 내 토양환경 개량 방법의 하나로 표토를 새로운 흙으로 바꾸어 주는 것을 뜻하는 용어는?

① 돌려짓기              ② 깊이갈이

③ 유기물 사용          ④ 객토

해설

**객토** : 토양의 작토층에 염류가 집적되면 토양환경의 개량을 위해 표토를 새로운 흙으로 바꾸어 주는 것

**15** 병의 방제 방법 중 재배적인 방제에 속하지 않는 것은?

① 파종기의 조절

② 거름주기의 합리화

③ 윤작

④ 약제 살포

해설

④ 약제를 살포하는 방법은 화학적 방제법에 해당한다.
**재배적 방제법** : 잠복소 제공, 토성 개량, 윤작, 혼작 및 간작, 재식밀도 소절, 재배시기 조절 등의 생태적 방법으로 병해충의 발생 환경을 억제하는 방법

**16** 오이의 암꽃 착생 현상은 어떠한 경우에 촉진 증대하는가?

① 고온단일
② 저온단일
③ 저온장일
④ 고온장일

해설
오이의 암꽃은 저온과 단일조건하에서 주로 착생되는데, 저온으로 관리했을 경우에는 서서히 나타나고, 단기간에 저온에 부딪치게 되면 급격히 순멎이 모양이 발생한다.

**17** 단위결과 유도에 효과적으로 쓰이고 있는 생장조절제는?

① 에스렐
② ABA
③ MH-30
④ 옥신

해설
**옥신의 재배적 이용**
발근 촉진, 접목에서의 활착 촉진, 개화 촉진, 낙화 방지, 가지의 굴곡 유도, 적화 및 적과, 과실의 비대와 성숙 촉진, 단위결과, 증수효과

**18** 양액재배의 효과가 아닌 것은?

① 관수 노력 절감
② 비배 관리의 자동화
③ 이어짓기의 해를 받는다.
④ 청정재배 효과

해설
③ 토양을 사용하지 않기 때문에 연작이 가능하고 이어짓기의 해를 받지 않는다.
**양액재배의 장점**
• 연작장해가 없고 같은 작물을 반복해서 재배할 수 있다.
• 관수 및 시비의 자동화가 가능하다.
• 무병한 모종 생산이 가능하다.
• 각종 채소의 청정 재배가 가능하다.
• 상토 제조 및 관리 노력이 절감 된다.

**19** 매실나무의 대목으로 친화성이 가장 높은 것은?

① 복숭아나무
② 고욤나무
③ 모과나무
④ 감나무

해설
매실나무는 대개 공대(접수와 같은 종의 대목, 즉 매실 대목)에 접붙이기를 하는데 복숭아나무 대목을 사용해도 된다.

**20** 다음 중 포도나무에 문제가 되는 해충으로 저항성 대목을 이용하여 예방이 가능한 것은?

① 포도유리나방
② 포도쌍점매미충
③ 포도뿌리혹벌레
④ 진거위벌레

해설
포도뿌리혹벌레는 저항성 대목을 접목하여 예방할 수 있다.

**21** 밤나무 접목 방법으로 가장 많이 이용하는 방법은?

① 절접  ② 합접
③ 눈접  ④ 박접

해설
밤나무의 접목 방법
박접(剝接), 절접(切接), 근접(根接)의 비교에서 박접의 활착률이 가장 높고 근접의 활착율이 가장 낮다.

**22** 묘목을 심을 때 주의할 사항과 거리가 먼 것은?

① 뿌리가 마르지 않도록 한다.
② 뿌리 끝은 아래로 향하게 한다.
③ 접목 부위가 땅표면과 비슷하게 나오도록 심는다.
④ 묘목을 심은 후 물을 주고 세게 밟아 준다.

해설
묘목을 심을 때 주의사항
• 미리 구덩이를 파서 흙을 햇볕에 말려주면 살균돼 병충해 예방에 도움이 된다.
• 구덩이의 크기는 심을 나무뿌리가 퍼져있는 직경의 1.5배 이상으로 하고 우선 구덩이에 밑거름과 부드러운 겉흙을 5~6cm 정도 넣고 뿌리를 곧게 세운 다음 겉흙과 속흙을 섞어 2/3 정도를 채운다.
• 나무를 약간 위로 잡아당기듯 하여 잘 밟아 주고 물을 충분히 준 후 나머지 흙을 채워 준다. 이때 나무 주위를 너무 세게 밟으면 토양이 딱딱해질 수 있으므로 세게 밟지 않도록 한다.
• 수분증발을 막기 위하여 짚이나 나뭇잎을 덮어 준다. 이때 너무 깊이 심으면 뿌리 발육은 물론 가지를 잘 뻗지 못하므로 주의해야 한다.

**23** 다음 중 배상형 수형의 단점에 속하는 것은?

① 원줄기가 높다.
② 일광의 투사와 통풍이 나쁘다.
③ 공간의 이용도가 낮다.
④ 관리 작업이 불편하다.

해설
배상형 수형의 장단점

| 장점 | 단점 |
| --- | --- |
| • 수고가 낮아 작업이 간편하다.<br>• 정지법이 비교적 간단하다.<br>• 상품과율이 양호하다.<br>• 척박지 재배에 알맞다. | • 원가지가 찢어지기 쉽다.<br>• 도장지 발생이 많다.<br>• 평면적 착과로 수량성이 저하된다.<br>• 중앙공간이 많이 생긴다. |

**24** 과수원 토양관리에서 초생법의 문제점은?

① 양수분 쟁탈
② 토양 유실
③ 입단화 저해
④ 온도의 급변(하절기 온도상승)

해설
초생법 장단점
• 과실의 당도와 착색이 좋아진다.
• 토양 침식과 영양분 세탈을 억제한다.
• 잡초에 의한 양분 및 수분 경쟁이 있다.
• 병해충의 잠복 장소를 제공한다.
• 노동력과 비용이 많이 든다.
• 저온기의 지온상승이 어렵다.

**25** 무기성분 중 결핍될 경우 사과의 고두병과 토마토의 배꼽썩음병을 발생시키는 것은?

① 칼슘(Ca)  ② 칼륨(K)
③ 붕소(B)  ④ 망간(Mn)

해설
칼슘 결핍은 토마토와 오이에서 배꼽썩음병, 사과에서 고두병을 발생시킨다.

**26** 사과와 배 과실은 다음 중 어느 것이 비대 발육한 것인가?

① 씨방벽　　　　② 씨방
③ 인편　　　　　④ 꽃받기

**27** 배나무 화상병균을 매개하는 해충의 유충은?

① 말매미
② 배명나방
③ 파리, 개미
④ 깍지벌레, 응애

**28** 뽕나무하늘소가 사과나무에 피해를 주는 부위는?

① 잎
② 과실의 과육
③ 나무의 껍질
④ 나무의 목질부

**29** 산성인 과수원 토양에서 가장 결핍되기 쉬운 성분은?

① 철　　　　　② 마그네슘
③ 붕소　　　　④ 아연

**30** 구조에 따른 눈의 분류 중 틀린 것은?

① 잎눈　　　　② 꽃눈
③ 섞임눈　　　④ 덧눈

**31** 작물이나 과수에 순지르기의 영향이 아닌 것은?

① 생장을 억제시킨다.

② 측지의 발생을 많게 한다.

③ 개화나 착과의 수를 적게 한다.

④ 목화나 두류에서도 효과가 크다.

**32** 다음 사과 품종에서 조생종은?

① 축 　　　　　　② 홍월

③ 조나골드 　　　④ 스타크림손

**33** 사과 열매솎기 시 남겨두어야 가장 좋은 것은?

① 맨 가장자리 과실

② 맨 가장자리 다음 과실

③ 중심과

④ 아무것이나 모두 같다.

**34** 배의 수확 시 주의사항으로 틀린 것은?

① 봉지를 씌운 과실은 온도가 약 10℃ 높다.

② 온도가 높을 때 수확하면 당분 소모가 많다.

③ 온도가 낮을 때 수확하게 되면 당분 소모가 많다.

④ 비가 온 직후 수확한 신고, 금촌추 등은 저장 중 과실 껍질에 흑변 현상이 나타나기 쉽다.

**35** 다음 과실 저장 방법 중 가장 이상적인 호흡을 하도록 저장고 내의 온도, 습도 공기조성 등을 인위적으로 자동 통제해 주는 저장 방식은?

① 상온저장

② 저온저장

③ CA 저장

④ 폴리에틸렌 포장저장

**36** 다음 중 초본성인 화초인 것은?

① 프리뮬러      ② 능소화

③ 산다화      ④ 아잘레아

**해설**
① 프리뮬러는 다년생 초본류이다.
②·③·④ 능소화, 산다화, 아잘레아 : 목본식물

**37** 원예작물의 일반적 특징이라고 할 수 없는 것은?

① 계절이나 품질에 따른 가격 변동의 폭이 좁다.
② 이용 부위가 식용과 관상용 등으로 다양하다.
③ 채종재배가 별도로 이루어지는 경우가 많다.
④ 신선한 상품에 대한 요구도가 크다.

**해설**
① 계절이나 품질에 따른 가격 변동의 폭이 크다.

**38** 바이러스병 방제법 중 옳지 않은 것은?

① 이병주 제거
② 조직배양에 의한 무병주 생산
③ 진딧물 제거
④ 영양 번식

**해설**
**바이러스병 방제법**
• 이병주 제거
• 조직배양에 의한 무병주 생산
• 진딧물 제거
• 종자 건열소독

**39** 육묘용 상토가 구비하여야 할 조건의 설명으로 옳지 않은 것은?

① 포트 크기가 작을수록 공극률이 낮은 상토를 사용하여야 한다.
② 상토 재료는 원재료의 성질이 균일하고 구입이 용이해야 한다.
③ 배수성, 통기성, 보수성 등의 물리적 성질이 우수해야 한다.
④ 병원균, 해충, 잡초종자가 없어야 한다.

**해설**
① 포트 크기가 작을수록 공극률이 높은 상토를 사용하여야 한다.

**40** 다음 중 가을국화를 제철보다 늦게 개화시키기 위한 재배 방법은?

① 일조시간을 짧게 차광 재배한다.
② 일조시간을 길게 전등 조명 재배한다.
③ 온도를 높여서 개화를 늦게 한다.
④ 온도를 낮게 재배하여 개화를 늦게 한다.

**해설**
**가을국화(추국)의 억제재배**
10월 하순에 개화하는 가을국화 품종의 삽목묘를 8월 하순에 온실에 정식하고, 야간(23~3시, 한밤 중)에 4시간 정도 전조를 하여 장일 상태로 만들어 준다.

**41** 한대나 온대지방이 원산지인 한두해살이 화초류나 여러해살이 화초류와 같은 식물들 중에는 마디 사이의 신장이 일시적으로 정지되는 경우가 있는데 이러한 현상을 무엇이라 하는가?

① 화아분화　　　　② 로제트

③ 춘화　　　　　　④ 일장효과

**해설**

로제트(rosette) 현상

여름의 고온을 경과한 후 가을의 저온에 접하게 되면 절간이 신장하지 못하고 짧게 되는 현상이다.

**42** 장일성 화초의 개화를 촉진하기 위하여 사용하는 생장조절제는?

① 지베렐린(gibberellin)

② 포스폰-디(phosphon-D)

③ 비나인(B-9)

④ 앤시미돌(ancymidol)

**해설**

**지베렐린(gibberellin)** : 팬지, 프리지어, 시클라멘, 피튜니아, 스톡 등의 장일성 식물의 개화를 촉진시키고, 단위결과를 유도한다.

**43** 수목의 가식 장소로 적합한 곳은?

① 배수가 잘되는 곳

② 차량출입이 어려운 한적한 곳

③ 햇빛이 잘 안 들고 점질 토양인 곳

④ 거센 바람이 불거나 흙 입자가 날려 잎을 덮어 보온이 가능한 곳

**해설**

가식 장소는 사질양토로서 배수가 양호한 곳이어야 하며, 가급적 배수로를 설치한다.

**44** 식물이 빛을 받아 광에너지 및 $CO_2$와 $H_2O$를 원료로 하여 동화물질을 합성하는 작용을 무엇이라고 하는가?

① 광합성 작용　　　② 호흡작용

③ 분해작용　　　　④ 탈질작용

**해설**

식물의 광합성은 기공을 통해 흡수한 $CO_2$와 뿌리로부터 흡수한 $H_2O$를 재료로, 잎의 엽록체에서 광에너지에 의해 탄수화물이 합성되는 과정이다.

**45** 응애를 방제하기 위한 약제로서 갖추어야 할 구비조건이 아닌 것은?

① 응애류에만 선택적인 효과가 있을 것

② 잔효력이 있을 것

③ 유충에만 효과가 클 것

④ 적용 범위가 넓을 것

**해설**

응애 방제 약제 구비조건

• 성충, 유충, 알에 대한 효과가 있어야 한다.

• 적용 범위가 넓어야 한다.

• 응애류에만 선택적 효과가 있어야 한다.

• 잔효성이 길어야 한다.

• 작물에 대한 약해작용이 없어야 한다.

**46** 다음 중 주로 음성식물로 분류되는 것은?

① 맨드라미
② 나팔꽃
③ 장미꽃
④ 아프리칸바이올렛

**해설**
음성식물 : 아프리칸바이올렛, 아스파라거스, 드라세나 등

**47** 다음 알뿌리 화초 중 습도가 높은 곳에서 저장을 하여야 하는 것은?

① 튤립　　　　② 백합
③ 글라디올러스　　④ 히야신스

**해설**
백합구근을 건조한 상태에서 저장할 경우에는 꽃수가 감소하고 개화가 늦어지기 때문에 저온저장 중에는 습윤 상태에서 저장을 해야 한다.

**48** 플러그묘의 생육조절법 중 DIF란?

① 광을 이용한 방법
② 물리적 자극에 의한 방법
③ 주야간 온도 조절을 통한 방법
④ 생장조절제를 이용한 방법

**해설**
주야간 온도차(DIF)
주야간 온도차(difference between day and night temperature)는 주간 평균기온과 야간 평균기온의 상대적인 차이를 조절하여 식물의 줄기 신장을 조절하는 개념으로 만들어졌다.

**49** 시설 내의 합리적인 온도 관리방법으로 해가 진 직후에는 실내온도를 약간 높여 준다. 그 이유로 가장 적합한 것은?

① 증산 촉진　　② 호흡 촉진
③ 전류 촉진　　④ 일비 촉진

**해설**
야간이 시작되는 시간에 어느 정도의 온도를 유지하여 전류를 촉진하고, 그 후는 호흡을 억제하는 저온관리를 하는 변야온관리가 일반적으로 행해지고 있다.

**50** 다음 중 이산화탄소의 시용량으로 가장 적당한 농도는?

① 150~300ppm
② 300~900ppm
③ 1,000~1,500ppm
④ 1,500~3,000ppm

**해설**
광도, 온도 등이 적당할 때 약 1,000~1,500ppm이 적당하다.

**51** 유지창을 이용한 페이퍼 하우스는 우리나라의 어느 지방에서 처음으로 이루어졌는가?

① 전주      ② 김해

③ 나주      ④ 대전

> **해설**
> 우리나라에서 시설원예의 시작이라고 볼 수 있는 것은 1920년경에 대전과 광주지방에서 유지창을 이용해서 만든 paper tunnel과 paper house에서 토마토, 오이와 같은 과채류를 조숙재배 방식으로 농가에서 재배하였는데, 학계에서는 이를 시설원예의 태동기로 보고 있다.

**52** 연동식 하우스가 단동식 하우스에 비해 유리한 점은?

① 광선의 입사량이 많다.

② 환기가 용이하다.

③ 토지의 이용률이 높다.

④ 하우스를 짓고 헐기가 쉽다.

> **해설**
> 연동식 하우스
> 단동형 온실의 폭이 넓어지면 상대적으로 온실이 높아지기 때문에 풍압에 불리하고 단위면적당 건축자재비도 증가된다. 이러한 결점을 보완하기 위하여 온실을 처마부분에서 연결시켜 높이는 그대로 유지하면서 재배면적을 확장하는 형식으로 동의 수에 따라서 2연동, 3연동 등으로 분류된다.

**53** 다음에서 설명하는 정지법으로 옳은 것은?

> • 포도나무의 정지법으로 흔히 이용되는 방법이다.
> • 가지를 2단 정도로 길게 직선으로 친 철사에 유인하여 결속시킨다.

① 울타리형 정지      ② 변칙주간형 정지

③ 원추형 정지      ④ 배상형 정지

> **해설**
> ② 변칙주간형 : 주간형의 단점인 높은 수고와 수관 내부의 광부족을 시정한 수형
> ③ 원추형(주간형, 배심형) : 원줄기를 영구적으로 수관 상부까지 존속시키고 원가지를 그 주변에 배치하는 수형
> ④ 배상형 : 짧은 원줄기 상에 3~4개의 원가지를 거의 동일한 위치에서 발생시켜 외관이 술잔 모양으로 되는 수형

**54** 염화비닐(PVC)의 성질을 설명한 것으로 적당하지 않은 것은?

① 장파 복사열의 차단효과가 있다.

② 가소제가 표면으로 용출되어 먼지가 잘 달라 붙는다.

③ 필름끼리 서로 달라 붙는다.

④ 광선투과율이 낮다.

> **해설**
> 투광률과 보온성이 좋아 기초 피복재로 추천되고 있지만 값이 비싸다.

**55** 시설 내 온도 환경의 특성으로 가장 옳은 것은?

① 일교차가 작다.

② 기온이 위치에 따라 다르다.

③ 수광량이 균일하다.

④ 밤에는 바깥기온보다 낮아진다.

> **해설**
> 시설 내 온도 환경의 특성
> • 시설 밖의 바람에 영향을 받는다.
> • 시설 내 온도 상승은 들어오는 광량의 영향이 크다.
> • 일교차가 크고 온도분포가 불균일하다.
> • 시설 내의 온도는 식물체 내의 삼투압, 작물의 기공개폐 및 증산 작용 등에 영향을 준다.

**56** 완전 제어형 식물공장에서 사용되는 인공조명은?

① 백열등
② 고압나트륨등
③ 수은등
④ 메탈헬라이드등

해설
**고압나트륨등(HPS lamp)**
파장이 다양하며, 상대적으로 적색광 부분이 많고, 광합성 유효 파장의 비율이 30%이며 에너지 효율이 높은 편이다. 1964년 처음 개발되었고, 광합성을 촉진시켜 작물생장에 오랫동안 사용해 왔다.

**57** 재배시설에서 강제환기를 시킬 때 환기 효과가 가장 큰 방법은?

① 환기팬과 공기 흡입구를 출입구의 하단에 설치한다.
② 환기팬과 공기 흡입구를 출입구의 상단에 설치한다.
③ 환기팬은 시설의 출입구 하단에 설치하고 공기 흡입구는 출입구의 상단에 설치한다.
④ 환기팬은 시설의 출입구 상단에 설치하고 공기 흡입구는 출입구의 하단에 설치한다.

해설
강제환기는 환기팬을 돌려 강제로 실내 공기를 배출하거나 외부 공기를 유입하는 방식이다.

**58** 중금속으로 오염된 토양에서 중금속 농도를 줄이기 위한 방법이 아닌 것은?

① 석회를 사용하여 토양의 pH를 높인다.
② 유기물을 사용한다.
③ 황이 함유된 물질을 가하여 황화물이 쉽게 형성되게 한다.
④ 물을 빼서 논을 말린다.

해설
**중금속 오염 피해에 대한 대책**
• 석회 사용으로 토양반응을 중성으로 하여 중금속의 유효도를 낮추어 준다.
• 토양을 환원으로 하여 중금속을 독성이 약하거나 불용성인 환원형으로 한다.
• 토양의 배토나 객토를 실시한다.
• 인산 등을 사용하여 불용성염(不溶性鹽)을 만든다.
• 점토나 유기물 등을 사용하여 중금속의 흡착량을 증가시킨다.

**59** 시설재배 시 주간에 환기를 충분히 해 주지 않았을 때 일어날 수 있는 현상이 아닌 것은?

① 습도가 높아진다.
② 온도가 높아진다.
③ $CO_2$의 농도가 높아진다.
④ 유해가스의 농도가 높아진다.

해설
환기는 기본적으로 실내의 온도를 조절하는 것 외에 습도를 조절하고, 이산화탄소를 공급하며 유해가스를 배출하는 등의 중요한 기능을 담당한다.

**60** 천적 미생물이나 곤충을 이용하여 병해충을 방제하는 것은?

① 경종적 방제
② 화학적 방제
③ 물리적 방제
④ 생물적 방제

해설
④ 생물적 방제법 : 화학 농약을 사용하지 않고 천적 미생물이나 곤충을 이용하여 병해충을 방제하는 방법

01 부식(腐植, humus)의 주된 기능에 해당되지 않는 것은?

① 지력의 상승 효과
② 토양의 물리적 성질 개선
③ 지열의 상승 효과
④ 미생물의 활동 억제 효과

**해설**

부식의 기능
• 물리적 효과 : 토양 입단화 증진, 토양 공극 증가, 용적밀도 감소, 통기성, 배수성 향상, 보수력 증가, 지온 상승, 가소성 및 점착력 감소
• 화학적 효과 : 토양의 양이온치환용량 증가, pH 완충 효과, 양분의 가용화, 오염물질 흡착
• 생물학적 효과 : 영양원으로서 다양한 미생물의 활성체 구성, 식물 생장촉진을 위한 원소 공급

02 채소작물을 멀칭재배할 때 토양온도를 가장 높일 수 있는 필름의 색깔은?

① 무색투명
② 녹색
③ 적색
④ 흑색

**해설**

필름의 종류와 효과
• 투명필름 : 모든 광을 투과시켜 잡초의 발생이 많으나, 지온 상승 효과가 크다.
• 흑색필름 : 모든 광을 흡수하여 잡초의 발생은 적으나, 지온 상승 효과가 적다.
• 녹색필름 : 잡초를 거의 억제하고, 지온 상승 효과도 크다.

03 토양에 시비할 때 알칼리성을 나타내는 비료는?

① 용성인비
② 요소
③ 중과인산석회
④ 염화칼륨

**해설**

생리적 염기성비료 : 식물에 흡수된 뒤 알칼리성을 나타내는 비료
예 용성인비, 재, 칠레초석, 퇴구비 등

04 다음 중 미량원소는?

① Ca
② Mg
③ S
④ Mn

**해설**

필수원소
• 다량원소 : C, O, H, N, K, Ca, Mg, P, S
• 미량원소 : Fe, Cl, Mn, Zn, B, Cu, Mo, Ni

**05** 수박 접목재배에서 호접(맞접법)의 요령을 기술한 것 중 옳지 않은 것은?

① 접수와 대목을 동시에 파종한다.
② 접붙이는 시기는 대목의 떡잎이 벌어지면 실시한다.
③ 줄기 굵기의 1/2 정도를 자른다.
④ 줄기의 동공을 막아준다.

**해설**
① 대목보다 먼저 파종하여 발아를 시작할 무렵에 대목을 파종한다.
호접(맞접)
• 대목보다 접수를 먼저 파종하여 발아를 시작할 무렵에 대목을 파종한다.
• 대목의 떡잎이 완전히 벌어지면 대목과 접수를 동시에 뽑아 접목을 한다.
• 대목의 생장점을 제거하고 자엽 1cm 아랫부분을 위에서 밑으로 45°로 대목 두께의 1/3~1/2을 자른다.
• 접수의 자엽을 1.5cm 아래에서 위로 잘라 절단부위를 끼운 다음 클립으로 고정하여 한 분에 심어 키운다.

**06** 접목재배의 특징이 아닌 것은?

① 수세회복
② 병해충 저항성 증대
③ 환경 적응성 약화
④ 종자번식이 어려운 작물 번식수단

**해설**
접목의 효과
결과촉진, 수세조절 및 회복, 풍토 적응성 증대, 병해충 저항성 증대, 품질향상

**07** 시설 환기의 주요 기능이 아닌 것은?

① 산소 공급
② 이산화탄소 공급
③ 유해가스 배출
④ 온도 조절

**해설**
환기의 효과 : 고온 억제, 습도 조절, 탄산가스 공급 및 유해가스 배출, 하우스 내 공기 유동

**08** 수박 꽃의 형태는?

① 자웅이화
② 자웅동화
③ 자웅이주
④ 양성화

**해설**
박과(수박, 오이, 호박, 참외, 멜론 등) : 자웅이화

**09** 종자가 발아할 때 씨껍질을 벗지 못하고 발아하는 원인은?

① 파종상 온도가 높을 때
② 뿌리의 양분이 너무 과다할 때
③ 모판흙이 건조할 때
④ 파종상 내 습도가 너무 높을 때

**해설**
수분, 산소 및 온도가 종자발아에 필수적인 요소이다.

**10** 고온에 의해 꽃눈이 분화되는 원예 작물은?

① 상추　　　　② 딸기
③ 배추　　　　④ 시금치

> **해설**
> 상추는 25℃ 이상의 고온에서 꽃눈분화 및 추대가 촉진된다.

**11** 다음 중 붕소 결핍증상이 아닌 것은?

① 복숭아 핵할 현상
② 신초 총생 현상
③ 사과 축과병
④ 포도 꽃떨이현상

> **해설**
> ① 복숭아 핵할(핵 갈라짐) 현상 : 경핵기(핵과류의 씨가 단단해지는 시기)에 많은 비 또는 비료 과다 사비로 인하여 질소가 과잉이 되면 핵이 단단해지지 못한 상태에서 과실이 커가며 갈라지게 되는 현상이다.
> **붕소 결핍증상** : 신초 총생 현상, 가지 고사 발생, 포도 꽃떨이현상, 사과 축과병 등

**12** 다음 중 광합성량과 호흡량이 같다면 식물의 상태로 가장 적당한 것은?

① 생육이 왕성해진다.
② 말라 죽는다.
③ 생육이 정지된다.
④ 냉해피해가 발생된다.

> **해설**
> 광합성량과 호흡량이 같을 때의 빛의 세기를 보상점이라 하며 이때 식물의 생장은 정지된다.

**13** 관수자재 중 미스트용 노즐의 특성이 아닌 것은?

① 공중습도가 낮아진다.
② 여름철 온실 냉방용으로 사용 가능하다.
③ 육묘상에 미세한 물입자 분무에 이용된다.
④ 노즐의 크기는 수압, 수량, 살수반지름에 따라 결정된다.

> **해설**
> **미스트용 노즐**
> • 물이 기화되며 주변의 온도가 3~5℃ 정도 낮아진다.
> • 미세먼지 및 비산먼지를 억제시킨다.
> • 온도 저감(쿨링), 방충 등의 효과를 얻는다.

**14** 다음 병 중에서 세균성인 것은?

① 무 검은무늬병
② 오이 풋마름병
③ 배추 속썩음병
④ 배추 순모자이크병

> **해설**
> **세균에 의한 병** : 점무늬병, 궤양병, 잘록병, 풋마름병, 암종병 등

**15** 멜론의 생태적 특성을 설명한 것 중 옳지 않은 것은?

① 고온건조를 좋아하는 식물이다.
② 생육적온은 25~30℃이다.
③ 고온기에 암꽃의 착생이 좋아진다.
④ 성숙은 보통 수정 후 40~60일을 요한다.

> **해설**
> 멜론의 암꽃 발현은 온도, 일장, 묘령 등에 영향을 많이 받으며, 일반적으로 저온 단일에서 암꽃의 착생률이 높아지고 고온과 장일 조건에서 암꽃 발현이 억제된다.

**16** 참외는 어떤 덩굴에 열매가 열리는가?

① 원덩굴　　　　② 손자덩굴
③ 아들덩굴　　　　④ 모든 덩굴

해설
참외는 손자덩굴에 2~3개의 꽃을 피우고 착과시킨다. 암꽃은 대개 어미덩굴에서 발생하지 않고 손자덩굴 첫 번째 마디에 잘 발생된다. 그러나 손자덩굴의 발달을 억제시키면 아들덩굴에도 암꽃이 발생된다.

**18** 양액재배의 특성으로 가장 옳은 것은?

① 연작장해를 받으며 같은 작물을 반복해서 재배할 수 없다.
② 각종 채소의 청정 재배가 가능하다.
③ 생육이 느려서 생산량은 감소한다.
④ 배양액의 완충 능력이 높으므로 양분 농도나 pH 변화의 영향을 받기 어렵다.

해설
양액재배의 장점
• 연작장해가 없고 같은 작물을 반복해서 재배할 수 있다.
• 관수 및 시비의 자동화가 가능하다.
• 무병한 모종 생산이 가능하다.
• 각종 채소의 청정 재배가 가능하다.
• 상토 제조 및 관리 노력이 절감된다.

**19** 사과면충(綿蟲, woolly apple aphid) 저항성 대목은?

① 야광나무　　　　② M계 대목
③ MM계 대목　　　④ 실생대목

해설
사과 왜성대목은 영국의 이스트 몰링 연구소(East Malling Research Station)에서 개발하여 M1~M27까지 발표하였다. 그 뒤 1928년부터 존 이네스 센터(John Innes institute)와 공동으로 사과면충에 대한 저항성 대목인 MM101~MM115까지 15종을 육성하였다.

**17** 토마토톤 처리로 가장 중요한 목적은?

① 공동과 방제
② 착색 촉진
③ 수분수정 유기
④ 단위결과 유기

해설
**토마토톤 처리**
저온기에 토마토를 하우스에서 재배할 때 수정이 불량해져서 과실의 발달이 나빠지는데 이때 토마토톤 액제를 처리하면 단위결실이 되어 과실의 발육을 돕는다. 토마토톤 단용만으로는 공동과가 될 수 있는 소지가 있어 상품성이 저하되므로 지베렐린을 같이 살포하면 과실발달이 좋아지고 공동과 발생을 줄일 수 있다.

**20** 핵과류의 가장 알맞은 깎기접 시기는?

① 3월 중순~4월 상순
② 4월 중순~4월 하순
③ 5월 상순~5월 중순
④ 5월 하순 이후

해설
깎기접 시기는 3월 중순 또는 3월 하순~4월 상순에 하는 것이 양호하다.

**21** 다음 중 접수로 부적당한 것은?

① 1년생 가지

② 병해충이 없는 가지

③ 품종이 확실한 가지

④ 오래된 가지

**해설**

접수를 채취할 모수의 품종이 정확하고, 병충해가 없어야 한다. 특히 바이러스(virus)의 감염이 없어야 한다. 이러한 모수에서 등숙이 잘된 가지를 휴면기에 채취한다.

**22** 고온지역에서 생산된 사과의 특성이 아닌 것은?

① 착색이 불량하다.

② 숙기가 고르지 않다.

③ 성숙기에 낙과가 많다.

④ 저장력이 강하다.

**해설**

냉량한 지역에서는 과육이 단단하고 품질이 좋은 사과가 생산되고 반대로 생육기에 고온이 되면 과육이 연화되며 저장력이 떨어지고 착색이 불량해지며 수확 전 낙과가 많이 발생한다. 비교적 고온인 지역이라도 밤의 기온이 낮으면 호흡 소모가 적어져 착색이 우수해진다.

**23** 포도 시설재배의 적지로 부적당한 곳은?

① 눈, 돌풍 및 늦서리 등의 피해가 적은 지역

② 보온, 관수 등의 관리가 쉬운 평탄지

③ 남향의 일조량이 풍부하여 바람이 적은 곳

④ 지하수위가 높고 부식이 적은 점질토

**해설**

포도 시설재배의 적지

• 온도와 햇빛

  - 주야간 온도 차이가 크면서 온화한 지역

  - 상습적인 늦서리피해가 적은 지역

  - 안개 등이 적어 일조량이 많은 지역

• 강수량 : 강수량이 적게 되면 일조량이 많고 또한 병해가 적으며 생리장해가 경감된다. 그러므로 물주기 시설이 갖추어지면 강수량은 가급적 적은 지역이 유리하다.

• 토양

  - 물빠짐이 양호하며 보수력이 좋은 모래찰흙

  - 평탄한 장소

**24** 작물의 단위 수량 증대를 위한 세 가지 요소로 가장 옳은 것은?

① 유전성, 환경, 재배 기술

② 환경, 기술, 비료

③ 비료, 농약, 환경

④ 재배시설, 유전성, 농약

**25** 시비 후 가장 빨리 흡수 이용될 수 있는 비료는?

① 구비             ② 화학비료

③ 미숙퇴비          ④ 완숙퇴비

**해설**

화학비료(무기질 비료)는 물에 쉽게 분해되어 식물이 빠르게 흡수하므로 효과가 빠르고, 성분 조정이 가능해 균형 있는 양분을 식물에 공급할 수 있다.

**26** 과실의 구조에 의한 분류에 해당되지 않는 것은?

① 준인과류　　　　② 핵과류
③ 장과류　　　　　④ 감귤류

**해설**
과실의 구조에 따른 분류
• 인과류(꽃받침 발달) : 사과, 배, 비파
• 준인과류(씨방이 발달) : 감귤
• 핵과류(중과피 발달) : 복숭아, 자두, 살구, 앵두
• 장과류(외과피 발달) : 포도, 딸기, 무화과
• 각과류(씨의 자엽이 발달) : 밤, 호두

**27** 배나무 잎자루와 잎 뒷면의 잎맥에 그을음과 같이 나타나는 병은?

① 붉은별무늬병　　② 겹무늬병
③ 검은별무늬병　　④ 갈색무늬병

**해설**
배나무 검은별무늬병
• 눈의 비늘조각, 잎, 과실 및 햇가지 등에 발생한다.
• 잎에는 황백색 다각형 흠집모양의 병 무늬가 생기지만 나중에는 검은색 그을음 모양으로 변한다.

**28** 나무줄기 속으로 들어가지 않는 해충은?

① 포도유리나방
② 뽕나무하늘소
③ 사과둥근나무좀
④ 사과굴나방

**해설**
④ 사과굴나방은 식물의 잎 안에서 굴을 만들며 파먹는 생활을 하는 해충이다.
①·②·③ 포도유리나방, 뽕나무하늘소, 사과둥근나무좀은 주로 줄기나 가지에 굴을 파고 구멍을 내는 해충이다.

**29** 수국의 꽃색이 청색일 경우 토양반응은?

① 알칼리성　　　　② 중성
③ 산성　　　　　　④ 관계없다.

**해설**
수국
• 수국은 산성토양에서 잘 자라며, 토양반응(pH)에 따라 꽃색이 달라진다.
• 산성토양에서 자란 수국은 꽃색이 청색이다.
• 중성토양에서 자란 수국은 개화할 때 분홍색을 나타낸다.

**30** 다음 중 감귤나무의 수형으로 가장 적합한 것은?

① 주간형　　　　　② 방추형
③ 개심자연형　　　④ 배상형

**해설**
개심자연형 : 배상형의 단점을 개선하기 위해 짧은 원줄기에 2~4개의 원가지를 배치하되 원가지와 다른 원가지 사이에 15cm 정도의 간격을 두어 바퀴살가지가 되는 것을 피하고 결과 부위를 입체적으로 구성하는 수형으로 복숭아, 배나무, 감귤나무 등에 적용한다.

**31** 다음 중 절단(자름)전정을 하는 수종은 어느 것인가?

① 복숭아  ② 사과

③ 배  ④ 감

**해설**

절단전정

- 가지의 중간에서 자르는 전정으로 전년에 자랐던 가지를 남길 부분까지 잘라낸다.
- 복숭아처럼 과실생산을 위해 어느 정도 강한 측면의 신초를 필요로 하는 과수에서 많이 이용된다.

**32** 다음 중 휴면기에 내한성이 가장 강한 과수 작물은?

① 사과나무  ② 일본배나무

③ 포도나무  ④ 복숭아나무

**해설**

내한성이 가장 강한 작물은 사과이고, 가장 약한 작물은 유럽계 포도이다.

**33** 다음 중 사과의 적과제로 쓰이고 있는 것은?

① 석회보르도액  ② 나크 수화제

③ 메타 유제  ④ 이미단

**해설**

적과제 적용약제 : 카바릴 수화제(세빈, 나크, 세단 등)

**34** 포도의 열과 현상을 예방하기 위한 방법은?

① 델라웨어는 알솎기를 하지 않는다.

② 거봉은 장마기 전에 비닐 멀칭을 한다.

③ 성숙기에 과실이 충분히 비를 맞도록 한다.

④ 장마후에는 배수로를 파서 습하지 않도록 해준다.

**해설**

열과되기 쉬운 품종은 포도나무 위에 비닐 피복하거나 포도송이에 봉지를 씌운다.

**35** 다음 중 예랭의 효과로 보기 어려운 것은?

① 에틸렌 생성 억제

② 수확 후 생리대사작용 촉진

③ 부패율 감소

④ 수분 손실 억제

**해설**

② 예랭으로 온도를 낮춤으로써 생리대사작용이 억제된다.

**36** 다음 중 서양란에 속하는 것은?

① 춘란　　　　② 소심란

③ 석곡　　　　④ 반다

**해설**
- 온대성란(동양란) : 춘란, 한란, 보세란, 건란, 나도풍란, 소심란, 한봉란, 풍란, 석곡 등
- 열대성란(서양란) : 심비디움, 덴드로비움, 파피오페릴룸, 팔레노프시스, 반다 등

**37** 미세종자 파종 시의 복토 방법으로 가장 좋은 것은?

① 종자 크기의 약 1.5배로 복토한다.

② 종자 크기의 약 2~3배로 복토한다.

③ 종자 크기의 약 4~5배로 복토한다.

④ 파종용토를 진동시킨 후 가볍게 눌러 준다.

**해설**
미세종자 파종 시 복토는 하지 않고 산파하며 저면관수한다.

**38** 무병주(virus free stock) 생산을 위해 식물조직을 배양할 때 절편체의 부위는?

① 잎　　　　② 생장점

③ 뿌리　　　　④ 줄기

**해설**
생장점은 일반적으로 무균 상태이므로 대부분 식물체를 조직 배양할 때 이용한다.

**39** 작물이 가장 유용하게 이용하는 토양수분의 종류는?

① 중력수(pF 0~2.7)

② 모관수(pF 2.7~4.5)

③ 흡착수(pF 4.5~7.0)

④ 화학수

**해설**
식물 생장에 유효한 수분은 모관수(pF 2.7~4.5)이다.

**40** 촉성재배를 위해서 단일 처리를 해 주는 식물은?

① 포인세티아

② 카네이션

③ 플록스

④ 시네라리아

**해설**
국화, 포인세티아, 칼랑코에 등과 같은 단일성 식물을 자연 일장이 긴 시기에 차광재배를 통하여 촉성재배하고 있다.

**41** 다음 중 화훼류 저온처리(低溫處理)와 관계가 있는 것은?

① vernalin
② florigen
③ phytochrome
④ rhizocaline

**해설**
춘화처리에 의해 버날린(vernalin)이란 물질이 나와 추후 개화호르몬인 플로리겐(florigen)을 유도한다.

**42** 관비재배의 효과를 높이기 위한 토양의 조건으로 옳지 않은 것은?

① 토양의 pH는 5.5~6.5로 조정하여야 한다.
② 토양 물빠짐(투수성)이 좋고, 토양 공기가 원활하게 공급되어야 한다.
③ 토양분석을 토대로 시비량을 결정한다.
④ 양분의 함량이 높은 유기물이나 축분을 사용한다.

**해설**
④ 양수분의 보유 능력과 배수 향상을 위해 관비재배 전 볏짚, 왕겨, 피스모스 등 비료분이 적은 유기물을 공급한다.

**43** 적심(摘心, candle pinching)에 대한 설명으로 틀린 것은?

① 고정생장하는 수목에 실시한다.
② 참나무과(科) 수종에서 주로 실시한다.
③ 수관이 치밀하게 되도록 교정하는 작업이다.
④ 촛대처럼 자란 새순을 가위로 잘라 주거나 손끝으로 끊어 준다.

**해설**
적심(摘心)
화훼식물을 풍성하게 기르기 위하여 줄기 맨 끝의 눈을 필요에 따라 잘라 주어 줄기 밑에 있는 눈을 잘 자라게 만드는 것을 말한다. 적심은 이러한 원리를 통하여 식물이 웃자랄 때 적심하여 당분간 생장을 멈추게 하여 균형 잡힌 모양으로 만들 수 있다.

**44** 화훼류에 발생하는 병해 중 파종상에서 발생이 많아 반드시 파종 용토를 소독해서 써야 하는 병은?

① 흰가루병
② 잿빛곰팡이병
③ 탄저병
④ 입고병

**45** 식물이 병에 걸려 외부로 증상이 나타나는 것을 무엇이라 하는가?

① 병징
② 이상상태
③ 표징
④ 부패

**해설**
① 병징 : 식물이 어떤 원인에 의하여 병에 걸리게 되면 세포, 조직 혹은 기관에 이상을 일으켜 외부 형태에 변화를 나타내게 되는데 이를 병징이라 한다.
③ 표징 : 병원체가 병든 식물의 표면에 나타내는 것을 말한다.

**46** 카네이션의 생리장해에 해당하는 것은?

① 꽃잎말이  ② 바이러스병
③ 줄기썩음  ④ 시듦

**해설**
카네이션의 생리장해
• 언청이(악할) : 카네이션에서 꽃받침이 터져 꽃잎이 바깥으로 빠져나오는 현상
• 꽃잎말이 : 바깥 부위의 꽃잎이 안쪽으로 말리며 위조되는 현상

**47** DIF 효과를 이용하여 작물의 신장억제가 가능한 방법은?

① 야간 2시간 동안의 고온처리
② 일몰 후 2시간 동안의 저온처리
③ 일몰 전 2시간 동안의 저온처리
④ 일출 직후 2~3시간 동안의 저온처리

**해설**
주야간 온도조절을 통한 생육조절(DIF)
• 주야간 온도 차이에 따른 음의 DIF가 플러그묘의 절간장을 단축시킨다.
• 일출 시의 2~3시간 저온처리가 가장 효과적이다. 주로 화훼묘 육성에 이용되는 방법이다.
• 장점 : 정상적인 양수분관리로 건전묘를 생산해 낼 수 있다.
• 단점 : 난방 또는 냉방에 비용이 많이 들며, 정식 후 생육에 다소 문제가 있을 수 있다.

**48** 광중단(night break)에 의하여 개화를 조절하는 경우는?

① 단일성 식물의 개화를 억제하기 위하여
② 장일성 식물의 개화를 억제하기 위하여
③ 단일성 식물의 개화를 촉진하기 위하여
④ 중일성 식물의 주년 재배를 하기 위하여

**해설**
광중단에 의해 단일식물의 개화는 저해되고 장일식물의 개화는 유도된다.

**49** 다음 중 온수난방의 장점이 아닌 것은?

① 넓은 면적에 열을 고루 공급한다.
② 급격한 온도변화 없이 보온력이 크다.
③ 내구성이 클 뿐만 아니라 지중 가온도 가능하다.
④ 추위가 심한 지역에서는 동파될 위험이 있다.

**해설**
온수난방의 장단점
• 열이 방열되는 시간은 많이 걸리지만, 한번 가온되면 오랫동안 지속되며, 균일하게 난방할 수 있다.
• 기온에 따라 수온을 조절할 수 있다.
• 넓은 면적에 열을 고루 공급한다.
• 급격한 온도변화 없이 보온력이 크다.
• 내구성이 클 뿐만 아니라 지중 가온도 가능하다.
• 난방설비의 설치에 비용이 많이 들고 추위가 심한 지역에서는 동파될 위험이 있다.

**50** 시설 내는 유리나 플라스틱 필름 등의 피복재에 의해 외부와 차단되어 있어, 광합성이 활발할 때 공기에 부족하기 쉬운 것은?

① 암모니아가스  ② 이산화탄소
③ 아질산가스  ④ 아황산가스

**해설**
플라스틱 필름을 이용한 멀칭재배의 경우에는 토양으로부터 공급되는 이산화탄소를 차단시키고, 수경재배 등에서는 이산화탄소의 공급이 없기 때문에 이산화탄소의 농도가 다른 시설에 비하여 낮아진다.

**51** 다음 중 시설재배 면적이 가장 큰 지역은?

① 경기도          ② 충청남도

③ 전라남도          ④ 경상남도

> **해설**
> 시설작물 재배면적(통계청)
> • 2019년 : 경상남도 12,970ha > 경기도 12,935ha > 충청남도 11,441ha > 전라남도 7,085ha
> • 2023년 : 경기도 13,213ha > 경상남도 11,999ha > 충청남도 11,185ha > 전라남도 6,653ha
> ※ 저자의견 : 통계청 자료 기준 2022년 이전까지 경상남도의 시설재배 면적이 경기도보다 넓었으나 2023년 이후 순위가 변경되었음

**52** 다음 중 절화 생산을 위한 영리재배용 온실의 형태로 가장 적합한 것은?

① 반지붕형 온실

② 3/4식 온실

③ 외쪽 지붕형 온실

④ 양지붕형 온실

> **해설**
> 양지붕형 온실
> 양쪽 지붕의 길이와 기울기가 같고, 남북 방향으로 짓는 것이 일반적이며, 광선이 사방으로 균일하게 입사하고 통풍이 잘된다. 관리가 쉬우므로 국화, 카네이션 등의 절화 재배에 널리 이용된다.

**53** 시설의 피복 자재로 알맞은 것은?

① 열 전달을 잘 할 것

② 햇빛이 잘 통과할 것

③ 팽창과 수축력이 클 것

④ 열선(장파)의 투과율이 높을 것

> **해설**
> 피복재는 투광성과 보온성을 갖추어야 함은 물론 무적성, 내구성 및 시공성이 우수해야 하며 폐기가 용이해야 한다.

**54** 다음과 같이 설치하여 실내 온도를 냉각하는 냉방 방법은 무엇인가?

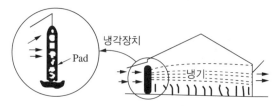

① 팬 앤드 패드 방법

② 팬 앤드 미스트 방법

③ 세무 분사

④ 옥상 유수

> **해설**
> 팬 앤드 패드(fan & pad) 방법
> 한쪽 벽에 물에 젖은 패드를 설치하고, 반대쪽 벽에는 환기팬을 설치하여 실내의 공기를 밖으로 뽑아내면 외부의 공기가 패드를 통과하여 시설 내로 들어오면서 냉각되어 시설 내의 온도가 낮아지는 방식이다.

**55** 시설에서 하루 중 $CO_2$의 농도가 가장 높은 시각은?

① 해뜨기 직전          ② 한 낮

③ 해지기 직전          ④ 한밤 중

> **해설**
> 탄산가스 농도는 호흡 작용으로 인하여 해뜨기 직전에 700~1,500ppm으로 높게 나타나지만, 해가 뜨면서 급속히 서하하여 환기 직전에는 300ppm 미만으로 크게 감소하게 된다.

**56** 다음 인공광원 중 전조재배와 보광재배에 함께 이용되는 것은?

① 백열등
② 고압가스방전등
③ 형광등
④ 고압나트륨등

**해설**
형광등은 소비전력당 발광효율이 백열등에 비해 4배에 달하고 수명도 10배 정도 길며, 광질이 다양하고 많은 열을 발산하지 않는 장점이 있다.

**57** 다음 중 시설 내 공중습도와 가장 관계가 깊은 것은?

① 토양 염류 농도
② $CO_2$ 농도
③ 병충해 발생
④ 광선의 질

**해설**
공중습도(식물이 있는 대기 중의 습도)가 높아지면 이에 따라 곰팡이 병이 많이 발생하므로 적절한 습도관리가 필요하다.

**58** 토양의 작토층에 염류가 집적되어 표토를 새로운 흙으로 바꾸어 주는 것을 무엇이라 하는가?

① 객토
② 깊이갈이
③ 유기물 사용
④ 담수에 의한 제염

**해설**
객토 : 시설 내 토양환경 개량방법의 하나로 표토를 새로운 흙으로 바꾸어 주는 것을 뜻한다.

**59** 외쪽지붕형 온실의 특징으로 적합하지 않은 것은?

① 구조가 가장 간단한 온실이다.
② 발열량이 많아져서 비경제적이다.
③ 남면 경사의 지붕이다.
④ 통풍이 잘된다.

**해설**
④ 통풍이 불량하여 과습이 우려된다.

**60** 다음 벤로(venlo)형 온실의 특징 설명으로 부적합한 것은?

① 양지붕 연동형 온실의 결점을 개선한 온실이다.
② 지붕이 높고 골격률이 높아 시설비가 많이 든다.
③ 환기창의 면적이 많으므로 환기능률이 높은 장점이 있다.
④ 벤로형 온실의 골격률은 12%이다.

**해설**
② 서까래의 간격이 넓어질 수 있기 때문에 골조가 적게 들어 시설비가 절약된다.

**01** 수분함량이 같은 상태일 경우 토양의 수분 장력 (pF)이 가장 큰 것은?

① 식양토　　　　② 사양토
③ 사토　　　　　④ 식토

해설
토양의 수분장력 크기
식토 > 식양토 > 양토 > 사양토 > 사토

**02** 다음 중 비료 3요소가 아닌 것은?

① 질소　　　　　② 인
③ 칼륨　　　　　④ 칼슘

해설
• 비료의 3요소 : 질소(N), 인(P), 칼륨(K)
• 비료의 4요소 : 질소(N), 인(P), 칼륨(K), 칼슘(Ca)

**03** 토란 재배에서 북주기(培土)를 하는데 그 주된 목적은 무엇인가?

① 연백(軟白)　　　② 도복 방지
③ 분구 억제　　　④ 목부분 착색 방지

해설
배토(북주기)효과
신근발생이 조장, 도복이 경감, 무효분얼의 억제, 덩이줄기의 발육 조장(감자), 배수 및 잡초방제(콩), 연백화 유도(파, 셀러리), 분구 억제(토란)

**04** 채소의 생육에 가장 적당한 토양수분 함량은?(단, 미생물이 활동하기에 가장 적절한 때)

① 20~30%　　　　② 40~50%
③ 60~70%　　　　④ 80~90%

해설
미생물이 활발히 활동하기 좋은 수분함량은 60~70%이다.

**05** 다음은 광합성과 빛의 세기와의 관계를 나타낸 것이다. B와 같이 광합성을 위한 $CO_2$의 방출량이 같아지는 시점의 광도는?

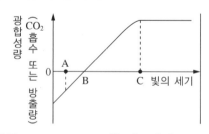

① 동화도　　　　② 광보상점
③ 광포화점　　　④ 한계작용점

해설
광보상점(compensation point)
• 광합성량과 후흡량이 일치하여 순광합성량이 0이 되는 점을 말한다.
• 광합성량과 호흡량이 같으면 식물의 생육이 정지된다.

## 06 접목재배로 예방할 수 있는 수박 병해는?

① 탄저병　　　② 노균병

③ 역병　　　　④ 덩굴쪼김병

**해설**
수박의 접목재배 목적
덩굴쪼김병(만할병) 예방, 저온신장성 증대, 양분의 흡수력 증진 등

## 07 다음 작물 재배기술 중 비닐하우스나 유리온실에서의 육묘의 이점으로 가장 거리가 먼 것은?

① 육묘하는 동안은 본포의 재배기간이 단축되므로 토지의 이용도가 높아진다.

② 육묘기간은 온도가 낮으므로 어린모를 보호하여 초기 생장을 좋게 한다.

③ 벼의 경우에는 본논의 관개수가 절약된다.

④ 열매, 채소류는 조기에 육묘하여 재배하므로 수확과 출하를 조절하기 어렵다.

**해설**
열매, 채소류는 조기에 육묘하여 재배하므로 수확 및 출하기를 앞당길 수 있다.

## 08 저장 채소의 저장력을 증진시키기 위한 처리가 아닌 것은?

① 예랭　　　　② 후숙

③ 맹아 억제　　④ 큐어링

**해설**
원예산물의 저장성을 증진시키기 위한 전 처리 : 예랭, 큐어링, 맹아 억제, 왁스처리 등

## 09 야간 고온으로 수정이 불완전하여 낙과가 많아지는 작물은?

① 수박　　　　② 딸기

③ 가지　　　　④ 토마토

**해설**
낙화, 낙과를 방지하기 위해서는 암술과 수술이 충실한 꽃을 개화시켜 수분, 수정이 잘되도록 하여야 한다.

## 10 분화된 꽃눈의 발생순서가 맞는 것은?

① 암술 → 수술 → 꽃받침 → 꽃잎

② 꽃받침 → 꽃잎 → 수술 → 암술

③ 수술 → 암술 → 꽃받침 → 꽃잎

④ 꽃잎 → 꽃받침 → 암술 → 수술

**해설**
꽃눈분화
• 꽃받침 → 꽃잎 → 수술 → 암술
• 각 기관은 하나의 동심원 위에 위치한다.

**11** 하우스 안의 채소가 광합성을 저해받는 환경 요인은 무엇 때문인가?

① 염류의 집적
② 토양수분의 과다
③ 화학비료의 사용
④ 이산화탄소의 부족

비닐하우스, 온실, 실내 재배시설 등 시설재배의 경우 이산화탄소 부족현상이 발생하기 쉽고 이로 인해 광합성이 충분히 진행되지 않으며, 생육불량의 원인이 될 수 있다.

**12** 인산성분이 부족할 때 식물체에 나타나는 증상은?

① 줄기가 가늘고 신장이 느리며 잎은 작고 광택이 없는 어두운 암녹색을 띤다.
② 생장불량 및 왜화되며, 잎 및 잎맥이 황화되어 성숙 지연 및 노화가 빨라진다.
③ 잎이 진한 청록색을 띠고 하위 잎으로부터 잎의 끝이나 둘레가 황갈색으로 변색되어 탄 것처럼 된다.
④ 잎맥 간에 크고 불규칙한 흑색 반점이 생기고, 쌍떡잎 식물은 심하면 백화된다.

인 결핍증상
낮은 성장률, 잎의 색 변화, 약한 뿌리 발달, 꽃과 열매의 발달 지연

**13** 기지현상(sickness of soil)을 억제하는 방법으로 적당한 것은?

① 집중 관수
② 돌려짓기
③ 잡초의 번성
④ 토양비료성분의 소모

기지의 대책
윤작(돌려짓기), 담수, 토양소독, 유독물질 흘려보내기, 객토 및 환토, 접목, 지력 배양(심경, 퇴비 다용, 결핍 성분 및 미량요소의 사용)

**14** 토마토 순치기 작업 시 오염된 손이나 가위에 의해 전염되는 병은?

① 잎곰팡이병          ② 잿빛곰팡이병
③ 풋마름병          ④ 바이러스병

식물의 바이러스병은 접목, 즙액, 종자, 영양 번식기관, 토양, 곤충 등에 의해 전염된다.

**15** 참외 암꽃을 충실하게 하여 결과율을 가장 좋게 하는 환경조건은?

① 지온          ② 장일
③ 수광량          ④ 고온

참외는 호광성 작물이기 때문에 햇빛이 부족하면 암꽃의 분화가 잘 안되고 착과율이 떨어지며 과실이 작고 당도가 떨어진다.

**16** 착과 보조와 비대 촉진을 위한 토마토톤 처리 시기는?

① 착뢰 전
② 착뢰 초기
③ 개화 초기
④ 낙화 후

**17** 농가에서 유제나 수화제 사용 시 가장 많이 이용하는 농약 희석법은?

① 배액
② 퍼센트액
③ 두식액
④ 도액

**18** 일정한 수압을 가진 물을 송수관으로 보내고 그 선단에 부착한 각종 노즐을 이용하여 다양한 각도와 범위로 물을 뿌리는 방법은?

① 저면급수
② 점적관수
③ 살수관수
④ 지중관수

**19** 다음 중 사과나무의 재식거리 결정 조건이 아닌 것은?

① 종류 및 품종의 특성 고려
② 대목의 특성 고려
③ 가지고르기 방법(정지법)의 고려
④ 유인 방법의 고려

**20** 접붙이기를 할 때 접순과 대목의 어느 부분을 일치시키는 것이 가장 중요한가?

① 물관
② 부름켜
③ 외피
④ 속

**21** 과수원의 토양관리 방법인 초생(草生)법 또는 부초법(敷草法)의 효과와 거리가 먼 것은?

① 토양의 떼알구조 형성
② 표토의 굳는 현상 방지
③ 토양의 침식 방지
④ 지온의 과도한 상승 및 저하 감소

해설
초생재배와 부초는 토양표면을 덮어줌으로써 빗방울이 직접 토양에 닿지 않게 하여 토양입자의 분산을 막고, 토양의 입단형성을 증가시켜 무수량을 많게 하며, 유거수량을 적게 하여 토양유실을 감소시킨다.

**22** 다음 중 양분의 흡착력이나 보수력(保水力)이 제일 약한 토양은?

① 질참흙
② 모래참흙
③ 참흙
④ 모래흙

해설
비열, 양분의 흡착력, 보수력(保水力) : 식토 > 식양토 > 양토 > 사양토 > 사토(모래흙)

**23** 과수원에 깊이갈이(심경)을 실시하는 시기로 가장 적당한 것은?

① 꽃피기 바로 전
② 결실기
③ 수확 직후
④ 휴면기

해설
과수원 깊이갈이는 뿌리의 절단에 의한 피해를 최소한으로 줄이기 위해 낙엽 직후부터 땅이 얼기 전까지의 휴면기에 실시해 주는 것이 좋다.

**24** 포기 나누기로 가장 번식하기 쉬운 과수는?

① 대추나무
② 호두나무
③ 살구나무
④ 매실나무

해설
① 대추나무는 종자, 포기나누기 또는 접목에 의하여 번식하며 대량번식과 좋은 품종을 번식하고자 할 때는 접목에 의하여야 한다.
분주(分株, 포기나누기) 사용 작물 : 나무딸기, 대추나무, 앵두나무 등

**25** 시비량 결정 방법으로 가장 부적정한 것은?

① 시험장의 추천시비량을 택한다.
② 재배자의 경험을 참고한다.
③ 되도록 많이 주는 방법을 택한다.
④ 엽분석 결과를 참고한다.

해설
**시비량 결정 방법**
• 경험에 의한 방법
• 적량시비 시험에 의한 방법
• 토양검정에 의한 방법
• 양분흡수량에 의한 방법
• 엽 분석에 의한 방법
• 잎과 꽃눈의 생장 상태에 따른 방법

**26** 다음 중 장과류에 속하는 과수는?

① 복숭아　　　② 사과

③ 감귤　　　　④ 포도

**해설**
① 복숭아 : 핵과류
② 사과 : 인과류
③ 감귤 : 준인과류

**27** 과수의 병해 중 불완전균류의 기생으로 생기는 병해는?

① 배나무 검은별무늬병
② 사과 근두암종병
③ 복숭아 잎오갈병
④ 배나무 붉은별무늬병

**해설**
배나무 검은별무늬병
병원균은 불완전균류에 속하고 분생포자를 형성한다. 병반 표면에 형성된 짙은 흑녹색의 곰팡이가 분생포자를 모아서 바람이나 강우에 의해 비산되고 전염한다.

**28** 사과 응애의 월동태는?

① 알　　　　　② 유충

③ 번데기　　　④ 성충

**해설**
사과 응애는 연 7~8회 발생하고 1~2년생 가지의 기부나 겨울눈 밑에서 알로 월동한다.

**29** 작물체 내에서 이동이 가장 쉬운 양분은?

① 석회(Ca)　　② 인산(P)

③ 규소(Si)　　④ 철(Fe)

**해설**
인산(P)
체내 이동성이 매우 크고, 결핍 시 생육 초기의 뿌리 발육이 저해되며, 어린잎이 암녹색이 되면서 둘레에 오점이 생겨 심하면 황화되고 결실이 저해된다.

**30** 주로 M9나 M26과 같은 왜성대목묘의 밀식재배에 가장 적합한 사과나무 정지법은?

① 변칙주간형 정지법
② 개심자연형 정지법
③ 배상형 정지법
④ 방추형 정지법

**해설**
방추형 : 왜성사과에서 축소된 원추형과 비슷하다.

**31** 여름철 전정의 효과가 아닌 것은?

① 세력 안정

② 수광과 통풍 증진

③ 꽃눈 착생 촉진

④ 생장 촉진

**해설**
하계전정의 효과
• 수세 안정
• 수광과 통풍 증진
• 꽃눈 착생 촉진 및 결실 유도
• 착색 촉진
• 뿌리와 가지의 생장 억제 목적

**32** 다음 과수 중 자연적 단위결과를 볼 수 있는 과수는 어느 것인가?

① 사과　　　　　② 배

③ 복숭아　　　　④ 감

**해설**
자동적 단위결과
감 품종 봉옥, 서양배 품종 바틀릿, 무화과 품종 미숀 등은 수분하지 않고서도 과실의 발육이 일어난다.

**33** 저온, 고온, 건조 등의 부적합한 환경으로 식물의 생장이 정지되는 현상을 무엇이라 하는가?

① 생장기　　　　② 화아분화

③ 춘화작용　　　④ 휴면

**해설**
성숙한 종자가 적당한 발아조건을 주어도 일정 기간 동안 발아하지 않는 상태를 휴면이라고 하고, 생육의 일시적인 정지상태라고 볼 수 있다.

**34** 복숭아나무에 일어나는 기지현상을 일으키는 유해물질은 수체의 어느 부위에 가장 많이 함유되어 있는가?

① 뿌리　　　　　② 가지

③ 잎　　　　　　④ 과실의 핵

**해설**
복숭아나무의 기지성은 전작의 복숭아나무 뿌리에 함유하고 있는 유해물질에 의하여 발생한다.

**35** CA 저장고 내의 탄산가스 농도로 적당한 것은?

① 0.03~0.3%　　② 1~2%

③ 2~5%　　　　④ 10~20%

**해설**
산소 농도는 대기보다 약 4~20배($O_2$ 8%)로 낮추고, 이산화탄소 농도는 약 30~500배($CO_2$ 2~5%)로 높인다.

**36** 다음 그림은 황갈색배의 한 개 회충에서 꽃이 피고 열매가 맺는 차례를 나타낸 것이다. 적과(열매솎음)를 할 때 어느 것을 남기는 것이 적당한가?

① 1~2번     ② 2~4번
③ 4~5번     ④ 5~6번

해설
**배 적과**
액화아보다 정화아에서 품질 좋은 과실 생산이 가능하며, 2~4번 과를 남기고 적과한다.

**37** 다음 화훼류 종자 중 저온처리를 해야만 발아하는 것은?

① 장미     ② 봉선화
③ 메리골드     ④ 나팔꽃

해설
**저온처리가 필요한 종자** : 장미, 블랙베리, 유칼립투스 스노우검 등 주로 내한성이 강한 식물

**38** 카네이션 동공화가 발생하기 쉬운 조건은?

① 여름철 강한 햇빛과 고온
② 겨울철 저온과 단일
③ 봄, 가을철의 건조
④ 장마기의 다습

해설
**동공화**
• 꽃잎 수가 적어지고 직경이 작아지며 때로는 홑꽃으로 피기도 한다.
• 여름철의 높은 광 강도와 고온 조건에서 쉽게 발생한다.
• 알맞은 관수와 환기 조절을 통해 효과적인 온도 관리가 필요하다.

**39** 양열온상 육묘의 양열재료를 밟아 넣을 때 주의사항이 아닌 것은?

① 마른짚에 물을 골고루 스미게 한 후 밟아 준다.
② 밟은 후 양열재료를 손으로 쥐어 손가락 사이로 물이 약간 나올 정도가 되도록 한다.
③ 밟아 넣은 후 2~3일 후 온도가 40~45℃이면 정상이다.
④ 발열이 순조로우면 모판흙을 7~12cm 깊이로 덮어준다.

해설
양열재료를 밟아 넣은 후 2~3일에 13~14℃, 3~4일에 22~23℃가량 열이 오르면 제대로 발열이 되는 것이다.

**40** 가을국화를 재배할 때 꽃눈분화를 유기시켜 개화를 촉진시키려면 어떤 재배를 해야 하는가?

① 전조재배     ② 억제재배
③ 차광재배     ④ 촉성재배

해설
**차광재배**
일몰 전부터 일출 전까지 시설 내에서 암막을 덮어서 명기를 짧게 하는 방법으로, 주로 자연 일장이 긴 계절에 단일성 식물의 개화를 촉진시킬 때 사용한다.

**41** 녹식물춘화형 식물의 설명으로 가장 알맞은 것은?

① 식물체가 어느 정도 성장한 뒤에 저온에 감응할 수 있는 식물이다.

② 종자단계부터 저온에 감응할 수 있는 식물이다.

③ 발아하기 시작하면서부터 저온에 감응할 수 있는 식물이다.

④ 배추, 무, 순무 등은 녹식물춘화형 식물이다.

해설
발아 직후에는 저온에 감응하지 않으나 일정 기간 생장을 한 후부터 비로소 감응하는 경우 녹색 식물체 춘화형이라고 한다. 양배추, 양파, 당근, 우엉 등은 녹식물춘화형 식물이다.

**42** 숙근, 구근류의 휴면타파에 이용되는 생장 조절 물질은?

① NAA          ② 시토키닌

③ 지베렐린       ④ 아브시스산

해설
③ 숙근, 구근류의 저온을 대체하여 휴면타파에 이용하면 발아가 촉진된다.

**43** 흡착구(빨아먹는 것)를 가지고 원예 작물에 피해를 주는 해충은?

① 집시나방       ② 명나방

③ 풍뎅이         ④ 응애

해설
응애류는 흡즙성 해충으로 표피조직 밑의 엽육세포를 파괴하고 그 내용물을 흡즙하므로 피해 입은 표피에 흰 반점이 무더기로 나타나고 심하면 말라 죽는다.

**44** 제초제의 살초 기작과 관계가 없는 것은?

① 생장 억제

② 광합성 억제

③ 신경작용 억제

④ 대사작용 억제

해설
제초제의 살초기작 : 생장 억제, 광합성 억제, 대사작용 억제

**45** 깍지벌레에 의하여 발생하는 병해는?

① 썩음병         ② 흰비단병

③ 균핵병         ④ 그을음병

해설
그을음병균은 대부분 포자가 바람에 날려 전파되지만, 진딧물, 깍지벌레, 가루이를 비롯하여 이틀의 분비물에 모여드는 개미, 파리, 벌 등의 몸에 묻어서 전파되기도 한다.

**46** 질소 과용현상이 아닌 것은?

① 잎이 짙은 녹색이 된다.
② 병충해에 걸리기 쉽다.
③ 잎과 줄기가 연약해진다.
④ 열매의 성숙이 빨라진다.

**해설**
질소질 비료의 결핍 및 과잉 시 증상
• 결핍 시 : 잎의 황화, 생육 저하 분얼 감소, 과실 성장 불량, 착색 불량, 뿌리 발달 불량 등
• 과잉 시 : 잎의 진녹색 도장, 꽃눈형성 불량, 낙과 증가, 병충해, 냉해, 숙기 늦어짐, 저장성 감소 등

**47** 수확물의 상처에 코르크층을 발달시켜 병균의 침입을 방지하는 조치를 나타내는 용어는?

① 큐어링          ② 예랭
③ CA 저장         ④ 후숙

**해설**
큐어링(curing)
수확 당시의 상처와 병반부가 아물게 하고 당분을 증가시켜 저장하는 방법

**48** 난과(蘭科)식물의 생장점 배양에서 생장점 채취가 불가능한 부분은?

① 꽃눈
② 꽃대의 곁눈
③ 줄기의 숨은 눈
④ 새눈의 끝눈과 곁눈

**해설**
꽃눈은 이미 꽃이 개화한 후에 생기는 생장점으로, 생장점 채취가 불가능하다.

**49** 연탄난방의 단점은?

① 하우스 내 온도가 높아지기 쉽다.
② 가스피해가 염려된다.
③ 노력 소요량이 절감된다.
④ 연료의 공급이 어렵다.

**해설**
연탄난방의 단점
• 뒤처리와 연소관리가 번거롭다.
• 가스나 기름에 비해 열효율이 떨어져 발열량이 높지 않다.
• 일산화탄소 가스피해가 염려된다.

**50** 하우스 자재 중 환기창 부분에 틈새가 나기 쉬우며, 골격률이 커서 투광률이 낮게 되는 것은?

① 형강재          ② 목재
③ 철재파이프      ④ 합금재

**해설**
목재
• 구입이 용이하고, 가공 이용이 편리하다.
• 환기창 부분에 틈새가 나기 쉬우며, 골격률이 커서 투광률이 낮다.

**51** 토마토의 하우스재배 시 고온의 피해가 가장 심한 단계는?

① 꽃잎 초생기
② 감수분열기
③ 개화 종기
④ 개화 후 10일

토마토의 하우스재배 시 고온의 피해가 가장 심한 단계는 꽃받침이 떨어지고 열매가 형성되는 감수분열기이다.

**52** 온실의 폭이 좁고 처마가 높은 양지붕형 온실을 연결한 것으로서 골격률을 12% 정도로 낮출 수 있는 유리온실은?

① 연동형 온실
② 벤로형 온실
③ 더치라이트형 온실
④ 둥근 지붕형 온실

② 처마가 높고 너비가 좁은 양지붕형 온실을 연결한 형태로 양지붕형 연동온실의 결점을 보완한 것이다.

**53** 다음 중 토마토, 오이, 고추, 딸기, 셀러리 등 작물의 시설 내 토양의 일반적인 관수 개시 시점으로 가장 적당한 것은?

① pF 0.4 이하
② pF 0.5~0.9
③ pF 1.0~1.4
④ pF 1.5~2.0

대체로 시설재배 시 관수를 개시하는 시기는 pF 1.5~2.00이다.

**54** 외피복자재가 갖추어야 할 사항이 아닌 것은?

① 투광성
② 공기투과성
③ 내구연수
④ 보온성

**외피복자재의 구비조건**
• 광선투과율이 높고 피복 후 시간이 경과됨에 따라 변하지 않고 가능한 한 오래 유지되어야 한다.
• 장파장(열선)의 투과율이 낮아야 보온성이 좋다.
• 투과되는 광선이 산광(散光)이 되는 것이 좋고 생육에 유효한 파장대의 광선이 차단되지 말아야 한다.
• 인장강도가 크고 잘 찢어지지 않으며, 충격에 견디는 힘이 강하고 오래 사용할 수 있어야 한다.
• 먼지가 잘 묻지 않으며 물방울이 맺히지 않고 흘러내려야 한다.
• 작업성이 좋아야 하고 가격이 저렴하여야 한다.

**55** 시설재배에서 고추의 생육환경과 관련한 설명 중 옳은 것은?

① 이어짓기를 좋아한다.
② 발아적온은 30~35℃이다.
③ 단일조건일수록 생육이 촉진된다.
④ 과실의 결실률은 수분함량에 따라 좌우된다.

① 고추는 이어짓기 장해가 심각하게 발생하는 작물이다.
② 발아온도를 28~30℃ 정도로 약간 높게 맞추어 주는 것이 좋으며, 적어도 20℃ 이상은 유지되어야 한다.
③ 고추, 강낭콩, 토마토, 당근, 셀러리 등 중성식물은 일정한 한계 일장이 없어 화성유도에 일장의 영향을 거의 받지 않는다.

**56** 시설 내 광 환경의 특성으로 볼 수 없는 것은?

① 광량의 일변화 차이가 노지에 비해 작다.

② 시설 내 광 분포가 균일하다.

③ 시설 내 광질이 노지와 다르다.

④ 시설 내 작물이 클수록 하단부의 광량은 적다.

**해설**

② 골격재의 광 차단, 피복재의 입사각 차이로 광 분포가 불균일하다.

**57** 시설 내 환기의 효과로 볼 수 없는 것은?

① 온도 조절　　　　② 습도 조절

③ 산소 조절　　　　④ 유해가스의 배출

**해설**

**시설 내 환기의 효과** : 고온 억제, 습도 조절, 탄산가스 공급 및 유해가스 배출, 하우스 내 공기 유동 등

**58** 일반적으로 살충제의 살포효과가 가장 큰 해충의 발육 시기는?

① 유충　　　　　　② 성충

③ 알　　　　　　　④ 번데기

**해설**

살충제의 살포효과가 가장 큰 해충의 발육 시기는 유충 때이다.

**59** 여러 가지 정보를 컴퓨터에 입력하여 모든 상태를 컴퓨터로 하여금 자동제어할 수 있는 환경제어 관리방식인 것은?

① 전동식제어장치

② 집중제어장치

③ 복합제어장치

④ 분산제어장치

**해설**

환경제어장치 : 수동, 자동(개별제어 또는 중앙집중식, 복합환경제어)

**60** 시설토양의 개량 방법으로 틀리는 것은?

① 염류가 집적된 토양을 새로운 흙으로 바꾼다.

② 유기물을 충분히 넣어서 완충능력을 강화하여 염류 농도 장해를 완화시킨다.

③ 작토는 가급적 얕게 갈아 깊은 곳의 염류가 위로 올라오는 것을 막는다.

④ 여름에 피복물을 제거하여 비를 충분히 맞는다.

**해설**

심경 : 겉흙과 속흙이 섞이게 깊이 갈아 준다.

※ 시설토양의 개량 방법
　• 객토하거나 환토한다.
　• 유기물(미량원소)을 보급한다.
　• 담수하여 염류를 세척한다.
　• 깊이갈이를 한다.

## 01 토양의 3상에 속하지 않는 것은?

① 액상      ② 기상

③ 고상      ④ 주상

**해설**

토양의 3상 : 고상(광물 45% + 유기물 5%), 액상(수분 25%), 기상 (공기 25%)

## 02 토양 용액의 전기전도도가 높다는 것은 무엇을 의미하는가?

① 토양반응이 산성이다.

② 토양의 염류농도가 높다.

③ 토양의 용수량이 크다.

④ 토양 미생물 활성이 높다.

**해설**

전기전도도(EC)

산과 염기가 결합된 염류량으로 토양 내 비료(염류농도)가 얼마나 많이 축적되어 있는지를 나타낸다.

## 03 매실의 번식에서 가장 많이 이용하는 대목은?

① 삼엽해당      ② 매실나무 실생묘

③ 환엽해당      ④ 사과실생

**해설**

매실나무는 대개 공대(접수와 같은 종의 대목, 즉 매실 대목)에 접붙이기를 하는데 복숭아나무 대목을 사용해도 된다.

## 04 토양의 지하수위가 높으면 작물의 생육에 어떠한 영향을 미치는가?

① 작물에 물 부족 현상이 일어나기 쉽다.

② 토양온도가 높아져 뿌리의 호흡작용이 증가된다.

③ 토양에 물이 많아져 작물의 호흡작용이 나빠진다.

④ 비료분의 용탈이 심해져 영양 부족현상을 일으킨다.

**해설**

작물의 뿌리는 토양의 산소를 이용하여 호흡하는데, 지하수위가 높아지면 물이 많아져 호흡작용이 나빠지고 생육 저해요인이 된다.

## 05 뿌리채소 재배 시 질참흙인 땅에서 재배된 생산물의 특징에 해당되는 것은?

① 곧고 몸매가 곱다.

② 가랑이가 지지 않는다.

③ 잔뿌리가 많지 않다.

④ 조직이 치밀하고 저장성이 높다.

**해설**

질참흙(식양토)인 땅에서 재배된 뿌리채소는 조직이 치밀하고 당도가 높으며, 저장성이 높다.

**06** 다음 중 접목 부위로 옳게 나열된 것은?

① 대목의 목질부, 접수의 목질부

② 대목의 목질부, 접수의 형성층

③ 대목의 형성층, 접수의 목질부

④ 대목의 형성층, 접수의 형성층

**해설**

접목(접붙이기)

번식시키려는 식물의 가지나 눈을 채취하여 다른 나무와 형성층(부름켜)이 서로 맞물리도록 붙여서 키우는 번식 방법이다.

**07** 채소를 온상에서 육묘하는 주된 목적은?

① 품질 향상       ② 종자 절약

③ 조기 생산       ④ 발아 균일

**해설**

육묘 이식 목적 : 조기 수확 가능, 수량 증대 가능, 집약관리 가능, 추대방지 가능, 토지이용 증대, 종자절약 기대, 본밭 적응력 향상

**08** 가장 실용적인 염류의 농도 측정 방법은 무엇인가?

① 토양 용액의 전기 전도율 측정

② 토양 용액의 삼투압 측정

③ 염류의 정량분석

④ 지표식물의 재배

**해설**

전기전도도(EC)

산과 염기가 결합된 염류량으로 토양 내 비료(염류농도)가 얼마나 많이 축적되어 있는지를 나타낸다.

**09** 자웅이화동주(雌雄異花同株)의 채소는?

① 딸기          ② 아스파라거스

③ 호박          ④ 배추

**해설**

자웅이화 : 박과(수박, 오이, 호박, 참외, 멜론 등)

**10** 참외의 암꽃이 맺히는 위치는?

① 어미덩굴

② 아들덩굴의 첫 마디

③ 손자덩굴의 첫 마디

④ 어미덩굴과 아들덩굴 전체

**해설**

2차 측지(손자덩굴)의 1~2마디에 암꽃이 착생된다.

**11** 무 재배 시에 붕소가 결핍하게 되면 뿌리에 어떠한 증상이 나타나는가?

① 이상 비대한다.

② 공동이 생긴다.

③ 청색부분이 많다.

④ 흰색부분이 많다.

**해설**

무 생리장해의 원인

• 추대 : 저온에서 재배

• 바람들이 : 수확기 늦음

• 기근 : 거친 땅, 해충

• 열근 : 불균일한 수분 공급

• 내부동공 : 심한 붕소 결핍

**12** 1기압을 pF로 표시하면 얼마인가?

① pF 1       ② pF 3

③ pF 5       ④ pF 7

**해설**
토양수분은 pF로 표시하며, 1기압을 pF로 표시하면 pF 3이다.

**13** 다음 중 점적관수 시의 사용 수압(kgf/cm$^2$)으로 알맞은 것은?

① 0.2~0.5       ② 1.5~2.0

③ 2.5~3.0       ④ 3.5~4.0

**해설**
점적관개에 소요되는 수압은 1.5~2.0kgf/cm$^2$이다.

**14** 좋은 과수 묘목의 조건은?

① 뿌리 쪽보다 지상부가 잘 자란 것

② 잔뿌리보다 굵은 뿌리가 많은 것

③ 1년생보다 2~3년생인 것

④ 웃자라지 않고 잔뿌리가 많은 것

**해설**
좋은 묘목의 구비조건
• 품종이 정확하고 대목이 확실할 것
• 근군(根群) 발달이 양호하고 접목 활착 상태가 양호할 것
• 도장하지 않고 상처가 없을 것
• 병해충 피해 흔적이 없을 것
• 줄기가 곧고 굵으며 웃자라지 않은 것
• 잔뿌리가 많고 여러 방향으로 뿌리가 잘 뻗을 것

**15** 천적을 이용하여 병해충을 방제하는 방법을 무엇이라 하는가?

① 재배적인 방제법

② 화학적인 방제법

③ 생물학적인 방제법

④ 물리적인 방제법

**해설**
③ 생물적 방제법 : 화학 농약을 사용하지 않고 천적 미생물이나 곤충을 이용하여 병해충을 방제하는 방법

**16** 수경재배 시 배양액의 조성을 변화시키는 요인이 아닌 것은?

① 작물의 종류 및 품종

② 작물의 수확 예정량

③ 작물의 생육 단계

④ 온도, 광도, 기상조건

**해설**
양액재배 시 배양액의 조성을 변화시키는 요인
• 작물의 종류 및 품종
• 작물의 생육 단계
• 수확하는 작물 부위의 종류(뿌리, 줄기, 잎, 열매 등)
• 계절(일장), 기상조건(온도, 광도, 일조시간) 등

**17** 휘록암 등을 섬유화하여 적절한 밀도로 성형화시킨 것으로서 통기성, 보수성, 확산성이 뛰어나 양액재배용 배지로 사용되는 것은?

① 질석       ② 훈탄

③ 경석       ④ 암면

**해설**
암면은 휘록암, 석회암 및 코크스를 섞어서 용해시킨 후 솜반죽 모양으로 섬유화시킨 것이다.

**18** 양액육묘 및 양액재배의 이점이 아닌 것은?

① 관수 및 시비의 자동화

② 무병한 모종 생산

③ 상토 제조 및 관리 노력 절감

④ 기지 현상이 일어나기 쉬움

**해설**

**양액재배의 장점**
• 연작장해가 없고 같은 작물을 반복해서 재배할 수 있다.
• 관수 및 시비의 자동화가 가능하다.
• 무병한 모종 생산이 가능하다.
• 각종 채소의 청정 재배가 가능하다.
• 상토 제조 및 관리 노력이 절감된다.

**19** 왜성대목을 이용할 때의 가장 큰 장점은?

① 생력화가 될 수 없다.

② 나무가 작아 작업하기 간편하다.

③ 건조에 견디는 힘도 강하다.

④ 뿌리가 깊이 뻗어 나무 생육이 잘 된다.

**해설**

② 유전적으로 키가 작은 왜성대목을 사용하면 작업이 편리하다.

**20** 다음 그림 중 쪼개접은?

①   ②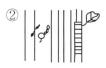

③   ④

**해설**

**할접(쪼개접)** : 대목은 한가운데를 가르고 접수는 쐐기모양으로 깎아서 끼우고 묶어주는 방법으로 모란, 소나무, 감의 고접 등에 이용한다.

**21** 다음 중 포도의 접목에 관한 사항으로 옳지 않은 것은?

① 꺾꽂이로 주로 번식한다.

② 혀접을 한다.

③ 혀접을 할 때는 대목과 접수의 굵기의 차가 있어야 한다.

④ 접착부가 잘 맞으면 잡아매지 않아도 된다.

**해설**

③ 혀접 : 굵기가 비슷한 대목과 접수를 각각 비스듬히 혀모양으로 잘라 서로 결합시켜 접목하는 방법

**22** 절대기생 식물병원균은?

① 노균병균

② 탄저병균

③ 흑성병(검은별무늬병균)

④ 도열병균

**해설**

**병원체의 기생성**
• 절대기생체(순활물기생체) : 살아있는 조직 내에서만 생활할 수 있는 것
  예 녹병균, 흰가루병균, 노균병균, 바이러스
• 임의부생체(반기생체) : 기생을 원칙으로 하나 죽은 유기물에서도 영양을 취하는 것
  예 깜부기병, 감자역병, 배나무의 검은별무늬병
• 임의기생체 : 부생을 원칙으로 하나 노쇠 또는 변질된 산 조직을 침해하기도 한다.
  예 고구마의 무름병, 잿빛곰팡이병균, 각종 식물의 모잘록병
• 절대부생체(순사물기생체) : 죽은 유기물에서만 영양을 섭취한다.
  예 심재썩음병균

**23** 과수원에 석회를 줄 때 가장 좋은 방법은?

① 물에 잘 씻겨 내려가므로 겉흙에 준다.

② 이동성이 약하므로 흙과 잘 섞어 준다.

③ 심경 후 겉흙에 뿌리고 물을 준다.

④ 석회 보르도액을 만들어 뿌리 주위에 살포해 준다.

**해설**

석회는 토양 내에서 이동성이 약하므로(6개월에 18cm 이동) 파종 또는 이식 1~2주 전에 표층뿐만 아니라 하층까지 잘 섞어 주지 않으면 효과가 적다. 특히 석회가 한곳으로 몰리게 되면 땅이 굳어 지는 현상이 나타날 수 있다.

**24** 다음 중 한국 배의 품종명은?

① 야리      ② 바틀릿

③ 청실리      ④ 장십랑

**해설**

한국 배 품종 : 황실배, 청실배, 함흥배, 봉화배, 청당로배, 봉의면 배, 운두면배, 합실배 등

**25** 엽분석 시료로 알맞는 것은?

① 결실된 가지의 유엽(幼葉)

② 결실된 가지의 성엽(成葉)

③ 불결실된 가지의 유엽(幼葉)

④ 불결실된 가지의 성엽(成葉)

**해설**

**엽시료 채취**

신초생장이 안정된 시기(7월 상순~8월 상순)에 과수원에서 대표 적인 나무 5~10주를 선정하여 식물체의 적정부위(수관 외부에 도장성이 없고 과실이 달리지 않은 신초의 중간부위)의 엽 50~ 100매를 채취하여 사용하면 된다.

**26** 다음 중 배나무에 발생하지 않는 병은?

① 줄기마름병      ② 검은무늬병

③ 붉은별무늬병      ④ 꽃썩음병

**해설**

④ 꽃썩음병은 사과나무에서 발생한다.

**27** 토양표면 관리법 중 청경법의 좋은 점은?

① 토양 침식이 크다.

② 토양온도 변화가 적다.

③ 잡초에 의한 양분, 수분 경쟁이 없다.

④ 병해충의 잠복처를 제공한다.

**해설**

**청경법의 장단점**

• 잡초에 의한 양분 및 수분 경쟁이 없다.

• 병해충의 잠복 장소를 제공하지 않는다.

• 토양 관리가 쉽다.

• 노동력과 비용이 비용이 적게 든다.

• 토양물리성이 나빠진다.

• 토양이 유실되고 영양분이 세탈되기 쉽다.

• 제초제 사용 시 약해의 우려가 있다.

**28** 다음 중에서 어린 새순과 눈을 먹는 해충은?

① 포도뿌리혹진딧물

② 거세미나방

③ 애기잎말이나방

④ 복숭아심식나방

**해설**

눈, 새순 가해 해충 : 밤바구미, 복숭아명나방, 백송애기잎말이나 방, 솔알락명나방 등

① 포도뿌리혹진딧물 : 뿌리를 가해하는 해충

② 거세미나방 : 묘목이나 작물의 잎, 줄기, 열매를 갉아 먹는 해충

④ 복숭아심식나방 : 과실을 가해하는 해충

**29** 나무의 수세가 왕성하여 웃자람가지가 발생할 때 가장 먼저 시용량을 줄여야 할 비료는?

① 질소
② 인산
③ 칼륨
④ 석회(칼슘)

**해설**
질소 과잉 증상
• 잎이 크고 짙은 녹색을 띤다.
• 식물이 웃자라고 꽃눈분화가 불량하다.
• 생리적 낙과가 많다.

**30** 사과나무 방추형의 수형구성은 몇 년째 완성시키는 것이 가장 적당한가?

① 4년째
② 5년째
③ 8년째
④ 10년째

**해설**
사과나무 방추형의 수형 구성
2년차부터 결실이 시작되고 보통 4년째 정도에 이르면 수형이 완성된다.

**31** 다음 중 나무꼴을 형성하는 데 불필요한 가지는?

① 곁가지
② 바퀴살가지
③ 원가지
④ 열매어미가지

**해설**
나무꼴 형성 시 불필요한 가지 : 바퀴살가지, 빗장가지, 앞가지, 상향지, 하향지, 역지, 교차지, 개구리다리가지 등

**32** 종자의 휴면 원인이 아닌 것은?

① 종자의 불투과성
② 배의 미성숙
③ 식물호르몬의 불균형 분포
④ 영양분의 부족

**해설**
자발적 휴면의 원인
• 종피의 불투수성, 불투기성
• 종피의 기계적 저항
• 배와 저장물질의 미숙
• 발아억제물질의 작용
• 식물호르몬의 불균형 분포

**33** 다음 중 3년생 가지 위에 열매 맺는 것은?

① 자두
② 앵두
③ 복숭아
④ 사과

**해설**
과수의 결과 습성
• 1년생 가지에 결실 : 감, 포도, 감귤, 무화과, 벼, 파, 호두 등
• 2년생 가지에 결실 : 복숭아, 자두, 양앵두, 매실, 살구 등
• 3년생 가지에 결실 : 사과, 배 등

**34** 봉지재배 시 이점이 아닌 것은?

① 착색이 증진된다.
② 착색이 떨어진다.
③ 약제살포 비용이 절감된다.
④ 과실에 병해충 발생이 거의 없다.

**해설**
봉지재배 시 이점
• 과실의 외관 향상과 오염 방지
• 농약 사용에 의한 과실 보호
• 과실 봉지의 온실효과에 의한 과일의 초기 생장 촉진
• 과실의 착색 개선
• 병충해의 방제
• 곤충이나 새의 피해 방지

**35** 과실 저장에 관계되는 요소가 아닌 것은?

① 온도 　　　　　② 일장
③ 습도 　　　　　④ 환기

> **해설**
> 과일의 저장에 영향을 미치는 요인
> 품종, 환경 조건(기상·토양), 재배 조건(비료·수세·과일 크기),
> 저장 조건(온도·습도·환기), 식물 생장조절제 처리 등

**36** 잎꽂이로 번식하는 화훼가 아닌 것은?

① 산세비에리아
② 렉스베고니아
③ 고무나무
④ 아프리칸바이올렛

> **해설**
> ③ 고무나무 번식 방법 : 삽목, 물꽂이 또는 취목

**37** 다음 중 장일식물로만 짝지어진 것은?

① 시금치, 백합
② 백일홍, 양파
③ 가지, 코스모스
④ 토마토, 포인세티아

> **해설**
> • 장일성 식물 : 시금치, 양파, 금어초, 카네이션, 백합, 메리골드,
>   금잔화 등
> • 단일성 식물 : 코스모스, 포인세티아, 백일홍, 국화, 맨드라미,
>   천일홍, 나팔꽃 등
> • 중성식물 : 시클라멘, 토마토, 가지, 장미, 채송화 등

**38** 돌연변이(mutation)가 나타날 확률이 높은 조직배양 방법은?

① 포자(spore) 무균배양
② 생장점(meristem) 배양
③ 난 배양
④ 캘러스(callus) 배양

> **해설**
> 캘러스 배양은 조직배양에 의한 다량 증식에서 변이가 가장 많이
> 생기는 배양 방법이다.

**39** 다음 중 비료의 요구도가 가장 높은 것은?

① 국화 　　　　　② 아잘레아
③ 카틀레야 　　　④ 동백

> **해설**
> 주요 화훼작물의 시비 요구도
> • 시비 요구도가 적음 : 아잘레아, 카틀레야, 프리뮬러, 동백, 글라
>   디올러스, 고사리류, 치자나무 등
> • 시비 요구도가 보통 : 프리지어, 거베라, 아네모네, 시클라멘,
>   장미, 안스리움, 작약, 아펠란드라 등
> • 시비 요구도가 많음 : 수국, 포인세티아, 제라늄, 카네이션, 국화,
>   라넌큘러스, 백합, 튤립 등

**40** 다음 중 호광성 종자가 아닌 것은?

① 진달래 　　　　② 금어초
③ 스타티스 　　　④ 피튜니아

> **해설**
> ③ 스타티스는 혐광성(암발아성) 종자에 해당한다.
> **호광성(광발아성) 종자** : 금어초, 베고니아, 피튜니아, 진달래, 아
> 게라텀, 칼세올라리아, 글록시니아, 베고니아, 프리뮬러 등

**41** 다음 채소작물에서 녹식물춘화형에 속하는 것은?

① 무                    ② 우엉

③ 배추                  ④ 순무

해설
• 종자춘화형 : 무, 배추, 순무
• 녹식물춘화형 : 양배추, 양파, 당근, 우엉

**42** 국화의 생육억제제로 쓰이는 식물 생장조절제는?

① IAA                  ② NAA

③ 2,4-D                ④ B-9

해설
B-9
전조 재배의 기간이 길어져서 생장을 억제해야 하는 국화재배지나 키를 낮게 키워야 하는 콩, 들깨 등 일반 밭작물에서도 유용하게 사용할 수 있다.

**43** 목적에 알맞은 수형으로 만들기 위해 나무의 일부분을 잘라주는 관리 방법을 무엇이라 하는가?

① 관수                  ② 멀칭

③ 시비                  ④ 전정

해설
전정의 종류
• 생장을 돕기 위한 전정
• 생장을 억제하기 위한 전정
• 개화결실을 많게 하기 위한 전정
• 생리조절을 위한 전정
• 갱신을 위한 전정

**44** 작물의 생육습성이나 재배형편에 따라 이식을 하는데 이식의 방식이 아닌 것은?

① 조식                  ② 가식

③ 난식                  ④ 정식

해설
② 가식(假植) : 정식할 때까지 일시적으로 옮겨 심어 두는 것을 말한다.
※ 이식의 방식
   • 조식 : 줄지어 이식
   • 난식 : 일정한 질서 없이 이식
   • 정식 : 수확기까지 그대로 둘 장소에 아주 옮겨 심는 것
   • 혈식 : 포기를 많이 띄어서 구덩이를 파고 이식
   • 점식 : 띄워서 점점 이식

**45** 온실가루이의 방제에 관한 설명 중 옳지 않은 것은?

① 시설 안에서는 1년에 10회 이상 발생한다.

② 성충이 잎을 말고 엽육을 갉아 먹는다.

③ 배설물은 그을음병을 유발한다.

④ 발생 초기에 살충제를 5~7일 간격으로 뿌린다.

해설
② 작물 상단 어린잎에 집중적으로 모여 새순과 잎 뒷면에서 흡즙한다.

**46** 카네이션 재배에 있어서 고온다습과 질소비료 성분이 과다할 때 발생하기 쉬운 것은?

① 녹병
② 시듦현상
③ 악할현상(언청이 현상)
④ 모자이크병

**해설**
봄철 다습 시 카네이션은 녹병의 발생이 많다.

**47** 세포분열을 촉진하여 식물체 각 기관들의 수를 증가, 특히 꽃과 열매를 많이 달리게 하고, 뿌리의 발육, 녹말 생산, 엽록소의 기능을 높이는 데 관여하는 영양소는?

① N
② P
③ K
④ Ca

**해설**
② 인산(P) : 세포분열 촉진, 꽃·열매·뿌리 발육에 관여한다. 부족하면 꽃과 열매가 나빠지고 많으면 성숙이 촉진되어 수확량이 감소한다.
① 질소(N) : 광합성 작용의 촉진으로 잎이나 줄기 등 수목의 생장에 도움을 준다. 부족하면 생장이 위축되고 성숙이 빨라지나 많으면 도장하고 약해지며 성숙이 늦어진다.
③ 칼륨(K) : 꽃·열매의 향기, 색깔을 조절하고 부족하면 황화현상이 일어난다.
④ 칼슘(Ca) : 단백질 합성, 식물체 유기산 중화의 역할을 하고 결핍되면 생장점이 파괴되어 갈색으로 변한다.

**48** 다음 중 화훼의 꽃눈분화, 결실 등과 가장 관련이 깊은 것은?

① 질소와 탄소 비율
② 탄소와 칼륨 비율
③ 질소와 인산 비율
④ 인산과 칼륨 비율

**해설**
탄소성분의 비율이 높으면 꽃눈형성이 많이 되고 질소성분의 비율이 높으면 영양생장, 즉 포기번식이 왕성하게 일어난다.
※ C/N율 : 식물의 체내에 광합성에 의하여 만들어진 탄소(C)와 뿌리 등에서 흡수한 질소(N)와의 비율

**49** 수화제로 된 농약을 가지고 1,000배액으로 희석 조제하려면 일반적으로 농가에서는 물 20L에 얼마만한 양의 농약을 넣어야 하는가?

① 10g
② 20g
③ 30g
④ 40g

**해설**
원액 소요약량 = 총소요량/희석배수
= 20,000cc/1,000배액 = 20g($\because$ 1L = 1,000cc)

**50** 시설 내 탄산가스의 제어 방법이라 볼 수 없는 것은?

① 시설 내 환기
② 관수
③ 유기물 사용
④ $CO_2$ 발생기

**해설**
관수는 수분 공급 방법이다.

**51** 현대 시설원예의 특성에 적합한 것은?

① 노동집약적이다.

② 계절적 생산 형태이다.

③ 자본집약적이다.

④ 자연순응적이다.

시설원예는 자본, 기술, 시설 및 노동력을 집약적으로 투자하기 때문에 고품질의 농산물을 계획적으로 생산·출하할 수 있어 생산자가 기업적 경영 감각을 익혀 상업적 영농을 가능하게 한다.

**52** 다음 [보기]의 설명은 어떤 하우스에 대한 것인가?

┌ 보기 ┐
- 펜타이트파이프를 이용해 만들어 내구력이 크다.
- 조립과 해체가 편리하다.
- 플라스틱 하우스 표준화가 되어 있다.

① 대형 터널 하우스

② 아치형 하우스

③ 대형 지붕형 하우스

④ 양지붕 온실

아치형 하우스(arch roof house, 원형 하우스)
- 과거에는 죽재와 목재를 많이 사용하였지만 현재에는 주로 펜타이트파이프(pentite pipe)를 사용하여 내구연한이 길다.
- 구조적으로 환기창 설치가 어려워 환기능률이 나쁘고 적설량이 많을 때에는 위험하다.
- 지붕형에 비해 내풍성이 강하고 채광이 고르며 필름이 골격재에 밀착하여 파손될 위험이 적다.

**53** 온실피복재의 유적성(流適性)은 다음의 어느 것과 관계가 있는가?

① 광투과율을 높인다.

② 실내 습도를 높인다.

③ 피복재의 내후성을 높인다.

④ 야간의 보온력을 높인다.

유적성
- 물방울이 맺혀 시설 피복자재의 표면을 따라 흘러내려 물방울이 맺히지 않는 특성
- 시설 내에서 광 투과를 방해하지 못하도록 특수하게 처리한 플라스틱 피복 자재의 특성

**54** 다음 피복자재 중 열절감률이 가장 큰 것은?

① 폴리에틸렌필름

② 알루미늄증착필름

③ 염화비닐필름

④ 부직포

알루미늄증착필름은 알루미늄을 높은 진공 상태에서 전자빔이나 유도 등으로 가열 증발시키고 그 증기를 필름 표면에 부착시킨 것으로 열차단 효과가 크다.

**55** 시설채소 재배에서 1일 중 시설물 내의 $CO_2$ 농도가 가장 낮은 때는?

① 해뜨기 전   ② 해뜬 직후

③ 정오 때   ④ 저녁 때

탄산가스 농도는 호흡 작용으로 인해 해뜨기 직전 700~1,500ppm으로 높게 나타나고, 해가 뜨면서 급속히 낮아져 환기 직전에는 300ppm 미만으로 크게 감소한다.

**56** 하우스재배에서 광량이 저하되는 이유에 해당하지 않는 것은?

① 기둥, 서까래 등의 골격재에 의한 차광
② 피복재에 의한 광선의 반사 또는 흡수
③ 피복재의 오염 또는 물방울 맺힘
④ 새로운 피복자재의 이용

> **해설**
> 광량 감소의 이유
> • 골격재에 의한 차광
> • 피복재의 흡수 및 반사
> • 피복재의 오염 부착
> • 시설방향과 광투과율
> • 일사량

**57** 농기계의 장기 보관 방법으로 적절하지 않은 것은?

① 벨트나 체인은 따로 분리하여 보관한다.
② 도장되어 있지 않은 부분은 기름을 발라둔다.
③ 보관 장소는 되도록 채광이 잘 드는 곳을 택한다.
④ 실린더 내에 기관 오일을 주유하고 피스톤을 압축 상사점에 놓는다.

> **해설**
> ③ 가능한 건조한 실내에 보관하고, 실내 보관이 어려울 경우에는 햇빛, 비, 눈 등을 피할 수 있도록 덮개를 씌워 평지에 보관한다.

**58** 토양 침출액의 전기전도도 단위로 가장 알맞은 것은?

① lx          ② ppm
③ %          ④ S/m

> **해설**
> 전기전도도는 전기저항의 역수로 정의되며, 단위는 S/m로 표시한다.

**59** 시설의 보온비에 대한 설명으로 맞는 것은?

① 시설의 외표면적에 대한 바닥면적의 비율
② 전체 난방비 중에서 보온이 차지하는 비율
③ 시설의 지붕 면적에 대한 바닥면적의 비율
④ 전체 시설 표면적에 대한 보온피복면의 비율

> **해설**
> $$보온비 = \frac{1}{방열비} = \frac{바닥면적}{피복면적}$$
> 보온비는 높을수록 유리하다.

**60** 다음 중 해충의 기계적 방제법에 속하는 것은?

① 차단법          ② 품종 선택
③ 돌려짓기        ④ 약제살포

> **해설**
> **기계적 방제법**
> 간단한 기계를 사용하여 방제하는 방법으로 차단법(망실재배, 봉지 씌우기 재배 등), 포살 등이 있다.
> ② · ③ 생태적 방제법
> ④ 화학적 방제법

**01** 주로 M9나 M26과 같은 왜성대목묘의 밀식재배에 가장 적합한 사과나무 정지법은?

① 개심자연형　　② 변칙주간형
③ 방추형　　　　④ 배상형

**해설**
왜성 사과나무(M9, M26)의 밀식재배에는 방추형과 세장방추형을 널리 적용한다.

**02** 대기 성분 중 이산화탄소가 차지하는 비율은?

① 78.1%　　　　② 0.35%
③ 21.5%　　　　④ 0.03%

**해설**
대기의 구성
질소 약 78.1%, 산소 약 21%, 아르곤 약 1%, 이산화탄소 약 0.03%

**03** 마늘재배의 경영상 가장 큰 문제점으로 볼 수 있는 것은?

① 씨마늘의 구입비가 많이 든다.
② 재배기술이 까다롭다.
③ 저장과 수송에 어려움이 많다.
④ 토지의 이용율이 매우 낮다.

**04** 복합비료 13-8-10의 20kg 1포에 함유된 질소, 인산, 칼륨의 양(kg)은 각각 얼마인가?

① 질소 1.3, 인산 8, 칼륨 10
② 질소 2.6, 인산 1.6, 칼륨 2
③ 질소 3.9, 인산 2.4, 칼륨 3
④ 질소 4.8, 인산 3.2, 칼륨 8

**해설**
- 질소 = $20 \times (13/100) = 2.6$kg
- 인산 = $20 \times (8/100) = 1.6$kg
- 칼륨 = $20 \times (10/100) = 2$kg

**05** 스쿠핑, 노칭 등의 방법으로 인공 분구하여 번식시키는 구근은?

① 글라디올러스　　② 칸나
③ 백합　　　　　　④ 히아신스

**해설**
히아신스의 인공번식 방법 : 스쿠핑, 노칭, 크로스 커팅, 코링 등

## 06 과채류의 육묘 중 웃자람을 억제시킬 수 있는 생장조절제는?

① 2,4-D       ② 지베렐린

③ 토마토톤      ④ B-9

**해설**
① 2,4-D : 생장억제제의 한 종류로 강낭콩의 초장을 작게 하고, 초생엽중을 증대한다.
② 지베렐린(gibberellin) : 장일성 식물의 개화를 촉진시키고, 단위결과를 유도한다.
③ 토마토톤 : 과채류의 저온기 시설재배 시 단위결과를 유도한다.

## 07 수경재배용 배지의 종류 중 산도(pH)가 가장 낮은 것은?

① 펄라이트      ② 피트모스

③ 버미큘라이트      ④ 훈탄

**해설**
② 피트모스 : pH 3.5~5.5
① 펄라이트 : pH 6.5~7.5
③ 버미큘라이트 : pH 6.0~7.0
④ 훈탄 : pH 7.5~8.0

## 08 딸기의 채묘 시 자묘로 적당하지 않은 것은?

① 크라운이 굵은 것
② 잎자루가 굵고 짧은 것
③ 본잎 1~2장 전개된 것
④ 발근상태가 좋은 것

**해설**
딸기의 자묘 채취
• 본잎이 3~5장 정도 전개된 것
• 잎 줄기가 짧고, 관부가 굵은 것
• 뿌리량은 많은 것이 좋으나 적색근은 회피

## 09 시설원예에서 투광량을 증대시켜야 생산량을 증대시킬 수 있다. 하우스 내 광량을 증대시키는 방법에 해당하지 않는 것은?

① 새로운 필름을 사용한다.
② 시설방향을 조절한다.
③ 반사광 이용시설을 한다.
④ 골조율을 높인다.

**해설**
④ 가늘고 강한 골격재를 선택하여 차광률을 줄인다.

## 10 카네이션 바이러스 무병주 생산에 가장 적합한 방법은?

① 접목번식      ② 꺾꽂이 배양

③ 생장점 배양      ④ 잎꽂이 배양

**해설**
카네이션, 국화, 거베라 등의 화훼는 바이러스병을 방제하기 위해 생장점 배양을 이용한다.

## 11 다음 플라스틱 피복자재 중 파장 1,400~1,800nm 의 투과율이 가장 낮은 자재는?

① PE      ② PVC

③ FRP      ④ EVA

**해설**
적외선의 투과율은 단열성 및 보온성과 관련되어 투과율이 적은 자재일수록 단열 및 보온성이 크다. PE > EVA > PO계 > PVC 순으로 원적외선 투과율이 낮다.

**12** 다음 화훼 중 덩이줄기 식물은?

① 시클라멘　　　② 국화
③ 카네이션　　　④ 장미

**해설**
덩이줄기(괴경)
• 춘식구근 : 구근베고니아, 글록시니아, 칼라, 칼라디움 등
• 추식구근 : 시클라멘, 아네모네 등

**13** 다음의 생리장해가 발생할 수 있는 채소는?

| | |
|---|---|
| • 블라인드 | • 조기출뢰 |
| • 엽출현상 | • 밥풀현상 |

① 양배추　　　② 꽃양배추
③ 셀러리　　　④ 상추

**해설**
꽃양배추의 생리장해
꽃봉오리 형성기에는 붕소결핍증, 편상엽, 조기출뢰, 블라인드, 꽃봉오리 형성 후에는 밥풀현상, 깃털현상, 엽출현상 등의 생리장해가 발생할 수 있다.
• 블라인드 : 저온처리가 되지 않은 식물의 경우 작은 잎이 생길 뿐 꽃눈이 발생하지 않는 현상
• 조기출뢰 : 육묘기 저온을 지나 잎이 6~7매 정도인 모종이 정식 후 저온이 지속되면 꽃봉오리가 일찍 나오거나 작아지는 현상
• 엽출현상 : 꽃봉오리 사이에 작은 녹색 잎이 발생하는 현상
• 밥풀현상 : 꽃봉오리 표면이 고르지 않고 하얗게 쌀알처럼 되거나 화뢰의 화경이 자라서 표면이 울퉁불퉁해져 상품의 가치가 낮아지는 현상

**14** 복숭아 품종이 아닌 것은?

① 백가야　　　② 대구보
③ 백봉　　　　④ 창방조생

**해설**
백가야는 사과 품종이다.

**15** 다음 중 시설난방에서 재배기간 중 기온이 가장 낮은 시간대의 난방부하로서 난방설비용량을 결정하는 지표가 되는 것은?

① 기간난방부하
② 기간손실열량
③ 최대난방열량
④ 최대난방부하

**해설**
난방부하(煖房負荷, heating load)
난방 중 시설로부터 밖으로 방출되는 전체 열량 가운데 난방설비로 충당되는 열량이다.

**16** 비료의 3대 요소가 아닌 것은?

① P　　　　② K
③ Ca　　　④ N

**해설**
• 비료의 3대 요소 : N, P, K
• 비료의 4대 요소 : N, P, K, Ca

**17** 육묘용 상토 중 무기질 재료가 아닌 것은?

① 버미큘라이트
② 펄라이트
③ 피트모스
④ 제올라이트

**해설**
육묘용 상토
• 무기질 : 버미큘라이트, 펄라이트, 제올라이트 등
• 유기질 : 피트모스, 코코피트, 수태 등

**18** 사과 후지의 교배품종으로 옳은 것은?

① 국광×델리셔스

② 홍로×추광

③ 모리스델리셔스×갈라

④ 델리셔스×골든델리셔스

> **해설**
> 후지(부사) : 국광×델리셔스 교배종으로 저장성 높은 우리나라
> 대표적인 만생종이다.

**19** 꽃눈의 분화 시기가 틀린 것은?

① 사과 : 7월 상순

② 복숭아 : 8월 상순

③ 배 : 8월 하순

④ 포도 : 5월 하순

> **해설**
> 과수의 꽃눈분화 시기
> • 사과 : 7월 상순
> • 배 : 6월 중~하순
> • 포도 : 5월 하순
> • 복숭아 : 8월 상순
> • 감 : 7월 중순

**20** 1ha 과수원에서 재식거리가 4m×2.5m일 때 과수 묘목의 수는?

① 500

② 1,500

③ 1,000

④ 750

> **해설**
> $$묘목의\ 수 = \frac{과수원\ 면적}{재식거리}$$
> $$= \frac{10,000m^2}{4m \times 2.5m} = 1,000(\because\ 1ha = 10,000m^2)$$

**21** 멜론의 재배 모양 중 가장 이상적인 것은?

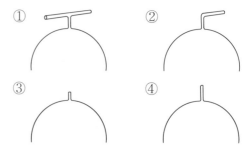

> **해설**
> 멜론 적과 시 꼭지를 T자 모양으로 남기고 자르되 양쪽이 각각
> 약 5~7cm 길이로 남도록 자른다.

**22** 다음 저장 방법 중 공기 성분의 변화를 통해 저장기간을 늘릴 수 있는 방법은?

① 보온저장
② 냉온저장
③ 환경조절저장
④ 콜드체인시스템

**해설**
환경조절저장
저장산물의 환경가스를 조절하여 호흡을 억제시켜 저장 수명을 연장하는 방법이다. 밀폐된 저장고 내에 질소를 충진하여 산소를 낮추어주고 탄산가스를 높여주어 저장 적정 환경 가스로 조절해주고 수시로 증가된 탄산가스와 저장 유해가스인 에틸렌을 제거해준다.
예 CA 저장, 대기제어저장 등

**23** 시설 내의 산광 피복재로써 그늘이 생기지 않는 것은?

① 투명 유리
② 염화비닐(PVC)필름
③ 폴리에틸렌(PE)필름
④ 유리섬유 강화 폴리에스테르파형관(FRP)

**해설**
FRP판(유리섬유강화 폴리에스테르파형관)
• 광선투광의 20% 정도가 확산광으로 된다.
• 3,000nm 이상의 적외선은 거의 투과되지 않는다.
• 자외선의 투과율이 낮다.
• 물결판은 틈 때문에 환기율이 높아진다.
• 열전도율이 낮고 충격에 강하며 굽힘강도가 높으면서 산란성이 높다.
• 시설 내의 산광 피복재로써 그늘이 생기지 않는다.

**24** 다음 중 산성토양에서 생육이 가장 양호한 과수는?

① 포도
② 무화과
③ 복숭아
④ 사과

**해설**
토양의 적정 pH는 밤과 복숭아(약 4.9~5.9)는 낮고, 포도(약 6.5~7.5)와 무화과(약 6.2~7.5)는 높다.

**25** 다음 중 장일성 식물은?

① 금어초
② 코스모스
③ 국화
④ 맨드라미

**해설**
• 장일성 식물 : 시금치, 양파, 금어초, 카네이션, 백합, 메리골드, 금잔화 등
• 단일성 식물 : 코스모스, 포인세티아, 백일홍, 국화, 맨드라미, 천일홍, 나팔꽃 등

**26** 다음 중 거세미나방의 생활사로 틀린 것은?

① 알로서 땅속에 월동한다.
② 묘목의 지면 가까운 부분을 자르고 그 일부를 땅속으로 끌어들여 식해 한다.
③ 잡식성으로 숙주의 종류가 많다.
④ 성충은 주광성과 주화성이 강하다.

**해설**
① 유충상태로 월동한다.

**27** 다음 중 CCC와 같은 식물 생장억제제(왜화제)가 식물의 개화에 미치는 영향은?

① 종자의 발아 억제
② 꽃눈분화의 촉진
③ 꽃눈분화의 억제
④ 꽃대 신장의 촉진

해설
CCC(chlormequat)는 지베렐린의 생합성을 저해하여 식물의 생장을 억제하면서 개화시기를 앞당긴다.

**28** 꽃봉오리를 알맞은 간격으로 솎아주는 작업으로 옳은 것은?

① 적뢰          ② 적화
③ 적심          ④ 적과

해설
적뢰(摘蕾, 꽃봉오리 솎기)
꽃송이를 알맞은 간격으로 솎아주는 작업이다. 결실을 좋게 하며 가지가 부러지는 것을 예방한다.

**29** 화훼에서 DIF란 무엇인가?

① 종자의 발아와 관련된 용어이다.
② 식물의 생육조절과 관련된 용어이다.
③ 식물의 분류할 때는 용어이다.
④ 뿌리의 형태를 구분하는 용어이다.

해설
DIF(Difference between day and Night temperature) : 주야간 온도조절을 통한 생육조절 방법이다.

**30** $CO_2$ 보상점은 대기 중 이산화탄소 농도의 몇 배 인가?

① 약 1배          ② 1/100~1/300
③ 1/10~1/3       ④ 10배

해설
• $CO_2$ 보상점 : 대기 중 이산화탄소 농도의 약 1/10~1/3배
• $CO_2$ 포화점 : 대기 중 이산화탄소 농도의 약 7~10배

**31** 장미 눈접하는 시기로 가장 좋은 것은?

① 3월 상·중순
② 4월 하순~5월 상순
③ 8월 중순~9월 상순
④ 10월 상순~11월 중순

해설
장미 눈접의 적기는 8월 중순~9월상순이다. 적기보다 빠르면 고온으로 작업이 어렵고, 늦으면 수액상승이 중단되므로 접목부의 박피가 되지 않아 활착율이 떨어진다.

**32** 저장채소의 저장력을 증진시키기 위한 처리가 아닌 것은?

① 예랭          ② 추숙
③ 맹아억제       ④ 큐어링

해설
추숙은 작물이 수확기에 저절로 떨어져 손실되는 것을 막기 위해 제때보다 일찍 수확한 후 완전히 익히는 것을 말한다.

27 ② 28 ① 29 ② 30 ③ 31 ③ 32 ②  정답

**33** 다음 중 선인장의 접목번식 방법으로 가장 좋은 방법은?

① 호접
② 산접
③ 근접
④ 안접

접붙이기(접목)
• 절접 : 모란, 라일락 등
• 합접 : 장미 등
• 할접 : 다알리아, 숙근안개초 등
• 아접 : 장미, 벚나무 등
• 안접 : 선인장 등

**34** 튤립 구근을 심는 시기로 옳은 것은?

① 가을
② 겨울
③ 봄
④ 여름

가을에 심는 구근(추식구근) : 수선화, 리코리스, 칼라, 구근아이리스, 크로커스, 프리지어, 알리움, 히아신스, 백합, 튤립, 시클라멘 등

**35** 노지 1~2년생 초화류가 아닌 것은?

① 샐비어
② 채송화
③ 메리골드
④ 제라늄

제라늄은 비내한성 여러해살이 화초(온실숙근초)이다.

**36** 시금치는 산성토양에 약하다. 재배 시 비료로 적합하지 않은 것은?

① 황산암모늄
② 요소
③ 유기질 비료
④ 염화칼륨

시금치는 산성에 매우 약하므로 밭갈이 하기 전에 석회를 300평당 100~150kg정도 뿌리며, 산성비료인 황산암모늄이나 과인산석회는 삼가하는 것이 좋다.

**37** 다음 중 비내한성 여러해살이 화초(온실숙근초)는?

① 숙근플록스
② 제라늄
③ 아르메리아
④ 접시꽃

**38** 다음 중 적산온도에 대한 설명으로 가장 적합한 것은?

① 작물생육기간 중 0℃ 이상의 일평균기온을 합산한 온도
② 작물생육의 최적온도를 생육일수로 곱한 온도
③ 작물생육기간 중 일최고기온을 합산한 온도
④ 작물생육기간 중 일최저기온을 합산한 온도

적산온도 : 하루의 평균온도가 기준온도(0℃)보다 높은 날의 평균온도를 누적시킨 것

**39** 다음과 같이 설치하여 실내 온도를 냉각하는 냉방 방법은 무엇인가?

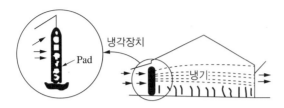

① 팬 앤드 패드 방법
② 팬 앤드 미스트 방법
③ 세무 분사
④ 옥상 유수

해설
팬 앤드 패드(fan & pad) 방법
한쪽 벽에 물에 젖은 패드를 설치하고, 반대쪽 벽에는 환기팬을 설치하여 실내의 공기를 밖으로 뽑아내면 외부의 공기가 패드를 통과하여 시설 내로 들어오면서 냉각되어 시설 내의 온도가 낮아지는 방식이다.

**40** 국화 꽃노랑총채벌레에 대한 설명으로 틀린 것은?

① 수컷 성충은 몸길이 1.0~1.2mm로 암컷보다 작고 가늘며, 몸색은 밝은 황색이다.
② 1993년 제주도 감귤하우스에서 처음으로 피해가 관찰되어, 현재는 전국적으로 확산되었다.
③ 유충은 줄기나 가지에 굴을 파고 구멍을 내서 생활한다.
④ 유충은 부화 직후에 유백색이나 점차 황색으로 변하며 몸집도 커진다.

해설
③ 유충은 꽃 속이나 꽃잎 사이의 약간 습한 곳에서 조직을 흡즙하면서 성장한다.

**41** 다음 A, B에 알맞은 말은?

시설원예란 유리온실, ( A ), 대형터널 등과 같은 시설 내에서 과수, ( B ), 화훼를 집약적으로 생산하는 시설을 말한다.

① A : 양지붕형, B : 메밀
② A : 플라스틱온실, B : 채소
③ A : 외지붕형, B : 쌀보리
④ A : 벤로형, B : 귀리

해설
시설원예란 유리온실이나 플라스틱온실, 대형터널 등과 같은 시설 내에서 채소, 과수 및 화훼를 집약적으로 생산하는 시설을 말한다. 노지에서 재배가 불가능한 시기에도 재배가 가능하므로 연중 신선하고 우수한 품질의 농산물을 생산할 수 있다.

**42** 다음 중 이세리아깍지벌레의 천적은?

① 베달리아무당벌레
② 진디벌
③ 말매미
④ 왕담배나방

**43** 비료 이용률이 30%일 때, 질소를 30kg 시비하려면 필요한 비료의 양은?

① 70kg      ② 30kg

③ 20kg      ④ 100kg

> **해설**
> 필요한 비료의 양 = 필요한 성분량/이용률
>               = 30kg/0.30 = 100kg

**44** 탈춘화 현상(devernalization)이 일어나는 때는?

① 식물의 생장기 고온에서

② 식물이 일정 기간 저온에 처하면

③ 춘화작용을 받은 후 고온에 처하면

④ 저온 건조에서

> **해설**
> 춘화 작용을 받은 후 다시 고온에 처하게 되면 그때까지의 효과가 감소되어 개화가 촉진되지 않는다.

**45** 다음 중 연작장해 대책으로서 적합하지 않은 것은?

① 합리적 시비      ② 이어짓기

③ 토양소독      ④ 객토

> **해설**
> **연작장해의 대책**
> • 윤작
> • 담수처리
> • 토양소독
> • 유독물질의 제거
> • 객토 및 환토
> • 접목
> • 지력배양

**46** 좋은 묘목의 구비조건이 아닌 것은?

① 품종이 확실한 것

② 도장하지 않고 상처 없을 것

③ 병해충이 붙지 않은 것

④ 대목의 종류 관계없이 충실한 것

> **해설**
> **좋은 묘목의 구비조건**
> • 품종이 정확하고 대목이 확실할 것
> • 근군(根群) 발달이 양호하고 접목 활착 상태가 양호할 것
> • 도장하지 않고 상처가 없을 것
> • 병해충 피해 흔적이 없을 것
> • 줄기가 곧고 굵으며 웃자라지 않는다.
> • 잔뿌리가 많고 여러 방향으로 뿌리가 잘 뻗을 것

**47** 시설 내의 습도 조절 방법 중 습도를 낮추는 방법으로 가장 적합한 것은?

① 환기를 한다.      ② 온도를 낮춘다.

③ 차광을 한다.      ④ 배수구를 설치한다.

> **해설**
> **시설 내 습도를 낮추는 방법**
> • 환기를 한다.
> • 멀칭을 하여 습기 발생을 방지한다.
> • 피복재에서의 결로수를 제거한다.
> • 자연흡습 및 열교환형 제습기를 사용한다.

**48** 시설의 환기 효과에 대한 설명이 틀린 것은?

① 습도를 조절한다.

② 이산화탄소를 배출한다.

③ 유해가스를 배출한다.

④ 온도를 조절한다.

> **해설**
> **환기의 효과** : 온도·습도조절, 탄산가스 공급 및 유해가스 배출, 하우스 내 공기 유동

**49** 토마토에 많이 들어있는 리코펜(lycopene) 색소가 띠는 색은?

① 빨간색　　　　② 노란색
③ 검정색　　　　④ 초록색

붉은색 색소 : 리코펜(lycopene), 안토시아닌(anthocyanin)

**50** 우리나라에서 감귤나무의 대목으로 가장 많이 이용되고 있는 것은?

① 하귤나무　　　　② 탱자나무
③ 유자나무　　　　④ 감귤의 공대

탱자나무는 내한성이 강하고, 병해충에 대한 저항력이 높아 감귤나무의 대목으로 많이 이용된다.

**51** 카네이션 재배에 있어서 다음과 같은 원인으로 발생하기 쉬운 것은?

> • 주야간 온도차가 클 때
> • 질소비료의 성분이 부족할 때
> • 꽃눈 발달 시기가 지나친 저온인 경우
> • 꽃눈 발달 시 수분이 과다한 경우

① 녹병
② 시듦현상
③ 악할현상(언청이 현상)
④ 모자이크병

카네이션 악할현상
꽃받침의 생장보다 꽃잎의 생장이 급격하게 이루어져 나타나는 현상

**52** 시설 내 야간 고온이 식물에 주는 영향은?

① 체내 산소 축적
② 호흡 촉진
③ 광합성량 증가
④ 노화 방지

시설 내 야간 고온이 계속되면 호흡이 촉진되어 상대적으로 뿌리, 잎, 줄기로의 양분이동량보다 호흡에 의한 소모량이 많아질 수 있다.

**53** 다음 중 내염성이 가장 약한 작물은?

① 무　　　　② 딸기
③ 양배추　　　④ 시금치

• 내염성이 약한 작물 : 딸기, 상추, 삼엽채
• 내염성이 강한 작물 : 배추과 채소, 시금치

**54** 온실이나 벤치에서 재배하는 작물에서 보편적으로 사용되는 관수 방법으로 포트 밑의 배수공을 통해 물이 스며 올라가도록 하는 관수 방법은?

① 지중관수　　　　② 미스트관수
③ 점적관수　　　　④ 저면관수

저면관수
분화 재배 또는 육묘 시 활용하는 관수법으로 화분 또는 플러그트레이 하단부 가운데에 있는 배수공을 통하여 물이 올라가게 하는 방법이다.

**55** 키에 따른 분류 중 키가 커서 화단 뒤쪽에 심는 고생종(高生種) 식물에 해당하는 것은?

① 크레오메(풍접초)  ② 무스카리
③ 데이지(bellis)   ④ 글록시니아

**해설**
키가 높은 식물 : 풍접초, 벵갈고무나무, 팔손이, 파키라, 벤자민고무나무, 관음죽 등

**56** 식물에 병을 일으키는 병원균의 종류 중 모자이크병과 같이 진딧물에 의해 옮겨지는 것은?

① 세균(박테리아)  ② 바이로이드
③ 바이러스      ④ 곰팡이

**해설**
바이러스는 진딧물에 의하여 비영속 전염된다.

**57** 식물의 수분(pollination)에 대한 설명으로 옳은 것은?

① 정핵이 배낭 속의 난핵, 극핵과 접합하는 것
② 정핵이 배주 내의 난핵, 화분관핵과 접합하는 것
③ 화분이 수술의 꽃밥으로부터 주두(암술머리)로 옮겨지는 것
④ 화분관이 신장하여 주공을 통해 배낭 속에 정핵을 넣어주는 것

**해설**
• 수분(受粉, pollination) : 수술의 꽃가루(화분)가 곤충, 바람, 물 등에 의하여 암술머리로 옮겨지는 것
• 수정(受精, fertilization) : 수분 후 암술머리의 꽃가루에서 화분관이 신장하고, 화분관 끝에 있는 정핵이 배주 속의 난핵과 결합하는 것

**58** 작물에 가장 유효하게 이용되는 수분은?

① 중력수    ② 모관수
③ 흡착수    ④ 무효수

**해설**
식물 생장에 유효한 수분은 모관수(pF 2.7~4.5)이다.

**59** 전정의 효과로 옳은 것은?

① 결실량의 조절이 가능하다.
② 유목에 약전정을 하면 결실을 늦추어 준다.
③ 노목에서의 강전정은 수세를 약화시킨다.
④ 병충해의 피해가 있을 경우 강전정은 피해를 가중시킨다.

**해설**
일반적으로 유목의 약전정은 결실을 앞당기고, 노목은 강전정하여 나무의 세력을 키우고 결실을 조절한다. 또한 병해충의 피해를 입은 가지는 전정하여 그 자리를 다른 가지로 채워 준다.

**60** 과수의 적과 시기로 가장 적당한 것은?

① 개화직전
② 개화직후
③ 생리적 낙과 후
④ 후기 낙과 후

**해설**
생리적 낙과 후 착과가 안정되고 양분의 소모가 적은 시기에 적과를 실시하는 것이 좋다.

PART

03

# 실기(필답형) 기출복원문제

#기출유형 확인          #상세한 해설          #최종점검 테스트

※ 필답형 기출복원문제는 수험자의 기억에 의해 문제를 복원하였습니다. 실제 시행문제와 일부 상이할 수 있음을 알려드립니다.

**01** 채소의 정의를 쓰시오.

> **정답**
>
> 1년생 초본식물로 인간이 먹을 수 있는 부위를 생산할 수 있는 작물이다.
>
> **해설**
>
> 야채(野菜)라고도 하며, 식용부위에 따라 과채류, 근채류, 엽경채류 등으로 구분된다.

**02** 시비량을 결정하는 방법 중 최소율의 법칙에 대해 쓰시오.

> **정답**
>
> 공급이 가장 적은 양분에 의해 작물의 수량이 지배되는 원리이다.
>
> **해설**
>
> **최소율의 법칙(The Law of the Minimum)**
>
> 최소양분율이라고도 한다. 양분 중에서 필요량에 대해 공급이 가장 적은 양분에 의해 작물 생육이 제한되는데 이 양분을 최소양분이라 하며, 최소양분의 공급량에 의해 작물의 수량이 지배되는 원리이다.

**03** 다음은 토양의 구성에 대한 설명이다. ( ) 안에 들어갈 알맞은 말을 순서대로 쓰시오.

> 토양의 물리적 구성은 무기물 45%와 ( ① ) 5%로 구성된 고상과 ( ② ) 25%으로 구성된 액상, ( ③ ) 25%로 이루어진 기상으로 이루어져 있다.

> **정답**
>
> ① 유기물, ② 수분, ③ 공기
>
> **해설**
>
> **토양의 3상** : 고상 50%(무기물 45% + 유기물 5%), 액상(수분) 25%, 기상(공기) 25%

**04** 다음 ( ) 안에 들어갈 알맞은 말을 순서대로 쓰시오.

> 오이는 암꽃과 수꽃이 함께 있는 ( ① )화이고 암꽃 착생이 촉진되는 일장 조건은 ( ② )이다.

**정답**
① 양성, ② 단일

**해설**
오이는 암수 꽃이 한 나무에 맺히는 자웅동주 식물로서, 암꽃 착생은 낮은 온도 특히, 낮은 밤 온도와 단일 조건에서 촉진된다.

**05** 다음은 접목에 대한 설명이다. ( ) 안에 들어갈 알맞은 말을 순서대로 쓰시오.

> 뿌리가 있는 부분을 ( ① )이라 하고 뿌리가 없는 부분을 ( ② ) 또는 접순이라 한다.

**정답**
① 대목, ② 접수

**해설**
접목 부위의 윗부분을 접수(scion)라 하고, 뿌리가 있는 아랫부분을 대목(rootstock)이라고 한다.

**06** 다음은 사과나무 깎기접에 대한 설명이다. (    ) 안에 들어갈 알맞은 말을 순서대로 골라 쓰시오.

> 접수의 길이는 ( 5 / 18 )cm 내외로, 눈을 ( 2~3 / 5~6 )개 붙여 절단하여 자른다.

**정답**

5, 2~3

**해설**

사과나무 깎기접의 대목 및 접수 조제 방법

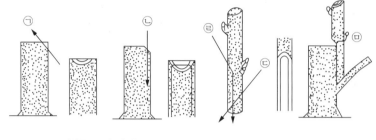

〈대목 조제 방법〉                    〈접수 조제 및 접목〉

- 대목은 지상 5~6cm 높이에서 자르고 ㉠의 화살표 방향으로 비스듬히 잘라 ㉡와 같이 자른 면 가운데 부분에 접도를 대고 아래쪽을 곧게 2cm 정도 수직으로 잘라 목질부와 함께 깎아낸다.
- 접수는 눈을 1~2개 붙여 길이 5~6cm 되게 절단하여, ㉢과 같이 화살표 방향으로 자른 다음 ㉣부분을 잘라 형성층을 노출시킨다.
- 조제된 접수는 ㉤과 같이 대목의 형성층과 잘 물리도록 끼워 넣고 비닐 테이프로 감아준다.
- 대목과 접수의 굵기가 같지 않은 경우가 많으므로 대목의 깎은 면 한쪽 부분과 잘 물리도록 한다.
- 접목 후 절단면은 마르지 않도록 밀랍이나 발코트 등 도포제를 발라준다.


**07** 생육 조절 방법 중 1) <u>환상박피(環狀剝皮)</u>와 2) <u>휘기</u>의 정의를 쓰시오.

**정답**

1) 나무줄기나 가지 둘레를 원형으로 둘러싸고 있는 껍질의 일부(형성층과 내피 포함)를 환상(ring)으로 제거하는 작업
2) 햇빛과 공기를 효과적으로 받을 수 있도록 가지를 재배치하는 것으로 나무의 가지나 줄기를 원하는 방향으로 휘게 하여 고정하는 작업

**해설**

원예 작물의 생육 조절 방법 중 하나로 환상박피는 양분의 이동을 조절하여 열매의 생산을 집중하기 위한 것이며, 휘기는 나무의 물리적인 구조를 조절하여 햇빛과 공기의 흐름을 개선하고 나무의 형태를 관리하는 데 주로 사용되는 작업 방법이다.

**08** 멀칭의 장점 3가지를 쓰시오.

> **정답**
> - 지온의 조절
> - 토양의 보호 및 건조 방지
> - 잡초의 발생 억제
> - 생육 촉진
> - 과실의 품질 향상

**09** 과수의 정지법 중 1) <u>원추형</u>과 2) <u>배상형</u>의 정의를 쓰시오.

> **정답**
> 1) 과수의 생장 특성에 가장 가까운 수형으로 원추 상태가 되도록 하는 정지법
> 2) 짧은 원줄기 상에 3~4개의 원가지를 거의 동일한 위치에서 발생시켜 외관이 술잔 모양으로 되는 정지법

> **해설**
> - 원추형
>   - 재식거리를 넓게 심어 재배하는 형태에 적당하다.
>   - 수관 확대가 빠르며 수량이 많지만 수고가 높아져 관리가 불편하고 채광에 불리하다.
>   - 풍해를 심하게 받을 수 있고, 과실의 품질도 불량해지기 쉽다.
>   - 왜성 사과나무, 양앵두, 호두, 밤나무 등에 적용한다.
> - 배상형
>   - 관리가 편하고, 수관 내 통풍이 좋고 투광량이 많다.
>   - 주지의 부담이 커서 가지가 늘어지기 쉽고, 결과 수가 적어지며, 공간의 이용도가 낮다.
>   - 배, 복숭아, 자두 등에 적용한다.

**10** 과수 전정의 정의를 쓰시오.

> **정답**
> 가지를 솎아주거나 잘라내는 작업이다.

> **해설**
> **과수 전정의 목적**
> - 부러졌거나 약한 가지를 제거하거나 혼잡한 가지를 정리한다.
> - 열매가 달릴 가지의 수를 조절하여 지나치게 많이 열리는 것을 방지한다.
> - 어미가지의 끝에서 새로운 가지가 많이 발생하여 결실 위치가 높아진다.

**11** 다음 (    ) 안에 공통적으로 들어갈 알맞은 말을 쓰시오.

> 과실의 성숙도를 알아보는 방법으로 과실 내 전분이 아이오딘(요오드) 용액과 반응하여 (    )으로 변하고, 성숙이 진행될수록 (    )의 범위가 점점 줄어든다.

**정답**

청색

**해설**

전분의 아이오딘(요오드) 반응에 의한 적기 결정
• 사과 과실 내 전분이 아이오딘(요오드) 용액과 반응하여 청색으로 변한다.
• 성숙하지 않은 과실은 전분 함량이 높아 아이오딘 용액과 반응하여 청색으로 변하는 부분이 많지만, 성숙이 진행될수록 전분은 당분으로 분해되어 전분 함량이 줄어들면서 착색 면적이 줄어든다.

**12** 작물의 생리적 특성 중 1) 내염성과 2) 내습성의 정의를 쓰시오.

**정답**

1) 염분 농도가 높은 환경에 잘 견디는 성질
2) 습한 환경에 잘 견디는 성질

**해설**

작물의 주요 생리적 특성에는 내서성, 내건성, 내한성, 내염성, 내도복성, 내산성, 내습성, 내알칼리성 등이 있다.

**13** 다음 중 1년생 가지에 결실하는 과수를 2가지 골라 쓰시오.

> 사과, 배, 감, 밤, 복숭아, 자두

**정답**

감, 밤

**해설**

• 1년생 가지에 결실하는 과수 : 포도, 감, 밤, 무화과, 호두, 감귤 등
• 2년생 가지에 결실하는 과수 : 복숭아, 자두, 살구, 매실, 양앵두 등
• 3년생 가지에 결실하는 과수 : 사과, 배 등

**14** 다음은 나리 인편 번식에 대한 설명이다. (    ) 안에 들어갈 알맞은 말을 순서대로 골라 쓰시오.

> 나리의 인편 번식 시 삽목상의 온도는 ( 3~5 / 23~25 )℃, 상대습도 ( 20~25 / 80~85 )%일 때 자구 형성 및 비대가 양호하다.

**정답**

23~25, 80~85

**해설**

• 나리의 인편 번식 적온은 지온이 20~25℃이므로 8월 중순에서 9월 상순이 적기이다. 지나친 고온이나 저온에서는 자구 형성이 좋지 않다.
• 상대습도는 80~85%로 충분히 물을 흡수시킨 버미큘라이트와 1:3의 비율로 잘 섞어 삽목한다.


**15** 다음은 화훼작물의 조직배양에 대한 설명이다. (    ) 안에 들어갈 알맞은 말을 순서대로 골라 쓰시오.

> 1) 고압증기멸균기를 이용하여 ( 80 / 121 )℃에서 15분간 멸균한다.
> 2) 클린벤치에 사용되는 UV등의 자외선 파장은 ( 100 / 260 )nm인 것을 사용한다.

**정답**

1) 121, 2) 260

**해설**

고압증기멸균은 121℃에서 15분간 실시하며, 자외선의 범위는 100~400nm인데 살균효과는 250~260nm 파장이 가장 효과적이다.


**16** 플라스틱온실의 피복재로 사용되는 연질필름 2가지를 쓰시오.

**정답**

폴리에틸렌(PE), 에틸렌아세트산비닐(EVA), 염화비닐(PVC) 등

**해설**

플라스틱온실 필름의 종류
• 연질필름 : 폴리에틸렌(PE), 에틸렌아세트산비닐(EVA), 염화비닐(PVC) 등
• 경질필름 : 폴리에틸렌테레프탈레이트(PET), 경질폴리염화비닐(RPVC), 불소수지필름(ETFE) 등

**17** 시설재배에서 증기난방의 정의를 쓰시오.

[정답]
보일러에서 만들어진 증기를 시설 내에 설치한 파이프나 방열기로 보내 여기에서 발생한 열을 이용하는 방식이다.

[해설]
시설재배의 난방설비에는 난로난방, 전열난방, 온수난방, 증기난방, 온풍난방, 지열히트펌프난방 등이 있다.

**18** 다음에서 설명하는 병해의 명칭을 [보기]에서 골라 쓰시오.

- 병원체는 *Botryotinia cinerea*이다.
- 서늘하고 습윤한 기상 조건이 되면 꽃잎을 통해 침입하여 증식하고, 자라난 균사나 포자가 어린 과실에 침입하여 꽃잎과 열매를 진한 갈색으로 부패시키며, 약간 건조하면 그 부위에 잿빛 포자가 형성된다.
- 과병과 잎자루에는 암갈색 병반이 형성되고 진전되면 줄기가 말라 죽으며, 잿빛의 곰팡이가 밀생하며 과실에는 작은 수침상의 담갈색 병반으로 나타나 점차 진전되면 과실이 부패하여 잿빛의 분생포자로 뒤덮힌다.

┤ 보기 ├
잿빛곰팡이병, 모자이크병, 깜부기병

[정답]
잿빛곰팡이병

[해설]
**잿빛곰팡이병**
- 발생환경 : 잎, 꽃, 가지, 열매 등과 같은 잔재물이나 토양 속에서 균사 또는 균핵의 형태로 겨울을 지내며 바람, 물, 곤충 등과 같은 수단에 의해 포자가 기주체로 전달된다.
- 증상 : 수로 꽃이나 작은 열매에 발생하며 과실에는 작은 수침상의 담갈색 병반으로 나타나고 점차 진전되면 과실이 부패한다. 부패된 과실에는 잿빛의 분생포자로 뒤덮힌다.
- 방제 방법 : 병든 식물체는 비닐봉지 등에 모아 매몰하거나 소각하고, 시설 내의 온도와 습도를 잘 조절해 준다.

**19** 농약의 종류 중 1) <u>살균제</u>와 2) <u>살충제</u>의 정의를 쓰시오.

**정답**

1) 작물에 발생하는 각종 병원균을 제거하거나 예방하기 위해 사용되는 농약
2) 작물에 피해를 주는 여러 종류의 해충을 방제하는 데 쓰이는 농약

**해설**

• 살균제
 – 작물에 피해를 주는 병의 원인(진균, 세균, 원생동물 등)을 방제하는 데 쓰이는 농약이다.
 – 작용 특성에 따라 침입한 병원균을 죽이는 직접살균제와 침입하는 것을 예방하는 보호 살균제로 구분된다.
 – 사용 대상 및 목적에 따라 살포용 살균제, 종자소독제, 토양 소독제로 나뉜다.
• 살충제
 – 작물에 피해를 주는 해충을 방제하는 데 쓰이는 농약이다.
 – 작용 특성에 따라 식독제(소화중독제), 접촉독제, 침투성 살충제로 구분하며 농약 제형에 따라 훈증제, 훈연제 등으로 구분한다.

**20** 다음은 농약 살포 중 주의 사항에 대한 설명이다. (    ) 안에 들어갈 알맞은 말을 순서대로 쓰시오.

> 농약 살포 시 바람을 ( ① ) 살포하여야 하며 계절적으로는 ( ② )에 살포하는 것이 더 위험하다.

**정답**

① 등지고, ② 여름

**해설**

**농약 살포 중 주의 사항**

• 살포자의 체력 유지를 위해 살포 작업은 시원한 시간대에 살포한다.
• 농약은 바람을 등지고 살포한다.
• 주변 환경(하천, 양어장, 뽕밭 등)을 고려하여 영향을 주지 않도록 한다.
• 장시간 살포 작업을 하지 않는다. 통상 2시간 이내에 살포 작업을 마친다.
• 살포 작업 중에 흡연 및 음식물 섭취를 삼간다.
• 살포 시에는 소지품이 오염되지 않도록 청결히 관리한다.
• 뜨거운 날씨에는 농약 살포 작업을 피하고 충분한 휴식을 취한다.

# 참 / 고 / 문 / 헌

- 교육부. NCS 학습모듈(채소재배). 한국직업능력개발원. 2018.
- 교육부. NCS 학습모듈(시설원예). 한국직업능력개발원. 2020.
- 교육부. NCS 학습모듈(과수재배). 한국직업능력개발원. 2022.
- 교육부. NCS 학습모듈(화훼재배). 한국직업능력개발원. 2022.
- 농촌진흥청. 농업기술길잡이 4 시설원예. 농촌진흥청. 2021.
- 농촌진흥청. 농업기술길잡이 71 수경재배. 농촌진흥청. 2021.
- 농촌진흥청. 농업기술길잡이 77 과수 시설재배. 농촌진흥청. 2023.
- 농촌진흥청. 농업기술길잡이 156 농업기계 안전이용 기술. 농촌진흥청. 2023.
- 문원 외. 원예학. 한국방송통신대학교출판문화원. 2010.
- 문원 외. 시설재배학. 한국방송통신대학교출판문화원. 2011
- 부민문화사 출판부. 원예기능사. 부민문화사. 2023.
- 상명교재편집실. 원예작물학. 상명출판사. 2012.
- 손정익 외. 삼고 시설원예학. 향문사. 2023.
- 한국화훼연구회. 화훼원예학총론. 문운당. 2004.

# 참 / 고 / 사 / 이 / 트

- 농촌진흥청 http://www.rda.go.kr
- 농촌진흥청 농사로 https://www.nongsaro.go.kr
- 농촌진흥청 농업경영종합정보시스템 http://amis.rda.go.kr

# Win-Q 원예기능사 필기 + 실기

| | |
|---|---|
| **개정1판1쇄** | 2025년 01월 10일 (인쇄 2024년 08월 22일) |
| **초 판 발 행** | 2024년 03월 05일 (인쇄 2024년 01월 19일) |
| **발 행 인** | 박영일 |
| **책 임 편 집** | 이해욱 |
| **편 저** | 최광희 |
| **편 집 진 행** | 윤진영, 장윤경 |
| **표지디자인** | 권은경, 길전홍선 |
| **편집디자인** | 정경일, 조준영 |
| **발 행 처** | (주)시대고시기획 |
| **출 판 등 록** | 제10-1521호 |
| **주 소** | 서울시 마포구 큰우물로 75 [도화동 538 성지 B/D] 9F |
| **전 화** | 1600-3600 |
| **팩 스** | 02-701-8823 |
| **홈 페 이 지** | www.sdedu.co.kr |
| **I S B N** | 979-11-383-7481-1(13520) |
| **정 가** | 25,000원 |